Max Born

Die Relativitätstheorie Einsteins und ihre physikalischen Grundlagen

Max Born

Die Relativitätstheorie Einsteins und ihre physikalischen Grundlagen

ISBN/EAN: 9783867417228

Auflage: 1
Erscheinungsjahr: 2011
Erscheinungsort: Bremen, Deutschland

© Europäischer Hochschulverlag GmbH & Co KG, Fahrenheitstr. 1, 28359 Bremen (www.eh-verlag.de). Alle Rechte beim Verlag und bei den jeweiligen Lizenzgebern.

Bei diesem Titel handelt es sich um den Nachdruck eines historischen, lange vergriffenen Buches. Da elektronische Druckvorlagen für diese Titel nicht existieren, musste auf alte Vorlagen zurückgegriffen werden. Hieraus zwangsläufig resultierende Qualitätsverluste bitten wir zu entschuldigen.

EHV

DIE RELATIVITÄTSTHEORIE EINSTEINS

UND IHRE PHYSIKALISCHEN GRUNDLAGEN

ELEMENTAR DARGESTELLT

VON

MAX BORN

DRITTE, VERBESSERTE AUFLAGE

MIT 135 TEXTABBILDUNGEN

BERLIN
VERLAG VON JULIUS SPRINGER
1922

MEINER LIEBEN FRAU

GEWIDMET

Vorwort zur ersten Auflage.

Dieses Buch ist eine Bearbeitung einiger Vorträge, die ich im letzten Winter vor einem größeren Publikum gehalten habe. Die Schwierigkeiten, die das Verständnis der Relativitätstheorie dem mathematisch und physikalisch nicht geschulten Hörer oder Leser bereitet, scheinen mir hauptsächlich dadurch zu entstehen, daß ihm die Grundbegriffe und Tatsachen der Physik, besonders der Mechanik, nicht geläufig sind. Daher habe ich bei den Vorträgen ganz einfache, qualitative Experimente gezeigt, die zur Einführung der Begriffe wie Geschwindigkeit, Beschleunigung, Masse, Kraft, Feldstärke usw. dienten. Bei dem Versuche, ein ähnliches Mittel für das gedruckte Buch ausfindig zu machen, kam ich auf die hier gewählte, halb historische Darstellung, die, wie ich hoffe, den trockenen Stil der elementaren Lehrbücher der Physik vermeidet. Aber ich muß betonen, daß die historische Anordnung nur das Gewand ist, das die Hauptsache, den logischen Zusammenhang, um so klarer hervorheben soll. Das einmal angefangene Verfahren zwang zur Vollständigkeit, und dadurch schwoll mir das Unternehmen unter den Händen zu dem Umfange an, in dem es jetzt vorliegt.

An mathematischen Kenntnissen setze ich möglichst wenig voraus. Ich habe nicht nur die höhere Mathematik zu vermeiden gesucht, sondern auch von dem Gebrauche elementarer Funktionen, wie des Logarithmus, der trigonometrischen Funktionen usw. abgesehen; allerdings, ohne Proportionen, lineare Gleichungen und gelegentliche Quadrate und Quadratwurzeln ging es nicht ab. Ich rate dem Leser, der an den Formeln hängen bleibt, zunächst über sie hinwegzulesen und aus dem Texte selber zum Verständnis der mathematischen Zeichen zu kommen. Von Figuren und graphischen Darstellungen habe ich ausgiebigen Gebrauch gemacht; auch der in der Handhabung der Koordinaten Ungeübte wird die Kurven leicht lesen lernen.

Die philosophischen Fragen, zu denen die Relativitätstheorie Anlaß gibt, werden in diesem Buche nur gestreift; doch ist durchweg ein ganz bestimmter erkenntnistheoretischer Standpunkt gewahrt. Ich glaube sicher zu sein, daß dieser mit Einsteins eigenen Ansichten in der Hauptsache übereinstimmt. Ähnliche Auffassungen vertritt Moritz Schlick in seinem schönen Buche »Allgemeine Erkenntnislehre« (1. Band der vorliegenden Sammlung, Berlin 1918, Julius Springer).

Von anderen Büchern, die ich benutzt habe, nenne ich vor allem Ernst Machs klassische »Mechanik« (Leipzig, F. A. Brockhaus, 1883), sodann die klargeschriebene Geschichte der Äthertheorien von E. T. Whittaker »A History of the Theories of Aether and Electricity« (London, Longmans, Green and Co., 1910) und die großzügige Darstellung der Relativitätstheorie von H. WEYL »Raum, Zeit, Materie« (Berlin, Julius Springer, 1918). Dieses Werk muß jeder zur Hand nehmen, der tiefer in die Lehren EINSTEINS eindringen will. Die zahlreichen Bücher und Abhandlungen aufzuzählen, aus denen ich mehr oder minder unmittelbar geschöpft habe, ist nicht möglich. Auf Literaturangaben habe ich, dem Charakter des Werkes entsprechend, vollständig verzichtet.

Bei der Anfertigung der Abbildungen haben mir Fräulein Dr. ELISABETH BORMANN und Herr Dr. OTTO PAULI, bei der Herstellung des Registers Herr Dr. W. DEHLINGER in liebenswürdiger Weise geholfen. Um die Richtigkeit der historischen Angaben sicher zu stellen, habe ich Herrn Prof. CONRAD MÜLLER in Hannover gebeten, die Korrekturen zu lesen; dieser ausgezeichnete Kenner der Geschichte der Mathematik und Physik hat sich mit Hingabe der großen Mühe unterzogen und mir viele wertvolle Ratschläge gegeben. Allen diesen Helfern schulde ich großen Dank, ebenso dem Verleger und den Herausgebern, durch deren Mühe und Eifer das rasche Erscheinen des Buches in der vorliegenden soliden Ausstattung ermöglicht wurde.

Frankfurt a. M., im Juni 1920.　　　　　　**Max Born.**

Vorwort zur zweiten Auflage.

Die ersten fünf Kapitel, welche die Entwicklung der Physik bis zur Einsteinschen Relativitätstheorie darstellen, sind im wesentlichen unverändert geblieben. An einigen Stellen, wo in der ersten Auflage nur das Resultat einer mathematischen Überlegung angegeben wurde, habe ich diese selbst eingefügt, weil ich mich nicht auf den Glauben, sondern auf die Überzeugung des Lesers stützen möchte. Die Ausführungen über eine astronomische Methode zur Feststellung der Bewegung des Sonnensystems durch den Äther mit Hilfe der Verfinsterungen der Jupitermonde waren in der ersten Auflage nicht korrekt, da ich den Grad der Genauigkeit der astronomischen Messungen überschätzt hatte; dieser Abschnitt ist umgearbeitet worden.

Die letzten Kapitel, die von der Einsteinschen Theorie selbst handeln, sind stark erweitert worden; ihr Umfang war im Verhältnis zu der ausführlichen Vorbereitung zweifellos zu knapp und ihr Inhalt zu spärlich. Die Ergänzungen betreffen vor allem die Einsteinsche Dynamik; ich habe den Versuch gemacht, ihre Gesetze abzuleiten, ohne aus dem mathematischen Rahmen dieses Buches herauszutreten, der nur die elementaren Rechenoperationen umfaßt. Sodann habe ich die gegen die Relativitätstheorie vorgebrachten Einwände ausführlicher besprochen; die Autoren dieser sogenannten »Paradoxien« aber habe ich nicht genannt, weil ich die Fortsetzung des unfruchtbaren Streites für zwecklos halte.

Um den Anschein zu vermeiden, daß persönliche Teilnahme sich in meine wissenschaftliche Überzeugung eindränge, habe ich das Bild und den Lebenslauf Einsteins in der neuen Auflage fortgelassen.

Beim Lesen der Korrekturen haben mir die Herren Prof. R. LADENBURG, Dr. E. BRODY, Dr. E. HAUSER und Dr. H. WEIGT in liebenswürdiger Weise geholfen, wofür ich ihnen großen Dank schulde.

Göttingen, 12. Mai 1921. **Max Born.**

Vorwort zur dritten Auflage.

Diese Auflage unterscheidet sich von der vorigen abgesehen von einer Reihe geringfügiger Änderungen durch die Umarbeitung des Abschnitts über die Einsteinsche Dynamik. In dieser war bei der Bildung der Beschleunigung nicht scharf zwischen Zeit und Eigenzeit unterschieden und statt der gewöhnlichen Kraft war der Minkowskische kovariante Kraftvektor benützt worden; hierdurch mußte das Verständnis dieses an sich schon schwierigen Kapitels noch mehr erschwert werden. Durch Herrn Dr. W. PAULI jun. wurde ich auf eine von LEWIS und TOLMAN stammende Ableitung der relativistischen Massenformel aufmerksam gemacht, die sich in ausgezeichneter Weise dem Rahmen dieses Buches einfügt, da sie ebenso wie die hier gewählte Darstellung der Mechanik an den Begriff des Impulses anknüpft. Das Kapitel über die Einsteinsche Dynamik wurde auf Grund dieser Betrachtungsweise umgearbeitet; dadurch werden auch einige Änderungen in der Darstellung der gewöhnlichen Mechanik notwendig. Ich hoffe, daß diese Neuerung das Verständnis erleichtern wird.

Ich möchte nicht unterlassen, Herrn Dr. W. PAULI für seinen Rat meinen Dank auszusprechen. Sein großes Werk über Relativitätstheorie, das als Artikel 19 des V. Bandes der Enzyklopädie der mathematischen Wissenschaften vor kurzem erschienen ist, ist mir von großem Nutzen gewesen. Ich möchte es allen denen, die tiefer in die Relativitätstheorie eindringen wollen, in erster Linie zum Studium empfehlen.

Beim Lesen der Korrekturen haben mir die Herren Dr. E. HÜCKEL und Dr. R. MINKOWSKI in freundlichster Weise geholfen.

Göttingen, 6. März 1922. **Max Born.**

Inhaltsverzeichnis.

Einleitung.

I. Geometrie und Kosmologie.
    Seite
1. Ursprung der Raum- und Zeitmeßkunst 6
2. Einheiten für Länge und Zeit 6
3. Nullpunkt und Koordinatensystem 7
4. Die geometrischen Axiome 8
5. Das Ptolemäische Weltsystem 9
6. Das Kopernikanische Weltsystem 9
7. Der Ausbau der Kopernikanischen Lehre 11

II. Die Grundgesetze der klassischen Mechanik.
1. Gleichgewicht und Kraftbegriff 13
2. Bewegungslehre. Geradlinige Bewegung 14
3. Bewegung in der Ebene 20
4. Kreisbewegung 21
5. Bewegung im Raume 23
6. Dynamik. Das Trägheitsgesetz 23
7. Der Stoß oder Impuls 25
8. Der Impulssatz 26
9. Die Masse 26
10. Kraft und Beschleunigung 28
11. Beispiel. Elastische Schwingungen 30
12. Gewicht und Masse 32
13. Die analytische Mechanik 35
14. Der Energiesatz 36
15. Dynamische Einheiten von Kraft und Masse 40

III. Das Newtonsche Weltsystem.
1. Der absolute Raum und die absolute Zeit 43
2. Newtons Anziehungsgesetz 46
3. Die allgemeine Gravitation 48
4. Die Mechanik des Himmels 51
5. Das Relativitätsprinzip der klassischen Mechanik 53
6. Der »eingeschränkt« absolute Raum 55
7. Galilei-Transformationen 56
8. Trägheitskräfte 61
9. Die Fliehkräfte und der absolute Raum 62

IV. Die Grundgesetze der Optik.
1. Der Äther 68
2. Emissions- und Undulationstheorie 69
3. Die Lichtgeschwindigkeit 72
4. Grundbegriffe der Wellenlehre. Interferenz 75
5. Polarisation und Transversalität der Lichtwellen 81
6. Der Äther als elastischer Festkörper 84
7. Die Optik bewegter Körper 92
8. Der Dopplersche Effekt 94
9. Die Mitführung des Lichtes durch die Materie 99
10. Die Aberration 108
11. Rückblick und Ausblick 110

V. Die Grundgesetze der Elektrodynamik.

                                                                              Seite

1. Die Elektro- und Magnetostatik 113
2. Galvanismus und Elektrolyse. 121
3. Widerstand und Stromwärme. 123
4. Elektromagnetismus 125
5. FARADAYs Kraftlinien 127
6. Die magnetische Induktion. 132
7. Die Nahwirkungstheorie MAXWELLS 134
8. Der Verschiebungsstrom 137
9. Die elektromagnetische Lichttheorie 139
10. Der elektromagnetische Äther 144
11. HERTZ' Theorie der bewegten Körper 146
12. Die Elektronentheorie von LORENTZ 151
13. Die elektromagnetische Masse 157
14. Das Experiment von MICHELSON 162
15. Die Kontraktionshypothese 166

VI. Das spezielle Einsteinsche Relativitätsprinzip.

1. Der Begriff der Gleichzeitigkeit 173
2. Die EINSTEINsche Kinematik und die LORENTZ-Transformationen . . . 178
3. Geometrische Darstellung der EINSTEINschen Kinematik 181
4. Bewegte Maßstäbe und Uhren 186
5. Schein und Wirklichkeit. 189
6. Die Addition der Geschwindigkeiten 196
7. Die EINSTEINsche Dynamik 199
8. Die Trägheit der Energie 207
9. Optik bewegter Körper 213
10. MINKOWSKIs absolute Welt 218

VII. Die allgemeine Relativitätstheorie Einsteins.

1. Relativität bei beliebigen Bewegungen. 223
2. Das Äquivalenzprinzip 225
3. Das Versagen der euklidischen Geometrie 230
4. Die Geometrie auf krummen Flächen. 232
5. Das zweidimensionale Kontinuum 237
6. Mathematik und Wirklichkeit. 239
7. Die Maßbestimmung des raum-zeitlichen Kontinuums 243
8. Die Grundgesetze der neuen Mechanik 246
9. Mechanische Folgerungen und Bestätigungen 249
10. Optische Folgerungen und Bestätigungen 254
11. Makrokosmos und Mikrokosmos 260
12. Schluß 262

Zeittafel. 264
Namensverzeichnis 266

> Das schönste Glück des denkenden Menschen
> ist, das Erforschliche erforscht zu haben und
> das Unerforschliche ruhig zu verehren.
> Goethe. Sprüche in Prosa.

Einleitung.

Die Welt ist dem sinnenden Geiste nicht schlechthin gegeben; er muß sich ihr Bild aus unzähligen Empfindungen, Erlebnissen, Mitteilungen, Erinnerungen, Erfahrungen gestalten. Darum gibt es wohl kaum zwei denkende Menschen, deren Weltbild in allen Punkten übereinstimmt.

Wenn eine Vorstellung in ihren wichtigsten Zügen Gemeingut größerer Menschenmassen wird, so entstehen die geistigen Bewegungen, die Religionen, philosophische Schulen, wissenschaftliche Systeme heißen; ein unentwirrbares Chaos von Meinungen, Glaubenssätzen, Überzeugungen. Es scheint schier unmöglich, einen Leitfaden zu finden, durch den diese weitverzweigten, sich trennenden und wiedervereinigenden Lehren in eine übersehbare Reihe gebracht werden könnten.

Wohin gehört die *Einsteinsche Relativitätstheorie*, deren Darstellung dieses kleine Werk gewidmet ist? Ist sie nur ein spezieller Teil der Physik oder Astronomie, an sich vielleicht interessant, aber ohne größere Bedeutung für die Entwicklung des menschlichen Geistes? Oder ist sie wenigstens das Symbol einer besonderen Geistesrichtung, die für unsere Zeit charakteristisch ist? Oder bedeutet sie gar selbst eine »Weltanschauung«? Wir werden diese Fragen zuverlässig erst beantworten können, wenn wir den Inhalt der Einsteinschen Lehren kennen gelernt haben. Hier aber möge ein Gesichtspunkt gegeben werden, der, wenn auch in roher Weise, die Gesamtheit aller Weltanschauungen klassifiziert und der Einsteinschen Theorie eine bestimmte Stellung innerhalb einer einheitlichen Auffassung des Weltganzen zuweist.

Die Welt besteht aus dem Ich und dem Andern, der Innenwelt und der Außenwelt. Die Beziehungen dieser beiden Pole sind der Gegenstand jeder Religion, jeder Philosophie. Verschieden aber ist die Rolle, die jede Lehre dem Ich in der Welt zuweist. Die *Wichtigkeit des Ich* im Weltbilde deucht mir ein Maßstab, an dem man Glaubenslehren, philosophische Systeme, künstlerische und wissenschaftliche Weltauffassungen aufreihen kann, wie Perlen auf einer Schnur. So verlockend es scheint, diesen Gedanken zu verfolgen durch die Geschichte des Geistes, so dürfen wir uns doch nicht zu weit von unserm Thema entfernen und wollen ihn nur anwenden auf das Teilgebiet menschlicher Geistestätigkeit, in das die Einsteinsche Theorie gehört, auf die Naturwissenschaft.

Das naturwissenschaftliche Denken steht an dem Ende jener Reihe, dort, wo das Ich, das Subjekt nur noch eine unbedeutende Rolle spielt, und jeder Fortschritt in den Begriffsbildungen der Physik, Astronomie, Chemie bedeutet eine Annäherung an das Ziel der Ausschaltung des Ich. Dabei handelt es sich natürlich nicht um den Akt des Erkennens, der an das Subjekt gebunden ist, sondern um das fertige Bild der Natur, dessen Untergrund die Vorstellung ist, daß die natürliche Welt unabhängig und unbeeinflußt vom Erkenntnisvorgange da ist.

Die Pforten, durch die die Natur auf uns eindringt, sind die Sinne. Ihre Eigenschaften bestimmen den Umfang dessen, was der Empfindung, der Anschauung zugänglich ist. Je weiter wir in der Geschichte der Naturwissenschaften zurückgehen, um so mehr finden wir das natürliche Weltbild bestimmt durch die Sinnesqualitäten. Die ältere Physik wird eingeteilt in Mechanik, Akustik, Optik, Wärmelehre: man sieht die Beziehungen zu den Sinnesorganen, den Bewegungs-, Gehör-, Licht- und Wärmeempfindungen. Hier sind die Eigenschaften des Subjekts noch entscheidend für die Begriffsbildungen. Die Entwicklung der exakten Wissenschaften führt auf deutlichem Pfade von diesem Zustande fort zu einem Ziele, das, noch lange nicht erreicht, doch klar vor Augen liegt: Ein Bild der Natur zu schaffen, das, an keine Grenzen möglicher Wahrnehmung oder Anschauung gebunden, ein reines Begriffsgebäude darstellt, ersonnen zu dem Zwecke, die Summe aller Erfahrungen einheitlich und widerspruchslos darzustellen.

Heute ist die mechanische Kraft ein Abstraktum, das nur noch den Namen gemein hat mit dem subjektiven Kraftgefühl; mechanische Masse ist nicht mehr ein Attribut der greifbaren Körper, sondern kommt auch leeren, nur von Ätherstrahlung erfüllten Räumen zu. Das Reich der hörbaren Töne ist eine kleine Provinz geworden in der Welt der unhörbaren Schwingungen, physikalisch von diesen durch nichts unterschieden als durch die zufällige Eigenschaft des menschlichen Ohres, gerade nur auf ein bestimmtes Intervall von Schwingungszahlen zu reagieren. Die heutige Optik ist ein spezielles Kapitel aus der Lehre von der Elektrizität und dem Magnetismus und behandelt die elektromagnetischen Schwingungen aller Wellenlängen, von den kürzesten γ-Strahlen der radioaktiven Substanzen (einhundertmilliontel Millimeter Wellenlänge) über die Röntgenstrahlen, das Ultraviolett, das sichtbare Licht, das Ultrarot bis zu den längsten Hertzschen Wellen (viele Kilometer Wellenlänge). In der Flut unsichtbaren Lichtes, das das geistige Auge des Physikers umwogt, ist das körperliche Auge fast blind; so klein ist der Bereich von Schwingungen, den es zur Empfindung bringt. Auch die Wärmelehre ist nur ein besonderer Teil der Mechanik und der Elektrodynamik; ihre Grundbegriffe der absoluten Temperatur, der Energie und der Entropie gehören zu den subtilsten logischen Gebilden der exakten Wissenschaft und tragen nur noch im Namen eine Erinnerung an das Wärme- oder Kälteerlebnis des Subjekts.

Unhörbare Töne, unsichtbares Licht, unfühlbare Wärme: das ist die Welt der Physik, kalt und tot für den, der die lebendige Natur empfinden, ihre Zusammenhänge als Harmonie begreifen, ihre Größe anbetend bewundern will. Goethe hat diese starre Welt verabscheut; seine grimmige Polemik gegen Newton, in dem er die Verkörperung einer feindlichen Naturauffassung sah, beweist, daß es sich hier um mehr handelt, als um den sachlichen Streit zweier Forscher über Einzelfragen der Farbenlehre. Goethe ist der Repräsentant einer Weltauffassung, die in der oben entworfenen Skala nach der Bedeutung des Ich ziemlich am entgegengesetzten Ende steht wie das Weltbild der exakten Naturwissenschaften. Das Wesen der Dichtung ist die Inspiration, die Intuition, das seherische Erfassen der Sinnenwelt in symbolischen Formen; die Quelle der poetischen Kraft aber ist das Erlebnis, sei es die hell und klar bewußte Empfindung eines Sinnenreizes, sei es die kräftig vorgestellte Idee eines Zusammenhanges. Das logisch Formale, Begriffliche spielt in dem Weltbilde eines solcher Art begabten oder gar begnadeten Geistes keine Rolle; die Welt als Summe von Abstraktionen, die nur mittelbar mit dem Erlebnis zusammenhängen, ist ihm fremd. Nur was dem Ich unmittelbar gegeben sein, was als Erlebnis gefühlt oder wenigstens als mögliches Erlebnis vorgestellt werden kann, ist ihm wirklich und wichtig. So erscheinen dem späten Leser, der die Entwicklung der exakten Methoden während des folgenden Jahrhunderts überblickt und an den Früchten ihre Kraft und ihren Sinn ermißt, Goethes natur*historische* Arbeiten als Dokumente eines seherischen Blickes, als Ausdruck einer wunderbaren Einfühlung in die natürlichen Zusammenhänge, seine *physikalischen* Behauptungen aber als Mißverständnisse und als fruchtlose Auflehnung gegen eine stärkere Macht, deren Sieg schon damals entschieden war.

Worin besteht nun diese Macht, was sind ihr Schwert und Schild?

Es ist zugleich eine Anmaßung und ein Verzicht. Die exakten Wissenschaften maßen sich an, *objektive* Aussagen zu gewinnen, sie verzichten aber auf ihre *absolute* Geltung. Durch diese Formel soll folgender Gegensatz hervorgehoben werden.

Alle unmittelbaren Erlebnisse führen zu Aussagen, denen man eine gewisse absolute Gültigkeit zusprechen muß. Wenn ich eine rote Blume sehe, wenn ich Lust oder Schmerz empfinde, so sind das Gegebenheiten, an denen zu zweifeln sinnlos ist. Sie gelten unbestreitbar, aber sie gelten nur für mich; sie sind absolut, aber sie sind subjektiv. Alles Streben menschlicher Erkenntnis zielt darauf hin, aus dem engen Kreis des Ich, dem noch engeren des Ich im Augenblicke, herauszukommen zu einer Gemeinschaft mit andern geistigen Wesen. Zunächst mit dem Ich, wie es zu einer andern Zeit ist, dann mit andern Menschen oder Göttern.

Alle Religionen, Philosophien, Wissenschaften sind Verfahren, erdacht zu dem Zwecke, das Ich zu weiten zu dem Wir. Aber die Wege dazu sind verschieden, wir stehen wieder vor dem Chaos der streitenden Lehrmeinungen. Doch wir schrecken nicht mehr davor zurück, sondern ordnen sie nach der Bedeutung, die dem Subjekt in dem erstrebten Verständigungsverfahren zugestanden wird; damit kommen wir auf unser Prinzip zurück, denn das fertige Verständigungsverfahren ist *das* Weltbild. Hier treten wieder die Gegenpole hervor:

Die einen wollen nicht verzichten, wollen das Absolute nicht opfern, bleiben darum am Ich haften und schaffen ein Weltbild, das durch kein systematisches Verfahren, sondern durch die unbegreifliche Wirkung religiöser, künstlerischer, poetischer Ausdrucksmittel in fremden Seelen geweckt werden kann. Hier herrscht der Glaube, die fromme Inbrunst, die Liebe brüderlicher Gemeinschaft, oft aber auch Fanatismus, Unduldsamkeit, Geisteszwang.

Die andern opfern das Absolute. Sie entdecken — oft schaudernd — die Unübertragbarkeit des seelischen Erlebnisses, sie kämpfen nicht mehr um das Unerreichbare und resignieren. Aber sie wollen wenigstens im Umkreise des Erreichbaren eine Verständigung schaffen. Darum suchen sie nach dem Gemeinsamen des Ich und des andern, fremden Ich, und das beste, was da gefunden wurde, sind nicht die Erlebnisse der Seele selbst, nicht Empfindungen, Vorstellungen, Gefühle, sondern abstrakte Begriffe einfachster Art, Zahlen, logische Formen, kurz die Ausdrucksmittel der exakten Naturwissenschaften. Hier handelt es sich nicht mehr um Absolutes. Die Höhe eines Domes wird nicht mehr weihevoll empfunden, sondern in Metern und Zentimetern ausgemessen. Der Ablauf eines Lebens wird nicht als rinnende Zeit gefühlt, sondern nach Jahren und Tagen gezählt. Relative Maße treten an die Stelle der absoluten Eindrücke. Und es entsteht eine enge, einseitige, scharfkantige Welt, alles Sinnenreizes, aller Farben und Töne bar. Aber eines hat sie vor anderen Weltbildern voraus: ihre Übermittelbarkeit von Geist zu Geist kann nicht bezweifelt werden. Man *kann* sich eben darüber einigen, ob Eisen spezifisch schwerer ist als Holz, ob Wasser leichter gefriert als Quecksilber, ob der Sirius ein Planet oder ein Fixstern ist. Mögen Streitigkeiten vorkommen, mag es manchmal aussehen, als wenn eine neue Lehre alle alten »Tatsachen« über den Haufen würfe, so fühlt doch der, der die Mühe des Eindringens ins Innere dieser Welt nicht gescheut hat, das Wachsen der sicher bekannten Gebiete, und während er dies fühlt, schwindet das Weh der Einsamkeit der Seele, bildet sich die Brücke zu verwandten Geistern.

So haben wir versucht, das Wesen der naturwissenschaftlichen Forschung auszudrücken, und können nun die Einsteinsche Relativitätstheorie in ihren Bereich eingliedern.

Sie ist zunächst ein reines Erzeugnis jenes Strebens nach der Loslösung vom Ich, von der Empfindung und Anschauung. Wir sprachen von den unhörbaren Tönen, dem unsichtbaren Lichte der Physik; wir finden Ähnliches in den Nachbarwissenschaften, in der Chemie, wo die Existenz von (radioaktiven) Substanzen behauptet wird, von denen noch niemand die kleinste Spur mit irgendwelchen Sinnen direkt wahrgenommen hat, oder in der Astronomie, auf die wir unten noch näher einzugehen haben. Diese »Erweiterungen der Welt«, wie man sagen könnte, betreffen im wesentlichen Sinnesqualitäten; aber alles spielt sich in dem Raume und der Zeit ab, die die Mechanik durch ihren Gründer Newton geschenkt bekommen hat. Einsteins Entdeckung besteht nun darin, daß dieser Raum und diese Zeit noch ganz und gar am Ich kleben und daß das Weltbild der Naturwissenschaft schöner und großartiger wird, wenn man auch diese Grundbegriffe einer Relativierung unterwirft. Ist vorher der Raum eng mit der subjektiven, absoluten Empfindung der Ausdehnung, die Zeit mit der des Lebensablaufs verknüpft, so werden sie nun zu reinen Begriffsschemen, der unmittelbaren Anschauung als Ganze gerade so entzogen, wie der gesamte Wellenlängenbereich der heutigen Optik bis auf einen winzigen Ausschnitt der Lichtempfindung unzugänglich ist; aber ebenso wie hier gliedern sich Raum und Zeit der Anschauung in die physikalischen Begriffssysteme widerspruchslos ein. Damit ist eine Objektivierung erreicht, deren Macht sich durch prophetisches Vorhersagen von Naturerscheinungen in wunderbarer Weise bewährt hat. Wir werden davon im folgenden ausführlich zu reden haben.

Die Leistung der Einsteinschen Theorie ist also die Relativierung und Objektivierung der Begriffe von Raum und Zeit. Sie krönt heute das Gebäude des naturwissenschaftlichen Weltbildes.

I. Geometrie und Kosmologie.

1. Ursprung der Raum- und Zeitmeßkunst.

Das physikalische Problem von Raum und Zeit ist die sehr nüchterne Aufgabe, für jedes natürliche Ereignis einen Ort und einen Zeitpunkt zahlenmäßig festzulegen, es gewissermaßen im Chaos des Neben- und Nacheinander der Dinge wieder auffindbar zu machen.

Die erste Aufgabe der Menschen war, sich auf der Erde zurechtzufinden; darum wurde die Erdmeßkunst die Quelle der Raumlehre, die davon ihren Namen *Geometrie* bekommen hat. Das Maß der Zeit aber entsprang von Anfang an dem regelmäßigen Wechsel von Tag und Nacht, der Mondphasen und Jahreszeiten; durch diese aufdringlichen Vorgänge wurden die Menschen zuerst veranlaßt, ihre Blicke zu den Sternen zu erheben, hier ist die Quelle der Lehre vom Weltall, der *Kosmologie*. Die astronomische Wissenschaft übertrug die auf der Erde erprobten geometrischen Lehren auf die Himmelsräume und bestimmte Entfernungen und Bahnen der Gestirne; dafür gab sie den Erdenbewohnern das himmlische Maß der Zeit, daß sie Vergangenheit, Gegenwart, Zukunft zu scheiden und jedem Ding seinen Platz im Reiche des Chronos zu weisen lernten.

2. Einheiten für Länge und Zeit.

Die Grundlage jeder Raum- und Zeitmessung ist die Festlegung der *Einheit*. Eine Längenangabe »so und so viele Meter« bedeutet das Verhältnis der zu messenden Länge zu der Länge des Meters, eine Zeitangabe »so und so viele Sekunden« das Verhältnis der zu messenden Zeit zu der Dauer einer Sekunde. Es handelt sich also immer um Verhältniszahlen, relative Angaben bezüglich der Einheiten. Diese selbst sind in weitem Grade willkürlich und werden nach Gesichtspunkten wie Reproduzierbarkeit, Haltbarkeit, Transportfähigkeit usw. gewählt.

Das Längenmaß der Physik ist das *Zentimeter* (cm), der hundertste Teil eines in Paris aufbewahrten Meterstabes. Dieser sollte ursprünglich in einem einfachen Verhältnis zum Erdumfang stehen, nämlich gleich dem zehnmillionten Teile des Quadranten sein. Aber neuere Messungen haben ergeben, daß das nicht ganz genau stimmt.

Das Zeitmaß der Physik ist die *Sekunde* (sec), die in der bekannten Beziehung zur Umdrehungsdauer der Erde steht.

3. Nullpunkt und Koordinatensystem.

Will man aber nicht nur Längen und Zeitdauern bestimmen, sondern Ort- und Zeitangaben machen, so sind weitere Festsetzungen nötig. Bei der Zeit, die wir als eindimensionales Gebilde vorstellen, genügt die Angabe eines *Nullpunkts*. Unsere Historiker zählen die Jahre von Christi Geburt an; die Astronomen wählen je nach dem Ziele ihrer Untersuchung andere Nullpunkte, die sie Epochen nennen. Sind die Einheit und der Nullpunkt festgelegt, so ist damit jedes Ereignis durch Angabe einer Zahl auffindbar gemacht.

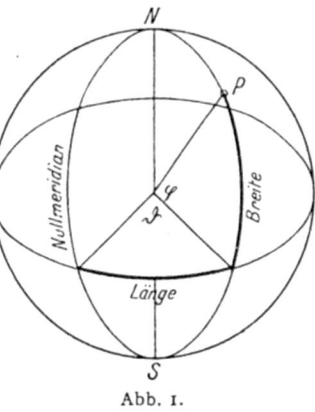

Abb. 1.

In der Geometrie im engeren Sinne, der Ortsbestimmung auf der Erde, müssen zur Festlegung eines Punktes zwei Angaben gemacht werden. »Mein Haus liegt in der Taunustraße« genügt nicht, es zu finden, ich muß auch noch die Hausnummer nennen. In vielen amerikanischen Städten sind die Straßen selbst numeriert; die Adresse Nr. 25, 13. Straße besteht dann aus zwei Zahlangaben. Sie ist genau das, was die Mathematiker eine *Koordinatenbestimmung* nennen. Man überzieht die Erdoberfläche mit einem Netze sich kreuzender Linien, die numeriert sind, oder deren Lage durch eine Maßzahl, Entfernung oder Winkel, gegen eine feste Null-Linie bestimmt wird.

Die Geographen verwenden gewöhnlich die geographische Länge (östlich Greenwich) und (nördliche, südliche) Breite (Abb. 1); diese Bestim-

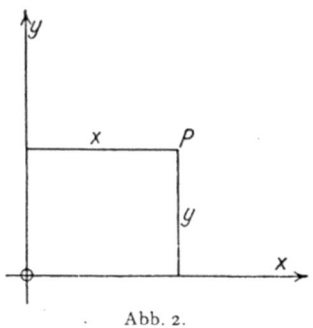

Abb. 2.

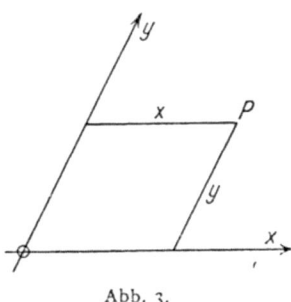

Abb. 3.

mungen enthalten zugleich die Festlegung der Null-Linien, von denen aus die Koordinaten zu zählen sind, nämlich bei der geographischen Länge der Meridian von Greenwich, bei der Breite der Äquator. Bei Untersuchungen über ebene Geometrie bedient man sich gewöhnlich *rechtwinkliger Koordinaten* (Abb. 2) x, y, die die Abstände von zwei aufeinander senkrechten »*Koordinatenachsen*« bedeuten, oder gelegentlich auch *schiefwinkliger Koordinaten* (Abb. 3), *Polarkoordinaten* (Abb. 4) u. a. Ist das Koordinatensystem gegeben, so kann man jeden Ort durch Angabe zweier Zahlen auffinden.

Ganz ebenso braucht man zur Festlegung von Orten im Raume drei Koordinaten, die am einfachsten wieder rechtwinklig gewählt und mit x, y, z bezeichnet werden (Abb. 5).

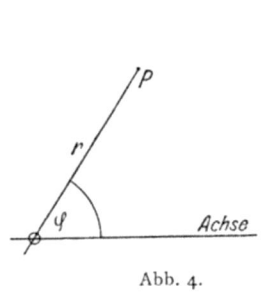

Abb. 4.

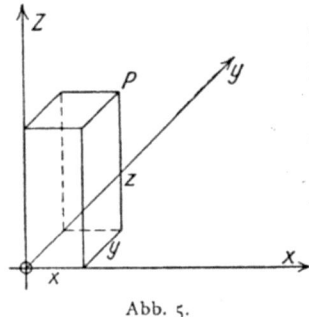

Abb. 5.

4. Die geometrischen Axiome.

Die antike Geometrie als Wissenschaft hat weniger die Frage der Ortsbestimmung auf der Erdoberfläche, als das Problem der Bestimmung der Größe und Form von Flächenstücken, Raumfiguren und deren Gesetze behandelt; man spürt den Ursprung aus der Feldmeßkunst und der Architektur. Darum kam sie auch ohne den Koordinatenbegriff aus. Die geometrischen Sätze behaupten in erster Linie Eigenschaften von Dingen, die Punkt, Gerade, Ebene heißen. In dem klassischen Kanon der griechischen Geometrie, dem Werke Euklids (300 v. Chr.), werden diese Dinge nicht weiter definiert, sondern nur bezeichnet oder beschrieben; hier erfolgt also ein Appell an die Anschauung. Was eine gerade Linie ist, mußt du schon wissen, wenn du Geometrie treiben willst; stelle dir die Kante eines Hauses vor oder die gespannte Meßkette des Feldmessers, abstrahiere von allem Materiellen: und du behältst die Gerade. Nun werden Gesetze aufgestellt, die zwischen diesen Gebilden der abstrakten Anschauung gelten sollen, und zwar ist die große Entdeckung der Griechen, daß man nur eine kleine Anzahl dieser Sätze anzunehmen braucht, um dann alle andern mit logischem Zwange als richtig zugeben zu müssen. Diese an die Spitze gestellten Sätze sind die *Axiome*; ihre Richtigkeit ist nicht beweisbar, sie entspringen nicht der Logik, sondern anderen Quellen der Erkenntnis. Welches diese Quellen sind, darüber haben alle Philosophien der folgenden Jahrhunderte Theorien entwickelt. Die wissenschaftliche Geometrie selber hat die Axiome bis ans Ende des 18. Jahrhunderts als gegeben hingenommen und darauf ihr rein deduktives System von Lehrsätzen getürmt.

Wir werden es nicht umgehen können, die Frage nach der Bedeutung der mit Punkt, Gerade usw. bezeichneten Elementargebilde und nach dem Erkenntnisgrund der geometrischen Axiome ausführlich zu erörtern. Hier aber wollen wir uns auf den Standpunkt stellen, daß über diese Dinge Klarheit herrscht; wir operieren vorläufig mit den geometrischen Begriffen, wie wir es in der Schule gelernt haben (oder wenigstens hätten lernen sollen) und wie es unzählige Generationen von Menschen unbedenklich getan haben. Die Anschaulichkeit zahlreicher geometrischer Sätze und die Brauchbarkeit des ganzen Systems zur Orientierung in der realen Welt mögen als Rechtfertigung genügen.

5. Das ptolemäische Weltsystem.

Der Himmel erscheint dem Auge als eine mehr oder minder flache Kuppel, an der die Gestirne angeheftet sind; die ganze Kuppel aber dreht sich im Laufe eines Tages um eine Achse, deren Lage am Himmel durch den Polarstern bezeichnet wird. Solange dieser Augenschein als Wirklichkeit galt, war eine Übertragung der Geometrie von der Erde auf den Weltenraum überflüssig und wurde tatsächlich nicht vollzogen; denn Längen, Entfernungen, die mit irdischen Einheiten meßbar wären, sind nicht vorhanden, zur Bezeichnung der Stellungen der Gestirne genügt die Angabe der scheinbaren Winkel, die die Blickrichtung vom Beobachter nach dem Gestirne mit dem Horizont und einer andern, geeignet gewählten Ebene bildet. In diesem Stadium der Erkenntnis ist die Erdoberfläche der ruhende, ewige Grund des All; die Worte »oben« und »unten« haben einen absoluten Sinn, und wenn dichterische Phantasie oder philosophische Spekulation die Höhe des Himmels, die Tiefe des Tartarus abzuschätzen unternehmen, so braucht die Bedeutung dieser Begriffe mit keinem Worte erläutert zu werden, das unmittelbare Erlebnis der Anschauung liefert sie ohne Spekulation. Hier schöpft die naturwissenschaftliche Begriffsbildung noch ganz aus der Fülle der subjektiven Gegebenheiten. Das nach Ptolemäus (150 n. Chr.) benannte Weltsystem ist die wissenschaftliche Formulierung dieses geistigen Zustandes; es kent bereits eine Menge von feineren Tatsachen über die Bewegung der Sonne, des Mondes, der Planeten und es bewältigt sie theoretisch mit beträchtlichem Erfolge, doch hält es fest an der absolut ruhenden Erde, um die die Gestirne in unmeßbaren Entfernungen kreisen. Ihre Bahnen werden als Kreise und Epizykeln nach den Gesetzen der irdischen Geometrie bestimmt, doch wird dadurch nicht eigentlich der Weltraum der Geometrie unterworfen; denn die Bahnen liegen gleich Schienen auf den kristallenen Schalen befestigt, die hintereinander geschichtet den Himmel bedeuten.

6. Das kopernikanische Weltsystem.

Man weiß, daß bereits griechische Denker die Kugelgestalt der Erde entdeckten und die ersten Schritte vom ptolemäischen, geozentrischen

Weltsysteme zu höheren Abstraktionen wagten. Aber erst lange nach dem Absterben der griechischen Kultur, bei andern Völkern anderer Länder, wurde die *Erdkugel* physikalische Wirklichkeit. Das ist die erste ganz große Abwendung vom Augenschein und zugleich die erste ganz große Relativierung. Wieder sind Jahrhunderte seit jener Wende vergangen, und was damals unerhörte Entdeckung war, ist heute Schulweisheit für kleine Kinder. Darum ist es schwer, sich klar zu machen, was es dem Denken bedeutete, als die Begriffe »oben« und »unten« ihren absoluten Sinn verloren und das Recht des Antipoden anerkannt werden mußte, die Richtung im Raume oben zu nennen, die hier unten heißt. Aber als die erste Erdumsegelung gelungen war, wurde die Sache so handgreiflich, daß jeder Widerspruch verstummte. Aus diesem Grunde bot auch die Entdeckung des Globus keinen Anlaß zum Kampfe zwischen objektiver und subjektiver Weltauffassung, zwischen Naturforschung und Kirche. Dieser Kampf entbrannte erst, als Kopernikus (1543) die Erde ihrer zentralen Stellung im Weltall entsetzte und das *heliozentrische Weltsystem* schuf.

Hier liegt an sich kaum eine höhere Relativierung vor, aber die Bedeutung der Entdeckung für die Entwicklung des menschlichen Geistes liegt darin, daß die Erde, die Menschheit, das einzelne Ich entthront werden. Die Erde wird ein Trabant der Sonne und schleppt die auf ihr wimmelnde Menschheit im Weltraume herum, neben ihr kreisen ähnliche, gleichwertige Planeten: der Mensch der Astronomie ist nicht mehr wichtig, höchstens für sich selbst. Aber noch weiter: alle diese Ungeheuerlichkeiten fließen nicht aus groben Tatsachen (wie es etwa eine Erdumsegelung ist), sondern aus für jene Zeit feinen, subtilen Beobachtungen, schwierigen Rechnungen über Planetenbahnen, jedenfalls lauter Beweisgründen, die weder jedermann zugänglich noch für das alltägliche Leben von irgendwelcher Wichtigkeit sind. Augenschein, Anschauung, heilige und profane Überlieferung sprechen gegen die neue Lehre. An die Stelle der sichtbaren Sonnenscheibe setzt diese einen unvorstellbar riesigen Feuerball, an die Stelle der freundlichen Himmelslichter ebensolche Feuerbälle in unbegreiflichen Fernen oder erdenartige Kugeln, die fremdes Licht widerstrahlen, und alle sichtbaren Maße sollen Täuschung sein, Wahrheit aber unermeßliche Entfernungen, rasende Geschwindigkeiten. Und trotzdem mußte die neue Lehre siegen; denn ihre Kraft war der heiße Wille jedes denkenden Menschen, alle Dinge der natürlichen Welt, und seien sie noch so bedeutungslos für das menschliche Dasein, als eine gesetzmäßige Einheit zu erfassen, um sie im Denken festhalten und andern mitteilen zu können. Bei diesem Prozesse, der das Wesen der naturwissenschaftlichen Forschung ausmacht, scheut der Geist nicht davor zurück, die sinnfälligsten Tatsachen der Anschauung zu bezweifeln oder als Täuschung zu erklären, aber er greift lieber zu den höchsten Abstraktionen, ehe er eine sichere Tatsache, sei sie noch so unbedeutend, aus dem Naturbilde ausschließt. Darum mußte auch die Kirche, damals die

Trägerin der herrschenden subjektiven Weltanschauung, die Kopernikanische Lehre verfolgen, darum mußte Galilei vor das Ketzergericht. Nicht so sehr die Widersprüche gegen überlieferte Dogmen, als die veränderte Einstellung gegenüber den seelischen Vorgängen haben diesen Kampf entfesselt; wenn das Erlebnis der Seele, die Anschauung der Dinge, in der Natur nichts mehr bedeuten sollte, so konnte eines Tages auch das religiöse Erlebnis vom Zweifel getroffen werden. So weit selbst die kühnsten Denker jener Zeit von religiöser Skepsis entfernt waren, die Kirche witterte doch den Feind.

Von der großen Relativierungstat des Kopernikus stammen alle die unzähligen ähnlichen, aber kleineren Relativierungen der wachsenden Naturwissenschaft, bis Einsteins Leistung wieder würdig an die Seite des großen Vorbildes tritt.

Nun müssen wir aber mit wenigen Worten den Kosmos schildern, wie ihn Kopernikus entworfen hat.

Da ist zuerst zu sagen, daß die Begriffe und Gesetze der irdischen Geometrie ohne weiteres auf den Weltenraum übertragen werden. An Stelle der noch flächenhaft vorgestellten Zykeln der ptolemäischen Welt treten nun wirkliche Bahnen im Raume, deren Ebenen verschiedene Stellungen haben können. Das Zentrum des Weltsystems ist die Sonne; um sie ziehen die Planeten ihre Kreise, einer von ihnen ist die Erde, die sich selbst um ihre Achse dreht und um die der Mond wieder auf einer Kreisbahn läuft. Draußen aber in ungeheuren Entfernungen sind die Fixsterne Sonnen gleich der unserigen, im Raume ruhend. Kopernikus' konstruktive Leistung ist der Nachweis, daß bei dieser Annahme der Anblick des Himmels alle jene Erscheinungen zeigen muß, die das überlieferte Weltsystem nur durch verwickelte und künstliche Hypothesen erklären konnte. Der Wechsel von Tag und Nacht, die Jahreszeiten, die Erscheinungen der Mondphasen, die verschlungenen Planetenbahnen, alles wird auf einmal durchsichtig, verständlich und relativ einfachen Berechnungen zugänglich.

7. Der Ausbau der kopernikanischen Lehre.

Die Kreisbahnen des Kopernikus genügten bald den Beobachtungen nicht mehr; offenbar sind die wirklichen Bahnen wesentlich verwickelter. Es war nun entscheidend für den Wert der neuen Weltauffassung, ob wieder künstliche Konstruktionen wie die Epizykeln des ptolemäischen Systems notwendig würden, oder ob die Verbesserung der Bahnberechnung ohne Komplikationen gelang. Keplers (1618) unsterbliches Verdienst ist es, die einfachen und durchsichtigen Gesetze der Planetenbahnen gefunden und dadurch das kopernikanische System in einer Krisis gerettet zu haben. Die Bahnen sind zwar nicht Kreise um die Sonne, aber dem Kreise nah verwandte Kurven, Ellipsen, in deren einem Brennpunkte die Sonne steht. Wie dieses Gesetz die Form der Bahnen in einfachster Weise regelt, so bestimmen die beiden andern Gesetze Keplers die Größe der Bahnen und die Geschwindigkeiten, mit denen sie durchlaufen werden.

Keplers Zeitgenosse Galilei (1610) richtete das neu erfundene Fernrohr auf den Sternhimmel und entdeckte die Jupitermonde; in ihnen erkannte er ein verkleinertes Abbild des Planetensystems, sah des Kopernikus Ideen als optische Wirklichkeiten. Galileis größeres Verdienst aber ist die Entwicklung der Prinzipien der Mechanik, deren Anwendung auf die Planetenbahnen durch Newton (1687) die Vollendung des kopernikanischen Weltsystems herbeiführte.

Kopernikus' Kreise und Keplers Ellipsen sind das, was die heutige Wissenschaft eine *kinematische* oder *phoronomische Darstellung* der Bahnen nennt, nämlich eine mathematische Formulierung der Bewegungen ohne Angabe der Ursachen und Zusammenhänge, die gerade diese Bewegungen hervorbringen. Die kausale Fassung von Bewegungsgesetzen ist der Inhalt der von Galilei begründeten *Dynamik* oder *Kinetik*. Newton hat diese Lehre auf die Bewegungen der Himmelskörper angewandt und durch eine höchst geniale Interpretation von Keplers Gesetzen den Ursachenbegriff als *mechanische Kraft* in die Astronomie eingeführt. Das Newtonsche Gesetz der allgemeinen Anziehungskraft oder Gravitation bewies seine Überlegenheit über die älteren Theorien durch die Erklärung aller Abweichungen von Keplers Gesetzen, die sogenannten Bahnstörungen, die durch die verfeinerte Beobachtungskunst inzwischen zutage gefördert worden waren.

Diese dynamische Auffassung der Bewegungsvorgänge im Weltenraume bedingte nun aber sogleich eine schärfere Fassung der Voraussetzungen über *Raum und Zeit*. Bei Newton treten diese Axiome zum ersten Male ausdrücklich formuliert in Erscheinung; man darf daher die bis zu Einsteins Auftreten geltenden Sätze als Newtons Lehre von Raum und Zeit bezeichnen. Zu ihrem Verständnisse ist es unumgänglich, die Grundbegriffe der Mechanik klar zu übersehen, und zwar von einem in den elementaren Lehrbüchern gewöhnlich vernachlässigten Standpunkte, der die Frage nach der Relativität in den Vordergrund rückt. Wir werden daher zunächst die einfachsten Tatsachen, Definitionen und Gesetze der Mechanik zu erörtern haben.

II. Die Grundgesetze der klassischen Mechanik.

1. Gleichgewicht und Kraftbegriff.

Die Mechanik hat historisch ihren Ausgang von der *Gleichgewichtslehre* oder *Statik* genommen; auch logisch ist dieser Aufbau der natürlichste.

Der Grundbegriff der Statik ist die *Kraft*; er stammt von dem subjektiven Gefühl der Anstrengung beim Ausführen einer körperlichen Arbeit. Von zwei Männern ist der der kräftigere, der den schwereren Stein heben, den steiferen Bogen spannen kann. In diesem Kraftmaße, mit dem Odysseus den Freiern sein Recht bewies und das in den alten Heldenliedern überhaupt eine große Rolle spielt, liegt bereits der Keim der Objektivierung des subjektiven Anstrengungsgefühls. Der nächste Schritt ist die Wahl einer Einheit der Kraft und die Messung aller Kräfte im Verhältnis zu der Einheitskraft, also die Relativierung des Kraftbegriffs. Das *Gewicht*, als die aufdringlichste Kraft, die alle irdischen Dinge nach unten zieht, bot die Krafteinheit in bequemer Form: ein Stück Metall, das durch irgendeinen staatlichen oder priesterlichen Akt als Gewichtseinheit bestimmt wurde. Heute sind es internationale Kongresse, die die Einheiten festsetzen. Als Gewichtseinheit gilt in der Technik das Gewicht eines bestimmten Stückes Platin in Paris; diese *Gramm* (g) genannte Einheit wollen wir bis auf weiteres benützen. Das Instrument zum Vergleichen der Gewichte verschiedener Körper ist die *Wage*.

Zwei Körper sind gewichtsgleich, gleich schwer, wenn sie, auf die beiden Wagschalen gelegt, das Gleichgewicht der Wage nicht stören. Legt man zwei auf diese Weise gefundene gleich schwere Körper beide in die eine Wagschale, in die andere aber einen Körper, der den beiden das Gleichgewicht hält, so hat dieser das doppelte Gewicht wie jeder der beiden andern. Auf diese Weise fortfahrend verschafft man sich, von der Gewichtseinheit ausgehend, einen Gewichtssatz, mit dessen Hilfe das Gewicht jedes Körpers in bequemer Weise ermittelt werden kann.

Es ist hier nicht unsere Aufgabe, auszuführen, wie mit diesen Hilfsmitteln die einfachen Gesetze der Statik fester Körper, etwa die Hebelgesetze, gefunden und gedeutet werden. Wir bringen nur so viele Begriffe, als zum Verständnisse der Relativitätstheorie unerläßlich sind.

Andere Kräfte treten dem primitiven Menschen außer in seiner eigenen Körperkraft oder der seiner Haustiere vor allem bei den Vorgängen entgegen, die wir heute die *elastischen* nennen. Dazu gehört die Kraft, die ein Bogen, eine Armbrust zum Spannen erfordert. Man kann diese nun leicht mit Gewichten vergleichen. Will man z. B. die Kraft messen, die nötig ist, um eine Spiralfeder (Abb. 6) um ein bestimmtes Stück zu dehnen, so probiere man aus, welches Gewicht man anhängen muß, damit gerade bei dieser Dehnung Gleichgewicht herrscht; dann ist die Federkraft gleich der des Gewichts, nur daß sie nach oben, das Gewicht aber nach unten zieht. Hierbei wird stillschweigend das Prinzip verwendet, daß Kraft und Gegenkraft (actio und reactio) im Gleichgewichte einander gleich sind.

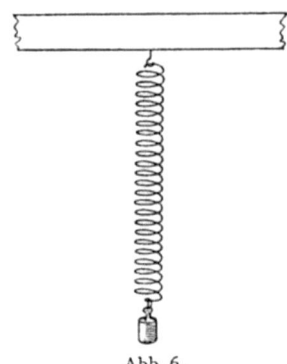

Abb. 6.

Stört man ein solches Gleichgewicht durch Schwächung oder Fortnahme der einen Kraft, so tritt *Bewegung* ein. Das gehobene Gewicht fällt herab, wenn die stützende Hand, die die Gegenkraft leistet, losläßt; der Pfeil fliegt davon, wenn der Schütze die Sehne des gespannten Bogens freigibt. Kraft erzeugt Bewegung. Das ist der Ausgangspunkt der *Dynamik*, die nach den Gesetzen dieses Vorganges sucht.

2. Bewegungslehre. Geradlinige Bewegung.

Zuvor ist es notwendig, den Begriff der Bewegung selber einer Analyse zu unterwerfen. Die exakte, mathematische Beschreibung der Bewegung eines Punktes besteht darin, daß man von Augenblick zu Augenblick angibt, an welchem Orte relativ zu dem im voraus gewählten Koordinatensystem er sich befindet. Der Mathematiker benützt hierzu Formeln; wir wollen diese, nicht jedem geläufige Art, Gesetze und Zusammenhänge darzustellen, nach Möglichkeit vermeiden und bedienen uns statt dessen einer graphischen Darstellungsmethode. Diese möge an dem einfachsten Beispiele, der Bewegung eines Punktes in einer Geraden, erläutert werden. Auf der Geraden sei ein Nullpunkt gewählt; die Längeneinheit sei, wie in der Physik üblich, das cm. Der bewegliche Punkt habe in dem Augenblicke, wo wir die Betrachtung beginnen und den wir als den Zeitmoment $t = 0$ bezeichnen, den Abstand $x = 1$ cm vom Nullpunkte; während 1 sec sei er um $1/2$ cm nach rechts gerückt, so daß für $t = 1$ der Abstand vom Nullpunkt den Wert $x = 1,5$ cm hat; in der nächsten Sekunde rücke er um denselben Betrag nach $x = 2$ cm, usw. Die folgende kleine Tabelle gibt die zu den Zeiten t gehörigen Entfernungen x wieder.

t	0	1	2	3	4	5	6	7	8 . . . .
x	1	1,5	2	2,5	3	3,5	4	4,5	5 . . . .

Denselben Zusammenhang sehen wir in den aufeinander folgenden Bildern der Abb. 7 dargestellt, wo der bewegliche Punkt als kleiner Kreis auf der Entfernungsskala angedeutet ist. Statt nun lauter kleine Figuren übereinander zu zeichnen, kann man eine einzige Figur entwerfen, in der *x* und *t* als Koordinaten auftreten (Abb. 8); damit gewinnt man überdies den Vorteil, daß der Ort des Punktes nicht nur für die vollen Sekunden, sondern auch für alle Zwischenzeiten dargestellt werden kann, man braucht dazu nur die in der ersten Figur markierten Lagen durch eine Kurve zu verbinden. In unserm Falle ist das offenbar eine gerade Linie; der Punkt rückt nämlich in gleichen Zeiten um gleiche Strecken vor, die Koordinaten *x*, *t* ändern sich also in gleichem Verhältnisse (proportional), und es ist evident, daß das Bild dieses Gesetzes eine Gerade ist. Man nennt eine

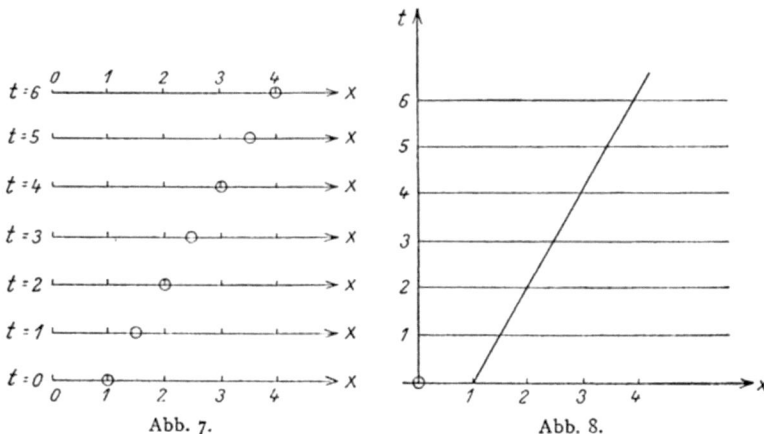

Abb. 7.   Abb. 8.

solche Bewegung eine *gleichförmige*. Als *Geschwindigkeit v* der Bewegung bezeichnet man das Verhältnis des zurückgelegten Weges zu der dazu benötigten Zeit, in Zeichen:

(1) $$v = \frac{x}{t}.$$

Bei unserm Beispiele legt der Punkt in jeder sec den Weg $^1/_2$ cm zurück, die Geschwindigkeit bleibt also immer dieselbe und beträgt $^1/_2$ cm pro sec.

Die Einheit der Geschwindigkeit ist durch diese Definition schon festgelegt; sie ist diejenige Geschwindigkeit, bei der der bewegliche Punkt in 1 sec 1 cm zurücklegt. Man sagt, es ist eine abgeleitete Einheit, und man bezeichnet sie, ohne Einführung eines neuen Wertes mit cm pro sec, oder cm/sec. Um auszudrücken, daß die Geschwindigkeitsmessung sich nach der Formel (1) auf Längen und Zeitmessungen zurückführen läßt, sagt man auch, die Geschwindigkeit habe die »*Dimension*« Länge dividiert durch Zeit, geschrieben $[v] = \left[\dfrac{l}{t}\right]$. In entsprechender Weise ordnet man jeder Größe, die sich aus den Grundgrößen Länge *l*, Zeit *t* und Gewicht *G* aufbauen läßt, eine bestimmte Dimension zu; ist diese bekannt, so läßt sich die Einheit der Größe durch die der Länge, der Zeit und des Gewichtes, etwa cm, sec und g, sofort ausdrücken.

Bei großen Geschwindigkeiten ist der in der Zeit t zurückgelegte Weg x groß, also verläuft die Bildgerade flach gegen die x-Achse; je kleiner die Geschwindigkeit ist, um so steiler steigt sie an. Ein ruhender Punkt hat die Geschwindigkeit Null und wird in unserm Diagramm durch eine zur t-Achse parallele Gerade dargestellt; denn die Punkte dieser Geraden haben für alle Zeiten t denselben Wert von x (Abb. 9, a).

Wenn ein Punkt erst ruht, aber dann in einem Augenblicke plötzlich eine Geschwindigkeit bekommt und mit dieser sich weiter bewegt, bekommen wir das Bild eines geknickten Geradenzuges, dessen erster Teil vertikal ist (Abb. 9, b).

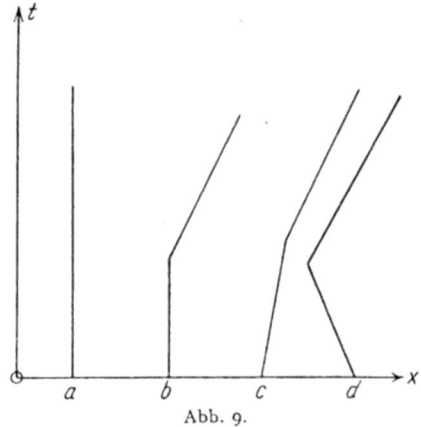

Abb. 9.

Ähnliche geknickte Geradenzüge stellen die Fälle dar, wo ein zuerst nach rechts oder links gleichförmig bewegter Punkt plötzlich seine Geschwindigkeit ändert (Abb. 9, c, d). Ist die Geschwindigkeit vor der plötzlichen Änderung v_1 (etwa $= 3$ cm/sec), nachher v_2 (etwa $= 5$ cm/sec), so ist die Geschwindigkeits-

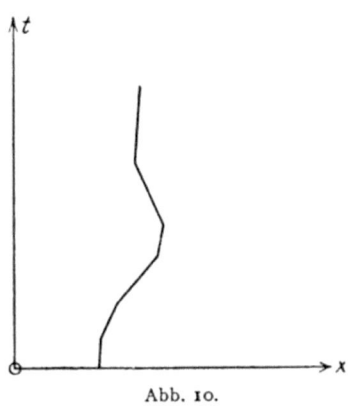

Abb. 10.

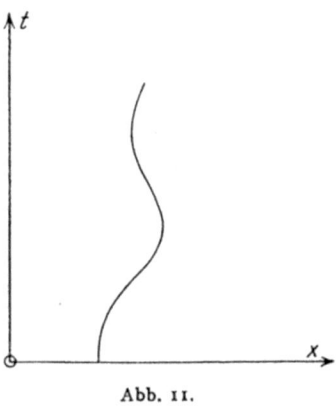

Abb. 11.

zunahme $v_2 - v_1$ (also $= 5 - 3 = 2$ cm/sec). Wenn v_2 kleiner als v_1 ist (etwa $v_2 = 1$ cm/sec), so ist $v_2 - v_1$ negativ (nämlich $= 1 - 3 = -2$ cm/sec) und das bedeutet offenbar, daß der bewegte Punkt plötzlich verzögert wird.

Erfährt ein Punkt sehr oft hintereinander momentane Geschwindigkeitsänderungen, so ist das Bild seiner Bewegung ein Vieleck- oder Polygonzug (Abb. 10).

Folgen die Änderungen der Geschwindigkeit immer schneller aufeinander und werden dabei hinreichend klein, so wird der Polygonzug bald nicht mehr von einer krummen Linie zu unterscheiden sein; er stellt dann eine Bewegung dar, deren Geschwindigkeit fortwährend wechselt, die also ungleichförmig, beschleunigt oder verzögert, ist (Abb. 11).

Ein exaktes Maß der Geschwindigkeit und ihrer Änderung, der Beschleunigung, kann man in diesem Falle nur mit den Methoden der Infinitesimalrechnung gewinnen; für uns genügt es, die kontinuierliche Kurve durch ein Polygon ersetzt zu denken, dessen gerade Seiten gleichförmige Bewegungen mit bestimmter Geschwindigkeit darstellen. Die Knicke des Polygons, d. h. die plötzlichen Geschwindigkeitsänderungen, mögen in gleichen Zeitabständen, etwa $t = \dfrac{1}{n}$ sec, aufeinander folgen.

$$x = \tfrac{1}{20}, \quad t = \tfrac{1}{10};$$
$$v_1 = \tfrac{1}{2},\ v_2 = \tfrac{3}{2},\ v_3 = \tfrac{5}{2},\ \ldots,\ w = 1;$$
$$b = \frac{w}{t} = 10.$$

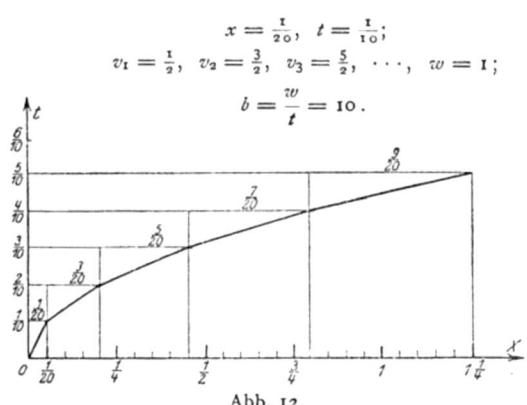

Abb. 12.

Wenn sie überdies alle gleich groß sind, heißt die Bewegung »gleichförmig beschleunigt«; die einzelne Geschwindigkeitsänderung habe die Größe w, und wenn n in der Sekunde erfolgen, so ist die gesamte Geschwindigkeitsänderung pro sec (Abb. 12).

(2) $$nw = \frac{w}{t} = b.$$

Diese Größe ist das Maß der *Beschleunigung*; ihre Dimension ist offenbar $[b] = \left[\dfrac{v}{t}\right] = \left[\dfrac{l}{t^2}\right]$, und ihre Einheit diejenige Beschleunigung, bei der in der Zeiteinheit die Geschwindigkeit um die Einheit zunimmt, also bezogen auf das physikalische Maßsystem cm/sec².

Will man wissen, wie weit ein beweglicher Punkt bei einer gleichförmig beschleunigten Bewegung in einer beliebigen Zeit t vorrückt, so denke man sich die Zeit t in n gleiche Teile geteilt[1]) und am Ende jedes kleinen Zeitabschnitts $\frac{t}{n}$ dem Punkte einen plötzlichen Geschwindigkeitszuwachs w gegeben; dieser hängt mit der Beschleunigung b durch die Formel (2) zusammen, wenn man darin das kleine Zeitintervall t durch $\frac{t}{n}$ ersetzt: $w = b\frac{t}{n}$.

Dann ist die Geschwindigkeit

nach dem ersten Zeitabschnitte $v_1 = w$,
» » zweiten » $v_2 = v_1 + w = 2w$,
» » dritten » $v_3 = v_2 + w = 3w$, usw.

Dabei rückt der Punkt vor

nach dem ersten Zeitabschnitte bis $x_1 = v_1 \frac{t}{n}$,
» » zweiten » » $x_2 = x_1 + v_2 \frac{t}{n} = (v_1 + v_2)\frac{t}{n}$,
» » dritten » » $x_3 = x_2 + v_3 \frac{t}{n} = (v_1 + v_2 + v_3)\frac{t}{n}$,

usw. Nach dem $n$ten Zeitabschnitte, also am Ende des Zeitintervalls t, wird der Punkt bis

$$x = (v_1 + v_2 + \cdots v_n)\frac{t}{n}$$

gekommen sein. Nun ist aber

$$v_1 + v_2 + \cdots + v_n = 1w + 2w + 3w + \cdots + nw$$
$$= (1 + 2 + 3 + \cdots n)w.$$

Die Summe der Zahlen von 1 bis n kann man dadurch einfach berechnen, daß man das erste und letzte, das zweite und vorletzte Glied usw. zusammenzählt; dabei ergibt sich jedesmal $n + 1$, und man hat $\frac{n}{2}$ solcher Summen. Also wird $1 + 2 + \cdots + n = \frac{n}{2}(n + 1)$. Ersetzt man ferner w durch $b\frac{t}{n}$, so erhält man

$$v_1 + v_2 + \cdots + v_n = \frac{n}{2}(n + 1)\frac{bt}{n} = \frac{bt}{2}(n + 1),$$

also

$$x = \frac{bt}{2}(n + 1)\frac{t}{n} = \frac{bt^2}{2}\left(1 + \frac{1}{n}\right).$$

---

[1]) Hier wird eine *beliebige* Zeit t, nicht, wie vorher, 1 sec in n Teile geteilt.

Hier kann man n beliebig groß wählen; dann wird $\frac{1}{n}$ beliebig klein, und es ergibt sich $x = \frac{1}{2} b t^2$.

Das bedeutet, die in gleichen Zeiten zurückgelegten Wege verhalten sich wie die Quadrate der Zeiten. Beträgt z. B. die Beschleunigung $b = 10$ m/sec, so legt der Punkt in der 1. Sekunde den Weg 5 m, in der 2. Sekunde den Weg $5 \cdot 2^2 = 5 \cdot 4 = 20$ m, in der 3. Sekunde den Weg $5 \cdot 3^2 = 5 \cdot 9 = 45$ m zurück, usw. Dieser Zusammenhang wird durch eine krumme Linie in der xt-Ebene, Parabel genannt, dargestellt (Abb. 13). Vergleicht man diese Figur mit der Abb. 12, so sieht man, wie der Polygonzug näherungsweise die stetig gekrümmte Parabel darstellt; in beiden Figuren ist die Beschleunigung $b = 10$ gewählt, und diese bestimmt das Aussehen der Kurve, während die Längen- und Zeit-Einheiten unwesentlich sind.

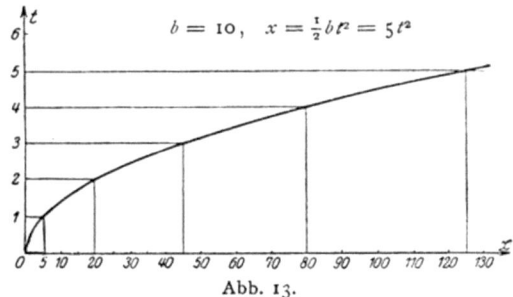

Abb. 13.

Man kann den Begriff der Beschleunigung auch auf nicht gleichförmig beschleunigte Bewegungen anwenden, indem man statt 1 sec eine so kurze Zeit der Beobachtung zugrunde legt, daß während derselben die Bewegung als gleichförmig beschleunigt betrachtet werden kann. Dann ist die Beschleunigung selber fortwährend veränderlich.

Alle diese Definitionen werden erst streng und gleichzeitig bequem zu handhaben, wenn man den Unterteilungsprozeß in kleine Abschnitte, für die die betrachtete Größe als konstant gelten darf, genau studiert; man kommt dabei auf den Begriff des Grenzwertes, der den Ausgangspunkt der Differentialrechnung bildet. Historisch war tatsächlich die Bewegungslehre dasjenige Problem, zu dessen Bewältigung Newton die Differentialrechnung und ihre Umkehrung, die Integralrechnung, erfunden hat.

Die Bewegungslehre (Kinematik, Phoronomie) ist die Vorstufe zur eigentlichen Mechanik der Kräfte oder Dynamik; sie ist offenbar eine Art Geometrie der Bewegung. In der Tat wird in unserer graphischen Darstellung jede Bewegung durch ein geometrisches Gebilde in der Ebene mit den Koordinaten x, t dargestellt. Dabei handelt es sich um etwas mehr als ein bloßes Gleichnis; gerade in der Relativitätstheorie gewinnt die Einführung der Zeit als Koordinate neben den räumlichen Abmessungen eine prinzipielle Bedeutung.

3. Bewegung in der Ebene.

Wollen wir nun die Bewegung eines Punktes in einer Ebene studieren, so läßt sich unser Darstellungsverfahren ohne weiteres übertragen. Man nimmt in der Ebene ein xy-Koordinatensystem und errichtet senkrecht auf ihr die t-Achse (Abb. 14). Dann entspricht einer geradlinigen und gleichförmigen Bewegung in der xy-Ebene eine gerade Linie im xyt-Raume; denn wenn man die Punkte der Geraden, die den Zeitmarken $t = 0, 1, 2, 3, \ldots$ entsprechen, auf die xy-Ebene projiziert, sieht man, daß die örtliche Verschiebung auf gerader Linie und in gleichmäßigen Intervallen vor sich geht.

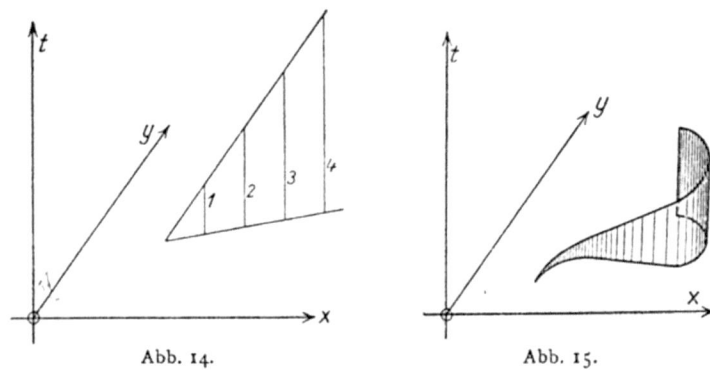

Abb. 14.   Abb. 15.

Jede nicht geradlinige und gleichförmige Bewegung heißt *beschleunigt*, z. B. auch dann, wenn eine *krumme* Bahn mit *konstanter* Geschwindigkeit durchlaufen wird; dann ändert sich zwar nicht die *Größe* aber die *Richtung* der Geschwindigkeit. Eine beschleunigte Bewegung wird durch eine beliebige Kurve im xyt-Raume dargestellt (Abb. 15); die Projektion dieser Kurve auf die xy-Ebene ist die ebene Bahn. Man berechnet die Geschwindigkeit und die Beschleunigung wieder, indem man die Kurve durch einen sich eng anschließenden Polygonzug ersetzt denkt; an jeder Ecke dieses Polygons ändert sich nicht nur die Größe der Geschwindigkeit, sondern auch ihre Richtung. Eine genauere Analyse des Beschleunigungsbegriffes würde uns zu weit führen; es genügt zu sagen, daß man am besten den bewegten Punkt auf die Koordinatenachsen x, y projiziert und die geradlinige Bewegung dieser beiden Projektionspunkte oder, was dasselbe ist, die zeitliche Änderung der Koordinaten x, y selber verfolgt. Auf diese Projektionsbewegungen lassen sich nun die oben für geradlinige Bewegungen gegebenen Begriffsbestimmungen anwenden; man erhält zwei *Geschwindigkeitskomponenten* v_x, v_y und zwei *Beschleunigungskomponenten* b_x, b_y, die zusammen den Geschwindigkeits- bzw. Beschleunigungszustand des bewegten Punktes festlegen.

Bei einer ebenen Bewegung (und ebenso bei einer räumlichen) sind also Geschwindigkeit und Beschleunigung *gerichtete Größen* (Vektoren); sie haben eine bestimmte *Richtung* und einen bestimmten *Betrag*. Letzteren kann man aus den Komponenten berechnen. So erhält man z. B. die Geschwindigkeit nach Richtung und Größe als Diagonale des Rechtecks mit den Seiten v_x und v_y (Abb. 16), ihr Betrag ist also nach dem Pythagoräischen Lehrsatze

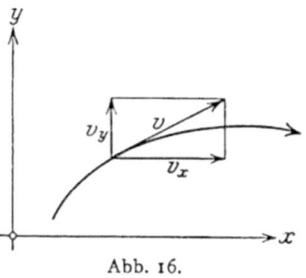

(3) $$v = \sqrt{v_x^2 + v_y^2}.$$

Ganz entsprechendes gilt für die Beschleunigung.

Abb. 16.

4. Kreisbewegung.

Nur einen Fall wollen wir etwas näher betrachten, nämlich die Bewegung eines Punktes auf einer Kreisbahn mit konstanter Geschwindigkeit (Abb. 17); nach dem oben Gesagten ist das eine beschleunigte Bewegung, da die Richtung der Geschwindigkeit fortwährend wechselt. Wäre die Bewegung unbeschleunigt, so liefe der bewegte Punkt von A aus geradlinig mit der Geschwindigkeit v vorwärts. In Wirklichkeit aber soll der Punkt

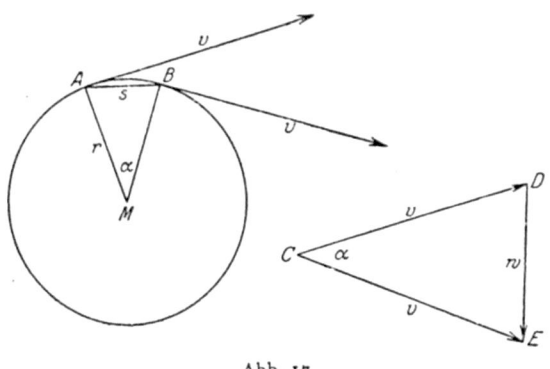

Abb. 17.

auf dem Kreise bleiben, er muß also eine auf den Mittelpunkt M hin gerichtete Zusatzgeschwindigkeit oder Beschleunigung haben; man nennt diese *Zentripetalbeschleunigung*. Sie bewirkt, daß die Geschwindigkeit in einem Nachbarpunkte B, der nach der kurzen Zeit t erreicht wird, eine andere Richtung hat wie im Punkte A. Wir zeichnen nun in einer Nebenfigur (Abb. 17) die Geschwindigkeiten in A und B von einem beliebigen Punkte C aus nach Größe und Richtung hin; die Größe v ist dieselbe, da der Kreis mit konstanter Geschwindigkeit durchlaufen werden soll, aber die Richtung ist verschieden. Verbinden wir die Endpunkte D und E

der beiden Geschwindigkeitspfeile, so ist diese Verbindungsstrecke offenbar die Zusatzgeschwindigkeit w, die den ersten in den zweiten Geschwindigkeitszustand überführt. Wir erhalten somit ein gleichschenkliges Dreieck CED mit der Basis w und den Schenkeln v, und wir erkennen sogleich, daß der Winkel α an der Spitze gleich dem Zentriwinkel des Bogens AB ist, den der bewegte Punkt durchläuft; denn die Geschwindigkeiten in A und B stehen auf den Radien MA und MB senkrecht, schließen also denselben Winkel ein. Folglich sind die beiden gleichschenkligen Dreiecke MAB und CDE einander ähnlich, und man erhält die Proportion

$$\frac{DE}{CD} = \frac{AB}{MA}.$$

Nun ist $DE = w$, $CD = v$, ferner ist MA gleich dem Kreisradius r und AB gleich dem Bogen s bis auf einen kleinen Fehler, der durch hinreichend kleine Wahl des Zeitintervalls t beliebig herabgedrückt werden kann.

Daher erhält man

$$\frac{w}{v} = \frac{s}{r} \quad \text{oder} \quad w = \frac{sv}{r}.$$

Wir dividieren nun durch t und beachten, daß $\frac{s}{t} = v$, $\frac{w}{t} = b$ ist; dann ergibt sich

$$(4) \qquad b = \frac{v^2}{r},$$

d. h. *die Zentripetalbeschleunigung ist gleich dem Quadrat der Umlaufgeschwindigkeit dividiert durch den Kreisradius.*

Auf diesem Satze beruht, wie wir sehen werden, einer der ersten und gewichtigsten Erfahrungsbeweise für die Newtonsche Theorie der Schwerkraft.

Vielleicht ist es nicht überflüssig sich klar zu machen, wie die gleichförmige Kreisbewegung bei der graphischen Darstellung im xyt-Raume als Kurve aussieht. Diese entsteht offenbar so, daß man den bewegten Punkt während der Kreisbewegung gleichmäßig parallel der t-Achse aufsteigen läßt; man erhält eine *Schraubenlinie*, die nun die Bahn und den zeitlichen Ablauf der Bewegung vollständig wiedergibt. In der Figur (Abb. 18) ist sie auf der Mantelfläche eines Zylinders gezeichnet, der die Kreisbahn der xy-Ebene als Grundfläche hat.

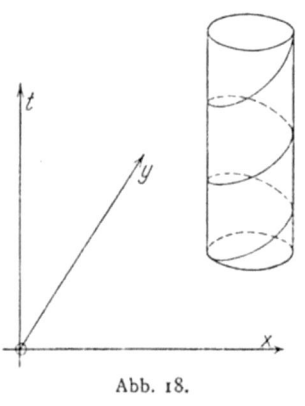

Abb. 18.

5. Bewegung im Raume.

Bei Bewegungen im Raume versagt unsere graphische Darstellung; denn hier haben wir 3 räumliche Koordinaten x, y, z, die Zeit t käme als vierte hinzu, leider ist aber unser Anschauungsvermögen auf den dreidimensionalen Raum beschränkt. Da muß nun die Formelsprache des Mathematikers helfend eingreifen; die Methoden der *analytischen Geometrie* erlauben nämlich, die Eigenschaften und Beziehungen räumlicher Gebilde rein rechnerisch zu behandeln, ohne daß man nötig hätte die Anschauung zu Hilfe zu nehmen oder Figuren zu entwerfen. Ja, dieses Verfahren ist sogar viel mächtiger als die Konstruktion. Vor allem ist es nicht an die Dimensionenzahl 3 gebunden, sondern ohne weiteres auch in Räumen von 4 oder mehr Dimensionen anwendbar. In der Sprache der Mathematiker bedeutet der Begriff eines Raumes von mehr als 3 Dimensionen nichts Mystisches, sondern ist einfach ein kurzer Ausdruck dafür, daß man mit Dingen zu tun hat, die sich durch mehr als 3 Zahlenangaben vollständig bestimmen lassen. So ist die Lage eines Punktes zu einer bestimmten Zeit eben nur durch 4 Zahlenangaben festzulegen, die 3 räumlichen Koordinaten x, y, z und die Zeit t. Wenn wir nun gelernt haben, mit dem xyt-Raume als Bild von ebenen Bewegungen umzugehen, so wird es uns nicht schwer fallen, auch die Bewegungen im dreidimensionalen Raume unter dem Bilde von Kurven im $xyzt$-Raume anzusehen. Diese Auffassung der Kinematik als Geometrie in einem vierdimensionalen $xyzt$-Raume bringt den Vorteil mit sich, daß man die bekannten geometrischen Gesetze auf die Bewegungslehre übertragen kann. Sie hat aber noch eine tiefere Bedeutung, die in der Einsteinschen Theorie deutlich hervortreten wird. Es wird sich zeigen, daß die Begriffe Raum und Zeit, die Erlebnisinhalte ganz verschiedener Qualität sind, als Objekte physikalischer Messungen gar nicht scharf geschieden werden können; die Physik wird, wenn sie an dem Grundsatze festhalten will, nur physikalisch Feststellbares als wirklich anzuerkennen, die Begriffe von Raum und Zeit zu einer höheren Einheit verschmelzen müssen, eben dem vierdimensionalen $xyzt$-Raum. Minkowski hat (1908) diesen »*die Welt*« genannt, wodurch er zum Ausdrucke bringen wollte, daß das Element aller Ordnung der reellen Dinge nicht der Ort und nicht der Zeitpunkt, sondern »*das Ereignis*« oder »*der Weltpunkt*« ist, d. h. ein Ort zu einer bestimmten Zeit. Die Bildkurve eines bewegten Punktes nannte er »*Weltlinie*«, ein Ausdruck, den wir im folgenden immer gebrauchen werden. Die geradlinig gleichförmige Bewegung entspricht also einer geraden Weltlinie, die beschleunigte Bewegung einer gekrümmten.

6. Dynamik. Das Trägheitsgesetz.

Nach diesen Vorbereitungen wenden wir uns nun der Frage zu, von der wir ausgingen, nämlich in welcher Weise Kräfte Bewegungen erzeugen.

Der einfachste Fall ist der, daß überhaupt keine Kräfte da sind. Dann wird ein ruhender Körper sicherlich nicht in Bewegung gesetzt. Diese Feststellung machten bereits die Alten; sie glaubten aber überdies, daß auch das Umgekehrte gelten müsse: wo Bewegung sei, müßten auch Kräfte wirken, die sie unterhalten. Diese Ansicht führt sogleich auf Schwierigkeiten, wenn man sich überlegt, warum ein geschleuderter Stein oder Speer weiter fliegt, wenn er die Hand verlassen hat; diese ist es offenbar, die ihn in Bewegung bringt, ihre Einwirkung aber ist zu Ende, sobald die Bewegung eigentlich begonnen hat. Die antiken Denker haben viel darüber gegrübelt, welche Kräfte es sind, die die Bewegung des fliegenden Steines aufrecht erhalten. Erst Galilei fand den richtigen Standpunkt der Sache gegenüber; er bemerkte, daß es ein Vorurteil sei, anzunehmen, wo Bewegung sei, müsse auch jederzeit Kraft sein. Man müsse vielmehr die Frage stellen, welche quantitative Eigenschaft der Bewegung mit der Kraft in einem gesetzmäßigen Zusammenhange steht, etwa der Ort des bewegten Körpers, oder seine Geschwindigkeit oder seine Beschleunigung oder eine von diesen allen abhängige, kombinierte Größe. Darüber läßt sich durch bloßes Nachdenken nichts herausphilosophieren, sondern man muß die Natur befragen, und die Antwort, die diese zunächst gibt, lautet so, daß die Kräfte auf die Geschwindigkeits*änderungen* Einfluß haben: Zur Aufrechterhaltung einer Bewegung, bei der Größe und Richtung der Geschwindigkeit unverändert bleiben, ist keine Kraft erforderlich, und umgekehrt: Wo keine Kräfte sind, bleibt auch Größe und Richtung der Geschwindigkeit unverändert, also ein ruhender Körper in Ruhe, ein geradlinig und gleichförmig bewegter Körper in geradliniger und gleichförmiger Bewegung.

Dieses *Gesetz vom Beharrungsvermögen* oder *von der Trägheit* liegt nun aber keineswegs so klar zu Tage, wie sein einfacher Wortlaut vermuten ließe. Denn Körper, die wirklich allen Einwirkungen entzogen sind, kennen wir in unserer Erfahrung nicht, und wenn wir sie uns in der Einbildungskraft vorstellen, wie sie einsam mit konstanter Geschwindigkeit auf gerader Bahn durch den Weltenraum ziehen, so geraten wir sofort in das Problem der absolut geraden Bahn im absolut ruhenden Raume, wovon wir erst später ausführlich zu reden haben werden. Wir verstehen daher vorläufig das Trägheitsgesetz in dem eingeschränkten Sinne, den es bei Galilei hatte.

Wir denken uns einen glatten, genau horizontalen Tisch und darauf eine glatte Kugel; diese wird von ihrem Gewichte auf den Tisch gedrückt, wir stellen aber fest, daß wir keine merkliche Kraft brauchen, um die Kugel auf dem Tische ganz langsam zu bewegen. Auf die Kugel wirkt offenbar in horizontaler Richtung keine Kraft, sonst würde sie ja nicht an jeder Stelle von selbst in Ruhe bleiben.

Erteilen wir ihr nun aber eine Geschwindigkeit, so rollt sie auf gerader Linie fort und wird nur äußerst wenig verlangsamt. Diese Verlangsamung wurde von Galilei als eine sekundäre Wirkung erkannt, die der Reibung

Der Stoß oder Impuls.

am Tisch und an der Luft zuzuschreiben ist, wenn auch die reibenden Kräfte nach den statischen Methoden, von denen wir ausgegangen sind, nicht nachweisbar sind. Der richtige Blick für die Unterscheidung des Wesentlichen an einem Vorgange von störenden Nebenwirkungen macht eben den großen Forscher aus.

Auf dem Tische ist also jedenfalls das Trägheitsgesetz bestätigt; es ist festgestellt, daß bei fehlenden Kräften die Geschwindigkeit nach Richtung und Größe konstant bleit.

Folglich werden die Kräfte mit der Geschwindigkeitsänderung, der Beschleunigung, verknüpft sein; wie, läßt sich wieder nur durch die Erfahrung entscheiden.

7. Der Stoß oder Impuls.

Wir haben die Beschleunigung einer ungleichförmigen Bewegung als Grenzfall von plötzlichen Geschwindigkeitsänderungen kurzer gleichförmiger Bewegungen dargestellt. Wir werden daher zunächst fragen, wie eine einzelne plötzliche Geschwindigkeitsänderung durch den Angriff einer Kraft erzeugt wird. Dazu muß die Kraft nur einen kurzen Augenblick wirksam sein; sie ist dann das, was man einen *Stoß* oder *Impuls* nennt. Der Erfolg eines solchen Stoßes hängt nicht nur von der Größe der Kraft, sondern auch von der Dauer der Einwirkung ab, auch wenn diese sehr kurz ist. Man definiert daher die Stärke eines Stoßes folgendermaßen:

n Impulse J, deren jeder darin besteht, daß während der Zeit von

$$t = \frac{1}{n} \text{ sec}$$ die Kraft K wirkt, werden, wenn sie dicht hintereinander ohne merkliche Pausen erfolgen, genau denselben Erfolg haben, als wenn die Kraft K die ganze Sekunde lang anhielte; also wird

$$nJ = \frac{1}{t} J = K$$

sein; oder

(5) $$J = \frac{1}{n} K = tK.$$

Um das zu veranschaulichen, denke man sich etwa auf die

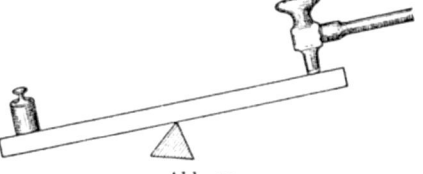

Abb. 19.

eine Seite eines gleicharmigen Hebels (Wagebalken) ein Gewicht gelegt, auf die andere aber mit einem Hammer gleich starke, schnelle Schläge ausgeführt, mit solcher Kraft und so rasch, daß der Hebel bis auf unmerkliche Schwankungen im Gleichgewicht bleibt (Abb. 19). Dabei kann man offenbar schwächer und häufiger, oder langsamer und stärker schlagen, nur muß die Stoßstärke J multipliziert mit der Schlagzahl n, oder dividiert durch die auf jeden Schlag entfallende Zeit t, immer gerade gleich dem Gewicht K sein. Mit dieser »Stoßwage« sind wir imstande, die Stärke von Stößen zu messen, auch wenn wir die Zeitdauer und Kraft des einzelnen nicht feststellen können; wir brauchen nur die Kraft K zu bestimmen, die n gleichen Stößen in der Sekunde (bis auf unmerkliche Erzitterungen der Stoßwage) das Gleichgewicht hält, dann ist die Größe des einzelnen Stoßes der n-te Teil von K.

Die Dimension des Impulses ist $[J] = [tG]$, ihre Einheit im üblichen Maßsystem sec g.

8. Der Impulssatz.

Wir betrachten nun wieder die Kugel auf dem Tische und studieren die Wirkung von Stößen auf sie. Hierzu gebrauchen wir etwa einen um eine horizontale Achse drehbaren Hammer, den wir von bestimmter Höhe herabfallen lassen. Zunächst wird für jede Fallhöhe die Stoßstärke an unserer »Stoßwage« geeicht. Sodann lassen wir ihn gegen die auf dem Tisch ruhende Kugel schlagen und beobachten die Geschwindigkeit, die sie durch den Stoß bekommt, indem wir messen, wieviele cm sie in 1 sec rollt (Abb. 20). Das Resultat ist sehr einfach:

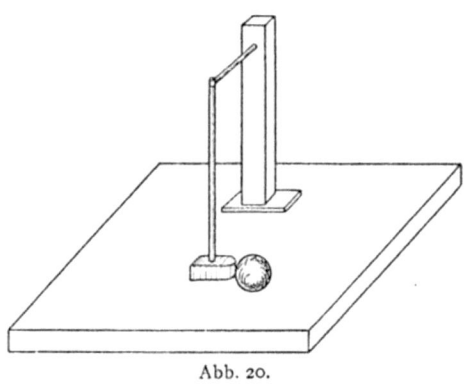

Abb. 20.

Je stärker der Stoß, um so größer die Geschwindigkeit, und zwar entspricht dem doppelten Stoße die doppelte Geschwindigkeit, dem dreifachen Stoße die dreifache Geschwindigkeit usw. Geschwindigkeit und Stoß stehen in konstantem Verhältnis (sind proportional).

Das ist das Grundgesetz der Dynamik, der sogenannte *Impulssatz*, für den einfachen Fall, daß ein Körper aus der Ruhe in Bewegung gesetzt wird. Hat die Kugel schon eine Geschwindigkeit, so wird der Stoß sie vergrößern oder verkleinern, je nachdem er die Kugel von hinten oder vorn trifft. Durch starken Gegenstoß kann man die Kugel zum plötzlichen Umkehren bringen.

Das *Impulsgesetz* lautet dann so, daß *die plötzlichen Geschwindigkeitsänderungen des Körpers sich verhalten wie die Stöße, durch die sie erzeugt sind*. Dabei werden die Geschwindigkeiten je nach ihrer Richtung als positiv oder negativ gerechnet.

9. Die Masse.

Bisher haben wir mit einer einzigen Kugel operiert; jetzt wollen wir denselben Stoßversuch ausführen mit Kugeln verschiedener Art, etwa von verschiedener Größe oder aus verschiedenem Material, die einen massiv, die andern ausgehöhlt. Alle diese Kugeln mögen durch gleichstarke Stöße in Bewegung gesetzt werden. Der Versuch zeigt, daß sie dann ganz verschiedene Geschwindigkeiten bekommen, und zwar sieht man sogleich, daß leichte Kugeln weit geschleudert werden, schwere nur langsam fortrollen. Wir finden hier also einen Zusammenhang mit dem Gewichte, auf den wir nachher ausführlich eingehen werden, denn er ist eine der empirischen Grundlagen der allgemeinen Relativitätstheorie. Hier aber wollen wir gerade im Gegenteil uns klar machen: rein begrifflich hat die Tatsache, daß verschiedene Kugeln durch gleichstarke Stöße verschiedene Geschwindigkeiten erhalten, gar nichts mit Gewicht zu tun. Das Gewicht wirkt nach unten und erzeugt den Druck der Kugel auf den Tisch, aber keinerlei horizontale Kraft. Wir finden nun, daß *eine* Kugel sich dem Stoße mehr widersetzt als die *andere*; wenn die erste zugleich die schwerere ist, so ist das eine neue empirische Tatsache, läßt sich aber von dem hier eingenommenen Standpunkte aus auf keine Weise etwa aus dem Begriffe des Gewichts deduzieren. Was wir feststellen, ist ein verschiedener Widerstand der Kugeln gegen Stöße; man nennt ihn den *Trägheitswiderstand* und mißt ihn durch das Verhältnis des Stoßes J zu der erzeugten Geschwindigkeit v. Für dieses Verhältnis hat man den Namen *Masse* und den Buchstaben m gewählt; man setzt also:

(6)
$$m = \frac{J}{v},$$

und diese Formel besagt, daß für denselben Körper eine Vergrößerung des Impulses J eine größere Geschwindigkeit hervorruft derart, daß ihr Verhältnis immer denselben Wert m hat. Nach dieser Definition der Masse ist ihre Einheit nicht mehr frei wählbar, weil die Einheiten der Geschwindigkeit und des Stoßes schon festgelegt sind; vielmehr hat die Masse die Dimension

$$[m] = \left[\frac{t^2 G}{l}\right]$$

und ihre Einheit ist im üblichen Maßsysteme sec²g/cm.

Im gewöhnlichen Sprachgebrauche bedeutet das Wort Masse etwa dasselbe wie Substanzmenge, Quantität der Materie, ohne daß diese Begriffe selbst scharf definiert sind; der Substanzbegriff wird als Kategorie des Verstandes zu den unmittelbaren Gegebenheiten gezählt. In der Physik aber, und das müssen wir auf das nachdrücklichste betonen, hat das Wort Masse *keine* andere Bedeutung als die durch die Formel (6) gegebene: sie ist das Maß des Widerstandes gegen Geschwindigkeitsänderungen.

Wir können den Impulssatz etwas allgemeiner so schreiben:

(7)
$$mw = J;$$

er bestimmt die Geschwindigkeits*änderung* w, die ein (in Bewegung befindlicher) Körper durch den Stoß J erfährt.

Man pflegt die Formel auch so zu interpretieren:
Die gegebene Stoßkraft J des Hammers wird auf die bewegliche Kugel übertragen; der Hammer »verliert« den Impuls J, dieser kommt in der Bewegung der Kugel wieder im gleichen Betrage mw zum Vorschein. Diese Stoßkraft trägt die rollende Kugel mit sich, und wenn sie selbst gegen einen Körper prallt, so versetzt sie diesem wieder einen Stoß und verliert dadurch gerade ebensoviel Impuls, als der andere Körper gewinnt. Prallen z. B. zwei Kugeln von den Massen m_1 und m_2 geradlinig aufeinander, so sind die Stoßkräfte, die sie aufeinander ausüben, stets entgegengesetzt gleich, $J_1 = -J_2$, ihre Summe also gleich Null:

$$(8) \qquad J_1 + J_2 = m_1 w_1 + m_2 w_2 = 0;$$

daruas folgt

$$w_2 = -\frac{m_1}{m_2} w_1,$$

d. h. wenn die eine Kugel Geschwindigkeit verliert (w_1 negativ), gewinnt die andere (w_2 positiv), und umgekehrt.

Führt man die Geschwindigkeiten der beiden Kugeln vor und nach dem Stoße ein, nämlich v_1, v_1' für die erste, v_2, v_2' für die zweite Kugel, so sind die Geschwindigkeitsänderungen

$$w_1 = v_1' - v_1, \qquad w_2 = v_2' - v_2,$$

und man kann die Gleichung (8) so schreiben:

$$m_1(v_1' - v_1) + m_2(v_2' - v_2) = 0.$$

Bringt man hier die auf die Bewegung vor dem Stoße bezüglichen Größen auf die eine Seite, die auf die Bewegung nach dem Stoße bezüglichen auf die andere, so erhält man

$$(9) \qquad m_1 v_1 + m_2 v_2 = m_1 v_1' + m_2 v_2',$$

und diese Gleichung läßt sich so deuten:

Um einen Körper von der Ruhe auf die Geschwindigkeit v zu bringen, braucht man den Impuls mv; diesen führt er dann mit sich. Der gesamte, von den beiden Kugeln vor dem Stoße mitgeführte Impuls ist also $m_1 v_1 + m_2 v_2$. Die Gleichung (9) sagt dann aus, daß dieser durch den Stoß nicht geändert wird. Das ist das *Gesetz von der Erhaltung des Impulses.*

10. Kraft und Beschleunigung.

Ehe wir den auffälligen Parallelismus von Masse und Gewicht weiter verfolgen, wollen wir die gewonnenen Gesetze auf den Fall dauernd wirkender Kräfte übertragen; allerdings läßt sich eine strenge Begründung der Sätze wieder nur mit den Methoden der Infinitesimalrechnung geben, doch können die folgenden Betrachtungen wenigstens eine ungefähre Vorstellung der Zusammenhänge vermitteln.

Kraft und Beschleunigung.

Eine kontinuierlich wirkende Kraft erzeugt eine Bewegung mit kontinuierlich sich ändernder Geschwindigkeit. Wir denken uns nun die Kraft ersetzt durch eine rasche Aufeinanderfolge von Stößen; dann wird die Geschwindigkeit bei jedem Stoße eine kleine plötzliche Änderung erleiden, es entsteht eine vielfach geknickte Weltlinie wie in Abb. 10, die sich an die wirkliche, gleichmäßig gekrümmte Weltlinie eng anschließt und sie für die Rechnung ersetzen kann. Wenn nun n Stöße während 1 sec die Kraft K ersetzen, so hat jeder von ihnen nach (5) den Wert $J = \frac{1}{n} K$ oder $= tK$, wo t die auf einen Stoß entfallende kurze Zeit ist. Bei jedem Stoß tritt eine Geschwindigkeitsänderung w ein, die nach (7) durch $mw = J = tK$ oder $m\frac{w}{t} = K$ bestimmt ist. Nun ist aber nach (2) $\frac{w}{t} = b$, also erhält man

(10) $$mb = K.$$

Das ist das *Bewegungsgesetz der Dynamik* für kontinuierlich wirkende Kräfte; es lautet in Worten:

Eine Kraft erzeugt eine zu ihr proportionale Beschleunigung; das konstante Verhältnis $K : b$ ist die Masse.

Man kann diesem Gesetze noch eine andere Form geben, die für viele Zwecke, insbesondere für die in der Einsteinschen Dynamik notwendige Verallgemeinerung (s. VI, 7, S. 199) vorteilhaft ist. Ändert sich nämlich die Geschwindigkeit v um w, so ändert sich der vom bewegten Körper mitgeführte Impuls $J = mv$ um mw; also ist $mb = \frac{mw}{t}$ die Änderung des mitgeführten Impulses in der dazu gebrauchten kleinen Zeit t. Demnach kann man das in der Formel (10) ausgedrückte Grundgesetz auch so aussprechen:

Wirkt auf einen Körper eine Kraft K, so ändert sich sein mitgeführter Impuls $J = mv$ derart, daß seine Änderung pro Zeiteinheit gleich der Kraft K ist.

In dieser Form gilt das Gesetz zunächst nur für Bewegungen, die in einer geraden Linie vor sich gehen und bei denen die Kraft in derselben Geraden wirkt. Ist das nicht der Fall, wirkt die Kraft seitlich zur momentanen Bewegungsrichtung, so muß das Gesetz etwas verallgemeinert werden; man denke sich die Kraft als einen Pfeil gezeichnet und diesen auf drei zueinander senkrechte Richtungen, etwa die Koordinatenachsen, projiziert. In der Abbildung (Abb. 21) ist der Fall dargestellt, daß die Kraft in der xy-Ebene

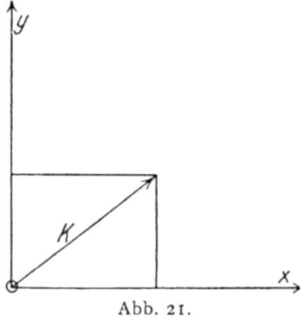

Abb. 21.

wirkt, und es sind ihre Projektionen auf die x- und die y-Achse eingetragen. Ebenso denke man sich den bewegten Punkt auf die Achsen projiziert; jeder der Projektionspunkte vollführt dann auf seiner Achse eine Bewegung. Das Bewegungsgesetz lautet dann so, daß die Beschleunigungen dieser Projektionsbewegungen mit den entsprechenden Kraftkomponenten in der Beziehung $mb = K$ stehen. Wir wollen aber auf diese mathematischen Verallgemeinerungen, die begrifflich nichts Neues bieten, nicht genauer eingehen.

11. Beispiel. Elastische Schwingungen.

Als Beispiel der Beziehung zwischen Kraft, Masse, Beschleunigung betrachten wir einen Körper, der unter der Wirkung elastischer Kräfte Schwingungen ausführen kann. Wir nehmen etwa eine gerade, breite Stahlfeder und befestigen sie an einem Ende so, daß sie in der Ruhelage horizontal liegt (nicht nach unten hängt); am anderen Ende trage sie eine Kugel (Abb. 22). Dann kann diese in der Horizontalebene hin und her schwingen; die Schwere hat keinen Einfluß auf ihre Bewegung, diese hängt nur von der elastischen Kraft der Feder ab. Bei kleinen Ausschlägen bewegt sich die Kugel fast geradlinig; ihre Bewegungsrichtung sei die x-Achse.

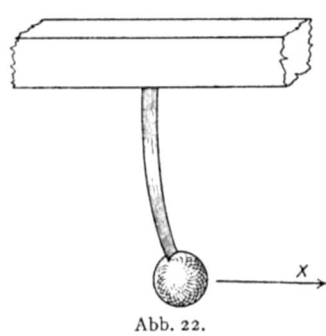

Abb. 22.

Setzt man die Kugel in Bewegung, so vollführt sie eine periodische Schwingung, deren Wesen man sich so klar macht: Man bringe die Kugel mit der Hand etwas aus der Gleichgewichtslage, dabei spürt man die zurückziehende Kraft der Feder. Läßt man die Kugel los, so erteilt diese Kraft ihr eine Beschleunigung, sie kehrt mit wachsender Geschwindigkeit in die Mittellage zurück. Dabei nimmt aber die rückziehende Kraft, also auch die Beschleunigung, dauernd ab und wird beim Passieren der Mittellage selbst gleich Null; denn in dieser ist die Kugel ja im Gleichgewichte, es greift also keine beschleunigende Kraft an ihr an. An derselben Stelle, wo die Geschwindigkeit am größten ist, ist also die Beschleunigung am kleinsten. Infolge des Beharrungsvermögens schießt die Kugel durch die Gleichgewichtslage hindurch, dabei tritt die Federkraft verzögernd auf und bremst die Bewegung ab. Wenn der ursprüngliche Ausschlag nach der anderen Seite erreicht ist, ist die Geschwindigkeit auf Null gesunken, die Kraft hat ihren größten Wert erreicht; zugleich hat auch die Beschleunigung ihren größten Wert, indem sie in diesem Augenblick die Richtung der Geschwindigkeit umkehrt. Von da an wiederholt sich der Vorgang im umgekehrten Sinne.

Beispiel. Elastische Schwingungen.

Wenn man nun die Kugel durch eine andere von verschiedener Masse ersetzt, so sieht man, daß der Charakter der Bewegung derselbe bleibt, aber die Dauer einer Schwingung verändert wird. Bei größerer Masse wird die Bewegung verlangsamt, die Beschleunigung wird kleiner; Verkleinerung der Masse erhöht die Schwingungszahl.

In vielen Fällen kann man annehmen, daß die zurückziehende Kraft K dem Ausschlage x genau proportional ist. Dann kann man den Ablauf der Bewegung folgendermaßen geometrisch veranschaulichen. Man denke sich einen beweglichen Punkt P auf der Peripherie eines Kreises vom Radius a gleichförmig umlaufen, und zwar ν mal in der Sekunde; er legt dann den Kreisumfang $2\pi a$ ($\pi = 3{,}14\ldots$) in der Zeit $T = \dfrac{1}{\nu}$ sec zurück, also ist seine Geschwindigkeit $\dfrac{s}{t} = \dfrac{2\pi a}{T} = 2\pi a \nu$.

Nehmen wir nun den Kreismittelpunkt O zum Nullpunkt eines rechtwinkligen Koordinatensystems, in dem P die Koordinaten x, y hat, so pendelt der Projektionspunkt A des Punktes P auf der x-Achse während des Umlaufs von P geradeso hin und her, wie die an der Feder befestigte Masse. *Dieser Punkt A soll die schwingende Masse darstellen.* Rückt P um ein kleines Bogenstück s vor, so bewegt sich A auf der x-Achse um ein kleines Stück ξ, und es ist $v = \dfrac{\xi}{t}$ die Geschwindigkeit von A. Die Figur (Abb. 23) zeigt nun, daß die Verrückungen ξ und s Kathete und Hypothenuse eines kleinen rechtwinkligen Dreiecks sind, das dem großen rechtwinkligen Dreieck OAP offenbar ähnlich ist; also gilt die Proportion

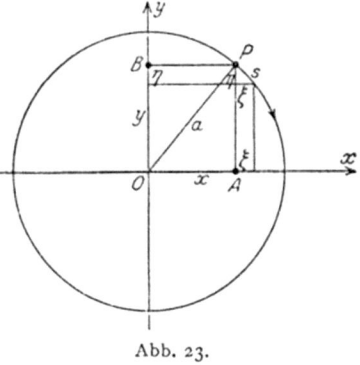

Abb. 23.

$$\frac{\xi}{s} = \frac{y}{a} \quad \text{oder} \quad \xi = s\frac{y}{a}.$$

Daher wird die Geschwindigkeit von A

$$v = \frac{\xi}{t} = \frac{s}{t} \cdot \frac{y}{a} = 2\pi\nu y.$$

Nun vollführt der Projektionspunkt B des Punktes P auf der y-Achse genau eine ebensolche Pendelbewegung; bei der kleinen Verrückung s von P verschiebt sich B um ein Stück η, und es gilt ganz ebenso wie für ξ

$$\frac{\eta}{s} = \frac{x}{a} \quad \text{oder} \quad \eta = s\frac{x}{a}.$$

Dieser Änderung η von y entspricht eine Änderung der Geschwindigkeit $v = 2\pi\nu y$ des Punktes A vom Betrage

$$w = 2\pi\nu\eta = 2\pi\nu s\,\frac{x}{a},$$

also eine Beschleunigung von A

$$b = \frac{w}{t} = 2\pi\nu\,\frac{s}{t}\cdot\frac{x}{a} = (2\pi\nu)^2 x.$$

Die Beschleunigung bei dieser Schwingungsbewegung des Punktes A ist also tatsächlich in jedem Augenblicke dem Ausschlage x proportional. Für die Kraft erhält man

(11) $$K = mb = m(2\pi\nu)^2 x.$$

Durch Messung der zu einem Ausschlage x gehörigen Kraft K und Zählung der Schwingungen kann man also die Masse m des Federpendels bestimmen.

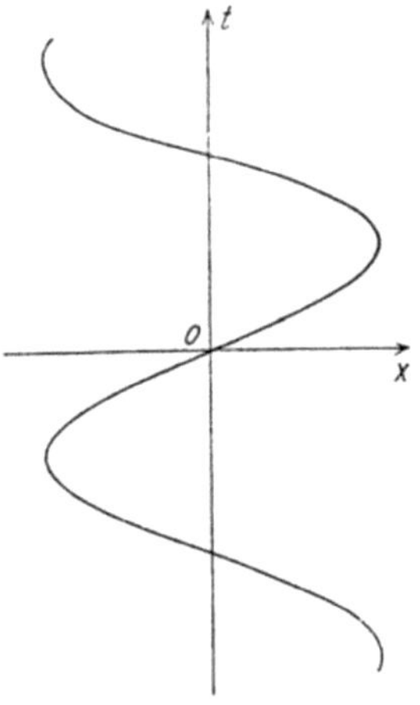

Das Bild der Weltlinie einer solchen Schwingung ist offenbar eine Wellenlinie in der xt-Ebene, wenn x die Schwingungsrichtung ist (Abb. 24). In der Zeichnung ist angenommen, daß die Kugel zur Zeit $t = 0$ die Mittellage $x = 0$ nach rechts passiert. Man sieht, daß immer beim Durchgang durch die t-Achse, d. h. für $x = 0$, die Richtung der Kurve am flachsten gegen die x-Achse ist, wodurch die größte Geschwindigkeit gekennzeichnet wird; dafür ist dort die Kurve ungekrümmt, die Geschwindigkeitsänderung oder Beschleunigung also Null. Umgekehrt verhält es sich an den Stellen, die den äußersten Ausschlägen entsprechen.

Abb. 24.

12. Gewicht und Masse.

Wir haben sogleich bei der Einführung des Massenbegriffs festgestellt, daß Masse und Gewicht auffallend parallel gehen; schwere Körper widersetzen sich beschleunigenden Kräften stärker als leichte. Handelt es sich nun hier um ein exaktes Gesetz? In der Tat ist das der Fall. Um den Sachverhalt ganz klar zu stellen, betrachten wir noch einmal den Versuch, bei dem Kugeln auf einem glatten, horizontalen Tische durch Stöße in Bewegung gesetzt werden. Wir nehmen zwei Kugeln A und B und es sei B doppelt so schwer wie A, d. h. B hält auf der Wage zwei gleichen Exemplaren von A das Gleichgewicht. Jetzt versetzen wir A und B gleiche Stöße auf dem Tische und beobachten die erreichte

Geschwindigkeit; wir finden, daß A genau doppelt so schnell davonrollt wie B.

Die doppelt so schwere Kugel B widersetzt sich also einer Geschwindigkeitsänderung gerade doppelt so stark wie die Kugel A. Man kann das auch so ausdrücken: Körper mit doppelter Masse haben das doppelte Gewicht, oder allgemein: die Massen m verhalten sich wie die Gewichte G. Das Verhältnis von Gewicht und Masse ist eine ganz bestimmte Zahl; man bezeichnet es mit g und schreibt

$$(12) \qquad \frac{G}{m} = g \quad \text{oder} \quad G = mg.$$

Natürlich ist das Experiment, das wir zur Erläuterung des Gesetzes herangezogen haben, äußerst roh[1]). Es gibt aber viele andere Erscheinungen, die dieselbe Tatsache beweisen, vor allem die, daß alle Körper gleich schnell fallen. Dabei ist natürlich vorauszusetzen, daß keine andern Kräfte als die Schwere auf die Bewegung Einfluß haben, man muß also den Versuch im luftleeren Raume machen, um den Luftwiderstand zu beseitigen. Zur Demonstration geeignet ist eine schiefe Ebene (Abb. 25), auf der man zwei äußerlich gleiche, aber verschieden schwere Kugeln herunterrollen läßt; man beobachtet, daß sie genau gleichzeitig unten ankommen.

Das Gewicht ist die treibende Kraft, die Masse bestimmt den Widerstand; stehen beide im gleichen Verhältnisse, so wird ein schwerer Körper zwar stärker angetrieben als ein leichter, dafür wehrt er sich aber gegen den Antrieb stärker, und das Resultat ist, daß der schwere und der leichte Körper gleich schnell herabrollen bzw. fallen. Man erkennt das auch aus unseren Formeln; denn wenn man in (10) für die Kraft das Gewicht G setzt und dieses nach (12) der Masse proportional annimmt, so erhält man:

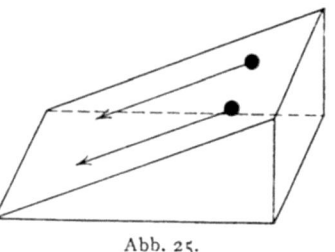

Abb. 25.

$$mb = G = mg,$$

also

$$(13) \qquad b = g.$$

Alle Körper haben also ein und dieselbe Beschleunigung vertikal abwärts, wenn sie sich allein unter dem Einfluß der Schwere bewegen, sie mögen

---

[1]) So wird z. B. der Umstand vernachlässigt, daß auch bei der Erzeugung der *Rotation* der rollenden Kugel ein Widerstand überwunden werden muß, der von der Massenverteilung im Innern der Kugel (Trägheitsmoment) abhängt.

frei herabfallen oder geworfen sein. Die Größe g, die Schwerebeschleunigung, hat den Wert $g = 981$ cm/sec².

Die schärfsten Versuche zur Prüfung dieses Gesetzes gelingen mit Hilfe von Fadenpendeln; bereits Newton hat bemerkt, daß die Schwingungsdauern bei derselben Fadenlänge l immer gleich sind, was auch für eine Kugel den Pendelkörper bilde. Der Vorgang der Schwingung ist ganz derselbe, den wir oben bei dem elastischen Pendel beschrieben haben, nur zieht nicht eine Stahlfeder, sondern die Schwere die Pendelkugel zurück. Die Schwerkraft muß man in zwei Komponenten zerlegt denken; die eine wirkt in der Verlängerung des Fadens und spannt diesen, die andere wirkt in der Bewegungsrichtung und ist die treibende Kraft der Pendelkugel.

Die Abb. 26 zeigt die Pendelkugel im Ausschlage x; man erkennt zwei ähnliche, rechtwinklige Dreiecke, deren Seiten also das gleiche Verhältnis haben:

$$\frac{K}{x} = \frac{G}{l}.$$

Demnach liefert die Formel (11) für die beiden Pendel

$$(2\pi\nu)^2 m_1 = \frac{G_1}{l}, \quad (2\pi\nu)^2 m_2 = \frac{G_2}{l},$$

also

$$\frac{G_1}{m_1} = \frac{G_2}{m_2} = (2\pi\nu)^2 l,$$

d. h. das Verhältnis von Gewicht und Masse ist für beide Pendel dasselbe. Wir hatten dieses Verhältnis oben in Formel (12) g genannt; wir bekommen also die Gleichung

(14) $g = (2\pi\nu)^2 l,$

woraus man sieht, daß sich g durch Messung der Pendellänge l und der Schwingungszahl ν bestimmen läßt.

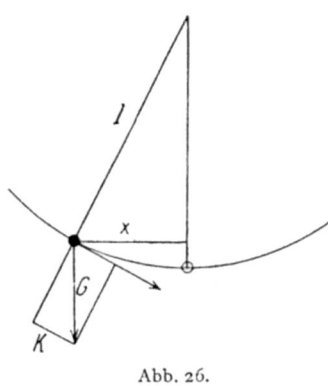

Abb. 26.

Häufig spricht man das Gesetz von der Proportionalität des Gewichts mit der Masse so aus:

schwere und träge Masse sind gleich.

Dabei versteht man unter schwerer Masse einfach das durch g dividierte Gewicht und fügt dann bei der eigentlichen Masse zum Unterschiede das Beiwort »träge« hinzu.

Daß dieses Gesetz sehr genau gilt, hat bereits Newton gewußt; heute ist es durch die allerschärfsten Messungen, die die Physik kennt und die von Eötvös (1890) ausgeführt wurden, aufs genaueste bestätigt worden. Man ist also vollständig berechtigt, die Wägung nicht nur zur Vergleichung der Gewichte, sondern auch der Massen zu benutzen.

Man müßte nun denken, daß ein solches Gesetz in den Fundamenten der Mechanik fest verankert sei. Doch ist das keineswegs der Fall, wie unsere Darstellung zeigt, die den Gedankeninhalt der klassischen Mechanik ziemlich getreu wiedergibt. Vielmehr klebt es, als eine Art Kuriosum, locker an dem Gefüge der übrigen Sätze. Viele haben sich wohl über die Tatsache gewundert, niemand aber suchte dahinter einen tieferen Zusammenhang. Es gibt doch vielerlei Kräfte, die an einer Masse angreifen können; warum soll es nicht eine geben, die der Masse genau proportional ist? Eine Frage, auf die keine Antwort *erwartet* wird, wird auch nicht beantwortet. Und so blieb die Sache unberührt, jahrhundertelang. Das war nur dadurch möglich, daß die Erfolge der Galilei-Newtonschen Mechanik überwältigend waren; sie beherrschte nicht nur die irdischen Bewegungsvorgänge, sondern auch die der Gestirne und erwies sich als zuverlässiges Fundament der gesamten exakten Naturwissenschaft. Galt doch besonders in der Mitte des 19. Jahrhunderts als Ziel der Forschung, alle physikalischen Vorgänge als mechanische im Sinne der Newtonschen Lehre zu deuten. So wurde beim Bau des Hauses vergessen, ob die Fundamente stark genug wären, das Ganze zu tragen. Erst Einstein erkannte die Wichtigkeit des Satzes von der Gleichheit der trägen und schweren Masse für die Grundlagen der physikalischen Wissenschaften.

13. Die analytische Mechanik.

Die Aufgabe der rechnenden oder analytischen Mechanik ist es, aus dem Bewegungsgesetze

$$mb = K$$

die Bewegung zu finden, wenn die Kräfte K gegeben sind. Die Formel selber liefert nur die Beschleunigung, d. h. die Geschwindigkeitsänderung; daraus die Geschwindigkeit und aus dieser wieder den veränderlichen Ort des bewegten Punktes zu finden, ist eine Aufgabe der Integralrechnung, die recht schwierig sein kann, wenn die Kraft in verwickelter Weise sich örtlich und zeitlich ändert. Einen Begriff von der Natur der Aufgabe gibt unsere Ableitung der Ortsveränderung bei einer gleichförmig beschleunigten Bewegung in einer geraden Linie (S. 17). Verwickelter ist schon die Bewegung in einer Ebene unter der Wirkung einer konstanten Kraft von bestimmter Richtung, wie bei einer Wurf- oder Fallbewegung. Auch hier können wir den stetigen Ablauf näherungsweise ersetzen durch eine Folge von gleichförmigen Bewegungen, die durch Stöße ineinander übergeführt werden. Wir denken wieder an unsern Tisch und setzen fest, daß die darauf rollende Kugel jedesmal nach derselben kurzen Zeit t einen Stoß von derselben Größe und Richtung bekommen soll (Abb. 27). Wenn die Kugel nun mit beliebiger Anfangsgeschwindigkeit vom Punkte 0 ausläuft, so gelangt sie nach t sec zu einem Punkte 1, wo sie der erste Stoß trifft; von dort läuft sie in einer andern Richtung mit einer andern Geschwindigkeit t sec weiter, bis sie im

Punkte 2 wieder ein Stoß trifft, der sie ablenkt, usw. Jede einzelne Ablenkung ist durch den Impulssatz bestimmbar; daher kann man den ganzen Bewegungsvorgang konstruieren, und man sieht, daß durch den Ausgangspunkt, die Anfangsrichtung und -geschwindigkeit der weitere Verlauf völlig bestimmt ist. Man hat in dieser ruckweisen Bewegung ein rohes Bild der Bewegung einer Kugel auf einer schiefen Ebene; dabei stimmt das Bild um so besser mit dem in Wirklichkeit kontinuierlichen Vorgange überein, je kleiner das Zeitintervall zwischen den Stößen gewählt wird.

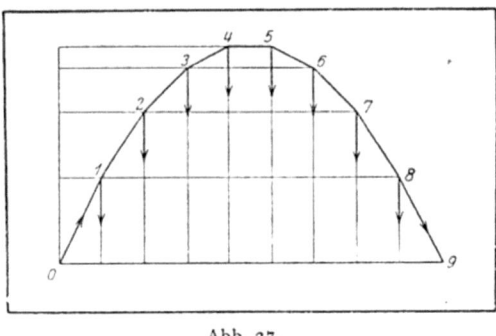

Abb. 27.

Was hier durch Konstruktion erzielt wird, leistet im Falle kontinuierlich wirkender Kräfte die Integralrechnung. Auch dann bleiben der Ausgangspunkt und die Anfangsgeschwindigkeit nach Größe und Richtung völlig willkürlich; sind diese aber gegeben, so ist der weitere Verlauf der Bewegung vollkommen bestimmt. Ein und dasselbe Kraftgesetz kann also unendlich viele Bewegungen erzeugen, je nach der Wahl der Anfangsbedingungen; so beruht die ungeheure Menge der Fall- und Wurfbewegungen auf demselben Kraftgesetze, der vertikal nach unten wirkenden Schwere.

Gewöhnlich handelt es sich bei den mechanischen Problemen nicht um die Bewegung *eines* Körpers, sondern um die mehrerer, die auf einander Kräfte ausüben; dann sind die Kräfte selber gar nicht gegeben, sondern hängen selbst wieder von der unbekannten Bewegung ab. Man begreift, daß das Problem der rechnerischen Bestimmung der Bewegungen mehrerer Körper höchst verwickelt wird.

14. Der Energiesatz.

Es gibt aber einen Satz, der eine große Erleichterung und Übersicht liefert und der auch für die weitere Entwicklung der physikalischen Wissenschaften von größter Wichtigkeit geworden ist. Das ist der *Satz von der Erhaltung der Energie*. Wir können ihn natürlich hier nicht allgemein aussprechen oder gar beweisen; wir wollen nur seinen Inhalt an einfachen Beispielen kennen lernen.

Ein Pendel, das man bei einer bestimmten Höhe der Kugel freigibt, steigt jenseits der Mittellage wieder zur selben Höhe auf — bis auf einen kleinen Fehler, der durch Reibung und Luftwiderstand verursacht wird

(Abb. 28). Ersetzt man die Kreisbahn durch irgendeine andere, indem man die Kugel auf Schienen, wie auf einer Rutschbahn, rollen läßt (Abb. 29), so gilt genau dasselbe: die Kugel steigt immer wieder zur selben Höhe auf, von der sie ausgegangen ist.

Daraus folgt nun leicht, daß die Geschwindigkeit, die die Kugel in irgendeinem Punkte P ihrer Bahn hat, nur von der Tiefe dieses Punktes P unter dem Ausgangspunkte A abhängt. Um das einzusehen, denke

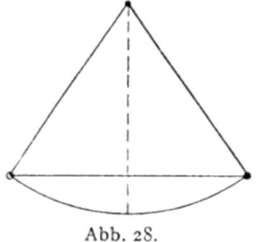

Abb. 28.

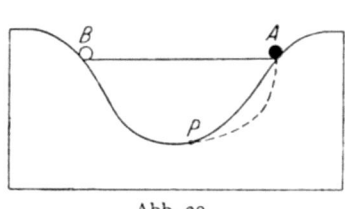

Abb. 29.

man sich das Stück AP der Bahn verändert, den Rest PB aber beibehalten. Würde die Kugel nun auf der einen Bahn von A nach P mit einer andern Anfangsgeschwindigkeit in P ankommen, als auf der andern, so würde sie beim Weiterrollen von P nach B nicht beide Male gerade B als Ziel erreichen; denn dazu ist offenbar eine eindeutig bestimmte Anfangsgeschwindigkeit in P erforderlich. Folglich hängt die Geschwindigkeit in P nicht von der Form des durchlaufenen Bahnstückes ab, und da P ein beliebiger Punkt ist, so gilt das allgemein. Es muß also die Geschwindigkeit v bestimmt sein durch die Fallhöhe h allein. Die Richtigkeit des Satzes hängt davon ab, daß die Bahn (Schiene) als solche der Bewegung keinen Widerstand entgegensetzt, keine Kraft in der Bewegungsrichtung auf die Kugel ausübt, sondern nur den senkrechten Druck der Kugel auffängt. Fehlt die Schiene, so hat man den freien Fall oder Wurf, und es gilt dasselbe: die Geschwindigkeit an jeder Stelle hängt nur von der Fallhöhe ab.

Diese Tatsache läßt sich nicht nur experimentell feststellen, sondern auch aus unsern Bewegungsgesetzen ableiten; dabei erhält man überdies die Form des Gesetzes, das die Abhängigkeit der Geschwindigkeit von der Fallhöhe regelt. Wir behaupten, daß es so lautet:

Abb. 30.

Es sei x der von unten nach oben positiv gerechnete Fallweg (Abb. 30), v die Geschwindigkeit, m die Masse, G das Gewicht des Körpers; dann hat die Größe

(15) $$E = \frac{m}{2} v^2 + G x$$

während des ganzen Fallvorganges denselben Wert.

Um das zu beweisen, denken wir uns unter E zunächst eine beliebige Größe, die von der Bewegung abhängt und sich dabei von Augenblick zu Augenblick ändert. In einem kleinen Zeitabschnitt t ändere sich E um e; dann werden wir das Verhältnis $\dfrac{e}{t}$ als *Änderungsgeschwindigkeit* von E bezeichnen, und zwar ist dabei die Meinung (genau wie früher bei der Definition der Bahngeschwindigkeit v und der Beschleunigung b), daß das Zeitintervall t immer kleiner und kleiner genommen werden soll. Wenn die Größe E sich zeitlich nicht ändert, ist natürlich ihre Änderungsgeschwindigkeit Null, und umgekehrt. Wir bilden nun die Änderung obigen Ausdruckes E in der Zeit t; während dieser nimmt die Fallhöhe x ab um vt, die Geschwindigkeit v zu um $w = bt$. Daher wird E nach Ablauf der Zeit t den Wert

$$E' = \frac{m}{2}(v+w)^2 + G(x-vt)$$

haben. Nun ist aber

$$(v+w)^2 = v^2 + w^2 + 2vw,$$

was besagt, daß das Quadrat, errichtet über den aneinandergelegten Strecken v und w, zerlegt werden kann in ein Quadrat mit der Seite v, eines mit der Seite w und 2 gleiche Rechtecke mit den Seiten v und w (Abb. 31). Daher wird

$$E' = \frac{m}{2}v^2 + \frac{m}{2}w^2 + mvw + Gx - Gvt.$$

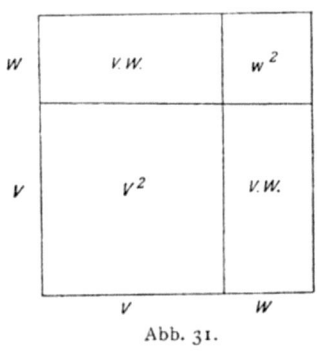

Abb. 31.

Zieht man hiervon den alten Wert von E ab, so bleibt als Änderung

$$e = E' - E = \frac{m}{2}w^2 + mvw - Gvt$$

oder, da $w = bt$ ist:

$$e = \frac{m}{2}b^2 t^2 + mvbt - Gvt.$$

Daher wird die Änderungsgeschwindigkeit

$$\frac{e}{t} = \frac{m}{2}b^2 t + mvb - Gv.$$

Hier kann das Glied mit t weggelassen werden, weil es durch Verkleinerung des Zeitintervalles beliebig klein gemacht werden kann. Man erhält also schließlich für die Änderungsgeschwindigkeit von E:

$$\frac{e}{t} = v(mb - G).$$

Dieser Ausdruck hat aber auf Grund der Gesetze der Mechanik den Wert Null, denn nach (13) ist $mb = mg = G$. Damit ist bewiesen, daß die Größe E (15) zeitlich unverändert bleibt. Gibt man den Ausgangspunkt und die Anfangsgeschwindigkeit der Bewegung, d. h. die Werte von x und v für $t = 0$, so bekommt der Ausdruck E nach (15) einen bestimmten Wert; diesen behält er dann während der Bewegung bei.

Daraus folgt, daß, wenn der Körper steigt, d. h. wenn x zunimmt, v abnehmen muß, und umgekehrt. Jedes der beiden Glieder des Ausdrucks E kann ja nur auf Kosten des andern wachsen. Das erste ist charakteristisch für den Geschwindigkeitszustand des Körpers, das zweite für die Höhe, die er gegen die Schwerkraft erstiegen hat. Man hat für sie besondere Namen:

$$T = \frac{m}{2} v^2 \text{ heißt } \textit{lebendige Kraft} \text{ oder } \textit{kinetische Energie},$$

$$U = G x \text{ heißt } \textit{Arbeitsfähigkeit} \text{ oder } \textit{potentielle Energie}.$$

Ihre Summe

(16) $$T + U = E$$

heißt schlechtweg die *mechanische Energie* des Körpers, und der Satz, daß sie bei der Bewegung des Körpers unveränderlich ist, heißt der *Satz von der Erhaltung der Energie*.

Die Dimension jeder Energiegröße ist $[E] = [G l]$, ihre Einheit g cm.

Der Name Arbeitsfähigkeit stammt natürlich von der Arbeitsleistung des menschlichen Körpers bei der Hebung eines Gewichtes her. Nach dem Energiesatze verwandelt sich diese Arbeit beim Herabfallen in kinetische Energie. Gibt man umgekehrt einem Körper kinetische Energie, indem man ihn in die Höhe wirft, so verwandelt sich diese dabei in potentielle Energie oder Arbeitsfähigkeit.

Genau dasselbe, was wir hier für die Fallbewegung ausgeführt haben, gilt nun im weitesten Umfange für Systeme beliebig vieler Körper, solange zwei Voraussetzungen erfüllt sind:

1. Es dürfen keine äußeren Eingriffe vorkommen, das System muß in sich abgeschlossen sein;
2. es dürfen keine Vorgänge auftreten, bei denen mechanische Energie in Wärme, elektrische Spannkraft, chemische Affinität oder dgl. verwandelt wird.

Immer gilt dann der Satz, daß

$$E = T + U$$

konstant ist, wobei die kinetische Energie von den Geschwindigkeiten, die potentielle von den Lagen der bewegten Körper abhängt.

In der Mechanik der Gestirne ist dieser ideale Fall mit größter Reinheit verwirklicht; hier gilt die ideale Dynamik, deren Prinzipien wir entwickelt haben.

In der irdischen Welt aber ist das keineswegs der Fall; jede Bewegung unterliegt der Reibung, wodurch ihre Energie in Wärme verwandelt wird. Die Maschinen, mit denen wir Bewegung erzeugen, setzen thermische, chemische, elektrische, magnetische Kräfte in mechanische um. Der Energiesatz in der engen, mechanischen Form kann dann nicht bestehen. Aber er läßt sich in erweiterter Form immer aufrecht erhalten; nennt man Q die Wärmeenergie, C die chemische, W die elektromagnetische Energie usw., so gilt der Satz, daß für abgeschlossene Systeme immer die Summe

(17) $$E = T + U + Q + C + W \ldots$$

konstant ist.

Es würde uns zu weit führen, die Entdeckung und Begründung dieser Tatsache durch Robert Mayer, Joule (1842) und Helmholtz (1847) zu verfolgen oder zu untersuchen, wie die nichtmechanischen Energieformen quantitativ bestimmt werden. Wir werden aber den Energiebegriff später brauchen, wenn wir von dem tiefen Zusammenhange sprechen, den die Relativitätstheorie zwischen Masse und Energie aufgedeckt hat.

15. Dynamische Einheiten von Kraft und Masse.

Das Verfahren, mit dem wir die Grundgesetze der Mechanik abgeleitet haben, beschränkt ihre Gültigkeit gewissermaßen auf unsere Tischfläche und ihre nächste Umgebung. Denn aus Erfahrungen auf kleinstem Raume, aus Laboratoriumsversuchen, haben wir unsere Begriffe und Sätze abstrahiert. Der Vorteil dabei ist, daß wir uns über die den Raum und die Zeit betreffenden Voraussetzungen nicht den Kopf zu zerbrechen brauchten; die geradlinigen Bewegungen, von denen das Trägheitsgesetz handelt, können auf dem Tische mit dem Lineal nachgezogen werden, Apparate und Uhren sollen zur Messung der Bahnen und der Bewegungen zur Verfügung stehen.

Jetzt wird es sich darum handeln, aus den engen Zimmern herauszutreten in den Weltenraum. Der erste Schritt dazu ist eine »Reise um die Welt«, worunter ja der Sprachgebrauch die kleine Erdkugel versteht. Wir werden die Frage stellen: Gelten denn alle die aufgestellten Sätze der Mechanik ebenso in einem Laboratorium in Buenos Aires oder in Kapstadt, wie sie hier gelten?

Nun, das ist der Fall, bis auf eine Ausnahme, nämlich die Größe der Schwerebeschleunigung g. Wir haben gesehen, daß man diese durch Pendelbeobachtungen sehr genau messen kann. Es hat sich nun gezeigt, daß ein und dasselbe Pendel am Äquator etwas langsamer schwingt als in nördlicheren oder südlicheren Gegenden, es fallen weniger Schwingungen auf die Dauer eines Tages, d. h. einer Erdumdrehung; daraus folgt, daß g am Äquator einen kleinsten Wert hat und nach Norden und Süden zunimmt. Diese Zunahme ist ganz gleichmäßig bis zu den Polen, wo g seinen größten Wert hat. Worauf das beruht, werden wir später sehen; hier genügt die Feststellung der Tatsache. Diese hat nun aber für das

Maßsystem, mit dem wir bisher Kräfte und Massen gemessen haben, höchst unbequeme Folgen.

Solange man nur Gewichte mit der Hebelwage miteinander vergleicht, ergeben sich keine Schwierigkeiten. Man denke sich aber eine Federwage hier im Laboratorium mit Gewichten geeicht; bringt man dann diese Federwage in südlichere oder nördlichere Breiten, so wird man finden, daß sie, mit denselben Gewichtsstücken belastet, andere Ausschläge gibt. Identifiziert man daher, wie wir es bisher getan haben, Gewicht mit Kraft, so bleibt einem nichts übrig, als zu behaupten: die Federkraft habe sich geändert, sie hänge von der geographischen Breite ab. Das ist doch offenbar nicht der Fall: geändert hat sich nicht die Federkraft, sondern die Schwerkraft; es ist also verfehlt, das Gewicht ein und desselben Metallstückes an allen Orten der Erde als Krafteinheit zu nehmen. Man kann nun das Gewicht eines bestimmten Körpers an einem bestimmten Orte der Erde als Krafteinheit wählen; dieses läßt sich dann, wenn die Schwerebeschleunigung g durch Pendelmessungen bekannt ist, auf andere Orte übertragen. So geht tatsächlich die Technik vor; ihr Kraftmaß ist das Gewicht eines bestimmten Normalkörpers in Paris, das Gramm. Wir haben dieses bisher immer benutzt, ohne seine Veränderlichkeit mit dem Orte zu berücksichtigen; bei genauen Messungen muß aber die Reduktion auf den Normalort (Paris) angebracht werden.

Die Wissenschaft hat dieses Maßsystem, bei dem ein irdischer Ort bevorzugt ist, verlassen und ein weniger willkürliches angenommen.

Dazu bietet das Grundgesetz der Mechanik selbst eine geeignete Methode. Anstatt die Masse auf die Kraft zurückzuführen, bestimmt man die Masse als Grundgröße von der unabhängigen Dimension $[m]$ und wählt ihre Einheit willkürlich: ein bestimmtes Stück Metall habe die Masse 1. Tatsächlich nimmt man dazu dasselbe Metallstück, das der Technik als Gewichtseinheit dient, das Pariser Gramm, und diese Masseneinheit wird auch Gramm (g) genannt. Die doppelte Bedeutung dieses Wortes als Gewichtseinheit in der Technik und als Masseneinheit in der Physik kann leicht zu Irrtümern Anlaß geben. Wir gebrauchen im folgenden das *physikalische Maßsystem*, dessen Grundeinheiten sind: für die Länge das cm, für die Zeit die sec, für die Masse das g.

Die Kraft hat jetzt die abgeleitete Dimension

$$[K] = [mb] = \left[\frac{ml}{t^2}\right]$$

und die Einheit g cm/sec², die auch 1 dyn genannt wird.

Das Gewicht ist definiert durch $G = mg$, die Masseneinheit hat also das Gewicht $G = g$ dyn; es ist mit der geographischen Breite veränderlich und hat in unseren Breiten den Wert $g = 981$ dyn. Dies ist die technische Krafteinheit. Die Kraft einer Federwage ist, in dyn ausgedrückt, natürlich konstant, denn ihr Vermögen, eine bestimmte Masse zu beschleunigen, ist von der geographischen Breite unabhängig.

Die Dimension des Impulses ist jetzt

$$[J] = [tK] = \left[\frac{ml}{t}\right],$$

seine Einheit g cm/sec. Endlich ist die Dimension der Energie

$$[E] = [mv^2] = \left[\frac{ml^2}{t^2}\right],$$

ihre Einheit g cm^2/sec^2 oder dyn cm.

Nachdem wir nun das Maßsystem von allen irdischen Schlacken befreit haben, können wir uns der Mechanik der Gestirne zuwenden.

III. Das Newtonsche Weltsystem.

1. Der absolute Raum und die absolute Zeit.

Die Prinzipien der Mechanik, wie wir sie hier entwickelt haben, fand Newton teils in Galileis Arbeiten vor, teils hat er sie selbst geschaffen. Ihm verdanken wir vor allem die bestimmte Formulierung der Definitionen und Sätze in solcher Allgemeinheit, daß sie von dem irdischen Experimente losgelöst erscheinen und sich auf die Vorgänge im Weltenraume übertragen lassen.

Newton mußte hierzu vor allem den eigentlich mechanischen Prinzipien bestimmte Behauptungen über den Raum und die Zeit voranschicken. Ohne solche Bestimmungen hat schon der einfachste Satz der Mechanik, das Trägheitsgesetz, keinen Sinn. Danach soll ein Körper, auf den keine Kräfte wirken, sich in gerader Linie gleichförmig bewegen. Denken wir an unsern Tisch, auf dem wir zuerst mit der rollenden Kugel experimentiert haben. Wenn nun die Kugel auf dem Tische in gerader Linie dahinrollt, so wird ein Beobachter, der ihre Bahn von einem andern Planeten aus messend verfolgte, behaupten müssen, daß die Bahn relativ zu seinem Standpunkte nicht genau geradlinig sei. Denn die Erde selbst rotiert und es ist klar, daß eine Bewegung, die dem mitbewegten Beobachter geradlinig erscheint, weil sie auf seinem Tische eine gerade Spur hinterläßt, einem andern Beobachter, der die Drehung der Erde nicht mitmacht, gekrümmt erscheinen muß. Man kann das in grober Weise so demonstrieren.

Eine kreisförmige Scheibe aus weißem Karton wird auf einer Achse montiert, so daß man sie mit einer Kurbel drehen kann; vor der Scheibe wird ein Lineal AB angebracht. Nun drehe man die Scheibe möglichst gleichmäßig und fahre gleichzeitig mit einem Bleistifte an dem Lineal mit konstanter Geschwindigkeit entlang, so daß die Bleistiftspitze ihren Weg auf der Scheibe markiert. Dieser Weg wird nun natürlich keineswegs eine gerade Linie auf der Scheibe, sondern eine krumme Bahn, die bei größeren Drehgeschwindigkeiten sogar die Form einer Schlinge annehmen kann. Dieselbe Bewegung also, die ein mit dem Lineal fest verbundener Beobachter als geradlinig und gleichförmig bezeichnet, wird ein mit der Scheibe mitbewegter Beobachter als krummlinig (und ungleichförmig) bezeichnen. Man kann diese Bewegung punktweise konstruieren, wie die leicht verständliche Zeichnung (Abb. 32) anschaulich macht.

Dieses Beispiel zeigt deutlich, daß das Trägheitsgesetz überhaupt nur einen bestimmten Sinn hat, wenn der Raum, oder besser das Bezugsystem, in dem die Geradlinigkeit gelten soll, genau fixiert wird.

Dem Kopernikanischen Weltbilde entspricht es nun natürlich, nicht die Erde als das Bezugsystem anzusehen, für das das Trägheitsgesetz gilt, sondern ein im Weltenraume irgendwie verankertes. Bei irdischen Experimenten, z. B. bei der rollenden Kugel auf dem Tische, ist dann die Bahn des frei bewegten Körpers in Wirklichkeit gar nicht gerade, sondern ein wenig gekrümmt; daß das der primitiven Beobachtung entgehen muß, liegt nur an der Kürze der bei den Experimenten gebrauchten Wegstrecken gegenüber den Dimensionen der Erdkugel. Hier trägt, wie sehr oft in der Wissenschaft, die Ungenauigkeit der Beobachtung zur Entdeckung eines großen Zusammenhanges bei; hätte Galilei bereits so feine Beobachtungen machen können, wie spätere Jahrhunderte, so hätte die Ver-

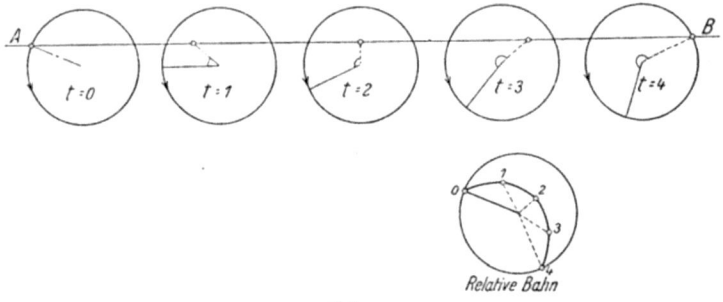

Abb. 32.

worrenheit der Erscheinungen die Auffindung der Gesetze wesentlich erschwert. Vielleicht hätte auch Kepler die Planetenbewegungen nie entwirrt, wenn zu seiner Zeit die Bahnen mit der heute erreichten Genauigkeit bekannt gewesen wären; denn die Ellipsen Keplers sind nur Annäherungen, von denen sich die wirklichen Bahnen in längeren Zeiten wesentlich entfernen. In der heutigen Physik lag es z. B. bei den Gesetzmäßigkeiten der Spektren ähnlich; die Auffindung einfacher Beziehungen wurde durch die Fülle des genauesten Beobachtungsmaterials sehr erschwert und verzögert.

Newton wurde also vor die Aufgabe gestellt, das Bezugsystem zu suchen, in dem das Trägheitsgesetz und weiterhin die übrigen Grundsätze der Mechanik gelten sollten. Hätte er die Sonne gewählt, so wäre die Frage nicht gelöst, sondern nur verschoben worden; denn eines Tages konnte ja auch die Sonne als bewegt erkannt werden, wie es heute tatsächlich der Fall ist.

Aus solchen Gründen kam wohl Newton zu der Überzeugung, daß ein empirisches, durch materielle Körper festgelegtes Bezugsystem überhaupt niemals die Grundlage eines Satzes von dem Gedankeninhalte des Trägheitsgesetzes sein könnte. Das Gesetz selber aber erscheint durch seine enge Beziehung zu der Raumlehre Euklids, deren Element die gerade Linie ist, als der natürliche Ausgangspunkt der Dynamik des Weltraums. Eben durch das Trägheitsgesetz offenbart sich der Euklidische Raum außerhalb der engen, irdischen Welt. Ähnlich liegt es mit der Zeit, deren Ablauf in der gleichförmigen Trägheitsbewegung zum Ausdruck kommt.

So mag Newton zu der Ansicht gelangt sein, daß es einen *absoluten Raum* und eine *absolute Zeit* gibt. Wir zitieren am besten seine eigenen Worte; über die Zeit sagt er:

»I. Die *absolute, wahre und mathematische Zeit* verfließt an sich und vermöge ihrer Natur gleichförmig und ohne Beziehung auf irgend einen äußeren Gegenstand. Sie wird auch mit dem Namen *Dauer* belegt«.

»Die relative, scheinbare und gewöhnliche Zeit ist ein fühlbares und äußerliches, entweder genaues oder ungleiches Maß der Dauer, dessen man sich gewöhnlich statt der wahren Zeit bedient, wie Stunde, Tag, Monat, Jahr«.

»— — Die natürlichen Tage, welche gewöhnlich als Zeitmaß für gleich gehalten werden, sind nämlich eigentlich ungleich. Diese Ungleichheit verbessern die Astronomen, indem sie die Bewegung der Himmelskörper nach der richtigen Zeit messen. Es ist möglich, daß keine gleichförmige Bewegung existiere, durch welche die Zeit genau gemessen werden kann, alle Bewegungen können beschleunigt oder verzögert werden; allein der Verlauf der *absoluten* Zeit kann nicht geändert werden. Dieselbe Dauer und dasselbe Verharren findet für die Existenz aller Dinge statt; mögen die Bewegungen geschwind, langsam oder Null sein.«

Über den Raum äußert Newton ähnliche Ansichten; er sagt:

»II. Der *absolute Raum* bleibt vermöge seiner Natur und ohne Beziehung auf einen äußeren Gegenstand stets gleich und unbeweglich.«

»Der relative Raum ist ein Maß oder ein beweglicher Teil des ersteren, welcher von unseren Sinnen durch seine Lage gegen andere Körper bezeichnet und gewöhnlich für den unbeweglichen Raum genommen wird.«

»— — So bedienen wir uns, und nicht unpassend, in menschlichen Dingen statt der *absoluten* Orte und Bewegungen der *relativen*, in der Naturlehre hingegen muß man von den Sinnen abstrahieren. Es kann nämlich der Fall sein, daß kein wirklich ruhender Körper existiert, auf welchen man die Orte und Bewegungen beziehen kann.«

Die ausdrückliche, sowohl bei der Definition der absoluten Zeit als auch bei der des absoluten Raumes abgegebene Erklärung, daß diese »ohne Beziehung auf einen äußeren Gegenstand« existieren, mutet bei einem Forscher von Newtons Geistesrichtung fremdartig an; betont er doch häufig, daß er nur das Tatsächliche, das durch Beobachtungen feststellbare, untersuchen wolle. »Hypotheses non fingo« sind seine scharfen, deutlichen Worte. Aber etwas, was »ohne Beziehung auf einen äußeren Gegenstand« ist, ist doch nicht feststellbar, ist keine Tatsache. Hier liegt offenbar der Fall vor, daß Vorstellungen des naiven Bewußtseins ohne Kritik auf die objektive Welt übertragen werden. Eine genauere Untersuchung dieser Frage werden wir erst später unternehmen.

Unsere nächste Aufgabe ist, darzulegen, wie Newton die Gesetze des Kosmos auffaßte und worin der Fortschritt seiner Lehre besteht.

2. Newtons Anziehungsgesetz.

Newtons Idee ist die dynamische Auffassung der Planetenbahnen oder, wie man heute sagt, die Begründung der *Mechanik des Himmels*. Dazu mußte der Galileische Kraftbegriff auf die Bewegungen der Gestirne übertragen werden. Aber nicht durch Aufstellung kühner Hypothesen hat Newton das Gesetz, nach dem die Himmelskörper aufeinander wirken, gefunden, sondern auf dem systematischen, exakten Wege der Analyse der bekannten Tatsachen über die Planetenbewegungen. Diese Tatsachen waren in den drei Keplerschen Gesetzen ausgedrückt, die alle Beobachtungen jenes Zeitalters in wunderbar knapper, anschaulicher Form zusammenfaßten. Wir müssen hier die Keplerschen Gesetze in ausführlicher Form angeben; sie lauten:

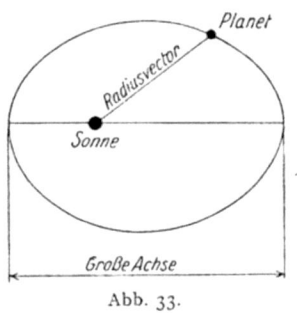

Abb. 33.

1. Die Planeten bewegen sich in Ellipsen um die Sonne als Brennpunkt (Abb. 33).
2. Der von der Sonne nach einem Planeten gezogene Radiusvektor beschreibt in gleichen Zeiten gleiche Flächenräume.
3. Die Kuben der großen Bahnachsen verhalten sich wie die Quadrate der Umlaufszeiten.

Das Grundgesetz der Mechanik stellt nun eine Beziehung her zwischen der Beschleunigung b der Bewegung und der Kraft K, die die Bewegung verursacht. Die Beschleunigung b ist durch den Ablauf der Bewegung vollständig bestimmt, und wenn dieser bekannt ist, kann man b berechnen. Newton erkannte nun, daß die durch die Keplerschen Gesetze gegebene Bestimmung der Bahn gerade ausreicht, um die Beschleunigung b zu berechnen; damit ist dann die wirksame Kraft durch das Gesetz

$$K = mb$$

ebenfalls bekannt.

Die übliche Mathematik seiner Zeit hätte Newton zur Ausführung dieser Rechnung nicht befähigt; er mußte selbst erst die mathematischen Hilfsmittel schaffen. So entstand in England die *Differential- und Integralrechnung*, die Wurzel der gesamten modernen Mathematik, als Nebenprodukt der astronomischen Forschung, während gleichzeitig Leibniz (1684) auf dem Kontinent von ganz anderen Gesichtspunkten ausgehend dieselben Methoden ersann.

Da wir in diesem Buche von der Infinitesimal-Mathematik keinen Gebrauch machen, so können wir von der Großartigkeit der Newtonschen Schlußweisen auch keine Vorstellung vermitteln. Doch läßt sich der Grundgedanke an einem einfachen Falle klar machen.

Die Planetenbahnen sind wenig exzentrische, kreisähnliche Ellipsen; es wird erlaubt sein, näherungsweise anzunehmen, die Planeten laufen auf Kreisen um die Sonne, wie es ja noch Kopernikus voraussetzte. Da Kreise spezielle Ellipsen mit der Exzentrizität Null sind, so ist durch diese Annahme das erste Keplersche Gesetz jedenfalls erfüllt.

Dann besagt aber das zweite Keplersche Gesetz, daß jeder Planet seinen Kreis mit konstanter Geschwindigkeit durchläuft. Nun wissen wir über die Beschleunigung bei solchen Kreisbewegungen nach II, 4 genau Bescheid; sie ist nach dem Mittelpunkt gerichtet und hat nach der Formel (4), S. 22, den Wert

$$b = \frac{v^2}{r},$$

wenn v die Bahngeschwindigkeit, r der Kreisradius ist.

Ist nun T die Umlaufzeit, so wird die Geschwindigkeit bestimmt als Verhältnis des Kreisumfanges $2\pi r$ ($\pi = 3{,}1415\ldots$) zu der Zeit T, also

(18) $$v = \frac{2\pi r}{T},$$

so daß

$$b = \frac{4\pi^2 r^2}{rT^2} = \frac{4\pi^2 r}{T^2}$$

wird.

Jetzt ziehen wir das dritte Keplersche Gesetz heran, das im Falle einer Kreisbahn offenbar aussagt, daß das Verhältnis des Würfels über dem Radius, r^3, zum Quadrate der Umlaufszeit, T^2, für alle Planeten denselben Wert C hat:

(19) $$\frac{r^3}{T^2} = C \quad \text{oder} \quad \frac{r}{T^2} = \frac{C}{r^2}.$$

Setzen wir das oben ein, so erhalten wir

(20) $$b = \frac{4\pi^2 C}{r^2}.$$

Danach hängt die Größe der Zentripetalbeschleunigung *nur* von der Entfernung des Planeten von der Sonne ab, und zwar ist sie umgekehrt proportional dem Quadrate der Entfernung, aber sie ist ganz unabhängig von den Eigenschaften des Planeten, etwa seiner Masse; denn die Größe C ist nach dem dritten Keplerschen Gesetz für alle Planeten dieselbe, sie kann also nur mit der Natur der Sonne etwas zu tun haben, nicht mit der des Planeten.

Das merkwürdige ist nun, daß genau dasselbe Gesetz auch für die elliptischen Bahnen herauskommt, allerdings durch eine etwas mühsamere

Rechnung. Immer ist die Beschleunigung auf die in einem Brennpunkte stehende Sonne gerichtet und hat den durch die Formel (20) angegebenen Betrag.

3. Die allgemeine Gravitation.

Das so gefundene Beschleunigungsgesetz hat nun eine wichtige Eigenschaft mit der irdischen Schwerkraft gemein: es ist ganz unabhängig von der Natur des bewegten Körpers. Berechnet man aus der Beschleunigung die Kraft, so ist diese ebenfalls nach der Sonne gerichtet, ist also eine Anziehung und hat die Größe

$$(21) \qquad K = mb = m \frac{4\pi^2 C}{r^2};$$

sie ist der Masse des bewegten Körpers proportional, genau wie das Gewicht

$$G = mg$$

eines irdischen Körpers.

Diese Tatsache legt nun den Gedanken nahe, daß beide Kräfte ein und desselben Ursprungs sind. Heute ist uns das durch die Jahrhunderte alte Überlieferung so zur Selbstverständlichkeit geworden, daß wir uns kaum die Kühnheit und Größe der Newtonschen Idee vergegenwärtigen können. Welche Phantasie gehört dazu, die Bewegung der Planeten um die Sonne oder des Mondes um die Erde als ein »Fallen« aufzufassen, das nach denselben Gesetzen und unter der Wirkung derselben Kraft vor sich geht, wie der Fall eines Steines aus meiner Hand! Daß die Planeten oder Monde tatsächlich nicht auf ihre Zentralkörper stürzen, beruht auf dem Trägheitsgesetz, das sich hier als Zentrifugal- oder Fliehkraft äußert; wir werden davon noch zu sprechen haben.

Newton hat diesen Gedanken der *allgemeinen Schwere* oder *Gravitation* zuerst am Beispiel des Mondes geprüft, dessen Entfernung von der Erde durch Winkelmessungen bekannt war.

Diese Feststellung ist so wichtig, daß wir die höchst einfache Rechnung hier mitteilen wollen, als Bekräftigung der Tatsache, daß alle naturwissenschaftlichen Ideen ihre Geltung und ihren Wert erst aus der Übereinstimmung berechneter und gemessener Zahlenwerte gewinnen.

Der Zentralkörper ist jetzt die Erde, der Mond tritt an die Stelle des Planeten. r bedeutet den Radius der Mondbahn, T die Umlaufzeit des Mondes. Der Radius der Erdkugel sei a; wenn dann die Schwerkraft auf der Erde mit der Anziehung, die der Mond von der Erde erfährt, denselben Ursprung haben soll, so muß sich die Schwerebeschleunigung g nach dem Newtonschen Gesetze (20) so ausdrücken:

$$g = \frac{4\pi^2 C}{a^2},$$

wo C denselben Wert hat wie für den Mond, nämlich nach (19)

$$C = \frac{r^3}{T^2}.$$

Setzt man das ein, so erhält man

(22) $$g = \frac{4\pi^2 r^3}{T^2 a^2}.$$

Nun beträgt die »siderische« Umlaufszeit des Mondes, d. h. die Zeit zwischen zwei Stellungen, bei denen die Verbindungslinie Erde-Mond dieselbe Richtung zum Fixsternhimmel hat,

$T = $ 27 Tage 7 Stunden 43 Minuten 12 Sekunden
$ = $ 2360592 sec.

Man pflegt in der Physik nur so viele Stellen einer Zahl anzuschreiben, als man bei der weiteren Rechnung gebrauchen will, und die übrigen als Potenzen von 10 anzudeuten. So schreiben wir hier

$$T = 2{,}36 \cdot 10^6 \text{ sec}.$$

Der Abstand des Mondes vom Erdmittelpunkte ist etwa das 60fache des Erdradius, genauer

$$r = 60{,}1\, a.$$

Der Erdradius selbst ist leicht zu behalten, weil ja das metrische Maßsystem in einfacher Beziehung zu ihm steht. Es ist nämlich 1 m = 100 cm der zehnmillionte Teil des Erdquadranten, also der 40millionte oder 4mal 10^7te Teil des Erdumfanges $2\pi a$:

$$100 = \frac{2\pi a}{4 \cdot 10^7},$$

oder

(23) $$a = 6{,}37 \cdot 10^8 \text{ cm}.$$

Setzt man das alles in die Formel (22) ein, so erhält man

(24) $$g = \frac{4\pi^2 \cdot 60{,}1^3 \cdot 6{,}37 \cdot 10^8}{2{,}36^2 \cdot 10^{12}} = 981 \text{ cm/sec}^2.$$

Dieser Wert stimmt aber genau mit dem überein, der durch irdische Pendelbeobachtungen gefunden worden ist (s. II, 12, S. 34).

Die große Bedeutung dieses Resultats ist die, daß es die *Relativierung der Schwerkraft* darstellt. Für das antike Denken bedeutet die Schwere einen Zug nach dem absoluten »Unten«, den alle irdischen Körper erfahren. Die Entdeckung der Kugelgestalt der Erde brachte die Relativierung der Richtung der irdischen Schwere; sie wurde ein Zug nach dem Erdmittelpunkte.

Jetzt ist die Identität der irdischen Schwere mit der Anziehungskraft erwiesen, die den Mond in seine Bahn zwingt, und da kein Zweifel besteht, daß diese wesensgleich ist mit der Kraft, die die Erde und die übrigen Planeten in ihre Bahnen um die Sonne zwingt, so entsteht die

Vorstellung, daß Körper nicht »schwer« schlechthin, sondern *gegenseitig oder relativ zueinander schwer* sind. Die Erde als Planet wird nach der Sonne gezogen, zieht aber selbst den Mond an; offenbar ist das nur eine angenäherte Beschreibung des wirklichen Sachverhalts, der darin besteht, daß Sonne, Erde und Mond sich gegenseitig anziehen. Allerdings ist für die Bahn der Erde um die Sonne diese als mit großer Annäherung ruhend zu betrachten, weil ihre ungeheure Masse das Entstehen merklicher Beschleunigungen verhindert, und umgekehrt kommt der Mond wegen seiner Kleinheit nicht merklich in Betracht. Eine genauere Theorie wird aber diese als »Störungen« bezeichneten Einflüsse berücksichtigen müssen.

Ehe wir diese Auffassung, die den Hauptfortschritt der Newtonschen Theorie bedeutet, näher betrachten, wollen wir nun dem Newtonschen Gesetze seine endgültige Form geben. Wir sahen, daß ein Planet, der sich im Abstande r von der Sonne befindet, von dieser eine Anziehungskraft von der Größe (21)

$$K = m \frac{4\pi^2 C}{r^2}$$

erfährt, wo C eine nur von den Eigenschaften der Sonne, nicht des Planeten abhängige Konstante ist. Nach der neuen Auffassung der wechselseitigen Schwere muß nun der Planet die Sonne ebenfalls anziehen; ist M die Sonnenmasse, c eine nur von der Natur des Planeten abhängige Konstante, so muß die auf die Sonne vom Planeten ausgeübte Kraft den Ausdruck

$$K' = M \frac{4\pi^2 c}{r^2}$$

haben. Nun haben wir bereits früher, bei der Einführung des Kraftbegriffs (s. II, 1, S. 14), von dem Prinzip der Gegenwirkung (actio = reactio) Gebrauch gemacht, das zu den einfachsten und sichersten Sätzen der Mechanik gehört. Wenden wir es hier an, so müssen wir $K = K'$ setzen, oder

$$m \frac{4\pi^2 C}{r^2} = M \frac{4\pi^2 c}{r^2}.$$

Daraus folgt

$$mC = Mc,$$

oder es gilt

$$\frac{C}{M} = \frac{c}{m},$$

d. h. dieses Verhältnis hat für die beiden Körper (Sonne und Planet), also für alle Körper überhaupt, denselben Wert. Bezeichnen wir diesen mit $\frac{k}{4\pi^2}$, so kann man

(25) $\qquad 4\pi^2 C = kM, \quad 4\pi^2 c = km$

schreiben; der Proportionalitätsfaktor k heißt die *Gravitationskonstante*.

Dann bekommt das Newtonsche Gesetz der allgemeinen Gravitation die symmetrische Gestalt

(26) $$K = k \frac{mM}{r^2} ;$$

es lautet in Worten:

Zwei Körper ziehen sich gegenseitig an mit einer Kraft, die der Masse jedes der Körper direkt und dem Quadrate ihres Abstandes umgekehrt proportional ist.

4. Die Mechanik des Himmels.

Erst in dieser allgemeinen Fassung bringt das Newtonsche Gesetz für die Berechnung der Planetenbahnen einen wirklichen Fortschritt. Denn in der ursprünglichen Form war es aus den Keplerschen Gesetzen durch Rechnung erschlossen und bedeutete nicht mehr als eine sehr kurze und prägnante Zusammenfassung dieser Gesetze. Man kann auch umgekehrt beweisen, daß die Bewegung eines Körpers um einen ruhenden Zentralkörper, der ihn nach dem Newtonschen Gesetze anzieht, notwendig eine Keplersche Ellipsenbewegung ist. Etwas neues entsteht erst, wenn wir jetzt erstens beide Körper als beweglich ansehen und zweitens weitere Körper hinzunehmen.

Dann entsteht die mathematische Aufgabe des *Drei- oder Mehr-Körperproblems*, die den tatsächlichen Verhältnissen im Planetensystem genau entspricht (Abb. 34). Die Planeten werden ja nicht nur von der Sonne

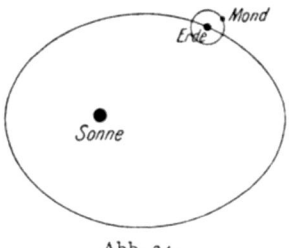

Abb. 34.

angezogen, die Monde nicht nur von ihren Planeten, sondern jeder Körper, sei es Sonne, Planet, Mond, Komet, zieht jeden andern an. Danach erscheinen die Keplerschen Gesetze nur näherungsweise gültig, und zwar nur deswegen, weil die Anziehung der Sonne wegen ihrer großen Masse die Wechselwirkung aller übrigen Körper des Planetensystems bei weitem überwiegt. Aber in längeren Zeiträumen müssen sich auch diese Wechselwirkungen als Abweichungen von den Keplerschen Gesetzen bemerkbar machen; man spricht, wie schon gesagt, von »Störungen«.

Zu Newtons Zeit waren solche Störungen bereits bekannt, und die folgenden Jahrhunderte haben durch Verfeinerung der Beobachtungsmethoden ein ungeheures Tatsachenmaterial angehäuft, das die Newtonsche Attraktionstheorie zu bewältigen hatte. Daß ihr das gelungen ist, ist einer der größten Triumphe des menschlichen Geistes.

Es ist hier nicht unsere Aufgabe, die Entwicklung der Mechanik des Himmels von Newtons Zeiten bis heute zu verfolgen und die mathematischen Methoden darzustellen, die man zur Berechnung der »gestörten« Bahnen erdacht hat; die scharfsinnigsten Mathematiker aller Länder haben an der »*Theorie der Störungen*« mitgewirkt, und wenn das Drei-Körperproblem auch noch keine vollkommen befriedigende Lösung gefunden hat, so kann man doch mit Sicherheit die Bewegungen auf Hunderttausende oder Millionen Jahre voraus oder zurück berechnen. In ungezählten Fällen wurde so die Newtonsche Theorie an neuen Erfahrungen geprüft, und sie hat bisher niemals versagt — außer in einem Falle, von dem gleich die Rede sein wird. Die theoretische Astronomie, wie sie Newton begründet hatte, galt daher lange als Vorbild der exakten Wissenschaften. Sie leistet das, was von jeher die Sehnsucht des Menschen war: sie lüftet den Schleier, der über der Zukunft gebreitet ist, sie verleiht ihrem Jünger die Gabe der Prophetie. Ist der Gegenstand der astronomischen Weissagungen auch unwichtig, gleichgültig für das menschliche Leben, so wurde er ein Symbol für die Lösung des Geistes aus den Schranken irdischer Gebundenheit; auch wir blicken gleich den Völkern aller Zeiten mit ehrfürchtiger Bewunderung zu den Gestirnen empor, die uns das Gesetz der Welt offenbaren.

Das Weltgesetz aber kann keine Ausnahme dulden. Und doch gibt es, wie wir schon angedeutet haben, einen Fall, wo die Newtonsche Theorie versagt hat. Ist der Fehler auch klein, so ist er doch nicht wegzuleugnen. Es handelt sich um den Planeten Merkur, den der Sonne nächsten aller Wandelsterne. Die Bahn jedes Planeten kann man auffassen als eine Keplersche Ellipsenbewegung, die durch die übrigen Planeten gestört ist, d. h. die Stellung der Bahnebene, die Lage der großen Achse der Ellipse, ihre Exzentrizität, kurz alle »Bahnelemente« erfahren allmähliche Änderungen. Wenn man diese durch Rechnung nach dem Newtonschen Gesetze ermittelt und an der beobachteten Bahn anbringt, so muß sie sich in eine exakte Kepler-Bewegung verwandeln, d. h. in eine Ellipse in einer bestimmten, ruhenden Ebene, mit einer großen Achse von bestimmter Richtung und Länge usw. Das ist auch bei allen Planeten der Fall; nur bei Merkur bleibt ein kleiner Rest. Die Richtung der großen Achse, das ist die Verbindungslinie der Sonne mit dem nächsten Bahnpunkte, dem *Perihel* (Abb. 35), steht nach Anbringung der Störungen nicht fest, sondern vollführt eine ganz langsame Drehbewegung, in dem sie im Jahrhundert um 43 Bogensekunden fortschreitet. Diese Bewegung hat der Astronom Leverrier (1845), — derselbe, der die Existenz des Planeten Neptun auf Grund von Störungsrechnungen vorhergesagt hat — zuerst berechnet und sie steht mit großer Sicherheit fest. Durch die Newtonsche Anziehung der uns bekannten planetarischen Massen ist sie unerklärbar. Man hat daher zu hypothetischen Massen seine Zuflucht genommen, deren

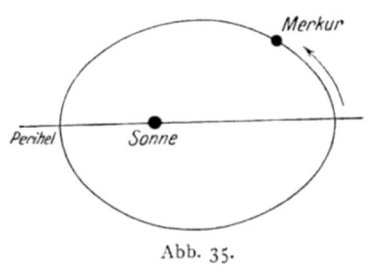

Abb. 35.

Anziehung die Perihelbewegung des Merkur erzeugen solle; so wurde z. B. das Tierkreis- oder Zodiakallicht, das von dünn verteilter, nebelartiger Materie in der Umgebung der Sonne herrühren soll, mit der Merkuranomalie in Verbindung gebracht. Diese und zahlreiche andere Hypothesen leiden aber alle an dem Mangel, daß sie ad hoc erfunden und durch keine andere Beobachtung bestätigt sind.

Daß die einzige, ganz sicher gestellte Abweichung vom Newtonschen Gesetze gerade beim Merkur, dem sonnennächsten Planeten, auftritt, weist darauf hin, daß hier möglicherweise doch ein prinzipieller Mangel des Newtonschen Gesetzes vorliegt; denn die Anziehungskraft ist in der Nähe der Sonne am größten, Abweichungen von dem Gesetze des umgekehrten Entfernungsquadrats werden sich also dort am ersten bemerklich machen. Man hat auch solche Abänderungen vorgenommen; aber da sie vollkommen willkürlich erfunden und durch keine anderen Tatsachen geprüft werden können, so wird ihre Richtigkeit nicht dadurch bewiesen, daß sie die Perihelbewegung des Merkur darstellen. Wenn die Newtonsche Theorie wirklich eine Verfeinerung erfordert, so muß man durchaus verlangen, daß sie ohne Einführung willkürlicher Konstanten aus einem Prinzipe fließt, das die bestehende Lehre an Allgemeinheit und innerer Wahrscheinlichkeit übertrifft.

Das ist erst Einstein gelungen, indem er die allgemeine Relativität als höchstes Postulat an die Spitze der Naturgesetze stellte. Wir werden im letzten Kapitel auf seine Erklärung der Perihelbewegung des Merkur zurückkommen.

5. Das Relativitätsprinzip der klassischen Mechanik.

Wir haben über den großen Problemen des Kosmos den irdischen Ausgangspunkt fast vergessen. Die auf der Erde gefundenen Gesetze der Dynamik wurden in den Weltenraum verlegt, durch den die Erde auf ihrer Bahn um die Sonne mit gewaltiger Geschwindigkeit dahinrast. Wie kommt es denn, daß wir von dieser Reise durch den Raum so wenig merken? Wie kommt es, daß Galilei auf der bewegten Erde Gesetze finden konnte, die nach Newton in Strenge nur im absolut ruhenden Raume gelten sollten? Wir haben auf diese Frage schon oben angespielt, als von Newtons Ansichten über Raum und Zeit die Rede war. Wir sagten dort, daß die anscheinend gerade Bahn einer auf dem Tische rollenden Kugel in Wirklichkeit wegen der Erdrotation ein wenig gekrümmt sein muß, denn sie ist eben nicht gerade bezüglich der rotierenden Erde, sondern bezüglich des absoluten Raumes; daß man diese Krümmung nicht bemerkt, liegt an der Kürze des Weges und der Beobachtungszeit, während derer die Erde sich nur wenig gedreht hat. Sei dies zugegeben, so bleibt doch noch die Umlaufbewegung um die Sonne, die mit der gewaltigen Geschwindigkeit von etwa 30 km pro sec vor sich geht. Warum merkt man davon nichts?

Diese Umlaufsbewegung ist zwar auch eine Rotation, und diese muß sich bei irdischen Bewegungen ähnlich bemerkbar machen, wie die Drehung der Erde um ihre eigene Achse, nur noch viel schwächer, weil die Krümmung der Erdbahn sehr gering ist. Wir meinen mit unserer Frage aber nicht diese Rotations-, sondern die Vorwärtsbewegung, die im Laufe eines Tages praktisch geradlinig und gleichförmig ist.

Tatsächlich verlaufen alle mechanischen Vorgänge auf der Erde so, als wäre diese gewaltige Vorwärtsbewegung nicht vorhanden, und dieses Gesetz gilt ganz allgemein für jedes System von Körpern, das eine gleichförmige und geradlinige Bewegung durch den Newtonschen absoluten Raum; ausführt. Man nennt es das *Relativitätsprinzip* der klassischen Mechanik es läßt sich auf verschiedene Weise formulieren; ein vorläufiger Wortlaut ist dieser:

Die Gesetze der Mechanik lauten relativ zu einem geradlinig und gleichförmig durch den absoluten Raum bewegten Koordinatensysteme genau ebenso, wie relativ zu einem in dem Raume ruhenden Koordinatensysteme.

Um die Richtigkeit dieses Satzes einzusehen, braucht man sich nur das mechanische Grundgesetz, den Impulssatz, und die darin vorkommenden Begriffe klar vor Augen zu halten. Wir wissen, ein Stoß erzeugt eine Geschwindigkeits*änderung*; eine solche ist aber gänzlich davon unabhängig, ob die Geschwindigkeiten vor und nach dem Stoße, v_1 und v_2, gegen den absoluten Raum oder gegen ein Bezugsystem beurteilt werden, das sich selber mit der konstanten Geschwindigkeit a bewegt. Schreitet der bewegte Körper vor dem Stoße im Raume etwa mit der Geschwindigkeit $v_1 = 5$ cm/sec fort, so wird ein mit der Geschwindigkeit $a = 2$ cm/sec in derselben Richtung bewegter Beobachter nur die relative Geschwindigkeit $v'_1 = v_1 - a = 5 - 2 = 3$ messen; erfährt der Körper jetzt einen Stoß in der Bewegungsrichtung, der seine Geschwindigkeit auf $v_2 = 7$ cm/sec vergrößert, so wird der bewegte Beobachter die Endgeschwindigkeit $v'_2 = v_2 - a = 7 - 2 = 5$ messen. Die durch den Stoß hervorgerufene Geschwindigkeitsänderung ist also im ruhenden Raume $w = v_2 - v_1 = 7 - 5 = 2$; dagegen stellt der bewegte Beobachter den Geschwindigkeitszuwachs

$$w' = v'_2 - v'_1 = (v_2 - a) - (v_1 - a) = v_2 - v_1 = w$$
$$= 5 - 3 = 2$$

fest: beide sind gleich groß.

Genau dasselbe gilt für kontinuierliche Kräfte und die durch sie erzeugten Beschleunigungen; denn die Beschleunigung b war definiert als Verhältnis der Geschwindigkeitsänderung w zu der dazu gebrauchten Zeit t, und da w davon unabhängig ist, welche geradlinige, gleichförmige Vorwärtsbewegung (Translationsbewegung) das zur Messung benutzte Bezugsystem hat, so gilt dasselbe für b.

Die Wurzel dieses Satzes ist offenbar das Trägheitsgesetz, wonach eine Translationsbewegung kräftefrei vonstatten geht; ein System von

Körpern, die alle mit derselben konstanten Geschwindigkeit durch den Raum wandern, befindet sich also nicht nur geometrisch in relativer Ruhe, sondern es treten auch *infolge der Bewegung* keine Kraftwirkungen auf die Körper des Systems auf. Wenn aber die Körper des Systems *gegeneinander* Kräfte ausüben, so werden die dadurch erzeugten Bewegungen relativ genau so ablaufen, als wäre die gemeinsame Translationsbewegung nicht vorhanden. Das System ist also für einen mitbewegten Beobachter von einem absolut ruhenden nicht unterscheidbar.

Die täglich und tausendfältig wiederholte Erfahrung, daß wir von der Translationsbewegung der Erde nichts bemerken, ist ein handgreiflicher Beweis dieses Satzes. Aber auch bei irdischen Bewegungen zeigt sich dieselbe Tatsache; denn wenn eine Bewegung auf der Erde geradlinig und gleichförmig relativ zu dieser ist, so ist sie es auch gegen den Raum, wenn man bei der Erdbewegung selber von der Rotation absieht. Jeder weiß, daß in einem gleichmäßig fahrenden Schiffe oder Eisenbahnwagen die mechanischen Vorgänge in derselben Weise ablaufen, wie auf der ruhenden Erde; auch auf dem fahrenden Schiffe fällt z. B. ein Stein vertikal, und zwar längs einer mitbewegten vertikalen Geraden, herab. Würde die Fahrt völlig gleichmäßig und erschütterungsfrei vor sich gehen, so würden die Passagiere nichts von der Bewegung merken, solange sie nicht die vorbeiziehende Umgebung beachten.

6. Der »eingeschränkt« absolute Raum.

Der Satz von der Relativität der mechanischen Vorgänge ist der Ausgangspunkt für alle unsere weiteren Betrachtungen. Seine Wichtigkeit beruht darauf, daß er mit den Newtonschen Anschauungen über den absoluten Raum aufs engste zusammenhängt und die physische Realität dieses Begriffs gleich von vornherein wesentlich einschränkt.

Wir haben die Notwendigkeit der Annahme des absoluten Raumes und der absoluten Zeit oben damit begründet, daß ohne sie das Trägheitsgesetz überhaupt keinen Sinn hat. Wir müssen jetzt der Frage nähertreten, wieweit diesen Begriffen das Merkmal der »Wirklichkeit« im Sinne der Physik zukommt. Physikalische Realität hat aber ein Begriff nur dann, wenn ihm irgend etwas durch Messungen feststellbares in der Welt der Erscheinungen entspricht. Es ist hier nicht der Ort, sich mit dem philosophischen Begriffe der Wirklichkeit auseinanderzusetzen. Jedenfalls steht ganz fest, daß das eben angegebene Wirklichkeitskriterium durchaus dem Gebrauche der physikalischen Wissenschaften entspricht; jeder Begriff, der ihm nicht genügt, ist allmählich aus dem System der Physik verdrängt worden.

Wir sehen nun sogleich, daß in diesem Sinne ein bestimmter Ort in Newtons absolutem Raume nichts Wirkliches ist; denn es ist prinzipiell unmöglich, im Raume einen Ort wiederzufinden.

Das geht ohne weiteres aus dem Relativitätsprinzip hervor; angenommen, man wäre irgendwie zu der Annahme gelangt, daß ein bestimmtes Bezugsystem im Raume ruhte, so kann ein relativ zu diesem gleichförmig und geradlinig bewegtes Bezugsystem mit demselben Rechte als ruhend angesehen werden. Die mechanischen Vorgänge in beiden verhalten sich vollkommen gleich, keines der beiden Systeme ist vor dem andern ausgezeichnet. Ein bestimmter Körper, der in dem einen Bezugsystem ruhend erscheint, beschreibt, von dem andern System aus gesehen, eine geradlinige und gleichförmige Bewegung, und wenn jemand also behaupten wollte, dieser Körper markiere einen Ort im absoluten Raume, so könnte ein anderer mit demselben Rechte das bestreiten und den Körper für bewegt erklären.

Damit verliert aber der absolute Raum Newtons bereits einen beträchtlichen Teil seiner etwas unheimlichen Existenz; ein Raum, in dem es keine Orte gibt, die man mit irgendwelchen physischen Mitteln markieren kann, ist jedenfalls ein recht subtiles Gebilde, nicht einfach ein Kasten, in den die materiellen Dinge hineingestopft sind.

Wir müssen nun auch den Wortlaut des Relativitätsprinzips abändern; denn darin wurde noch von einem im absoluten Raume ruhenden Koordinatensysteme gesprochen, was offenbar physikalisch sinnlos ist. Um zu einer klaren Formulierung zu gelangen, hat man den Begriff des *Inertialsystems* (inertia = Trägheit) eingeführt und versteht darunter ein Koordinatensystem, in dem das Trägheitsgesetz in seiner ursprünglichen Fassung gilt; es gibt eben nicht nur das eine, in dem absoluten Raume Newtons ruhende System, wo das der Fall ist, sondern unendlich viele Bezugsysteme, die sämtlich gleichberechtigt sind, und da man nicht gut von mehreren, gegeneinander bewegten »Räumen« sprechen kann, so zieht man vor, das Wort Raum möglichst ganz zu vermeiden. Dann nimmt das *Relativitätsprinzip* die folgende Fassung an:

Es gibt unendlich viele, relativ zueinander in Translationsbewegungen befindliche, gleichberechtigte Systeme, Inertialsysteme, in denen die Gesetze der Mechanik in ihrer einfachen, klassischen Form gelten.

Hier sieht man klar, wie das Problem des Raumes aufs engste mit der Mechanik verknüpft ist. Nicht der Raum ist da und prägt den Dingen seine »Form« auf, sondern die Dinge und ihre physikalischen Gesetze bestimmen erst den Raum. Wir werden sehen, wie diese Auffassung sich immer klarer und umfassender durchsetzt, bis sie in der allgemeinen Relativitätstheorie Einsteins ihren Höhepunkt erreicht.

7. Galilei-Transformationen.

Wenn auch die Gesetze der Mechanik in allen Inertialsystemen gleich lauten, so folgt daraus natürlich nicht, daß Koordinaten und Geschwindigkeiten der Körper bezüglich zweier relativ zueinander bewegter Inertialsysteme gleich sind; denn wenn z. B. ein Körper in einem Systeme S ruht, so hat er gegen das andere relativ zu S bewegte System S' eine konstante Geschwindigkeit. Die allgemeinen Gesetze der Mechanik enthalten nur die Beschleunigungen, und diese sind, wie wir gesehen haben, für alle Inertialsysteme gleich; für Koordinaten und Geschwindigkeiten gilt das nicht.

Daher entsteht das Problem, wenn die Lage und der Geschwindigkeitszustand eines Körpers in einem Inertialsysteme S gegeben sind, sie für ein anderes Inertialsystem S' zu finden.

Es handelt sich also um den Übergang von einem Koordinatensystem zu einem andern, und zwar einem relativ dazu bewegten. Wir müssen hier einige Bemerkungen über gleichberechtigte Koordinatensysteme im allgemeinen und die Gesetze der Umrechnung von einem auf das andere, die sogenannten *Transformationsgleichungen*, einschalten.

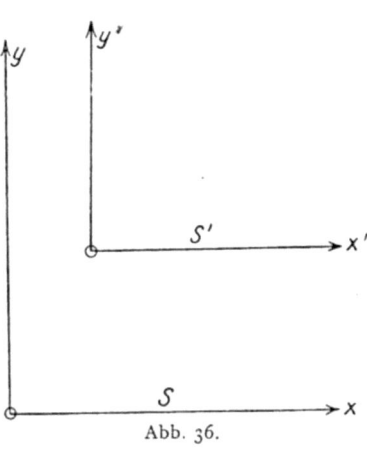
Abb. 36.

Das Koordinatensystem ist in der Geometrie ein Mittel, relative Lagen eines Körpers gegen einen andern in bequemer Weise zu fixieren. Dazu denkt man sich das Koordinatensystem fest mit dem einen Körper verbunden; dann bestimmen die Koordinaten der Punkte des andern Körpers die relative Lage vollständig. Gleichgültig ist dabei natürlich, ob das Koordinatensystem rechtwinklig, schiefwinklig, polar oder noch allgemeiner gewählt wird; gleichgültig ist auch, wie es zu dem ersten Körper orientiert ist. Nur muß man entweder diese Orientierung festhalten, oder, wenn man sie wechselt, genau angeben, wie man das Koordinatensystem gegen den Körper verlagert. Wenn man z. B. in der Ebene mit rechtwinkligen Koordinaten operiert, so kann man statt des zuerst gewählten Systems S ein zweites S' wählen,

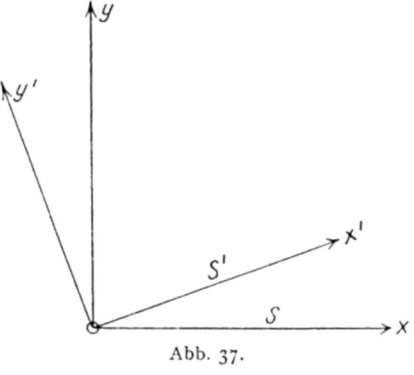
Abb. 37.

das gegen S verschoben (Abb. 36) oder gedreht (Abb. 37) ist; man muß aber genau angeben, wie groß die Verschiebung und die Drehung ist. Aus diesen Angaben läßt sich dann berechnen, wie die Koordinaten eines, Punktes P, die im alten System S die Werte x, y hatten, im neuen System S' lauten; nennt man sie x', y', so erhält man Formeln, die erlauben

x', y' aus x, y zu berechnen. Wir wollen das für den allereinfachsten Fall ausführen, nämlich den, wo das System S' aus S durch eine Parallelverschiebung um den Betrag a in der x-Richtung entsteht (Abb. 38); dann wird offenbar die neue Koordinate x' eines Punktes P gleich seiner alten x, vermindert um die Verschiebung a, während die y-Koordinate ungeändert bleibt. Es gilt also

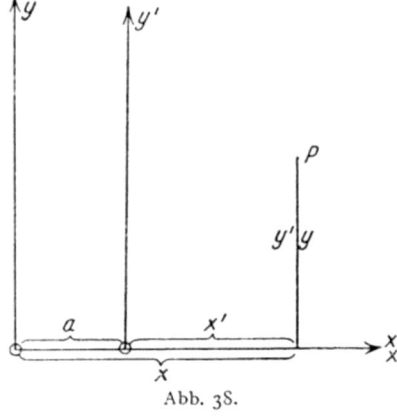

Abb. 38.

(27) $\quad x' = x - a, \quad y' = y$.

Ähnliche, nur kompliziertere Transformationsformeln gelten für andere Fälle; wir werden später noch davon ausführlicher zu reden haben. Wichtig ist die Einsicht, daß jede Größe, die eine geometrische Bedeutung an sich hat, von der Wahl des Koordinatensystems unabhängig sein und daher in gleichartigen Koordinatensystemen sich gleichartig ausdrücken muß. Man sagt, eine solche Größe sei *invariant* gegen die betreffende Koordinaten-Transformation. Betrachten wir als Beispiel die eben erörterte Transformation (27), die eine Verschiebung längs der x-Achse ausdrückt; so ist klar, daß dabei der Unter-

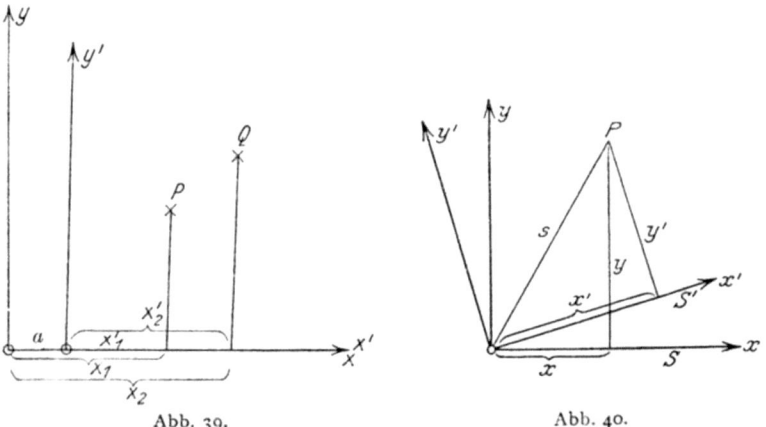

Abb. 39. \qquad Abb. 40.

schied der x-Koordinaten zweier Punkte P und Q, $x_2 - x_1$, sich nicht ändert; in der Tat ist (Abb. 39)

$$x_2' - x_1' = (x_2 - a) - (x_1 - a) = x_2 - x_1.$$

Sind die beiden Koordinatensysteme S und S' gegeneinander gedreht, so ist der Abstand s eines Punktes P vom Nullpunkt eine In-

variante (Abb. 40). Er hat in beiden Systemen denselben Ausdruck, denn nach dem pythagoräischen Lehrsatze gilt
$$(28) \qquad s^2 = x^2 + y^2 = x'^2 + y'^2.$$

In dem allgemeineren Falle der gleichzeitigen Verschiebung und Drehung des Koordinatensystems wird der Abstand zweier Punkte P, Q invariant sein. Die Invarianten sind dadurch besonders wichtig, daß sie geometrische Verhältnisse an sich darstellen, ohne Bezug auf die zufällige Wahl des Koordinatensystems. Sie werden im folgenden eine beträchtliche Rolle spielen.

Kehren wir nun von dieser geometrischen Abschweifung zu dem Ausgangspunkte zurück, so haben wir die Frage zu beantworten, welches die Transformationsgesetze für den Übergang von einem Inertialsystem zu einem andern sind.

Das Inertialsystem definierten wir als ein Koordinatensystem, in dem das Trägheitsgesetz gilt; wesentlich ist dabei nur der Bewegungszustand, nämlich das Fehlen von Beschleunigungen gegen den absoluten Raum, unwesentlich aber die Art und Lage des Koordinatensystems. Wählt man es, wie es am häufigsten geschieht, als rechtwinkliges, so bleibt noch immer dessen Lage frei; man kann ein verschobenes oder gedrehtes System nehmen, nur muß es denselben Bewegungszustand haben. Wir haben schon im Voraufgehenden immer dort, wo es nur auf den Bewegungszustand, nicht auf die Art und Lage des Koordinatensystems ankommt, von *Bezugsystem* gesprochen und werden diese Bezeichnung von jetzt an systematisch verwenden.

Bewegt sich nun das Inertialsystem S' geradlinig gegen S mit der Geschwindigkeit v, so können wir in beiden Bezugsystemen rechtwinklige Koordinaten so wählen, daß die Bewegungsrichtung die x- bzw. x'-Achse wird. Ferner können wir annehmen, daß zur Zeit $t = 0$ die Nullpunkte beider Systeme zusammenfallen. Dann hat sich der Nullpunkt des S'-Systems in der Zeit t um $a = vt$ in der x-Richtung verschoben; in diesem Augenblick haben also die beiden Systeme genau die Lage, die oben rein geometrisch behandelt worden ist, es gelten also die Gleichungen (27), wobei $a = vt$ zu setzen ist. Mithin erhält man die Transformationsgleichungen
$$(29) \qquad x' = x - vt, \quad y' = y, \quad z' = z,$$
wobei die unveränderte z-Koordinate mit angeschrieben ist. Man nennt dieses Gesetz eine *Galilei-Transformation* zu Ehren des Begründers der Mechanik.

Man kann nun das *Relativitätsprinzip* auch so aussprechen:
Die Gesetze der Mechanik sind invariant gegen Galilei-Transformationen.

Das kommt daher, daß die Beschleunigungen invariant sind, wie wir schon oben durch Betrachtung der Geschwindigkeitsänderung eines bewegten Körpers relativ zu zwei Inertialsystemen eingesehen haben.

Wir haben früher gezeigt, daß die Bewegungslehre oder Kinematik als Geometrie im vierdimensionalen $xyzt$-Raume, der »Welt« Minkowskis, angesehen werden kann. Daher ist es nicht ohne Interesse, zu überlegen, was die Inertialsysteme und Galilei-Transformationen in dieser vierdimensionalen Geometrie bedeuten. Das ist durchaus nicht schwierig; denn die y- und z-Koordinate gehen in die Transformation gar nicht ein; es genügt also in der xt-Ebene zu operieren.

Wir stellen ein Inertialsystem S durch ein rechtwinkliges xt-Koordinatensystem dar (Abb. 41). Einem zweiten Inertialsystem S' entspricht dann ein anderes Koordinatensystem $x't'$, und es fragt sich, wie dieses aussieht und wie es zu dem ersten liegt. Zunächst ist das Zeitmaß des zweiten Systems S' genau dasselbe wie das des ersten, nämlich die eine, absolute Zeit $t = t'$; also fällt die x-Achse, auf welcher $t = 0$ ist, mit der x'-Achse $t' = 0$ zusammen. Folglich kann das System S' nur ein schiefwinkliges Koordinatensystem sein. Die t'-Achse ist die Weltlinie des Punktes $x' = 0$, d. h. des Nullpunkts des Systems S'; die x-Koordinate dieses Punktes, der sich mit der Geschwindigkeit v relativ zum System S bewegt, ist in diesem System zur Zeit t gleich vt. Für irgendeinen Weltpunkt P ergibt dann die Figur ohne weiteres die Formel der Galilei-Transformation $x' = x - vt$.

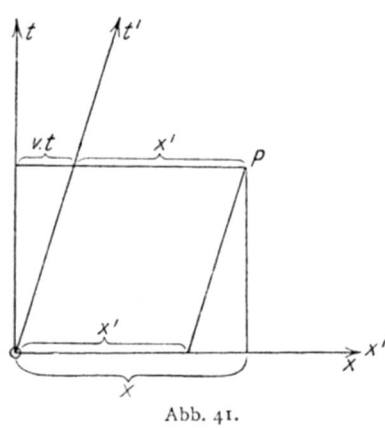

Abb. 41.

Irgendeinem andern Inertialsysteme entspricht ein anderes, schiefwinkliges xt-Koordinatensystem mit derselben x-Achse, aber anders geneigter t-Achse. Das rechtwinklige System, von dem wir ausgingen, hat unter allen diesen schiefwinkligen keinerlei Vorzugsstellung. Die Zeiteinheit wird auf allen t-Achsen der verschiedenen Koordinatensysteme durch *dieselbe* Parallele zur x-Achse abgeschnitten; das ist gewissermaßen die »Eichkurve« der xt-Ebene bezüglich der Zeit.

Wir fassen das Ergebnis zusammen:

In der xt-Ebene ist die Wahl der Richtung der t-Achse ganz willkürlich. In jedem schiefwinkligen xt-Koordinatensystem mit derselben x-Achse gelten die mechanischen Grundgesetze.

Vom geometrischen Standpunkte ist diese Mannigfaltigkeit gleichwertiger Koordinatensysteme höchst sonderbar und ungewohnt; insbesondere ist die feste Lage oder Invarianz der x-Achse merkwürdig. Wenn man in der Geometrie mit schiefwinkligen Koordinaten operiert, liegt gewöhnlich kein Grund vor, die Lage der einen Achse festzuhalten. Das wird aber physikalisch durch den Newtonschen Grundsatz von der absoluten Zeit gefordert. Alle Ereignisse, die gleichzeitig, bei demselben Werte von t, stattfinden, werden durch eine Parallele zur x-Achse dargestellt; da nach Newton die Zeit »absolut und ohne Bezug auf irgendwelche Gegenstände« abläuft, so müssen gleichzeitigen Ereignissen in allen zulässigen Koordinatensystemen dieselben Weltpunkte entsprechen.

Wir werden sehen, daß diese Unsymmetrie des Verhaltens der Weltkoordinaten x und t, hier nur als Schönheitsfehler gewertet, tatsächlich gar nicht vorhanden ist. Einstein hat sie durch seine Relativierung des Zeitbegriffs beseitigt.

8. Trägheitskräfte.

Nachdem wir erkannt haben, daß den einzelnen Orten in Newtons absolutem Raume jedenfalls keine physikalische Realität zukommt, werden wir fragen, was dann überhaupt von diesem Begriffe übrig bleibt. Nun, er macht sich doch recht deutlich und kräftig bemerkbar, denn der Widerstand aller Körper gegen Beschleunigungen muß im Sinne Newtons als Wirkung des absoluten Raumes gedeutet werden. Die Lokomotive, die den Zug in Bewegung setzt, muß den Trägheitswiderstand überwinden; das Geschoß, das eine Mauer zertrümmert, schöpft aus der Trägheit seine zerstörende Kraft. Trägheitswirkungen entstehen, wo Beschleunigungen stattfinden, und diese sind nichts als Geschwindigkeitsänderungen im absoluten Raume; man kann hier dieses Wort gebrauchen, denn eine Geschwindigkeitsänderung hat in allen Inertialsystemen denselben Wert. Bezugsysteme, die selbst gegen die Inertialsysteme beschleunigt sind, sind also mit diesen und untereinander *nicht* gleichwertig; man kann natürlich auch die Gesetze der Mechanik auf sie beziehen, aber sie nehmen dann eine neue, verwickeltere Form an. Schon die Bahn eines sich selbst überlassenen Körpers ist in einem beschleunigten Systeme nicht geradlinig und gleichförmig (s. III, 1, S. 44); man kann das auch so ausdrücken, daß man sagt: in einem beschleunigten Systeme greifen außer den eigentlichen Kräften noch *scheinbare Kräfte, Trägheitskräfte*, an; ein Körper, auf den keine wirklichen Kräfte wirken, unterliegt doch diesen Trägheitskräften, seine Bewegung ist daher im allgemeinen weder gleichförmig noch geradlinig. Ein solches beschleunigtes System ist z. B. ein Wagen während des Anfahrens oder Bremsens; ein jeder kennt von Eisenbahnfahrten den Ruck bei der Abfahrt oder Ankunft, dieser ist nichts als die Trägheitskraft, von der wir eben gesprochen haben.

Wir wollen die Erscheinungen im einzelnen für ein geradlinig bewegtes System S betrachten, dessen Beschleunigung konstant gleich k sein soll. Messen wir nun die Beschleunigung b eines Körpers gegen dieses bewegte System S, so ist die Beschleunigung gegen den absoluten Raum offenbar um k größer; daher lautet das dynamische Grundgesetz, bezogen auf den Raum

$$m(b+k) = K.$$

Schreibt man dieses nun in der Form

$$mb = K - mk,$$

so kann man sagen, in dem beschleunigten Systeme S gilt wiederum ein Bewegungsgesetz der Newtonschen Form

$$mb = K'',$$

nur ist für die Kraft K'' die Summe

$$K'' = K - mk$$

zu setzen, wo K die wirkliche, $-mk$ die scheinbare oder Trägheitskraft ist.

Wenn nun keine wirkliche Kraft da, also $K = 0$ ist, so wird die Gesamtkraft gleich der Trägheitskraft

(30) $$K'' = -mk.$$

Diese greift also an einem sich selbst überlassenen Körper an. Man kann ihre Wirkung durch folgende Überlegung erkennen: Wir wissen, daß die irdische Schwerkraft, das Gewicht, durch die Formel $G = mg$ bestimmt ist, wo g die konstante Schwerebeschleunigung ist. Die Trägheitskraft $K'' = -mk$ wirkt also genau so, wie die Schwere; das Minuszeichen bedeutet, daß die Kraft der Beschleunigung des zugrunde gelegten Bezugsystems S entgegengerichtet ist, die Größe der scheinbaren Schwerebeschleunigung k ist gleich der Beschleunigung des Bezugsystems S. Die Bewegung eines sich selbst überlassenen Körpers im System S ist also einfach eine Fall- oder Wurfbewegung.

Dieser Zusammenhang der Trägheitskräfte in beschleunigten Systemen und der Schwerkraft erscheint hier noch ganz zufällig; tatsächlich ist er auch zwei Jahrhunderte lang unbeachtet geblieben. Wir wollen aber schon hier sagen, daß er das Fundament der allgemeinen Relativitätstheorie Einsteins bildet.

9. Die Fliehkräfte und der absolute Raum.

In Newtons Auffassung beweist das Auftreten der Trägheitskräfte in beschleunigten Systemen die Existenz des absoluten Raumes, oder besser die bevorzugte Stellung der Inertialsysteme. Besonders deutlich treten die Trägheitskräfte in rotierenden Bezugsystemen in Erscheinung, in der Form der *Flieh- oder Zentrifugalkräfte*. Auf sie stützte Newton vor allem seine Lehre vom absoluten Raume; zitieren wir seine eigenen Worte:

»Die wirkenden Ursachen, durch welche absolute und relative Bewegung voneinander verschieden sind, sind die Fliehkräfte von der Achse der Bewegung (weg). Bei einer nur relativen Kreisbewegung existieren diese Kräfte nicht, aber sie sind kleiner oder größer, je nach Verhältnis der Größe der (absoluten) Bewegung.«

»Man hänge z. B. ein Gefäß an einem sehr langen Faden auf, drehe denselben beständig im Kreise herum, bis der Faden durch die Drehung sehr steif wird (Abb. 42); hierauf fülle man es mit Wasser und halte es zugleich mit letzterem in Ruhe. Wird es nun durch eine plötzlich wirkende Kraft in entgegengesetzte Kreisbewegung gesetzt und hält diese, während der Faden sich löst, längere Zeit an, so wird die Oberfläche des Wassers anfangs eben sein, wie vor der Bewegung des Gefäßes, hierauf, wenn die Kraft allmählich auf das Wasser einwirkt, bewirkt das Gefäß, daß dieses (das Wasser) merklich sich mitzudrehen anfängt. Es entfernt sich nach und nach von der Mitte und steigt an den Wänden des Gefäßes in die Höhe, in dem es eine hohle Form annimmt. (Diesen Versuch habe ich selbst gemacht.)«

»— — Im Anfang, als die relative Bewegung des Wassers im Gefäß (gegen die Wandung) am größten war, verursachte dieselbe kein Bestreben, sich von der Achse zu entfernen. Das Wasser suchte nicht, sich dem Umfange zu nähern, indem es an den Wänden emporstieg, sondern blieb eben, und die *wahre* kreisförmige Bewegung hatte daher noch nicht begonnen. Nachher aber, als die relative Bewegung des Wassers abnahm, deutete sein Aufsteigen an den Wänden des Gefäßes das Bestreben an, von der Achse zurückzuweichen, und dieses Bestreben zeigte die stets wachsende *wahre* Kreisbewegung des Wassers an, bis diese endlich am größten wurde, wenn das Wasser selbst *relativ* im Gefäße ruhte.«

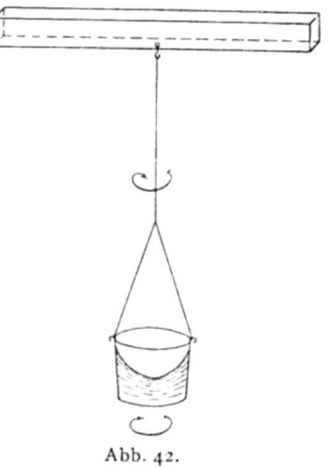

Abb. 42.

»— — Die *wahren* Bewegungen der einzelnen Körper zu erkennen und von den *scheinbaren* zu unterscheiden, ist übrigens sehr schwer, weil die Teile jenes unbeweglichen Raumes, in denen die Körper sich wahrhaft bewegen, nicht sinnlich erkannt werden können.«

»Die Sache ist jedoch nicht gänzlich hoffnungslos. Es ergeben sich nämlich die erforderlichen Hilfsmittel teils aus den scheinbaren Bewegungen, welche die Unterschiede der wahren sind, teils aus den Kräften, welche den wahren Bewegungen als wirkende Ursachen zugrunde liegen. Werden z. B. zwei Kugeln in gegebener gegenseitiger Entfernung mittels eines Fadens verbunden und so um den gewöhnlichen Schwerpunkt gedreht (Abb. 43), so erkennt man aus der Spannung des Fadens das Streben der Kugeln, sich von der Achse der Bewegung zu entfernen, und kann daraus die Größe der kreisförmigen Bewegung erkennen. . . . Auf diese Weise könnte man sowohl die Größe als auch die Richtung dieser kreisförmigen Bewegung in jedem unend-

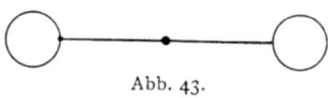

Abb. 43.

lich großen leeren Raum finden, wenn auch nichts Äußerliches und Erkennbares sich dort befände, womit die Kugeln verglichen werden könnten.« —

Diese Worte bringen den Sinn des absoluten Raumes aufs deutlichste zum Ausdruck; wir haben ihnen nur wenige Erläuterungen hinzuzufügen. Was zunächst die quantitativen Verhältnisse bei den Fliehkräften anlangt, so können wir diese sofort übersehen, wenn wir uns an die Größe und Richtung der Beschleunigung bei Kreisbewegungen erinnern; sie war nach dem Zentrum gerichtet und hatte nach der Formel (4), S. 22, den Betrag

$$b = \frac{v^2}{r},$$ wo r den Kreisradius, v die Geschwindigkeit bedeuten.

Haben wir nun ein rotierendes Bezugsystem S, das sich in T sec einmal herumdreht, so ist die Geschwindigkeit eines im Abstande r von der Achse befindlichen Punktes [s. Formel (18), S. 47]

$$v = \frac{2\pi r}{T};$$

also ist die Beschleunigung nach der Achse hin, die wir mit k bezeichnen (s. S. 47):

$$k = \frac{4\pi^2 r}{T^2}.$$

Hat nun ein Körper relativ zu S die Beschleunigung b, so ist seine absolute Beschleunigung $b + k$; genau wie oben bei der geradlinigen, beschleunigten Bewegung ergibt sich dann die Existenz einer scheinbaren Kraft von der absoluten Größe

$$(31) \qquad m k = m \frac{4\pi^2 r}{T^2},$$

die von der Drehachse fortgerichtet ist. Das ist die *Zentrifugalkraft*.

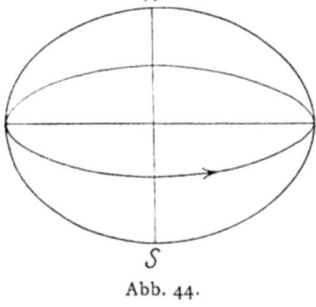

Abb. 44.

Es ist bekannt, daß unter den Beweisen für die Erddrehung auch die Zentrifugalkraft eine Rolle spielt (Abb. 44). Sie treibt die Massen von der Rotationsachse fort und bewirkt dadurch erstens die Abplattung der Erde an den Polen, zweitens die Abnahme der Schwere vom Pol nach dem Äquator hin. Letztere Erscheinung haben wir schon oben kennen gelernt, als von der Wahl der Krafteinheit die Rede war (II, 15, S. 41), ohne daß wir auf ihre Ursache eingegangen sind. Nach Newton ist sie ein Beweis für die Erdrotation; die nach außen ziehende Zentrifugalkraft wirkt der Schwere entgegen und verringert das Gewicht, und zwar hat die Abnahme der Schwerebeschleunigung g am Äquator den Wert $\frac{4\pi^2 a}{T^2}$, wo a der Erdradius ist. Setzt man hier für a den oben [III, 3, Formel (23), S. 49] angegebenen Wert $a = 6{,}37 \cdot 10^8$ cm und für die Rotationsdauer $T = 1$ Tag $= 24 \cdot 60 \cdot 60$ sec $= 86\,400$ sec, so erhält man für den Unterschied der Schwerebeschleunigung am Pol und am Äquator den gegen 981 relativ kleinen Wert $3{,}37$ cm/sec^2; dieser ist übrigens noch wegen der Abplattung der Erde etwas zu vergrößern.

Nach Newtons Lehre vom absoluten Raume sind diese Erscheinungen durchaus so aufzufassen, daß sie nicht auf der relativen Bewegung gegen andere Massen, etwa die Fixsterne, beruhen, sondern auf der absoluten Drehung gegen den leeren Raum. Würde die Erde ruhen, der ganze Fixsternhimmel aber im umgekehrten Sinne innerhalb 24 Stunden um die Erdachse rotieren, so würden nach Newton die Zentrifugalkräfte nicht auftreten; die Erde wäre nicht abgeplattet und die Schwerkraft wäre am Äquator ebenso groß wie am Pol. Der Anblick der Bewegung des Himmels von der Erde aus wäre in beiden Fällen genau der gleiche; und doch soll ein bestimmter, physikalisch feststellbarer Unterschied zwischen ihnen bestehen.

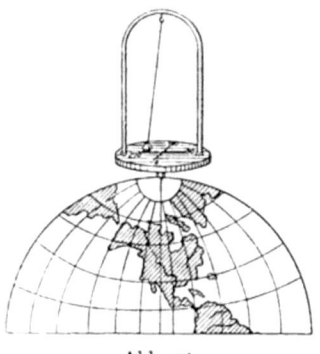

Abb. 45.

Noch krasser tritt das vielleicht bei dem *Foucaultschen Pendelversuch* (1850) hervor. Ein in einer Ebene schwingendes Pendel muß nach den Gesetzen der Newtonschen Dynamik seine Schwingungsebene im absoluten Raume dauernd beibehalten, wenn man alle ablenkenden Kräfte ausschließt. Hängt man das Pendel am Nordpol auf, so dreht sich die Erdkugel gewissermaßen unter ihm fort (Abb. 45); der Beobachter auf der Erde bemerkt also eine Drehung der Schwingungsebene im entgegengesetzten Sinne. Würde die Erde ruhen, aber das Fixsternsystem sich drehen, so dürfte nach Newton die Schwingungsebene des Pendels sich gegen die Erde nicht verlagern. Daß sie es tut, beweist also wieder die *absolute* Rotation der Erde.

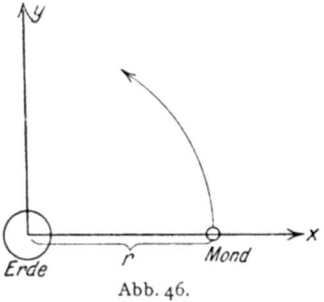

Abb. 46.

Wir wollen noch ein Beispiel betrachten, die Bewegung des Mondes um die Erde (Abb. 46). Nach Newton würde der Mond auf die Erde fallen, wenn er nicht eine absolute Rotation um diese hätte. Denken wir uns ein Koordinatensystem mit dem Erdmittelpunkte als Nullpunkt, dessen xy-Ebene die Mondbahn sei und dessen x-Achse dauernd durch den Mond gehe. Würde dieses System absolut ruhen, so würde auf den

Mond nur die Gravitationskraft nach dem Erdmittelpunkte wirken, die nach Formel (26), S. 51, den Wert

$$K = k\frac{Mm}{r^2}$$

hat; er würde also längs der x-Achse auf die Erde stürzen. Daß er das nicht tut, beweist die absolute Rotation des Koordinatensystems xy; denn diese erzeugt eine Zentrifugalkraft, die der Kraft K das Gleichgewicht hält, und es gilt

$$\frac{mv^2}{r} = k\frac{Mm}{r^2}.$$

Diese Formel ist natürlich nichts anderes als das dritte Keplersche Gesetz; denn hebt man die Mondmasse m fort und drückt v durch die Umlaufszeit T aus, $v = \frac{2\pi r}{T}$, so erhält man

$$\frac{4\pi^2 r}{T^2} = \frac{kM}{r^2},$$

oder nach (25), S. 50,

$$\frac{r^3}{T^2} = \frac{kM}{4\pi^2} = C.$$

Ganz Entsprechendes gilt natürlich auch für die Drehung der Planeten um die Sonne.

Diese und viele andere Beispiele zeigen, daß Newtons Lehre vom absoluten Raume sich auf sehr konkrete Tatsachen stützt. Gehen wir die Gedankenreihe noch einmal durch, so sehen wir folgendes:

Das Beispiel mit dem rotierenden Wasserglas zeigt, daß die relative Drehung des Wassers gegen das Glas an dem Auftreten der Fliehkräfte nicht schuld ist. Es könnte sein, daß größere umgebende Massen, etwa die ganze Erde, die Ursache sind. Die Abplattung der Erde, die Abnahme der Schwere am Äquator, der Foucaultsche Pendelversuch zeigen, daß die Ursache außerhalb der Erde zu suchen ist. Die Bahnen aller Monde und Planeten existieren aber ebenfalls nur auf Grund von Zentrifugalkräften, die der Gravitation das Gleichgewicht halten. Und schließlich bemerkt man dieselbe Erscheinung bei den fernsten Doppelsternen, von denen das Licht Jahrtausende bis zu uns braucht. Es scheint also, als wenn das Auftreten der Fliehkräfte universell ist und nicht auf Wechselwirkungen beruhen kann. Darum bleibt nichts übrig, als den absoluten Raum als ihre Ursache anzunehmen.

Solche Schlußweisen haben seit Newton allgemeine Geltung gehabt. Nur wenige Denker haben sich gegen sie gewehrt. Da ist vor allem und fast allein Ernst Mach zu nennen; dieser hat in seiner kritischen Darstellung der Mechanik die Newtonschen Begriffe zerlegt und auf ihre Erkenntniskraft geprüft. Er geht davon aus, daß mechanische Erfahrung niemals etwas über den absoluten Raum lehren kann; feststellbar und darum physikalisch wirklich sind nur relative Orte, relative Bewegungen. Darum müssen Newtons Beweise für die Existenz des absoluten Raumes Scheinbeweise sein. In der Tat kommt alles darauf an, ob man zugibt, daß bei einer Drehung des ganzen Fixsternhimmels um die Erde keine Abplattung, keine Schwereverminderung am Äquator usw. eintreten würden. Mit Recht sagt Mach, daß solche Behauptungen weit über jede mögliche Erfahrung herausgehen; er macht es Newton sehr energisch zum Vorwurf, daß er hier seinem Prinzipe, nur Tatsachen gelten zu lassen, untreu geworden ist. Mach hat selbst versucht, die Mechanik von diesem groben Schönheitsfehler zu befreien. Er meinte, die Trägheitskräfte müßten als Wirkungen der gesamten Massen der Welt aufgefaßt werden, und entwarf die Skizze einer abgeänderten Dynamik, in der nur relative Größen auftreten. Doch konnte sein Versuch nicht gelingen; einmal entging ihm die Bedeutung der Beziehung zwischen Trägheit und Gravitation, die in der Proportionalität von Gewicht und Masse zum Ausdruck kommt, sodann fehlte ihm die Relativitätstheorie der optischen und elektromagnetischen Erscheinungen, durch die das Vorurteil der absoluten Zeit beseitigt wird. Beides ist zur Aufstellung der neuen Mechanik nötig gewesen, beides hat Einstein geleistet.

IV. Die Grundgesetze der Optik.

1. Der Äther.

Die Mechanik ist historisch und sachlich das Fundament der Physik; aber sie ist doch nur ein Teil, sogar ein kleiner Teil der Physik. Wir haben bisher nur mechanische Erfahrungen und Theorien zur Lösung des Problems von Raum und Zeit herangezogen; jetzt müssen wir fragen, was die anderen Zweige der wissenschaftlichen Forschung darüber lehren.

Da sind es vor allem die Gebiete der Optik, der Elektrizität und des Magnetismus, die in Beziehung zum Raumproblem stehen, und zwar deswegen, weil das Licht und die elektrischen und magnetischen Kräfte den leeren Raum durchdringen. Luftleer gepumpte Gefäße sind auch bei höchstem Vakuum für Licht vollständig durchlässig; elektrische und magnetische Kräfte wirken durch das Vakuum. Das Licht der Sonne und Sterne erreicht uns durch den leeren Weltenraum; die Zusammenhänge zwischen den Sonnenflecken und den irdischen Polarlichtern und magnetischen Stürmen zeigen ohne jede Theorie, daß auch die elektromagnetischen Wirkungen den Weltenraum überbrücken.

Diese Tatsache, daß gewisse physikalische Vorgänge sich durch den Weltenraum fortpflanzen, hat früh zu der Hypothese geführt, daß der Raum gar nicht leer, sondern mit einem äußerst feinen, unwägbaren Stoffe, dem *Äther*, erfüllt sei, der der Träger dieser Erscheinungen ist. Soweit man diesen Begriff des Äthers heute noch gebraucht, versteht man darunter nichts anderes als den mit gewissen physikalischen Zuständen oder »Feldern« behafteten leeren Raum. Wollten wir uns gleich von vornherein auf eine solche abstrakte Begriffsbildung festlegen, so würde uns der größte Teil der Probleme unverständlich bleiben, die sich historisch an den Äther knüpfen. Dieser galt durchaus als wirklicher Stoff, nicht nur mit physikalischen Zuständen behaftet, sondern auch fähig, Bewegungen auszuführen.

Wir wollen nun die Entwicklung der Prinzipien erst der Optik, dann der Elektrodynamik darstellen; beides wird als *Physik des Äthers* zusammengefaßt. Damit entfernen wir uns zunächst ein wenig von dem Raum- und Zeitproblem, um es dann mit neuen Erfahrungen und Gesetzen wieder aufzunehmen.

2. Emissions- und Undulationstheorie.

»Demnach sag' ich, es senden die Oberflächen der Körper
Dünne Figuren von sich, die Ebenbilder der Dinge.
. . . . es müssen die Bilder
In unmerklicher Zeit unermeßliche Weiten ereilen.
. . . Da wir jedoch allein mit dem Auge zu sehen vermögen,
Kommt es, daß nur von da, wohin sich wendet das Auge,
Da nur getroffen es wird von Gestalt und Farbe der Dinge. . . .«

So zu lesen in des Titus Lucretius Carus Lehrgedicht von der Natur der Dinge (4. Buch), jenem poetischen Leitfaden der epikureischen Philosophie, der im letzten Jahrhundert vor Christi Geburt geschrieben ist.

Die zitierten Verse enthalten eine Art Emissionstheorie des Lichtes, die von dem Dichter mit reicher Phantasie, zugleich aber mit durchaus naturwissenschaftlicher Einstellung durchgeführt wird. Und doch können wir diese Lehre ebensowenig wie andere antike Spekulationen über das Licht als wissenschaftliche Theorie bezeichnen; es fehlt jeder Versuch einer quantitativen Bestimmung der Erscheinungen, des ersten Merkmals einer Objektivierung. Bei den Lichterscheinungen ist es wohl auch besonders schwer, die subjektive Lichtempfindung von dem physikalischen Vorgange zu trennen und sie meßbar zu machen.

Die wissenschaftliche Optik kann man von dem Auftreten des Descartes an rechnen; seine Dioptrik (1638) enthält die Grundgesetze der Lichtfortpflanzung, das Spiegelungs- und das Brechungsgesetz; das erstere war schon im Altertum bekannt, das zweite kurz zuvor von Snellius (um 1618) experimentell gefunden worden. Descartes entwickelte eine Vorstellung vom Äther als Träger des Lichtes, die ein Vorläufer der *Undulationstheorie* ist. Diese findet sich schon angedeutet bei Robert Hooke (1667), klar formuliert von Christian Huygens (1678); ihr etwas jüngerer großer Zeitgenosse Newton gilt als der Urheber der entgegengesetzten Lehrmeinung, der *Emissionstheorie*. Ehe wir auf den Kampf dieser Theorien eingehen, wollen wir ihr Wesen in kurzen Zügen erläutern.

Die *Emissionstheorie* behauptet, daß von den leuchtenden Körpern feine Teilchen ausgeschleudert werden, die nach den Gesetzen der Mechanik sich bewegen und, wenn sie das Auge treffen, die Lichtempfindungen auslösen.

Die *Undulationstheorie* setzt die Lichtausbreitung in Analogie mit der Bewegung von Wellen auf einer Wasseroberfläche oder mit den Schallwellen in der Luft. Sie muß dazu annehmen, daß ein alle durchsichtigen Körper durchdringendes Medium vorhanden ist, das Schwingungen ausführen kann; das ist der *Lichtäther*. Die einzelnen Teilchen dieser Substanz bewegen sich dabei nur pendelnd um ihre Gleichgewichtslagen; das, was als Lichtwelle forteilt, ist der Bewegungszustand der Teilchen, nicht diese selbst. Die Zeichnung (Abb. 47) zeigt diesen Vorgang an einer Reihe von Punkten, die auf und ab schwingen können; jedes der untereinander

gezeichneten Bilder entspricht einem Zeitmoment, etwa $t = 0, 1, 2, 3, \ldots$
Jeder einzelne Punkt vollführt eine vertikale Schwingungsbewegung; alle
Punkte zusammen bieten den Anblick einer Welle, die von Moment zu Moment nach rechts vorrückt.

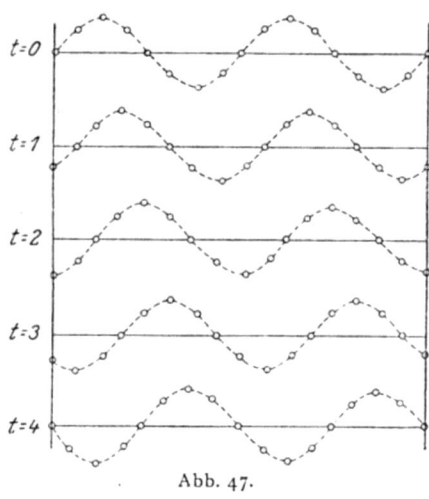

Abb. 47.

Es gibt nun einen gewichtigen Grund, der gegen die Wellentheorie spricht. Man weiß, daß Wellen um Hindernisse herumlaufen; an jeder Wasseroberfläche kann man das sehen, aber auch der Schall geht »um die Ecke«. Dagegen breitet sich ein Lichtstrahl geradlinig aus; stellt man einen scharfkantigen, undurchsichtigen Körper in seinen Weg, so erhält man einen scharfbegrenzten Schatten.

Diese Tatsache hat Newton veranlaßt, die Wellentheorie abzulehnen. Er hat sich selbst nicht klar für eine bestimmte Hypothese entschieden und nur festgestellt, daß das Licht etwas ist, das sich mit bestimmter Geschwindigkeit »wie ausgeschleuderte Körperchen« von dem leuchtenden Körper fortbewege. Seine Nachfolger aber haben seine Meinung zugunsten der Emissionstheorie gedeutet und die Autorität seines Namens hat dieser für ein volles Jahrhundert zur Herrschaft verholfen. Dabei war zu seiner Zeit, von Grimaldi (posthum publiziert 1665), bereits entdeckt worden, daß auch das Licht »um die Ecke« gehen kann; man sieht an scharfen Schattengrenzen eine schwache, streifenförmige Erhellung des Schattenraumes, eine Erscheinung, die man *Beugung* oder *Diffraktion* des Lichtes nennt. Diese Entdeckung war es besonders, die Huygens zum eifrigen Vorkämpfer der Wellentheorie machte; als erstes und wichtigstes Argument für diese sah er die Tatsache an, daß zwei Lichtstrahlen einander durchkreuzen, ohne sich zu beeinflussen, genau wie zwei Wasserwellenzüge, während Bündel ausgeschleuderter Partikel zusammenprallen oder wenigstens sich stören müßten. Huygens gelang die Erklärung der Spiegelung und Brechung des Lichtes auf Grund der Wellentheorie; dazu diente ihm das jetzt nach ihm benannte Prinzip, wonach jeder von einer Lichterregung getroffene Punkt wieder als Quelle einer kugelförmigen Lichtwelle anzusehen ist. Hierbei ergab sich nun ein prinzipieller Unterschied zwischen der Emissions- und der Undulationstheorie, der später die endgültige experimentelle Entscheidung zugunsten der letzteren herbeiführte.

Bekanntlich wird ein Lichtstrahl, der aus Luft kommend die ebene Grenzfläche eines dichteren Körpers, wie Glas oder Wasser, trifft, so gebrochen, daß er in diesem Körper steiler zur Grenzfläche verläuft (Abb. 48). Die Emissionstheorie erklärt das durch die Annahme, daß die Lichtpartikel im Augenblick des Eindringens von dem dichteren Medium eine Anziehung erfahren; sie werden also an der Grenzfläche senkrecht zu dieser stoßartig beschleunigt und dadurch nach innen abgelenkt. Daraus folgt, daß sie im dichteren Medium sich schneller bewegen müssen als im dünneren. Die Huygenssche Konstruktion nach der Wellentheorie beruht genau auf der umgekehrten Annahme (Abb. 49). Die Lichtwelle erzeugt beim Auftreffen auf die Grenzfläche in jedem ihrer Punkte Elementarwellen; breiten sich diese im zweiten, dichteren Medium langsamer aus, so ist die Ebene, die alle diese Kugelwellen berührt und nach Huygens die gebrochene Welle darstellt, im richtigen Sinne abgelenkt.

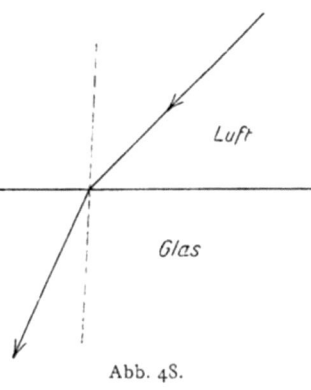

Abb. 48.

Huygens deutete auch die durch Erasmus Bartholinus (1669) entdeckte *Doppelbrechung* des Isländischen Kalkspats auf Grund der Wellentheorie durch die Annahme, daß das Licht in dem Kristall sich mit zwei verschiedenen Geschwindigkeiten ausbreiten könne, derart, daß die eine Elementarwelle eine Kugel, die andere ein Sphäroid sei. Er entdeckte die merkwürdige Erscheinung, daß die bei-

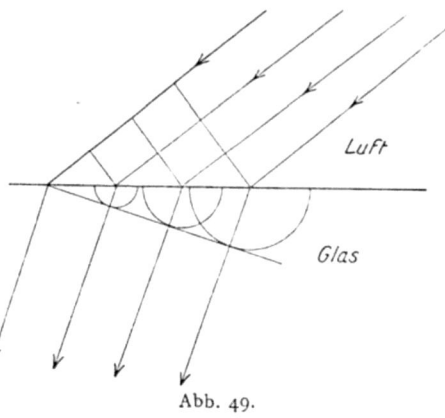

Abb. 49.

den aus einem Kalkspatstück austretenden Lichtstrahlen sich gegenüber einem zweiten Kalkspatstück durchaus anders verhalten als gewöhnliches Licht; wenn man den zweiten Kristall um einen Strahl, der aus dem ersten austritt, dreht, so entstehen aus ihm je nach der Stellung zwei Strahlen von wechselnder Stärke, von denen der

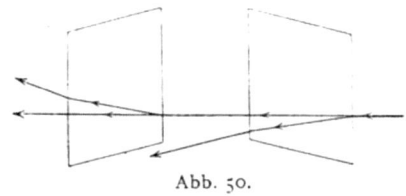

Abb. 50.

eine oder der andere auch ganz verschwinden kann (Abb. 50). Newton bemerkte (1717), daß hieraus zu schließen ist, daß ein Lichtstrahl seiner

Symmetrie nach nicht einem Prisma mit kreisrundem, sondern mit quadratischem Querschnitte entspricht; er deutete diese Tatsache zu Ungunsten der Wellentheorie, denn man dachte damals in Analogie zu den Schallwellen immer nur an Verdichtungs- und Verdünnungswellen, bei denen die

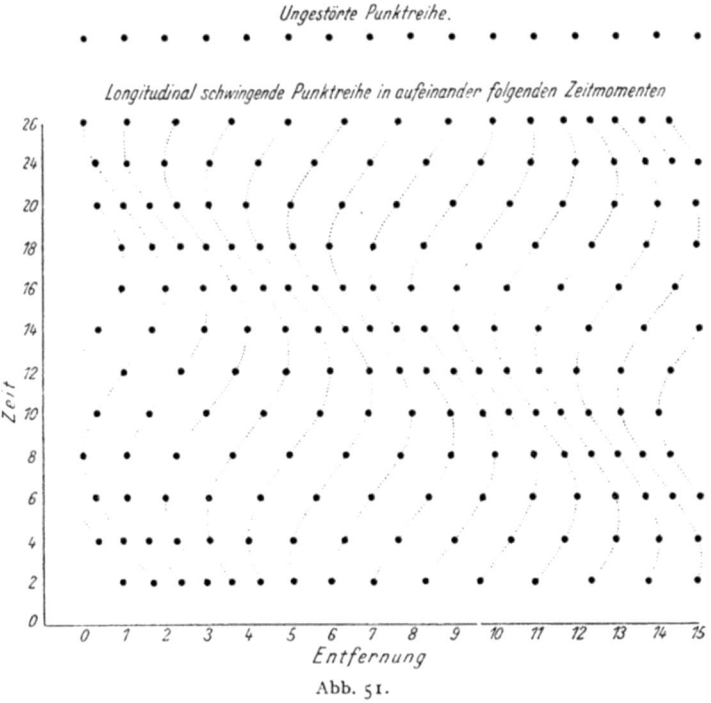

Abb. 51.

Teilchen in der Fortpflanzungsrichtung der Welle, »longitudinal«, pendeln (Abb. 51), und es ist klar, daß diese rotatorische Symmetrie um die Richtung der Fortpflanzung haben müsse.

3. Die Lichtgeschwindigkeit.

Unabhängig von dem Streite der beiden Hypothesen über die Natur des Lichtes erfolgten die ersten Bestimmungen seiner wichtigsten Eigenschaft, die der Mittelpunkt unserer folgenden Betrachtungen sein wird, nämlich der *Lichtgeschwindigkeit*. Daß diese ungeheuer groß sei, ging aus allen Erfahrungen über Lichtausbreitung hervor; Galilei (1607) hatte sie mit Hilfe von Laternensignalen zu messen versucht, aber ohne Erfolg, denn irdische Entfernungen durcheilt das Licht in außerordentlich kurzen Zeiten. Daher gelang die Messung erst durch Benutzung der ungeheuren Distanzen zwischen den Himmelskörpern im Weltenraume.

Olaf Römer bemerkte (1676), daß die regelmäßigen Verfinsterungen der Jupitermonde sich verfrühen oder verspäten, je nachdem die Erde dem Jupiter näher oder ferner ist (Abb. 52); er deutete diese Erscheinung durch den Zeitunterschied, den das Licht zur Durchlaufung der verschieden langen Wege braucht, und berechnete die Lichtgeschwindigkeit. Wir werden diese immer mit c bezeichnen; ihr genauer Wert, dem Römer bereits sehr nahe kam, ist

(32) $\qquad c = 300\,000 \text{ km/sec} = 3 \cdot 10^{10} \text{ cm/sec}.$

Eine andere Wirkung der endlichen Lichtgeschwindigkeit entdeckte James Bradley (1727), nämlich daß alle Fixsterne eine gemeinsame

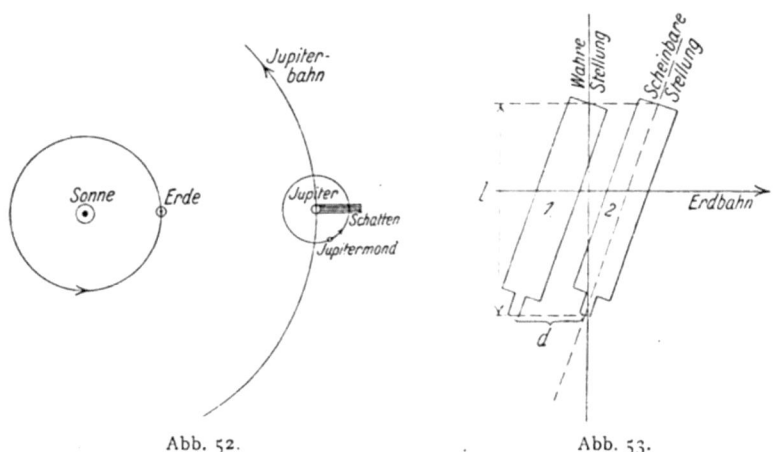

Abb. 52.   Abb. 53.

jährliche Bewegung auszuführen scheinen, die offenbar ein Gegenbild des Umlaufs der Erde um die Sonne ist. Das Zustandekommen dieser Wirkung ist vom Standpunkte der Emissionstheorie sehr einfach zu verstehen; wir wollen diese Deutung hier mitteilen, müssen aber dabei anmerken, daß gerade diese Erscheinung für die Wellentheorie Schwierigkeiten verursacht, von denen wir noch viel zu sprechen haben werden. Wir wissen (s. III, 7, S. 56), daß eine Bewegung, die in einem Bezugsystem S geradlinig und gleichförmig ist, es auch in einem andern S' ist, wenn dieses eine Translationsbewegung gegen S ausführt; aber Größe und Richtung der Geschwindigkeit sind in beiden Systemen anders. Daraus folgt, daß ein Strom von Lichtpartikeln, der von einem Fixstern kommend die bewegte Erde trifft, aus einer andern Richtung zu kommen scheint. Wir wollen diese Ablenkung oder *Aberration* für den Fall, daß das Licht senkrecht zur Bewegung der Erde auftrifft, besonders betrachten (Abb. 53). Wenn eine Lichtpartikel das Objektiv eines Fernrohrs trifft, möge dieses in der Stellung 1 sein; während nun das Licht die Länge l des Fernrohrs durcheilt, verschiebt sich die Erde mit dem Fernrohr in die

Stellung 2 um ein Stück d; der Strahl trifft also nur dann die Mitte des Okulars, wenn er nicht aus der Richtung der Fernrohrachse, sondern aus einer etwas gegen die Erdbewegung zurückliegenden Richtung kommt. Die Visierrichtung zeigt daher nicht auf den wahren Ort des Sternes, sondern auf einen nach vorn verschobenen Ort des Himmels. Der Ablenkungswinkel ist durch das Verhältnis $d:l$ bestimmt und offenbar von der Fernrohrlänge l unabhängig; denn vergrößert man diese, so vergrößert sich auch die Zeit, die das Licht zum Durchlaufen braucht, und damit auch die Verschiebung d der Erde im selben Verhältnisse. Die beiden, in gleichen Zeiten vom Licht und von der Erde durchlaufenen Wege l und d müssen sich wie die entsprechenden Geschwindigkeiten verhalten:

$$\frac{d}{l} = \frac{v}{c}.$$

Dieses Verhältnis, auch *Aberrationskonstante* genannt, wollen wir in Zukunft immer mit β bezeichnen:

(33) $$\beta = \frac{v}{c}.$$

Es hat einen sehr kleinen Zahlenwert, denn die Geschwindigkeit der Erde in ihrer Bahn um die Sonne beträgt ungefähr $v = 30$ km/sec, während, wie wir schon sagten, die Lichtgeschwindigkeit $c = 300000$ km/sec ist; daher ist β von der Größenordnung $1:10000$.

Die scheinbaren Örter aller Fixsterne liegen also immer etwas in der Richtung der momentanen Erdbewegung verschoben und beschreiben daher während des jährlichen Umlaufs der Erde um die Sonne eine kleine elliptische Figur. Durch Ausmessen dieser kann man das Verhältnis β finden, und da die Geschwindigkeit v der Erde in ihrer Bahn aus astronomischen Daten bekannt ist, läßt sich daraus die Lichtgeschwindigkeit c bestimmen. Das Resultat ist in guter Übereinstimmung mit der Römerschen Messung.

Wir greifen jetzt der geschichtlichen Entwicklung vor und berichten von den irdischen Messungen der Lichtgeschwindigkeit. Hierzu gehört grundsätzlich nichts als ein technisches Verfahren, die außerordentlich kurzen Zeiten, die das Licht zum Durchlaufen irdischer Entfernungen von wenigen Kilometern oder gar Metern braucht, sicher zu messen. Nach zwei verschiedenen Methoden haben Fizeau (1849) und Foucault (1865) diese Messungen ausgeführt und den mit astronomischen Verfahren gefundenen Zahlenwert von c bestätigt. Die Einzelheiten der Verfahren brauchen hier nicht erörtert zu werden, zumal sie in jedem elementaren Lehrbuche der Physik zu finden sind; nur auf eines ist aufmerksam zu machen: Bei beiden Verfahren wird der Lichtstrahl von der Quelle Q nach einem entfernten Spiegel S geworfen, dort wird er reflektiert und kehrt zum Ausgangspunkt zurück (Abb. 54). Er durchläuft also denselben Weg zweimal, und gemessen wird darum nur die mittlere

Geschwindigkeit auf dem Hin- und Rückwege. Das hat eine für unsere folgenden Überlegungen wichtige Konsequenz: Gesetzt, die Geschwindigkeit des Lichtes sei in beiden Richtungen nicht gleich, darum, weil die Erde sich selbst bewegt — wir gehen darauf später (IV, 9, S. 102) näher ein —, so wird sich dieser Einfluß beim Hin- und Hergange ganz oder fast ganz wegheben. Daher braucht man mit Rücksicht auf die Kleinheit der Geschwindigkeit der Erde gegen die des Lichtes bei diesen Messungen auf die Erdbewegung praktisch keine Rücksicht zu nehmen.

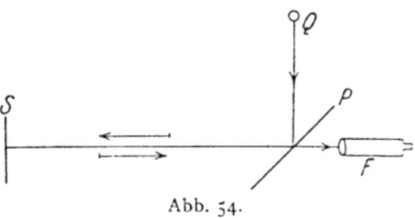

Abb. 54.

Die Messungen der Lichtgeschwindigkeit sind später mit größeren Hilfsmitteln wiederholt worden und haben eine beträchtliche Genauigkeit erreicht; sie können heute in einem Zimmer von mäßiger Länge ausgeführt werden. Das Resultat ist der oben angegebene Wert (32). Mit der Methode von Foucault konnte auch die Geschwindigkeit des Lichtes in Wasser gemessen werden; sie fand sich *kleiner* als die in Luft. Damit wurde eine der wichtigsten Streitfragen zwischen Emissions- und Undulationstheorie endgültig zugunsten der letzteren entschieden, allerdings zu einer Zeit, wo der Sieg der Wellenlehre ohnedies schon lange gesichert war.

4. Grundbegriffe der Wellenlehre. Interferenz.

Newtons größte optische Leistung ist die Zerlegung des weißen Lichtes in seine farbigen Bestandteile mit Hilfe eines Prismas und die exakte Untersuchung des Spektrums, die ihn zu der Überzeugung führte, daß die einzelnen Spektralfarben die unzerlegbaren Bestandteile des Lichtes seien. Er ist der Begründer der Farbenlehre, deren physikalischer Gehalt noch heute — trotz Goethes Angriffen — vollständig in Geltung ist. Die Wucht der Entdeckungen Newtons lähmte den freien Blick der folgenden Generationen. Seine Ablehnung der Wellentheorie versperrte dieser fast 100 Jahre den Weg. Doch fand sie immer vereinzelte Anhänger, so im 18. Jahrhundert vor allem in dem großen Mathematiker Leonhard Euler.

Die Wiederbelebung der Wellentheorie ist den Arbeiten von Thomas Young (1802) zu danken, der das Prinzip der *Interferenz* zur Erklärung der farbigen Ringe und Streifen heranzog, die schon Newton an dünnen Schichten durchsichtiger Substanzen beobachtet hatte. Wir wollen uns an dieser Stelle mit dem Vorgange der Interferenz etwas näher beschäftigen, weil dieser bei allen feineren optischen Messungen, insbesondere bei den Untersuchungen, die die Grundlage der Relativitätstheorie bilden, eine entscheidende Rolle spielt.

Wir haben oben das Wesen der Welle erklärt; es besteht darin, daß die einzelnen Teilchen eines Körpers um ihre Gleichgewichtslagen periodische Schwingungen ausführen, wobei die augenblickliche Lage oder Bewegungsphase benachbarter Teilchen verschieden ist und mit konstanter Geschwindigkeit vorwärts rückt. Die Zeit, die ein bestimmtes Teilchen zu einer Hin- und Herschwingung gebraucht, heißt *Schwingungsdauer oder Periode* und wird mit T bezeichnet; die *Anzahl der Schwingungen* in einer Sekunde oder *Frequenz* bezeichnen wir mit ν. Da die Dauer einer Schwingung multipliziert mit ihrer Anzahl pro Sekunde gerade eine volle Sekunde geben muß, so muß $\nu T = 1$ sein, also

(34) $$\nu = \frac{1}{T} \quad \text{oder} \quad T = \frac{1}{\nu}.$$

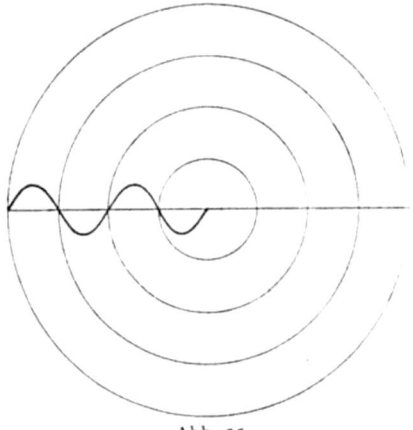

Abb. 55.

Anstatt Schwingungszahl sagt man oft auch »Farbe«, weil eine Lichtwelle von bestimmter Schwingungszahl eine bestimmte Farbenempfindung im Auge auslöst. Auf die verwickelte Frage, wie die große Mannigfaltigkeit der psychologischen Farbeneindrücke durch das Zusammenwirken einfacher periodischer Schwingungen oder »physikalischer Farben« zustande kommt, gehen wir nicht ein. Die Wellen, die von einer kleinen Lichtquelle ausgehen, haben die Form von Kugeln; das bedeutet, alle Teilchen auf einer Kugel um die Quelle befinden sich stets in gleichem Schwingungszustande oder in gleicher »Phase« (Abb. 55). Durch Brechung oder andere Beeinflussung kann ein Teil einer solchen Kugelwelle deformiert werden, so daß die Flächen gleicher Phase oder Wellenflächen irgendeine andere Form haben. Die einfachste Wellenfläche ist offenbar die Ebene, und es ist klar, daß ein hinreichend kleines Stück einer beliebigen Wellenfläche, auch einer Kugelwelle, immer näherungsweise

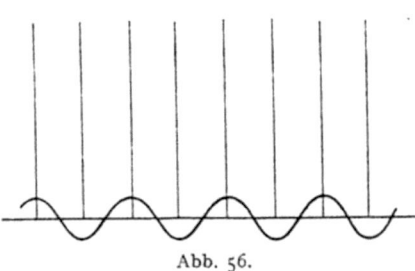

Abb. 56.

als eben angesehen werden kann. Wir betrachten daher hauptsächlich die Fortpflanzung ebener Wellen (Abb. 56). Die auf den Wellenebenen senkrechte Richtung, die Wellennormale, ist zugleich die Fortpflanzungsrichtung; es genügt offenbar, den Schwingungszustand längs einer dieser Richtung parallelen Geraden zu betrachten.

Ob die Schwingung des einzelnen Teilchens parallel oder senkrecht zur Fortpflanzungsrichtung, longitudinal oder transversal, erfolgt, lassen wir hier noch ganz offen. In den Figuren zeichnen wir immer Wellenlinien und nennen entsprechend die Stellen stärkster Ausschläge nach oben und unten Wellenberge und Wellentäler.

Der Abstand von einem Wellenberge zum nächsten heißt *Wellenlänge* und wird mit λ bezeichnet. Genau ebenso groß ist offenbar der Abstand zweier aufeinander folgender Wellentäler oder irgend zweier benachbarter Ebenen gleicher Phase.

Während einer Hin- und Herschwingung eines bestimmten Teilchens, deren Dauer T ist, rückt die ganze Welle gerade um eine Wellenlänge λ vorwärts (Abb. 47, S. 70). Da nun für jede Bewegung die Geschwindigkeit gleich dem Verhältnis des zurückgelegten Weges zu der dazu gebrauchten Zeit ist, so ist die Wellengeschwindigkeit c gleich dem Verhältnis von Wellenlänge zur Schwingungsdauer:

(35) $$c = \frac{\lambda}{T} \quad \text{oder} \quad c = \lambda \nu.$$

Wenn eine Welle von einem Medium ins andere, etwa von Luft in Glas, tritt, so wird natürlich der zeitliche Rhythmus der Schwingungen durch die Grenze hindurch übertragen; es bleibt also T (oder ν) dasselbe. Dagegen ändert sich die Geschwindigkeit c und daher wegen der Formel (35) auch die Wellenlänge λ. Alle Methoden, λ zu messen, können also zum Vergleich der Lichtgeschwindigkeiten in verschiedenen Substanzen oder unter verschiedenen Umständen dienen. Hiervon werden wir später viel Gebrauch machen.

Wir können jetzt das Wesen der Interferenzerscheinungen verstehen, deren Entdeckung der Wellentheorie zum Siege verholfen hat. Die Interferenz kann man mit paradox klingenden Worten so beschreiben: Licht zu Licht gefügt gibt nicht notwendig verstärktes Licht, sondern kann sich auch auslöschen.

Der Grund hierfür ist der, daß nach der Wellentheorie das Licht kein Strom materieller Partikeln, sondern ein Bewegungszustand ist; zwei aufeinander treffende Bewegungsimpulse können aber die Bewegung vernichten, gerade so wie zwei Menschen, die Entgegengesetzes wollen, sich hindern und nichts zustande bringen. Wir denken uns zwei Wellenzüge, die einander durchkreuzen. Man kann diesen Vorgang schön beobachten, wenn man von Bergeshöhe auf einen See blickt, auf dem die von zwei Schiffen erregten Wellen sich begegnen (Abb. 57). Diese beiden Wellensysteme dringen durcheinander hindurch, ohne sich zu stören; in dem Gebiete, wo sie beide zugleich existieren, entsteht eine komplizierte Bewegung, sobald aber die eine Welle durch die andere hindurchgegangen ist, läuft sie weiter, als wäre ihr nichts passiert. Faßt man die Bewegung eines schwingenden Teilchens ins Auge, so erfährt dieses von beiden Wellen unabhängige Bewegungsantriebe; sein Ausschlag ist daher in jedem Augenblicke einfach die Summe der Ausschläge, die es unter dem Einfluß der einzelnen Wellen haben würde. Man sagt, zwei Wellenbewegungen superponieren sich ungestört. Daraus folgt, daß dort, wo bei der

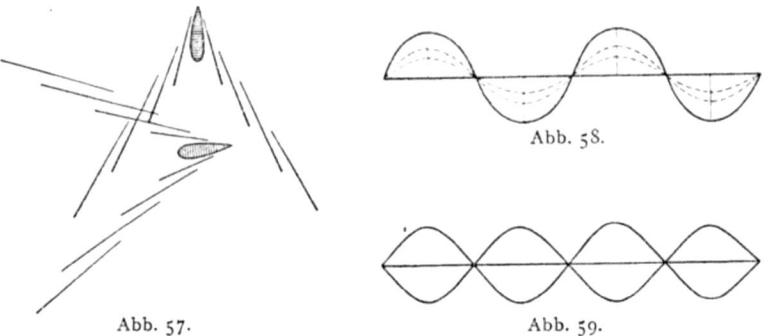

Abb. 57.   Abb. 58.   Abb. 59.

Begegnung zweier gleicher Wellen Wellenberg auf Wellenberg und Wellental auf Wellental trifft, eine Verdoppelung der Erhebungen und Vertiefungen eintritt (Abb. 58); wo aber Wellenberg auf Wellental trifft, zerstören sich die Impulse und es entsteht überhaupt kein Ausschlag (Abb. 59).

Will man Lichtinterferenzen beobachten, so darf man nicht einfach zwei Lichtquellen nehmen und die von ihnen ausgehenden Wellenzüge sich durchdringen lassen; dabei entsteht keine beobachtbare Interferenzerscheinung, weil die wirklichen Lichtwellen keine absolut regelmäßigen Wellen sind. Vielmehr wechselt der Schwingungszustand nach einer Reihe regelmäßiger Schwingungen plötzlich in zufälliger Weise, entsprechend den zufälligen Vorgängen bei der Lichtaussendung in der Lichtquelle; diese regellosen Wechsel bewirken ein entsprechendes Schwanken der Interferenzerscheinungen, das viel zu schnell erfolgt, als daß das Auge ihm folgen könnte, und so sieht dieses nur gleichmäßiges Licht.

Man muß, um beobachtbare Interferenzen zu erhalten, einen Lichtstrahl auf künstlichem Wege, durch Spiegelung und Brechung, in zwei Strahlen zerlegen und diese nachher wieder zur Begegnung bringen; dann erfolgen die Unregelmäßigkeiten der Schwingungen in beiden Strahlen genau im gleichen zeitlichen Rhythmus, und daraus folgt, daß die Interferenzerscheinungen räumlich nicht schwanken, sondern fest stehen; wo die Wellen in einem Momente sich verstärken oder auslöschen, tun sie es zu jeder Zeit. Bringt man das Auge, bewaffnet mit Lupe oder Fernrohr, an eine solche Stelle, so sieht man bei Benutzung von einfarbigem Lichte, wie es etwa von einer mit Kochsalz gelb gefärbten Bunsenflamme ausgeht, helle und dunkle Flecke, Streifen oder Ringe. Bei gewöhnlichem Lichte, das aus vielen Farben zusammengesetzt ist, fallen die den verschiedenen Wellenlängen entsprechenden Interferenzflecke nicht genau aufeinander; an einer Stelle ist vielleicht Rot verstärkt, Blau ausgelöscht, an anderen Stellen ist es anders, und so entstehen Flecken und Streifen mit wunderbaren Farbenerscheinungen. Doch würde es uns vom Wege abführen, diese interessanten Phänomene weiter zu verfolgen.

Die einfachsten Anordnungen zur Herstellung von Interferenzen hat Fresnel (1822) angegeben, ein Forscher, dessen Arbeiten die Grundlage für die Theorie des Lichtes geliefert haben, wie sie bis in unsere Tage unangefochten gegolten hat. Wir werden seinem Namen noch öfters begegnen. Jene Zeit der ersten Dezennien des 19. Jahrhunderts muß in mancher Hinsicht unserer Epoche ähnlich gewesen sein. Wie heute durch die Entdeckung der Radioaktivität und der damit verwandten Strahlungsvorgänge, durch die Aufstellung der Relativitätstheorie und der Quantenlehre eine ungeheure Vertiefung und Verbreiterung unserer Naturerkenntnis im Werden ist, die dem außen Stehenden als vollständiger Umsturz aller Begriffe erscheint, so wuchsen vor 100 Jahren die Tausende von einzelnen Beobachtungen, theoretischen Versuchen, physischen oder metaphysischen Spekulationen zum ersten Male zu geschlossenen, einheitlichen Vorstellungen und Theorien zusammen, deren Anwendung sogleich eine ungeahnte Fülle neuer Beobachtungen und Experimente anregte. Damals waren Lagranges analytische Mechanik, Laplaces Mechanik des Himmels entstanden, jene beiden Werke, die Newtons Ideen zum Abschlusse brachten; daraus entwickelte sich einerseits in den Händen von Navier, Poisson, Cauchy, Green die Mechanik der deformierbaren Körper, die Theorie der Flüssigkeiten und elastischen Substanzen, andererseits durch die Arbeiten von Young, Fresnel, Arago, Malus, Brewster die Theorie des Lichtes. Zugleich begann die Ära der elektromagnetischen Entdeckungen, von der später die Rede sein wird. Damals war die physikalische Forschung fast ausschließlich in den Händen der Franzosen, Engländer, Italiener. Heute sind alle Kulturnationen an dem Werke beteiligt, und die Urheber der großen, umstürzenden Theorien der Relativität und der Quanten, Einstein und Planck, sind Deutsche.

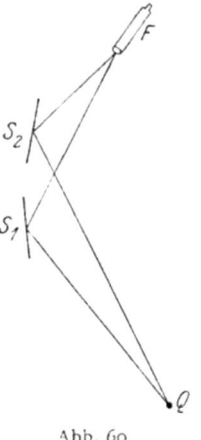

Abb. 60.

Fresnel läßt einen Lichtstrahl an zwei schwach gegeneinander geneigten Spiegeln S_1 und S_2 (Abb. 60) reflektieren; die beiden reflektierten Strahlen liefern da, wo sie sich begegnen, Interferenzstreifen, die man mit einer Lupe sehen kann. Ähnliche Vorrichtungen sind in großer Anzahl angegeben worden. Wir wollen hier nur auf ein Anwendungsgebiet eingehen, das für unsere Absicht von Wichtigkeit ist, nämlich experimentelle Methoden, um winzige Änderungen der Lichtgeschwindigkeit zu messen. Solche Apparate heißen *Interferometer*; sie beruhen darauf, daß mit der Lichtgeschwindigkeit die Wellenlänge sich ändert und dadurch die Interferenzen verschoben werden. Ein

Apparat dieser Art ist das Interferometer von Michelson, dem Physiker der Universität Chicago. Es besteht in der Hauptsache (Abb. 61) aus einer Glasplatte P, die halbdurchlässig versilbert ist, so daß sie die Hälfte des von der Lichtquelle Q kommenden Strahls durchläßt, die andere Hälfte reflektiert; diese beiden Teilstrahlen laufen nach zwei Spiegeln S_1 und S_2, werden dort zurückgeworfen und treffen wieder die halbdurchlässige Glasplatte P, die sie nochmals teilt und je einen halben Strahl in das Beobachtungsfernrohr F schickt. Sind die beiden Weglängen PS_1 und PS_2 genau gleich, so kommen die beiden Teilstrahlen im Fernrohr mit derselben Schwingungsphase an und setzen sich wieder zum ursprünglichen Lichte zusammen; verlängert man aber durch Verschieben des Spiegels S_1 den Weg des ersten Teilstrahls, so fallen bei der Vereinigung der Strahlen in F die Wellenzüge nicht mehr mit Berg auf Berg, Tal auf Tal aufeinander, sondern sind gegeneinander verschoben und schwächen sich mehr oder weniger. Wenn man den Spiegel S_1 langsam bewegt, sieht man also im Fernrohr F abwechselnd Helligkeiten und Dunkelheiten; der Abstand der Stellungen von S_1 für zwei aufeinander folgende Dunkelheiten ist genau gleich der Wellenlänge des Lichtes. Michelson hat auf diese Weise Messungen der Wellenlänge gemacht, die an Genauigkeit fast alle anderen physikalischen Messungen übertreffen. Das gelingt dadurch, daß man die Wechsel der Helligkeiten und Dunkelheiten bei einer beträchtlichen Verschiebung des Spiegels S_1 zählt, welche viele tausend Wellenlängen umfaßt; der Beobachtungsfehler einer einzelnen Wellenlänge wird dann um ebensoviel tausendmal kleiner.

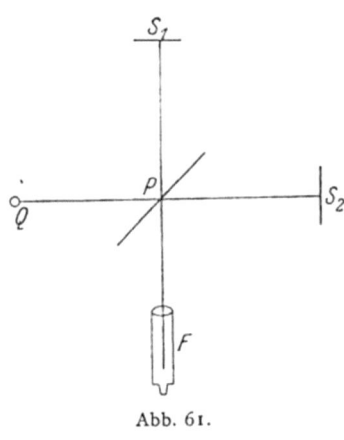

Abb. 61.

Es ist hier der Ort, einige Zahlenangaben zu machen; man findet auf dem geschilderten Wege, daß die Wellenlänge des gelben Lichtes, das von einer mit Kochsalz (Natriumchlorid) gelb gefärbten Bunsenflamme ausgeht und dessen Quelle die Natriumatome sind, im Vakuum etwa $\frac{6}{10000}$ mm $= 6 \cdot 10^{-5}$ cm ist; alles sichtbare Licht liegt in dem kleinen Wellenlängenbereiche von etwa $4 \cdot 10^{-5}$ (Violett) bis $8 \cdot 10^{-5}$ cm (Rot). Dieser umfaßt also in der Sprache der Akustik eine Oktave, d. h. den Bereich von einer Welle bis zur doppelt so langen. Aus der Formel (35) folgt dann für die Schwingungszahl des gelben Natriumlichtes der ungeheure Betrag von $\nu = \dfrac{c}{\lambda} = \dfrac{3 \cdot 10^{10}}{6 \cdot 10^{-5}} = 5 \cdot 10^{14}$ oder 500 Billionen Schwingungen pro sec. Die raschesten Schallschwingungen, die noch hörbar sind, schwingen nur etwa 50000 mal in der Sekunde.

Auf der bei interferometrischen Messungen angewandten Multiplikation der einzelnen Wellenlänge beruht die erstaunliche Genauigkeit der optischen Meßmethoden. Man kann damit z. B. feststellen, daß die Lichtgeschwindigkeit in einem Gase bei einer winzigen Druck- oder Temperaturänderung (etwa bei Berühren des Apparates mit der Hand) ebenfalls variiert; dazu bringt man das Gas in einem Rohre zwischen die Glasplatte P und den Spiegel S_1, dann sieht man schon bei den kleinsten Druckerhöhungen die Interferenzen sich ändern, Helligkeiten mit Dunkelheiten sich ablösen.

Übrigens müssen wir noch anmerken, daß man in dem Interferometer gewöhnlich nicht einfach ein helles oder dunkles Gesichtsfeld sieht, sondern ein System heller und dunkler Ringe. Das kommt daher, daß die beiden Strahlen nicht genau parallel, die Wellen nicht genau eben sind; die einzelnen Teile der beiden Strahlen haben also etwas verschieden lange Wege zurückzulegen. Wir wollen aber auf die geometrischen Einzelheiten nicht eingehen, sondern erwähnen diesen Umstand nur, weil man von Interferenzstreifen oder -fransen zu sprechen pflegt.

Wir werden dem Michelsonschen Interferometer wieder begegnen, wenn es sich um die Entscheidung der Frage handeln wird, ob die Erdbewegung die Lichtgeschwindigkeit beeinflußt.

5. Polarisation und Transversalität der Lichtwellen.

Obwohl die Interferenzerscheinungen kaum eine andere Deutung als die der Wellentheorie zulassen, so standen deren allgemeiner Anerkennung noch zwei Schwierigkeiten im Wege, die, wie wir oben sahen, von Newton als entscheidend angesehen wurden: Erstens die in der Hauptsache (d. h. bis auf die geringfügigen Beugungserscheinungen) geradlinige Ausbreitung des Lichtes, zweitens die Erklärung der *Polarisationserscheinungen.* Der erste Punkt erledigte sich bei der genaueren Ausarbeitung der Wellenlehre von selbst; es zeigte sich nämlich, daß Wellen zwar »um die Ecke« gehen, aber nur in Bereichen, die von der Größenordnung der Wellenlänge sind. Da diese sehr klein ist, so entsteht für die rohe Betrachtung der Anschein scharfer Schatten und geradlinig begrenzter Strahlen; erst feinere Beobachtung kann die Interferenzfransen des gebeugten Lichtes längs der Schattengrenze bemerken. Um die Ausgestaltung der Beugungstheorie haben sich Fresnel, später Kirchhoff (1882) und in neuerer Zeit Sommerfeld (1895) große Verdienste erworben; sie haben die feinen Beugungserscheinungen rechnerisch abgeleitet und die Grenzen festgelegt, innerhalb deren man mit dem Begriffe des *Lichtstrahls* operieren darf.

Die zweite Schwierigkeit betraf die Erscheinungen der Polarisation des Lichtes.

Wenn man damals von Wellen sprach, so dachte man immer an longitudinale Schwingungen, wie sie beim Schall bekannt waren; eine Schallwelle besteht ja in rhythmischen Verdichtungen und Verdünnungen, wobei das einzelne Luftteilchen in der Richtung der Fortpflanzung der Welle hin und her pendelt. Transversale Schwingungen kannte man allerdings auch, z. B. die Oberflächenwellen auf einem Wasserspiegel, oder die Schwingungen einer gespannten Saite, wobei die Teilchen senkrecht zur Fortpflanzungsrichtung der Welle pendeln. Aber hierbei handelt es sich nicht um Wellen, die im *Innern* einer Substanz fortschreiten, sondern teils um Erscheinungen an der Oberfläche (Wasserwellen), teils um Bewegungen des ganzen Gebildes (Saitenschwingungen). Beobachtungen oder Theorien über die Fortpflanzung von Wellen in elastischen, festen Körpern waren damals noch nicht vorhanden; dies erklärt die uns merkwürdig erscheinende Tatsache, daß es so lange gedauert hat, bis die optischen Wellen als transversale Schwingungen erkannt wurden. Ja, es trat der sonderbare Fall ein, daß der Anstoß zur Entwicklung der Mechanik der grobsinnlichen, elastischen Festkörper durch Erfahrungen und Begriffsbildungen über die Dynamik des unwägbaren, unfaßbaren Äthers gegeben wurde.

Wir haben oben (S. 71) erklärt, worin das Wesen der Polarisation besteht; die beiden, aus einem doppelt brechenden Kalkspatstück austretenden Strahlen verhalten sich beim Durchgang durch einen zweiten solchen Kristall nicht wie gewöhnliches Licht, sie zerfallen nicht wieder in je zwei gleich starke Strahlen, sondern in ungleiche, von denen der eine unter Umständen ganz verschwinden kann.

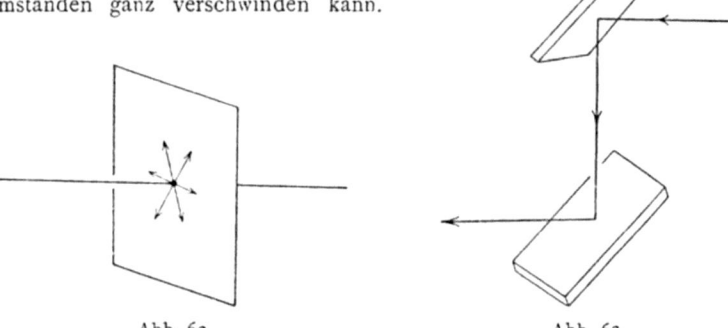

Abb. 62.   Abb. 63.

Bei gewöhnlichem, »natürlichem« Licht sind die verschiedenen Richtungen innerhalb einer Wellenebene gleichwertig (Abb. 62); bei polarisiertem Licht ist das offenbar nicht mehr der Fall. Malus entdeckte (1808), daß die Polarisation nicht eine Eigentümlichkeit des durch doppelt brechende Kristalle gegangenen Lichtes ist, sondern auch durch einfache Spiegelung erzeugt werden kann; er zeigte, daß Licht, welches von einem Spiegel unter einem bestimmten Winkel reflektiert worden ist, von einem zweiten Spiegel verschieden stark reflektiert wird, wenn man diesen um den auftreffenden Strahl herumdreht (Abb. 63). Man nennt die auf der Spiegelfläche senkrechte Ebene, die den einfallenden und reflektierten Strahl enthält, die Einfallsebene; man sagt dann, der reflektierte Strahl sei in der Einfallsebene polarisiert, womit man nichts anderes meint, als daß er sich gegenüber einer zweiten Spiegelung verschieden verhält, je nachdem die zweite Einfallsebene zur ersten liegt. Stehen beide aufeinander senkrecht, so findet überhaupt keine Reflexion am zweiten Spiegel statt.

Die beiden aus einem Kalkspatstück austretenden Strahlen sind senkrecht zueinander polarisiert; läßt man sie beide unter geeignetem Winkel auf einen Spiegel fallen, so wird der eine gerade bei derjenigen Stellung des Spiegels ausgelöscht, wo der andere in vollem Betrage reflektiert wird.

Den entscheidenden Versuch machten Fresnel und Arago (1816), indem sie zwei solche, senkrecht aufeinander polarisierte Strahlen zur Interferenz zu bringen versuchten. Es gelang ihnen nicht, Interferenzen zu erzeugen, und Fresnel wie auch Young zogen nun die Konsequenz (1817), daß die Lichtschwingungen transversal sein müßten.

Dadurch wird in der Tat das eigentümliche Verhalten polarisierten Lichtes sogleich verständlich. Die Schwingungen eines Ätherteilchens finden nicht in der Fortpflanzungsrichtung, sondern senkrecht dazu, also in der Wellenebene statt (Abb. 62). Jede Bewegung eines Punktes in einer Ebene kann man aber auffassen als zusammengesetzt aus zwei Bewegungen in zwei zueinander senkrechten Richtungen; wir haben ja bei der Besprechung der Kinematik eines Punktes gesehen, daß die Bewegung desselben durch Angabe der mit der Zeit sich ändernden rechtwinkligen Koordinaten eindeutig bestimmt ist. Ein doppelt brechender Kristall hat nun offenbar die Eigenschaft, daß sich in ihm die Schwingungen des Lichts in zwei zueinander senkrechten Richtungen verschieden schnell fortpflanzen; sie werden daher — nach dem Huygensschen Prinzipe — beim Eindringen in den Kristall verschieden stark abgelenkt oder gebrochen und daher räumlich getrennt. Jeder der beiden austretenden

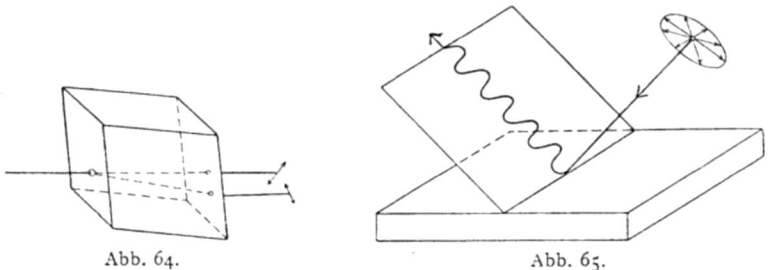

Abb. 64.   Abb. 65.

Strahlen besteht dann nur aus Schwingungen, die in je einer bestimmten, durch die Strahlrichtung gehenden Ebene stattfinden, und die zu den beiden Strahlen gehörigen Ebenen stehen aufeinander senkrecht (Abb. 64); zwei solche Schwingungen können sich offenbar nicht beeinflussen, sie können nicht miteinander interferieren. Tritt nun ein polarisierter Strahl in einen zweiten Kristall, so wird er nur dann ohne Schwächung durchgelassen, wenn seine Schwingungsrichtung gerade die richtige Lage zu dem Kristall hat, in der sich eben diese Schwingungsrichtung fortpflanzen kann; in allen anderen Stellungen wird der Strahl geschwächt, in der senkrechten oder gekreuzten Stellung überhaupt nicht durchgelassen. Ganz ähnlich verhält es sich bei der Spiegelung; geschieht diese unter dem geeigneten Winkel, so wird von den beiden Schwingungen parallel und senkrecht zur Einfallsebene nur die eine reflektiert, die andere dringt in den Spiegel ein und wird darin verschluckt (Abb. 65). Ob die reflektierte Schwingung diejenige ist, die in der Einfallsebene, oder die, die senkrecht zu ihr pendelt, das läßt sich natürlich nicht feststellen. (In der Abb. 65 ist letzteres angenommen.) Aber diese Frage nach der Lage der Schwingung zur Einfallsebene oder Polarisationsrichtung hat Anlaß zu umfangreichen Untersuchungen, Theorien und Diskussionen gegeben, wie wir sogleich sehen werden.

6. Der Äther als elastischer Festkörper.

Nachdem so die Transversalität der Lichtwellen erkannt und durch zahlreiche Versuche erwiesen war, erstand vor Fresnels geistigem Auge das Bild einer zukünftigen *dynamischen Lichttheorie,* die die optischen Erscheinungen nach dem Vorbilde der Mechanik aus den Eigenschaften des Äthers und der in ihm wirkenden Kräfte abzuleiten hätte. Der Äther mußte also eine Art elastischer, fester Körper sein; denn nur in diesen können mechanische Transversalwellen vorkommen. Aber zu Fresnels Zeit war die mathematische *Theorie der Elastizität fester Körper* noch nicht entwickelt; auch mochte wohl Fresnel glauben, daß man die Analogie des Äthers mit materiellen Substanzen nicht von vornherein zu weit treiben dürfe. Jedenfalls zog er es vor, die Gesetze der Lichtausbreitung empirisch zu erforschen und mit der Vorstellung der Transversalwellen zu deuten. Vor allem mußte von den optischen Vorgängen in Kristallen Aufklärung über das Verhalten des Lichtäthers erwartet werden. Fresnels Arbeiten auf diesem Gebiete gehören zu den schönsten Leistungen physikalischer Methodik, sowohl in experimenteller als auch in theoretischer Richtung; aber wir dürfen uns hier nicht in Einzelheiten verlieren und müssen immer unser Problem im Auge behalten: Wie ist der Lichtäther beschaffen?

Fresnels Ergebnisse schienen die Analogie der Lichtwellen mit elastischen Wellen zu bestätigen; dadurch erfuhr die schon von Navier (1821) und Cauchy (1822) begonnene systematische Bearbeitung der Elastizitätstheorie, der auch Poisson (1828) seine Kraft widmete, eine starke Anregung. Cauchy wandte nun auch sogleich die soeben gewonnenen Gesetze der elastischen Wellen auf die Optik an (1829). Wir wollen von dem Gedankeninhalt dieser Äthertheorie eine Vorstellung zu geben versuchen.

Die Schwierigkeit dabei ist, daß das adäquate Mittel zur Beschreibung von Veränderungen in kontinuierlichen, deformierbaren Körpern die Methode der *Differentialgleichungen* ist; da wir diese nicht als bekannt voraussetzen wollen, so bleibt nichts übrig, als sie an einem einfachen Beispiele zu umschreiben und am Schlusse hinzuzufügen: So ähnlich, nur etwas komplizierter, verhält es sich im allgemeinen Falle. Der mathematisch nicht geschulte Leser kann dann vielleicht zu einem rohen Begriff von der Sache kommen; was er aber schwerlich gewinnen wird, ist eine Anschauung von der Kraft und Leistungsfähigkeit der physikalischen Bilder und der ihnen angepaßten mathematischen Methoden. Wir sind uns also der Unmöglichkeit bewußt, den Nicht-Mathematiker völlig zu befriedigen, aber wir können einen Versuch zur Erläuterung der Mechanik der Kontinua nicht unterlassen, weil alle folgenden Theorien, nicht nur die des elastischen Äthers, sondern auch die Elektrodynamik in allen ihren Wandlungen und vor allem die Einsteinsche Gravitationstheorie auf diesen Begriffsbildungen aufgebaut sind.

Eine sehr dünne, gespannte Saite ist gewissermaßen ein eindimensionales, elastisches Gebilde; an diesem wollen wir die Begriffe der Elastizitätstheorie entwickeln. Um an die gewöhnliche Mechanik, die nur einzelne, starre Körper kennt, anknüpfen zu können, denken wir uns die Saite nicht kontinuierlich, sondern gewissermaßen atomistisch konstituiert. Sie bestehe aus einer Reihe von gleichen, kleinen Körperchen, die auf einer geraden Linie nebeneinander in gleichen Abständen angeordnet sind (Abb. 66). Die Teilchen sollen träge Masse haben und jedes soll auf seine beiden Nachbarn Kräfte ausüben; diese sollen so beschaffen sein, daß sie sich sowohl einer Vergrößerung als einer Verkleinerung des Abstandes widersetzen. Will man ein anschauliches Bild für solche Kräfte haben, so denke man an kleine Spiralfedern, die zwischen den Körperchen angebracht sind; diese

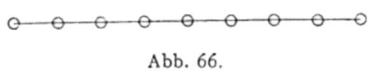

Abb. 66.

widerstreben sowohl einer Zusammendrückung wie einer Dehnung. Aber ein solches Bild darf man nicht wörtlich nehmen; Kräfte der geschilderten Art sind eben das Urphänomen der Elastizität.

Wenn jetzt das erste Teilchen in der Längs- oder der Querrichtung ein wenig verschoben wird, so wirkt es sogleich auf das zweite ein; dieses aber gibt die Wirkung auf das nächste weiter, usw. Die Störung des Gleichgewichts des ersten Teilchens läuft also durch die ganze Reihe hindurch, wie eine kurze Welle, und erreicht schließlich auch das letzte Teilchen. Dieser Vorgang geht aber nicht unendlich schnell, sondern bei jedem Teilchen tritt ein kleiner Zeitverlust ein, weil es wegen seiner Trägheit dem Anstoß nicht sogleich folgt; denn die Kraft erzeugt ja nicht momentane Verrückung, sondern Beschleunigung, d. h. eine Geschwindigkeitsänderung während einer kleinen Zeit, und die Geschwindigkeitsänderung führt erst wieder mit der Zeit zu einer Verrückung. Erst wenn diese im vollen Betrage da ist, erreicht die Kraft auf das nächste Teilchen ihren vollen Betrag, und von da wiederholt sich der Vorgang jedesmal mit einem von der Masse der Teilchen abhängigen Zeitverluste. Würde die Kraft, die vom ersten Teilchen bei seiner Verrückung ausgeht, direkt das letzte Teilchen der Reihe beeinflussen, so würde die Wirkung momentan erfolgen. Dies soll nach der Newtonschen Gravitationstheorie bei der gegenseitigen

Anziehung der Himmelskörper der Fall sein; die Kraft, die einer auf den andern ausübt, ist immer nach dem momentanen Ort des ersten hin gerichtet und durch die momentane Entfernung der Größe nach bestimmt. Man sagt, die Newtonsche Gravitation ist eine *Fernwirkung*; denn sie wirkt ohne Vermittelung des dazwischenliegenden Mediums in die Ferne.

Im Gegensatze dazu ist unsere Reihe äquidistanter Körperchen das einfachste Modell für eine *Nahwirkung*; denn die vom ersten auf den letzten Punkt ausgeübte Wirkung wird durch die dazwischenliegenden Massen vermittelt und tritt daher nicht momentan, sondern mit einer Verzögerung ein. Die von einem Teilchen auf seine Nachbarn ausgeübte Kraft ist dabei allerdings noch als Fernwirkung gedacht, wenn auch nur über eine kurze Entfernung; man kann aber nun die Abstände der Teilchen immer kleiner und kleiner vorstellen, ihre Zahl dafür in entsprechendem Maße immer größer und größer, aber so, daß ihre gesamte Masse dieselbe bleibt. Dann geht die Kette von Massenteilchen in den Grenzbegriff eines *materiellen Kontinuums* über; die Kräfte wirken zwischen unendlich benachbarten Teilchen und die Bewegungsgesetze nehmen die Gestalt von Differentialgleichungen an. Diese sind der mathematische Ausdruck für den physikalischen Begriff der Nahwirkung.

Wir wollen diesen Grenzprozeß an den Bewegungsgesetzen unserer Kette von Massenteilchen etwas näher verfolgen.

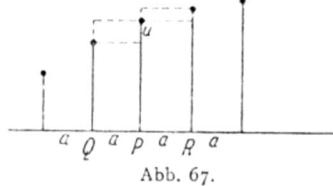

Abb. 67.

Wir betrachten etwa rein transversale Verrückungen (Abb. 67). In der Elastizitätstheorie wird angenommen, daß ein Teilchen P von einem seiner Nachbarn Q um so stärker zurückgezerrt wird, je mehr es über Q hinaus transversal verschoben ist; ist u der Überschuß der transversalen Verschiebung von P über die von Q und a der ursprüngliche Abstand der Teilchen auf der Geraden, so soll die zurückziehende Kraft proportional dem Verhältnisse $\frac{u}{a} = d$ sein, das man *Deformation* nennt. Wir setzen

$$K = p \cdot \frac{u}{a} = pd,$$

wo p eine konstante Zahl ist, die offenbar gleich der Kraft ist, wenn die Deformation $d = 1$ gewählt wird. Man bezeichnet p als *Elastizitätskonstante*.

Dasselbe Teilchen erfährt nun von seinem andern Nachbarn R ebenfalls eine solche Kraft $K' = p\frac{u'}{a} = pd'$. Aber außer in dem singulären Falle, daß der Ausschlag von P gerade ein Maximum ist, wird das Teilchen R stärker verschoben sein, als P, also dieses nicht zurückzuziehen, sondern seine Verschiebung zu vergrößern suchen. K' wird also K entgegenwirken.

Die resultierende Kraft auf das Teilchen P ist die Differenz dieser Kräfte
$$K - K' = p(d - d').$$
Diese bestimmt nun die Bewegung von P nach der dynamischen Grundformel Masse mal Beschleunigung gleich Kraft:
$$mb = K - K' = p(d - d').$$
Nun denke man sich die Anzahl der Teilchen immer mehr vermehrt, ihre Masse aber im selben Verhältnis verkleinert, so daß die Masse pro Längeneinheit immer denselben Wert behält. Gehen auf die Längeneinheit n Teilchen, so ist $n \cdot a = 1$, also $n = \frac{1}{a}$. Die Masse pro Längeneinheit ist $mn = \frac{m}{a}$; man nennt diese Größe (lineare) *Massendichte* und bezeichnet sie mit ϱ. Indem man nun obige Gleichung durch a dividiert, bekommt man
$$\frac{m}{a} b = \varrho b = \frac{K - K'}{a} = p \frac{d - d'}{a},$$
und hier hat man nun ganz ähnliche Bildungen vor sich, wie sie bei der Definition der Begriffe Geschwindigkeit und Beschleunigung auftraten. Wie nämlich die Geschwindigkeit das Verhältnis des Weges x zur Zeit t, $v = \frac{x}{t}$, war, wobei für eine beschleunigte Bewegung die Zeitdauer t als ganz kurz zu denken ist, so haben wir hier die Deformation $d = \frac{u}{a}$, das Verhältnis von relativer Verschiebung zu ursprünglicher Entfernung, wobei diese als äußerst klein zu denken ist. Genau wie früher die Beschleunigung als Änderung der Geschwindigkeit im Verhältnis zur Zeit, $b = \frac{w}{t} = \frac{v - v'}{t}$ definiert wurde, so haben wir hier die Größe $f = \frac{d - d'}{a}$, die in ganz analoger Weise die Änderung der Deformation von Stelle zu Stelle mißt.

Genau wie Geschwindigkeit v und Beschleunigung b für beliebig abnehmende Zeitstufen t ihren Sinn und endlichen Wert beibehalten, so behalten die Größen d und f bei beliebig abnehmender Distanz a ihren Sinn und endlichen Wert; all das sind sogenannte *Differentialquotienten*, und zwar $v = \frac{x}{t}$ ebenso wie $d = \frac{u}{a}$ solche erster Ordnung, und $b = \frac{v - v'}{t}$ ebenso wie $f = \frac{d - d'}{a}$ solche zweiter Ordnung.

Die Bewegungsgleichung wird also eine *Differentialgleichung zweiter Ordnung*:
$$(36) \qquad \varrho b = pf$$
und zwar sowohl bezüglich der zeitlichen, als auch der örtlichen Änderung

des Vorganges. Von diesem Typus sind *alle* Nahwirkungsgesetze der theoretischen Physik. Handelt es sich z. B. um nach allen Richtungen ausgedehnte, elastische Körper, so kommen noch ganz analog gebaute Glieder für die beiden andern Raumdimensionen hinzu. Aber auch in der Theorie der elektrischen und magnetischen Vorgänge gelten ganz ähnliche Gesetze; schließlich ist auch die Gravitationstheorie durch Einstein auf eine solche Gestalt gebracht worden.

Wir müssen hier noch anmerken, daß man Fernwirkungsgesetze formell als Nahwirkungsformeln schreiben kann. Streichen wir z. B. in unserer Gleichung (36) das Glied ϱb, nehmen also an, daß die Massendichte unendlich klein sei, so wird eine Verrückung des ersten Teilchens im selben Augenblick eine Kraft auf das letzte Teilchen hervorrufen, weil die Trägheit der übermittelnden Glieder in Fortfall gekommen ist. Wir haben also eigentlich die Ausbreitung einer Kraft mit unendlicher Geschwindigkeit, eine richtige Fernwirkung; trotzdem erscheint das Gesetz $pf = 0$ in der Form einer Differentialgleichung, einer Nahwirkung. Solchen *Pseudo-Nahwirkungsgesetzen* werden wir in der Theorie der Elektrizität und des Magnetismus begegnen, wo sie den eigentlichen Nahwirkungsgesetzen den Weg gebahnt haben. Das Wesentliche an letzteren ist das Trägheitsglied, das die endliche Fortpflanzungsgeschwindigkeit von Gleichgewichtsstörungen, also das Zustandekommen von Wellen, bewirkt.

In dem Gesetze (36) kommen zwei Größen vor, die den physikalischen Charakter der Substanz bestimmen, die Masse pro Einheit des Volumens oder Dichte ϱ und die Elastizitätskonstante p. Schreibt man $b = \dfrac{p}{\varrho} f$, so sieht man, daß bei gegebener Deformation, also gegebenem f, die Beschleunigung um so größer wird, je größer p und je kleiner ϱ ist; p ist eben ein Maß für die elastische Steifigkeit der Substanz, ϱ für die Massenträgheit, und es ist klar, daß eine Vergrößerung der Steifigkeit die Bewegung beschleunigt, eine Vermehrung der Trägheit sie verlangsamt. Die Geschwindigkeit c einer Welle wird daher auch nur von dem Verhältnisse $\dfrac{p}{\varrho}$ abhängen; denn je schneller die Welle läuft, um so größer sind die Beschleunigungen der einzelnen Teilchen der Substanz. Das genaue Gesetz für diesen Zusammenhang findet man durch folgende Überlegung:

Jeder einzelne Massenpunkt vollführt eine einfache, periodische Bewegung von der Art, wie wir sie früher (II, 11, S. 30) untersucht haben. Dort haben wir gezeigt, daß dabei die Beschleunigung mit dem Ausschlage x nach der Formel (11)

$$b = (2\pi\nu)^2 x$$

zusammenhängt, wo ν die Anzahl der Schwingungen in der Sekunde ist; führt man statt dessen die Schwingungsdauer nach der Formel (34), S. 76,

$T = \dfrac{1}{\nu}$ ein, so wird

$$b = \left(\frac{2\pi}{T}\right)^2 x.$$

Dieselbe Überlegung die hier für das zeitliche Nacheinander angestellt worden ist, kann man auch auf das räumliche Nebeneinander anwenden und muß dabei zu ganz entsprechenden Beziehungen gelangen; man hat einfach die Beschleunigung b (den zweiten, zeitlichen Differentialquotienten) durch die Größe f (den zweiten, örtlichen Differentialquotienten) und die Schwingungsdauer T (die zeitliche Periode) durch die Wellenlänge λ (die örtliche Periode) zu ersetzen. So gelangt man zu der Formel

$$f = \left(\frac{2\pi}{\lambda}\right)^2 x.$$

Dividiert man die beiden Ausdrücke für b und f durcheinander, so hebt sich der Faktor $(2\pi)^2 x$ fort und es bleibt

$$\frac{b}{f} = \frac{\lambda^2}{T^2}.$$

Nun ist einerseits nach der Formel (35), S. 77, $\frac{\lambda}{T} = c$, andrerseits nach (36), S. 87, $\frac{b}{f} = \frac{p}{\varrho}$; also folgt

(37) $\qquad c^2 = \frac{p}{\varrho}$ oder $c = \sqrt{\frac{p}{\varrho}}.$

Diese Beziehung gilt für alle Körper, mögen sie gasförmig, flüssig oder fest sein.

Nur besteht folgender Unterschied:

In *Flüssigkeiten und Gasen* gibt es keinen elastischen Widerstand gegen seitliche Verschiebung der Teilchen, sondern nur gegen Volumänderung; daher können' sich in solchen Substanzen *nur longitudinale Wellen* fortpflanzen, deren Geschwindigkeit durch die für Volumänderungen maßgebende Elastizitätskonstante p nach der Formel (37) bestimmt wird.

Dagegen können sich in *festen Körpern* wegen der elastischen Steifigkeit gegen seitliche Verrückungen in jeder Richtung *drei Wellen* mit verschiedenen Geschwindigkeiten fortpflanzen, *eine longitudinale und zwei transversale*; das kommt daher, weil für die Verdichtungen und Verdünnungen der longitudinalen Wellen eine andere Elastizitätskonstante p maßgebend ist, als für die seitlichen Verzerrungen der transversalen Schwingungen.

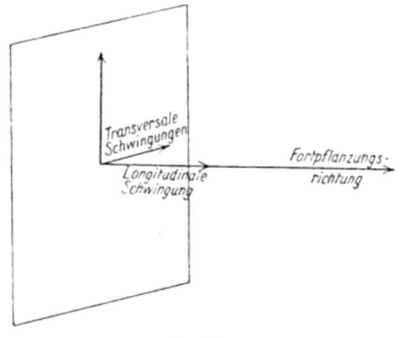

Abb. 68.

In nicht-kristallinischen Körpern haben übrigens die beiden transversalen Wellen zwar verschiedene, aufeinander senkrechte Schwingungsrichtungen, aber die gleiche Geschwindigkeit c_t; die longitudinale Welle hat eine andere Geschwindigkeit c_l (Abb. 68).

Alle diese Tatsachen lassen sich durch das Experiment an Schallwellen in festen Körpern bestätigen.

Wir kommen nun auf den Ausgangspunkt dieser Betrachtungen zurück, nämlich auf die elastische Lichttheorie.

Diese besteht darin, daß man den Äther als Träger der Lichtschwingungen identifiziert mit einem festen, elastischen Körper; die Lichtwellen sollen dann also gewissermaßen Schallwellen in diesem hypothetischen Medium sein.

Welche Eigenschaften muß man nun diesem elastischen Äther zuschreiben?

Zunächst fordert die ungeheure Ausbreitungsgeschwindigkeit c, daß entweder die elastische Steifigkeit p sehr groß oder die Massendichte ϱ sehr klein ist, oder daß beides zugleich gilt. Da aber die Lichtgeschwindigkeit in verschiedenen Substanzen verschieden ist, so muß der Äther innerhalb eines materiellen Körpers entweder verdichtet oder seine Elastizität muß verändert sein, oder auch beides zugleich. Man sieht, daß sich hier verschiedene Wege eröffnen. Die Anzahl der Möglichkeiten wird noch dadurch vermehrt, daß, wie wir sahen (IV, 5, S. 84), durch die Experimente nicht entschieden werden kann, ob die Schwingungen des polarisierten Lichtes parallel oder senkrecht zur Polarisationsebene (der Einfallsebene des polarisierenden Spiegels) stattfinden.

Entsprechend dieser Unbestimmtheit des Problems finden wir auch historisch eine unübersehbare Zahl verschiedener Theorien des elastischen Äthers. Wir haben die Namen der wichtigsten Autoren schon genannt; neben den französischen Mathematikern Poisson, Fresnel, Cauchy und dem Engländer Green tritt hier zum ersten Male ein bedeutender deutscher Physiker auf, Franz Neumann, der der Lehrer der großen, deutschen Physiker-Generation Helmholtz, Kirchhoff, Clausius wurde.

Es nimmt uns heute wunder, wie viel Scharfsinn und Mühe auf das Problem gewandt worden ist, die optischen Erscheinungen in ihrer Gesamtheit aufzufassen als Bewegungen eines elastischen Äthers von denselben Eigenschaften, wie sie die materiellen elastischen Festkörper haben. Es scheint uns, als läge eine Überspannung des Prinzips vor, das da besagt: Erklären heißt, Unbekanntes auf Bekanntes zurückführen. Denn wir wissen heute, daß das Wesen des elastischen Festkörpers gar nicht etwas Einfaches und erst recht nicht etwas Bekanntes ist; die Physik des Äthers hat sich als einfacher und durchsichtiger erwiesen, als die Physik der Materie, und die moderne Forschung ist bestrebt, die Konstitution der Materie als sekundäres Phänomen auf die Eigenschaften der Kraftfelder zurückzuführen, die vom Äther der älteren Physik übriggeblieben sind. Aber diese Wandlung des wissenschaftlichen Programms beruht nicht zum wenigsten auf den Mißerfolgen der Bemühungen, eine konsequente Theorie des elastischen Äthers durchzuführen.

Ein gewichtig erscheinender Einwand gegen diese Lehre ist der, daß ein den Weltenraum erfüllender Äther von der großen Steifigkeit, die er als Träger der raschen Lichtschwingungen haben muß, der Bewegung der Himmelskörper, besonders der Planeten, einen Widerstand entgegensetzen müßte. Die Astronomie hat aber niemals Abweichungen von den Newtonschen Bewegungsgesetzen gefunden, die auf einen solchen Widerstand hindeuten könnten. Stokes (1845) hat diesen Einwand einigermaßen entkräftet durch die Bemerkung, daß auch der Begriff der Festigkeit eines Körpers durchaus etwas Relatives ist und von dem zeitlichen Verlaufe der deformierenden Kräfte abhängt. Ein Stück Pech — Siegellack und Glas verhalten sich ähnlich — springt bei einem Hammerschlag mit scharfem, glattem Bruche; belastet man es aber mit einem Gewichte, so sinkt dieses, wenn auch langsam, allmählich in das Pech ein, als wäre es eine zähe Flüssigkeit. Nun verhalten sich die bei den Lichtschwingungen auftretenden ungeheuer schnell wechselnden Kräfte (600 Billionen mal in der Sekunde) zu den relativ langsamen Vorgängen bei der Planetenbewegung in ihrem zeitlichen Ablaufe noch viel extremer, wie der Hammerschlag zur Gewichtsbelastung. Daher kann der Äther für das Licht wohl als fester, elastischer Körper fungieren, gegen die Bewegung der Planeten aber vollkommen nachgiebig sein.

Wenn man sich nun auch mit diesem pecherfüllten Weltenraume beruhigen will, so ergeben sich ernstere Schwierigkeiten aus den Gesetzen der Lichtfortpflanzung selbst. Vor allem tritt bei elastischen Festkörpern neben zwei transversalen Wellen immer auch eine longitudinale auf; wenn man die Brechung einer Welle an der Grenze zweier Medien verfolgt und annimmt, daß die Welle im ersten Medium rein transversal schwingt, so entsteht im zweiten Medium notwendig zugleich eine longitudinale Schwingung. Alle Versuche, dieser Konsequenz der Theorie durch mehr oder weniger willkürliche Abänderungen zu entgehen, sind fehlgeschlagen. Man kam sogar auf so sonderbare Hypothesen wie die, daß der Äther gegen Kompression einen unendlich kleinen oder einen unendlich großen Widerstand habe verglichen mit der Steifigkeit gegen transversale Verzerrung; im ersteren Falle würden die longitudinalen Wellen unendlich langsam, im zweiten unendlich schnell laufen, jedenfalls aber nicht als Licht in Erscheinung treten. Ein Physiker Mac Cullagh (1839) ging so weit, einen Äther zu konstruieren, der sich ganz und gar von dem Vorbilde der elastischen Körper entfernte; während diese nämlich jeder Entfernungsänderung ihrer Partikel einen Widerstand entgegensetzen, bloßen Drehungen aber ohne Widerstand folgen, soll der Mac Cullaghsche Äther sich gerade umgekehrt verhalten. Wir können hier auf diese Theorie nicht näher eingehen; so merkwürdig sie anmutet, ist sie doch bedeutungsvoll als Vorläufer der elektromagnetischen Lichttheorie. Sie führt zu fast denselben Formeln wie diese und ist tatsächlich imstande, die optischen Vorgänge in ziemlichem Umfange richtig darzustellen; aber ihre Schwäche besteht darin, daß sie keinen Zusammenhang der optischen Vorgänge mit anderen physikalischen Erscheinungen aufdeckte. Es ist klar, daß man durch willkürliche Konstruktionen Äthermodelle finden kann, durch die sich ein bestimmtes Erscheinungsgebiet darstellen läßt; einen Erkenntniswert bekommen solche Erfindungen aber erst dann, wenn sie zu einer Verschmelzung zweier bis dahin unverbundener physikalischer Gebiete führen. Darin liegt der große Fortschritt, den Maxwell durch die Einordnung der Optik in die Reihe der elektromagnetischen Phänomene erzielt hat.

7. Die Optik bewegter Körper.

Ehe wir diese Entwicklung weiter verfolgen, wollen wir haltmachen und die Frage stellen, wie sich die Lehre vom elastischen Äther zum Raum-Zeit-Problem und zur Relativität verhält. Während wir bisher bei den optischen Untersuchungen die Bewegungen der Licht aussendenden, Licht empfangenden und vom Lichte durchstrahlten Körper nicht beachtet haben, werden wir jetzt gerade diese Bewegungen ins Auge fassen.

Der Raum der Mechanik überall dort, wo keine materiellen Körper sind, wird als leer betrachtet; der Raum der Optik ist mit Äther erfüllt. Der Äther aber gilt uns hier durchaus als eine Art Materie, der eine bestimmte Massendichte und Elastizität zukommt. Man kann daher die Newtonsche Mechanik mit ihrer Lehre von Raum und Zeit ohne weiteres auf die mit Äther gefüllte Welt übertragen. Diese besteht dann nicht mehr aus vereinzelten Massen, die durch leere Räume getrennt sind, sondern ist ganz und gar von der dünnen Masse des Äthers erfüllt, in der die groben Massen der Materie schwimmen; Äther und Materie wirken mit mechanischen Kräften aufeinander und bewegen sich nach den Newton-Gesetzen. Der Newtonsche Standpunkt ist also gedanklich auf die Optik anwendbar; es fragt sich nur, ob die Beobachtungen damit im Einklange sind.

Diese Frage kann man nun aber nicht einfach durch eindeutige Experimente entscheiden; denn der Bewegungszustand des Äthers außerhalb und innerhalb der Materie ist ja nicht bekannt und es steht frei, Hypothesen darüber auszudenken. Man muß also die Frage so stellen: Lassen sich solche Annahmen über die Wechselwirkung der Bewegungen des Äthers und der Materie machen, daß die optischen Erscheinungen in ihrer Gesamtheit dadurch erklärt werden?

Wir erinnern uns nun an die Lehre vom klassischen Relativitätsprinzip. Danach existiert der absolute Raum nur in eingeschränktem Sinne; denn sämtliche Inertialsysteme, die sich geradlinig und gleichförmig gegeneinander bewegen, können mit gleichem Rechte als ruhend im Raume betrachtet werden. Die erste Hypothese über den Lichtäther, die sich aufdrängt, wird nun die sein:

Der Äther im Weltenraume weit außerhalb der materiellen Körper ruht in einem Inertialsysteme.

Denn wäre das nicht der Fall, so würden Teile des Äthers beschleunigt sein, es würden Fliehkräfte in ihm auftreten und als deren Folge Änderungen der Dichte und Elastizität, und es wäre zu erwarten, daß man davon durch das Licht der Gestirne Kenntnis bekommen hätte.

Diese Hypothese genügt der Form nach dem klassischen Relativitätsprinzip; wenn der Äther zu den materiellen Körpern gerechnet wird, so sind Translationsbewegungen der Körper gegen den Äther ebensogut relative Bewegungen wie die zweier Körper gegeneinander, und eine gemeinsame Translationsbewegung des Äthers und aller Materie würde weder mechanisch noch optisch nachweisbar sein.

Aber die Physik der materiellen Körper *allein, ohne den Äther*, braucht nun nicht mehr dem Relativitätsprinzipe zu genügen; eine gemeinsame Translation aller Materie ohne Teilnahme des Äthers, also eine Relativbewegung gegen diesen, könnte sich sehr wohl durch optische Experimente feststellen lassen. Dann würde der Äther praktisch ein absolut ruhendes Bezugsystem definieren. Die Frage, auf die es im folgenden vor allem ankommt, ist nun die, ob die beobachtbaren optischen Erscheinungen nur von den relativen Bewegungen der materiellen Körper abhängen, oder ob die Bewegung im Äthermeer sich bemerkbar macht.

Eine Lichtwelle wird durch 3 Merkmale gekennzeichnet:
1. die Schwingungszahl oder Frequenz,
2. die Geschwindigkeit,
3. die Fortpflanzungsrichtung.

Wir werden nun systematisch untersuchen, welchen Einfluß relative Bewegungen der Licht aussendenden und Licht empfangenden Körper gegeneinander und gegen das übertragende Medium, sei es der Äther im freien Weltenraume, sei es eine durchsichtige Substanz, auf diese drei Merkmale der Lichtwelle haben.

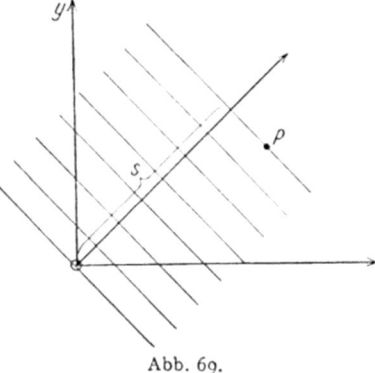

Abb. 69.

Die Methode, die wir dabei anwenden, ist diese: Wir betrachten einen Wellenzug, der zur Zeit $t = 0$ den Nullpunkt O in irgendeiner Richtung verläßt, und zählen die einzelnen Wellen, die einen beliebigen Punkt P bis zur Zeit t überstreichen. Diese Anzahl ist offenbar völlig unabhängig davon, in welchem Bezugsysteme die Koordinaten von P gemessen werden, mag dieses ruhen oder bewegt sein. Man bestimmt sie folgendermaßen:

Die erste Welle, die den Nullpunkt im Augenblicke $t = 0$ verläßt, muß eine gewisse Strecke s fortschreiten (Abb. 69), bis sie den Punkt P

erreicht, und braucht dazu die Zeit $\frac{s}{c}$. Von diesem Moment an zählen wir die über P hinweg gehenden Wellen, bis zum Moment t, also während der Dauer $t - \frac{s}{c}$. Da nun das Licht in 1 Sekunde ν Schwingungen ausführt und jeder vorbeiziehenden Welle gerade eine Schwingung entspricht, so ziehen in 1 sec ν Wellen, also in $t - \frac{s}{c}$ sec $\nu\left(t - \frac{s}{c}\right)$ Wellen am Punkte P vorbei.

Die Wellenzahl $\nu\left(t - \frac{s}{c}\right)$ ist also nur davon abhängig, wie die beiden Punkte O und P zueinander und zu dem Wellenzuge liegen und wie groß der Zeitunterschied t zwischen dem Abgange der ersten Welle in O und der Ankunft der letzten in P ist. Mit dem Bezugsystem hat diese Zahl nichts zu tun; sie ist also eine *Invariante* in dem Sinne, den wir diesem Worte oben gegeben haben.

Man macht sich das am besten klar, wenn man die Ausdrucksweise Minkowskis benützt. Danach ist der Abgang der ersten Welle zur Zeit $t = 0$ vom Nullpunkt ein Ereignis, ein Weltpunkt, die Ankunft der letzten Welle zur Zeit t am Punkte P ein anderes Ereignis, ein zweiter Weltpunkt. Weltpunkte aber sind da ohne Bezug auf bestimmte Koordinatensysteme; und da die Wellenzahl $\nu\left(t - \frac{s}{c}\right)$ nur durch die beiden Weltpunkte bestimmt ist, so ist sie unabhängig vom Bezugsysteme, invariant.

Daraus folgen dann leicht, entweder durch anschauliche Überlegung oder durch Anwendung der Galilei-Transformationen, alle Sätze über das Verhalten der 3 Merkmale der Welle, der Frequenz, Richtung und Geschwindigkeit, bei einem Wechsel des Bezugsystems. Wir werden diese Sätze der Reihe nach ableiten und mit der Erfahrung vergleichen.

8. Der Dopplersche Effekt.

Daß die beobachtete *Frequenz* einer Welle von der Bewegung sowohl der Lichtquelle, als auch des Beobachters gegen das übertragende Medium abhängt, hat Christian Doppler (1842) entdeckt. Die Erscheinung läßt sich bei Schallwellen leicht beobachten; der Pfiff einer Lokomotive erscheint höher, wenn diese sich dem Beobachter annähert, und wird im Augenblicke des Vorbeifahrens tiefer. Die sich annähernde Schallquelle trägt die Impulse vorwärts, so daß sie schneller aufeinander folgen. Einen ähnlichen Effekt hat die Bewegung des Beobachters dem Schall entgegen; er empfängt dann die Wellen in rascherer Aufeinanderfolge. Dasselbe muß nun auch beim Licht der Fall sein. Die Frequenz des Lichtes bestimmt aber seine Farbe, und zwar entsprechen die schnellen Schwingungen dem violetten, die langsamen dem roten Ende des Spektrums. Daher wird bei einer

Annäherung der Lichtquelle und des Beobachters die Farbe des Lichtes ein wenig nach Violett, bei Entfernung nach Rot verschoben.
Diese Erscheinung ist nun tatsächlich beobachtet worden.

Das von leuchtenden Gasen kommende Licht besteht nicht aus allen möglichen Schwingungen, sondern aus einer Anzahl getrennter Frequenzen; das Spektrum, das ein Prisma oder ein auf Interferenz beruhender Spektralapparat davon entwirft, zeigt kein kontinuierliches Farbenband wie der Regenbogen, sondern einzelne, scharfe, bunte Linien. Die Frequenz dieser Spektrallinien ist für die chemischen Elemente charakteristisch, die in der Flamme leuchten (Spektralanalyse von Bunsen und Kirchhoff 1859). Auch die Gestirne haben solche Linienspektren, deren Linien zum größten Teile mit denen irdischer Elemente zusammenfallen; woraus zu schließen ist, daß die Materie in den fernsten Weltenräumen aus denselben Urbestandteilen zusammengesetzt ist. Aber die Sternlinien stimmen nicht genau mit den entsprechenden irdischen überein, sondern zeigen kleine Verschiebungen, in einem Halbjahr nach der einen, im zweiten nach der anderen Seite. Diese Frequenzänderungen sind die Wirkungen des Dopplereffekts der Erdbewegung um die Sonne; während des einen Halbjahrs läuft die Erde auf einen bestimmten Fixstern zu, daher wird die Frequenz aller von diesem kommenden Lichtwellen vergrößert und die Spektrallinien des Sterns erscheinen nach der Seite der schnellen Schwingungen (Violett) verschoben, während des zweiten Halbjahrs entfernt sich die Erde von dem Sterne, die Verschiebung der Spektrallinien erfolgt also nach der anderen Seite (Rot).

Diese wunderbare Abbildung der Erdbewegung im Spektrum der Sterne tritt allerdings nicht rein in die Erscheinung; denn es ist klar, daß sich ihr der Dopplersche Effekt bei der Aussendung des Lichtes von einer bewegten Lichtquelle überlagern wird. Wenn nun die Fixsterne nicht sämtlich im Äther ruhen, so muß ihre Bewegung sich wieder als Verschiebung der Spektrallinien bemerklich machen; diese tritt zu der von der Erdbewegung erzeugten hinzu, zeigt aber nicht den jährlichen Wechsel und läßt sich daher von ihr abtrennen. Astronomisch ist diese Erscheinung noch viel wichtiger, denn sie gibt Aufschluß über die Geschwindigkeiten auch der fernsten Gestirne, soweit bei der Bewegung eine Annäherung oder Entfernung von der Erde stattfindet. Doch ist es nicht unsere Aufgabe, näher auf diese Untersuchungen einzugehen.

Uns interessiert vor allem die Frage:

Was geschieht, wenn sich Beobachter und Lichtquelle in gleicher Richtung und mit gleicher Geschwindigkeit bewegen? Verschwindet dann der Dopplersche Effekt, hängt er nur von der relativen Bewegung der materiellen Körper ab, oder verschwindet er nicht und verrät dadurch die Bewegung der Körper durch den Äther? Im ersteren Falle würde das Relativitätsprinzip für die optischen Vorgänge zwischen materiellen Körpern erfüllt sein.

Die Äthertheorie gibt auf diese Frage folgende Antwort:

Der Dopplersche Effekt hängt nicht nur von der relativen Bewegung der Lichtquelle und des Beobachters ab, sondern auch ein wenig von den Bewegungen beider gegen den Äther; aber dieser Einfluß ist so klein, daß er sich der Beobachtung entzieht, überdies ist er in dem Falle einer gemeinsamen Translation der Lichtquelle und des Beobachters streng gleich Null.

Das letztere ist anschaulich so klar, daß es kaum betont zu werden braucht; man hat sich nur zu überlegen, daß die Wellen in irgend zwei relativ zueinander ruhenden Punkten in demselben Rhythmus vorüberziehen, gleichgültig, ob die beiden Punkte im Äther ruhen oder sich gemeinsam bewegen. Trotzdem gilt das Relativitätsprinzip für den Licht aussendenden und den Licht empfangenden Körper *nicht streng*, sondern nur angenähert. Wir wollen das beweisen.

Dazu verwenden wir den oben abgeleiteten Satz von der Invarianz der Wellenzahl.

Wir lassen vom Nullpunkt des im Äther ruhenden Systems S einen Wellenzug in der x-Richtung abgehen und zählen die Wellen, die bis zur Zeit t einen beliebigen Punkt P überstreichen (Abb. 70). Der Weg, den die Wellen dabei zurückzulegen haben, ist gleich der x-Koordinate des Punktes P; es ist also $s = x$ zu setzen, und die Wellenzahl beträgt

$$\nu\left(t - \frac{x}{c}\right).$$

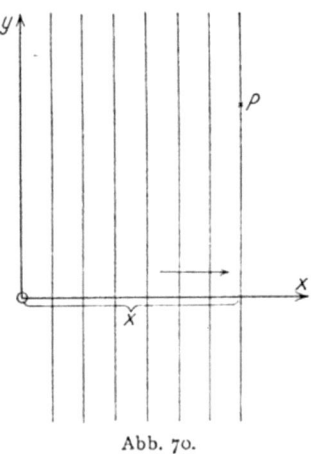

Abb. 70.

Nun betrachten wir ein in der x-Richtung mit der Geschwindigkeit v bewegtes System S', in dem der Beobachter an einer Stelle mit der Koordinate x' ruhen möge; zur Zeit $t = 0$ sollen S und S' zusammenfallen, und zur Zeit t soll der Beobachter gerade den Punkt P erreicht haben. Dann ist dieselbe Wellenzahl in dem Systeme S' gleich

$$\nu'\left(t - \frac{x'}{c'}\right),$$

wo ν' und c' die vom bewegten Beobachter gemessene Frequenz und Geschwindigkeit sind. Es gilt also

(38) $$\nu\left(t - \frac{x}{c}\right) = \nu'\left(t - \frac{x'}{c'}\right),$$

wobei die Koordinaten durch die Galileische Transformation (29), S. 59,

$$x' = x - vt \quad \text{oder} \quad x = x' + vt$$

verknüpft sind. Setzt man das ein, so erhält man

$$(39) \qquad \nu\left(t - \frac{x' + vt}{c}\right) = \nu'\left(t - \frac{x'}{c'}\right),$$

und das muß natürlich für alle Werte von x' und t gelten. Wählt man speziell $t = 1$, $x' = 0$, so folgt

$$(40) \qquad \nu\left(1 - \frac{v}{c}\right) = \nu'.$$

Das ist das gesuchte Gesetz; es drückt aus, das ein in derselben Richtung wie die Lichtwellen bewegter Beobachter eine Frequenz ν' mißt, die im Verhältnis $\left(1 - \dfrac{v}{c}\right) : 1$ verkleinert ist.

Wir betrachten jetzt umgekehrt eine Lichtquelle, die mit der Frequenz ν_0 schwingt und sich in der Richtung der x-Achse mit der Geschwindigkeit v_0 bewegt; ein im Äther ruhender Beobachter messe die Frequenz ν. Dieser Fall ist sofort auf den vorigen zurückführbar; denn, ob Lichtquelle oder Beobachter, ist für die Betrachtung ganz gleichgültig, es kommt nur darauf an, mit welchem Rhythmus die Wellen einen bewegten Punkt treffen. Jetzt ist der bewegte Punkt die Lichtquelle; wir erhalten also die Formel für diesen Fall aus der früheren, wenn wir darin v durch v_0 und ν' durch ν_0 ersetzen:

$$\nu\left(1 - \frac{v_0}{c}\right) = \nu_0;$$

hier ist aber ν_0 als Frequenz der Lichtquelle gegeben, ν als beobachtete Frequenz gesucht. Also muß man nach ν auflösen und erhält

$$(41) \qquad \nu = \frac{\nu_0}{1 - \dfrac{v_0}{c}}.$$

Die beobachtete Frequenz erscheint also, da der Nenner kleiner als 1 ist, vergrößert, im Verhältnis $1 : \left(1 - \dfrac{v_0}{c}\right)$.

Man sieht nun sogleich, daß es nicht gleichgültig ist, ob sich der Beobachter in der einen oder die Lichtquelle in der entgegengesetzten Richtung mit derselben Geschwindigkeit bewegen. Denn setzt man in der Formel (41) $v_0 = -v$, so wird sie

$$\nu = \frac{\nu_0}{1 + \dfrac{v}{c}}$$

und dies ist von (40) verschieden. Allerdings ist der Unterschied in allen praktischen Fällen sehr gering. Wir haben früher (IV, 3, S. 74) gesehen, daß das Verhältnis der Geschwindigkeit der Erde auf ihrer Bahn um die Sonne zu der des Lichtes $\beta = \dfrac{v}{c} = 1 : 10000$ ist, und ähnliche kleine

Werte von β gelten für alle kosmischen Bewegungen. Dann ist aber mit großer Näherung

$$\frac{1}{1+\beta} = 1 - \beta;$$

denn wenn man $\beta^2 = \dfrac{1}{100\,000\,000} = 10^{-8}$ neben 1 vernachlässigt, so ist $(1+\beta)(1-\beta) = 1 - \beta^2 = 1$.

Diese Vernachlässigung des Quadrates von $\beta = \dfrac{v}{c}$ wird im folgenden eine große Rolle spielen. Sie ist fast immer erlaubt, weil so winzige Größen wie $\beta^2 = 10^{-8}$ nur in wenigen Fällen der Beobachtung zugänglich sind. Man klassifiziert nun überhaupt die Erscheinungen der Optik (und Elektrodynamik) bewegter Körper danach, ob sie von der Größenordnung β oder β^2 sind, und nennt die ersteren *Größen 1. Ordnung*, die letzteren *Größen 2. Ordnung* bezüglich β. In diesem Sinne können wir sagen:

Der Dopplersche Effekt hängt nur von der relativen Bewegung der Lichtquelle und des Beobachters ab, wenn man Größen 2. Ordnung vernachlässigt.

Man sieht das auch, wenn man eine gleichzeitige Bewegung von Lichtquelle (Geschwindigkeit v_0) und Beobachter (Geschwindigkeit v) annimmt; dann erhält man offenbar die beobachtete Frequenz ν', wenn man ν aus (41) in (40) einsetzt:

$$\nu' = \nu\left(1 - \frac{v}{c}\right) = \nu_0 \frac{1 - \dfrac{v}{c}}{1 - \dfrac{v_0}{c}}.$$

Haben Lichtquelle und Beobachter die gleiche Geschwindigkeit, $v_0 = v$, so hebt sich der Bruch ganz fort, und es folgt $\nu' = \nu_0$; der Beobachter bemerkt also nichts von einer gemeinsamen Bewegung mit der Lichtquelle gegen den Äther. Aber sobald v von v_0 verschieden ist, entsteht ein Dopplerscher Effekt, dessen Größe nicht nur von der Differenz der Geschwindigkeiten $v - v_0$ abhängt; dadurch ließe sich die Bewegung gegen den Äther feststellen, wenn der Unterschied nicht 2. Ordnung, also viel zu klein wäre, um beobachtet werden zu können.

Wir sehen, daß der Dopplersche Effekt kein praktisch brauchbares Mittel ist, um Bewegungen gegen den Äther im Weltenraume zu konstatieren.

Wir wollen noch hinzufügen, daß es gelungen ist, den Dopplerschen Effekt mit irdischen Lichtquellen aufzufinden. Dazu muß man äußerst rasch bewegte Lichtquellen haben, damit das Verhältnis $\beta = \dfrac{v}{c}$ einen merklichen Wert bekommt. J. Stark (1906) verwandte dazu die sogenannten *Kanalstrahlen*. Bringt man in einer evakuierten, mit stark verdünntem Wasserstoff gefüllten Röhre zwei Elektroden an, von denen die eine K

durchbohrt ist, und macht man diese zum negativen Pol (Kathode) einer elektrischen Entladung (Abb. 71), so entstehen einmal die bekannten Kathodenstrahlen, sodann aber dringt, wie Goldstein (1886) entdeckt hat, durch das Loch der Kathode ein rötliches Leuchten, das von rasch bewegten, positiv geladenen Wasserstoffatomen oder -molekeln herrührt. Die Geschwindigkeit dieser Kanalstrahlen ist von der Größenordnung $v = 10^8$ cm pro sec, also hat β die gegenüber den astronomischen Werten beträchtliche Größe

$$\beta = \frac{10^8}{3 \cdot 10^{10}} = \frac{1}{300}.$$

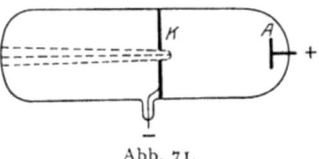

Abb. 71.

Stark untersuchte das Spektrum der Kanalstrahlen und fand, daß die hellen Linien des Wasserstoffs die zu erwartende, auf dem Dopplerschen Effekte beruhende Verschiebung zeigen. Diese Entdeckung hat für die physikalische Atomistik eine große Bedeutung gewonnen; doch gehört das nicht zu unserm Thema.

Zuletzt müssen wir noch erwähnen, daß durch Belopolski (1895), Galizin (1907) eine Art Dopplerscher Effekt mit Hilfe irdischer Lichtquellen und bewegter Spiegel nachgewiesen worden ist.

9. Die Mitführung des Lichtes durch die Materie.

Wir gelangen nun zur Untersuchung des zweiten Merkmals einer Lichtwelle, nämlich ihrer *Geschwindigkeit*. Nach der Äthertheorie ist die Geschwindigkeit des Lichtes eine durch die Massendichte und die Elastizität des Äthers bestimmte Größe; sie hat also im Äther des Weltenraumes einen festen Wert, in jedem materiellen Körper einen andern, der davon abhängen wird, wie die Materie den Äther in ihrem Innern beeinflußt und bei ihrer Bewegung mitführt.

Behandeln wir zunächst die Lichtgeschwindigkeit im Weltenraume, so müssen wir schließen, daß ein gegen den Äther bewegter Beobachter eine andere Geschwindigkeit messen wird als ein ruhender; denn hier gelten offenbar die elementaren Gesetze der Relativbewegung. Wenn der Beobachter in derselben Richtung sich bewegt wie das Licht, so wird dessen Geschwindigkeit um den Betrag der Geschwindigkeit v des Beobachters gegen den Äther verkleinert erscheinen; ja, man könnte sich Wesen denken, die das Licht überholen. Dasselbe ergeben auch die oben abgeleiteten Formeln, die die allgemeinen Beziehungen zwischen den Eigenschaften des Lichtes ausdrücken, wie sie zwei in relativer Translation befindliche Beobachter feststellen. Setzt man in der Formel (39) $t = 0$, $x' = 1$, so erhält man

$$\frac{v}{c} = \frac{v'}{c'},$$

und wenn man hier den Ausdruck für v' aus (40) einsetzt:

$$\frac{v}{c} = \frac{v}{c'}\left(1 - \frac{v}{c}\right),$$

oder, da v sich forthebt:

(42) $\qquad c' = c\left(1 - \frac{v}{c}\right) = c - v.$

Das bedeutet, die Lichtgeschwindigkeit im bewegten System bestimmt sich nach den Regeln der relativen Bewegung.

Man kann dies auch so auffassen, daß ein durch den Äther bewegter Beobachter von einem *Ätherwind* umspült wird, der die Lichtwellen verweht, gerade wie über ein schnell fahrendes Automobil die Luft streicht und den Schall mit sich trägt.

Damit ist nun aber ein Mittel gegeben, die Bewegung etwa der Erde oder des Sonnensystems gegen den Äther festzustellen. Wir haben zwei wesentlich verschiedene Methoden, die Lichtgeschwindigkeit zu messen, eine astronomische und eine terrestrische; die erste, das alte Verfahren Römers, benutzt die Verfinsterungen der Trabanten des Jupiter, mißt also die Geschwindigkeit des durch den Weltenraum vom Jupiter zur Erde eilenden Lichtes, bei der andern nehmen Lichtquelle und Beobachter an der Erdbewegung teil. Geben nun beide Methoden genau dasselbe Resultat, oder sind Abweichungen vorhanden, die eine Bewegung gegen den Weltäther verraten?

Maxwell (1879) hat darauf aufmerksam gemacht, daß durch die Beobachtung der Verfinsterungen der Jupitermonde eine Bewegung des ganzen Sonnensystems gegen den Weltäther feststellbar sein müßte. Man denke sich den Planeten Jupiter in dem Punkte A (Abb. 72) seiner Bahn, der der Bahn der Sonne bei der Bewegung des Sonnensystems in der Richtung dieser Bewegung am nächsten liegt. (In der Abbildung ist angenommen, daß die Jupiterbahn die Bahn des Sonnensystems in A trifft.) Während eines Jahres entfernt sich Jupiter nur wenig von A, da seine Umlaufzeit etwa 12 Jahre beträgt. In einem Jahre durchläuft die Erde einmal ihre Bahn, und durch Beobachtung der Verfinsterungen läßt sich die Zeit finden, die das Licht braucht, um den Durchmesser der Erdbahn zu durchlaufen. Da sich nun das ganze Sonnensystem in der Richtung von der Sonne nach A bewegt, so läuft das Licht vom Jupiter nach der Erde dieser Bewegung entgegen, seine Geschwindigkeit er-

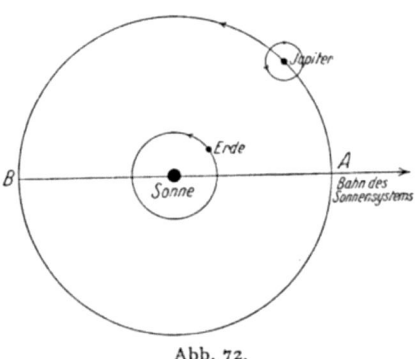

Abb. 72.

scheint vergrößert. Nun wartet man 6 Jahre, bis der Jupiter im entgegengesetzten Punkte B seiner Bahn steht; jetzt läuft das Licht in derselben Richtung wie das Sonnensystem, braucht also zum Durcheilen der Erdbahn längere Zeit, seine Geschwindigkeit erscheint kleiner.

Wenn sich der Jupiter bei A befindet, müssen sich die Verfinsterungen eines seiner Satelliten während eines halben Erdjahres um die Zeit $t_1 = \dfrac{l}{c+v}$ verzögern, wobei l den Durchmesser der Erdbahn bedeutet; wenn der Jupiter bei B steht, beträgt die Verzögerung $t_2 = \dfrac{l}{c-v}$. Wäre das Sonnensystem ruhend im Äther, so würden beide Verzögerungen einander gleich, nämlich $t_0 = \dfrac{l}{c}$ sein; ihre tatsächliche Differenz

$$t_2 - t_1 = l\left(\frac{1}{c-v} - \frac{1}{c+v}\right) = \frac{2lv}{c^2-v^2} = \frac{2lv}{c^2(1-\beta^2)},$$

für die man bei Vernachlässigung von β^2 neben 1 auch

$$t_2 - t_1 = \frac{2lv}{c^2} = 2t_0\beta$$

schreiben kann, gestattet eine Bestimmung von β und damit der Geschwindigkeit $v = \beta c$ des Sonnensystems gegen den Äther. Nun braucht das Licht von der Sonne zur Erde etwa 8 Minuten, also ist $t_0 = 16$ Minuten oder rund $t_0 = 1000$ sec; man würde also aus einer Zeitdifferenz $t_2 - t_1 = 1$ sec auf $\beta = \dfrac{1}{2000}$ oder $v = \beta c = \dfrac{300\,000}{2000} = 150$ km/sec schließen müssen.

Die Relativgeschwindigkeiten der Fixsterne gegen das Sonnensystem, die sich aus dem Dopplerschen Effekt ableiten lassen, liegen meist in der Größenordnung 20 km/sec; es kommen aber bei gewissen Sternhaufen und Spiralnebeln Geschwindigkeiten bis 300 km/sec vor. Die Genauigkeit der astronomischen Zeitbestimmungen hat bisher nicht ausgereicht, um eine Verzögerung der Verfinsterungen eines Jupitertrabanten um 1 sec oder weniger während eines halben Jahres festzustellen; doch ist es nicht ausgeschlossen, daß es durch Verfeinerung der Beobachtungskunst erreichbar sein wird.

Auch ein auf der Sonne befindlicher Beobachter, dem der Wert der Lichtgeschwindigkeit im ruhenden Äther bekannt ist, könnte mit Hilfe der Verfinsterungen der Jupitertrabanten die Bewegung des Sonnensystems durch den Äther feststellen; er müßte dazu die Verzögerung der Verfinsterungen während eines halben Umlaufs des Jupiters messen. Dafür gilt dieselbe Formel $t_2 - t_1 = 2t_0\beta$, nur bedeutet jetzt t_0 die Zeit, die das Licht zum Durchlaufen des Halbmessers der Jupiterbahn braucht. Dieser Wert t_0 ist (etwa 2,5 mal) größer als der oben gebrauchte von 16 Minuten für die Erdbahn, und im selben Verhältnis wird die Verzögerung $t_2 - t_1$ größer; aber dafür ist die Dauer des Jupiterumlaufs, während dessen die Verfinsterungen fortlaufend verfolgt werden müssen, viel (etwa 12 mal) größer als das Erdjahr, so daß diese Methode, die auch von einem irdischen Beobachter angewandt werden könnte, keinen Vorteil zu versprechen scheint.

Jedenfalls ist durch die Tatsache, daß man mit der heute erreichbaren Genauigkeit von einigen Sekunden keine Verzögerung gefunden hat, der Beweis erbracht, daß die Geschwindigkeit des Sonnensystems gegen den Äther nicht beträchtlich größer ist als die höchsten, bekannten Relativgeschwindigkeiten der Gestirne gegeneinander.

Wir wenden uns jetzt zu den terrestrischen Methoden der Messung der Lichtgeschwindigkeit. Hier ist leicht einzusehen, warum diese keine Schlüsse auf die Bewegung der Erde durch den Äther erlauben; wir haben auf den Grund schon oben hingewiesen, als wir diese Methoden zum ersten Male erwähnten (IV, 3, S. 75). Das Licht läuft nämlich dabei ein und denselben Weg hin und zurück; gemessen wird nur eine mittlere Geschwindigkeit auf dem Hin- und Hergange, die Abweichung dieser von der Lichtgeschwindigkeit c im Äther ist aber eine Größe 2. Ordnung bezüglich β und entzieht sich der Beobachtung. Ist nämlich l die Weglänge, so ist die Zeit, die das Licht zum Hinwege in der Richtung der Erdbewegung braucht, gleich $\dfrac{l}{c-v}$, die Zeit für den Rückweg ebenso $\dfrac{l}{c+v}$, also die ganze Zeit

$$l\left(\frac{1}{c+v} + \frac{1}{c-v}\right) = \frac{2lc}{(c+v)(c-v)} = \frac{2lc}{c^2-v^2}.$$

Die mittlere Geschwindigkeit ist $2l$ dividiert durch diese Zeit, also gleich

$$\frac{c^2-v^2}{c} = c\left(1 - \frac{v^2}{c^2}\right),$$

unterscheidet sich demnach von c nur um Größen 2. Ordnung.

Außer der direkten Messung der Lichtgeschwindigkeit gibt es zahllose, andere Experimente, bei denen die Lichtgeschwindigkeit ins Spiel kommt. Sämtliche Interferenz- und Beugungsphänomene beruhen darauf, daß Lichtwellen auf verschiedenen Wegen zum selben Orte gelangen und dort sich überlagern; die Brechung an der Grenze zweier Körper entsteht durch die Verschiedenheit der Lichtgeschwindigkeit in ihnen, somit geht diese in die Wirkung aller optischen Apparate ein, die Linsen, Prismen oder dgl. enthalten. Kann man nicht Anordnungen ausdenken bei denen die Bewegung der Erde und der dadurch erzeugte »Ätherwind« sich bemerkbar machen?

Es sind sehr viele Versuche zur Entdeckung dieser Bewegung ersonnen und ausgeführt worden. Eine allgemeine Erfahrung lehrt, daß

Die Mitführung des Lichtes durch die Materie. 103

bei Experimenten mit irdischen Lichtquellen niemals der geringste Einfluß des Ätherwindes merkbar ist; es sind auch besondere Versuche angestellt worden, die dasselbe beweisen. Allerdings handelt es sich dabei bis in die neueste Zeit um Versuchsanordnungen, die nur Größen erster Ordnung in β zu messen erlauben. Daß diese immer ein negatives Resultat ergeben müssen, folgt aber leicht daraus, daß dabei niemals die wirkliche Zeitdauer der Lichtbewegung von einer Stelle zur andern, sondern nur Unterschiede solcher Zeiten für denselben Lichtweg oder ihre Summen für Hin- und Rückweg gemessen werden; dabei heben sich aus dem oben erörterten Grunde immer die Größen 1. Ordnung fort.

Man könnte aber ein positives Resultat erwarten, wenn man nicht eine irdische, sondern eine astronomische Lichtquelle nimmt. Wenn man ein Fernrohr auf einen Stern richtet, auf den die momentane Geschwindigkeit v der Erde gerade hinweist (Abb. 73), so wird die Geschwindigkeit des Lichtes in den Linsen des Fernrohrs relativ zur Substanz des Glases um v größer sein, als wenn die Erde ruhte, und wenn man denselben Stern nach einem halben Jahre durch das Fernrohr betrachtet, so wird die Lichtgeschwindigkeit in den Linsen um v kleiner sein. Da nun die Größe der Brechung in einer Linse durch die Lichtgeschwindigkeit bestimmt wird, so könnte man erwarten, daß der Brennpunkt der Linse in beiden Fällen eine verschiedene Lage hat. Das wäre ein Effekt erster Ordnung;

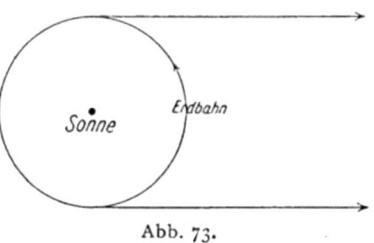

Abb. 73.

denn der Unterschied der Lichtgeschwindigkeit in beiden Fällen wäre $2v$, und sein Verhältnis zur Geschwindigkeit im ruhenden Äther $\dfrac{2v}{c} = 2\beta$.

Arago hat diesen Versuch tatsächlich ausgeführt, aber keinerlei Unterschied der Lage des Brennpunkts gefunden. Wie ist das zu erklären?

Wir haben oben offenbar die Voraussetzung gemacht, daß die Lichtgeschwindigkeit in einem Körper, der gegen den Äther dem Strahl entgegen mit der Geschwindigkeit v bewegt wird, genau um diesen Betrag größer ist, als wenn der Körper im Äther ruhte. Mit andern Worten: Wir haben angenommen, daß der materielle Körper durch den Äther hindurchstreicht, ohne ihn im geringsten mitzunehmen, wie ein Netz, das vom Fischerboot durch das Meerwasser geschleppt wird.

Das Versuchsergebnis lehrt, daß das offenbar nicht der Fall ist. Vielmehr muß der Äther an der Bewegung der Materie teilnehmen; es fragt sich nur, wieviel.

Fresnel stellte fest, daß zur Erklärung der Aragoschen Beobachtung und aller andern Effekte 1. Ordnung genügt, daß der Äther nur *zum Teile* von der Materie mitgeführt wird. Wir werden diese Theorie, die später experimentell aufs glänzendste bestätigt wurde, sogleich eingehend besprechen.

Den radikaleren Standpunkt, daß der Äther innerhalb der Materie vollständig an deren Bewegung teilnimmt, hat später vor allem Stokes (1845) vertreten. Er nahm an, daß die Erde den Äther in ihrem Innern mit sich führt und daß diese Ätherbewegung allmählich nach außen abnimmt, bis zur Ruhe des Weltäthers. Es ist klar, daß dann alle Lichterscheinungen auf der Erde genau so ablaufen, als wenn diese ruht; damit aber das von den Gestirnen kommende Licht nicht in der Übergangsschicht zwischen dem Weltäther und dem mitgeführten Äther der Erde Ablenkungen und Änderungen seiner Geschwindigkeit erfahre, muß man besondere Hypothesen über die Bewegungen des Äthers machen. Stokes fand eine solche, die allen optischen Bedingungen genügte; aber später wurde nachgewiesen, daß sie mit den Gesetzen der Mechanik nicht im Einklange sei. Zahlreiche Versuche, die Stokessche Theorie zu retten, haben zu keinem Ziele geführt, und sie wäre an inneren Schwierigkeiten gescheitert, auch wenn die Fresnelsche Theorie nicht durch Fizeaus Versuch (s. unten S. 105) bestätigt worden wäre.

Der Fresnelsche Gedanke der teilweisen Mitführung läßt sich aus dem Aragoschen Versuche nicht leicht ableiten, weil die Brechung in Linsen ein verwickelter Vorgang ist, der nicht nur die Geschwindigkeit, sondern auch die Richtung der Wellen betrifft. Es gibt aber ein völlig gleichwertiges Experiment, das von Hoek später (1868) ausgeführt wurde und viel durchsichtiger ist. Es läuft im Prinzip auf folgende Interferometer-Anordnung heraus (Abb. 74). Von der Lichtquelle Q fällt das Licht auf eine gegen die Strahlrichtung unter 45° geneigte, halbdurchlässig versilberte Glasplatte P, an der es geteilt wird; der reflektierte Strahl (Strahl 1) trifft der Reihe nach die Spiegel S_1, S_2, S_3, die mit P ein Rechteck bilden, und wird bei der Rückkehr nach P zum Teil in das Beobachtungsfernrohr F reflektiert, der durchgehende Strahl (Strahl 2) durchläuft denselben Weg in umgekehrtem Sinne und gelangt im Gesichtsfelde mit dem ersten zur Interferenz. Zwischen S_1 und S_2 wird nun ein durchsichtiger Körper, etwa ein mit Wasser gefülltes Rohr W eingeschaltet, und der ganze Apparat wird so montiert, daß die Richtung von S_1 nach S_2 abwechselnd parallel und entgegen der Erdbewegung um die Sonne gestellt werden kann. Die Geschwindigkeit des Lichtes in ruhendem Wasser sei c_1; dieser Wert ist etwas kleiner als die Geschwindigkeit im Vakuum, und das Verhältnis beider $\dfrac{c}{c_1} = n$ heißt *Brechungsindex*. Die Geschwindigkeit in

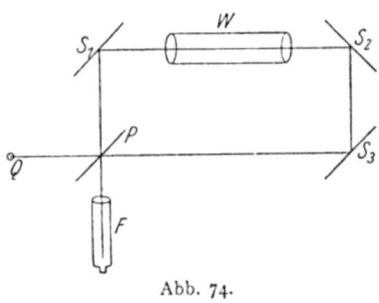

Abb. 74.

Luft ist von c nur unmerklich verschieden, der Brechungsindex der Luft also fast genau gleich 1. Nun wird das Wasser von der Erde auf ihrer Bahn mitgeführt. Würde der Äther im Wasser an dieser Bewegung gar nicht teilnehmen, so wäre die Lichtgeschwindigkeit im Wasser relativ zum Weltäther unverändert c_1, also für einen in der Richtung der Erdbewegung laufenden Strahl relativ zur Erde $c_1 - v$; würde der Äther vom Wasser vollkommen mitgenommen, wäre die Lichtgeschwindigkeit relativ zum Weltäther $c_1 + v$, relativ zur Erde c_1. Wir wollen keins von beiden von vornherein annehmen, sondern den Betrag der Mitführung unbestimmt lassen; es sei die Lichtgeschwindigkeit im bewegten Wasser relativ zum Weltäther etwas größer als c_1, etwa $c_1 + \varphi$, also relativ zur Erde $c_1 + \varphi - v$. Wir wollen die unbekannte *Mitführungszahl* φ aus dem Experimente finden; ist sie Null, so findet gar keine, ist sie v, so findet vollständige Mitführung statt, ihr wirklicher Wert muß zwischen diesen Grenzen liegen. Eines aber wollen wir annehmen: daß die Mitführung in Luft gegen die in Wasser zu vernachlässigen ist.

Nun sei l die Länge des Wasserrohres; dann braucht der Strahl 1 zum Durchlaufen des Rohres die Zeit $\dfrac{l}{c_1 + \varphi - v}$, wenn die Erde sich in der Richtung von S_1 nach S_2 bewegt; derselbe Strahl braucht zur Durchlaufung der entsprechenden Luftstrecke zwischen S_3 und P die Zeit $\dfrac{l}{c + v}$; im ganzen ist also die Zeit, die der Strahl 1 zur Durchlaufung der beiden gleichen Wege in Wasser und Luft braucht:

$$\frac{l}{c_1 + \varphi - v} + \frac{l}{c + v}.$$

Der Strahl 2 läuft umgekehrt herum; er durchläuft erst die Luftstrecke in der Zeit $\dfrac{l}{c - v}$, dann die Wasserstrecke in der Zeit $\dfrac{l}{c_1 - \varphi + v}$, im ganzen also braucht er auf den gleich langen Wegen in Luft und Wasser die Zeit:

$$\frac{l}{c - v} + \frac{l}{c_1 - \varphi + v}.$$

Nun zeigt das Experiment, daß die Interferenzen sich nicht im geringsten ändern, wenn der Apparat in die entgegengesetzte oder in irgend eine andere Richtung zur Erdgeschwindigkeit gedreht wird. Daraus folgt, daß die Strahlen 1 und 2 unabhängig von der Orientierung des Apparates gegen die Erdbahn gleiche Zeiten brauchen, daß also

$$\frac{l}{c_1 + \varphi - v} + \frac{l}{c + v} = \frac{l}{c - v} + \frac{l}{c_1 - \varphi + v}$$

ist. Aus dieser Gleichung kann man φ berechnen; wir unterdrücken die etwas umständliche Ausrechnung[1]) und teilen nur das Resultat mit, das bei Vernachlässigung von Größen zweiter und höherer Ordnung lautet:

$$(43) \qquad \varphi = \left(1 - \frac{1}{n^2}\right)v.$$

Das ist die berühmte *Mitführungsformel* Fresnels, der sie allerdings auf anderm, mehr spekulativem Wege gefunden hat. Ehe wir seinen Ansatz mitteilen, stellen wir fest, was die Formel eigentlich aussagt. Die Mitführung ist danach um so größer, je mehr der Brechungsexponent den Wert 1, den er im Vakuum hat, übertrifft. Für Luft ist c_1 nahezu gleich c, n nahezu gleich 1, also φ fast genau Null, wie wir es oben vorausgesetzt haben. Je größer das Lichtbrechungsvermögen, um so vollständiger ist die Mitführung des Lichtes. Die Geschwindigkeit des Lichtes in einem bewegten Körper ist nun, gemessen relativ zum Weltäther

$$c_1 + \varphi = c_1 + \left(1 - \frac{1}{n^2}\right)v,$$

und relativ zu dem bewegten Körper

$$c_1 + \varphi - v = c_1 + \left(1 - \frac{1}{n^2}\right)v - v = c_1 - \frac{v}{n^2}.$$

An diese letzte Formel knüpfen wir die Deutung Fresnels an.

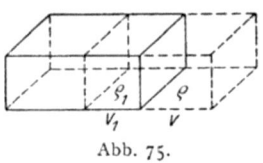

Abb. 75.

Dieser nahm an, daß die Dichte des Äthers in einem materiellen Körper verschieden sei von der Dichte im freien Äther; erstere sei ϱ_1, letztere ϱ.

Wir stellen uns nun den Körper etwa in der Form eines Balkens vor, dessen Längsrichtung mit der Geschwindigkeit parallel ist; seine Grundfläche sei gleich der Flächeneinheit. Bei der Bewegung des Balkens durch den Äther rückt die vordere Fläche in der Zeiteinheit um die Strecke v vor (Abb. 75), überstreicht also ein Volumen v (Grundfläche 1 mal Höhe v); in diesem ist die Äthermenge ϱv enthalten, diese tritt

---

[1]) Man schließt der Reihe nach:

$$\frac{(c+v)+(c_1+\varphi-v)}{(c_1+\varphi-v)(c+v)} = \frac{(c_1-\varphi+v)+(c-v)}{(c-v)(c_1-\varphi+v)},$$

$$(c+c_1+\varphi)(c-v)(c_1-\varphi+v) = (c+c_1-\varphi)(c+v)(c_1+\varphi-v),$$

$$\varphi^2 - \varphi\,\frac{v^2+c^2}{v} = c_1^2 - c^2$$

und angenähert:

$$\varphi = \frac{v}{2\,\beta^2}\left(1+\beta^2 - \sqrt{(1-\beta^2)^2 + \frac{4\,\beta^2}{n^2}}\right),$$

$$\varphi = \frac{v}{2\,\beta^2}\left[1+\beta^2 - \left(1-\beta^2 + \frac{2\,\beta^2}{n^2}\right)\right],$$

$$\varphi = \left(1 - \frac{1}{n^2}\right)v.$$

also durch die Vorderfläche in den Körper ein. Dort nimmt sie eine andere Dichte an, wird sich also mit einer anderen Geschwindigkeit v_1 gegen den Körper weiterbewegen; aus denselben Gründen wie oben muß nämlich ihre Masse auch gleich $\varrho_1 v_1$ sein, und es gilt

oder
$$\varrho_1 v_1 = \varrho v$$

$$v_1 = \frac{\varrho}{\varrho_1} v.$$

Das ist gewissermaßen die Stärke des Ätherwindes in dem mit der Geschwindigkeit v bewegten Balken. Das Licht, das gegen den verdichteten Äther die Geschwindigkeit c_1 hat, hat gegen den Körper die Geschwindigkeit

$$c_1 - v_1 = c_1 - \frac{\varrho}{\varrho_1} v.$$

Nun haben wir aber gesehen, daß nach dem Ergebnisse des Hoekschen Versuches die Lichtgeschwindigkeit gegen den bewegten Körper

$$c_1 - \frac{1}{n^2} v$$

beträgt. Folglich muß

$$\frac{\varrho}{\varrho_1} = \frac{1}{n^2} = \frac{c_1^2}{c^2}$$

sein; die Verdichtung $\frac{\varrho_1}{\varrho}$ ist also gleich dem Quadrate des Brechungsindex.

Hier kann man weiter schließen, daß die Elastizität des Äthers in allen Körpern die gleiche sein muß; denn die Formel (37) (S. 89) lehrt, daß in jedem elastischen Medium $c^2 = \frac{p}{\varrho}$ ist. Also gilt im Äther $p = c^2 \varrho$, in der Materie $p_1 = c_1^2 \varrho_1$; diese beiden Ausdrücke sind aber nach obigem Resultate über die Verdichtung einander gleich.

Diese mechanische Deutung der Mitführungszahl durch Fresnel hat auf den Ausbau der elastischen Lichttheorie großen Einfluß ausgeübt. Wir dürfen aber nicht verhehlen, daß man gewichtige Einwände gegen sie erheben kann. Bekanntlich hat Licht von verschiedener Farbe (Schwingungszahl) verschiedene Brechbarkeit n, also verschiedene Geschwindigkeit. Daraus folgt, daß die Mitführungszahl für jede Farbe einen andern Wert hat. Das ist aber mit der Fresnelschen Deutung unvereinbar, denn dann müßte der Äther je nach der Farbe mit anderer Geschwindigkeit im Körper strömen; es gäbe also so viele Äther, wie Farben, und das ist doch unmöglich.

Ganz ohne Rücksicht auf die mechanische Deutung ist aber die Mitführungsformel (43) auf die Ergebnisse von Versuchen begründet. Wir werden sehen, daß sie in der elektromagnetischen Lichttheorie aus Vorstellungen über die atomistische Struktur der Materie und der Elektrizität abgeleitet wird.

Durch irdische Experimente die Fresnelsche Formel zu prüfen, ist sehr schwierig, weil dazu durchsichtige Substanzen sehr schnell bewegt werden müssen. Der Versuch ist Fizeau (1851) mit Hilfe einer empfindlichen Interferometer-Anordnung gelungen.

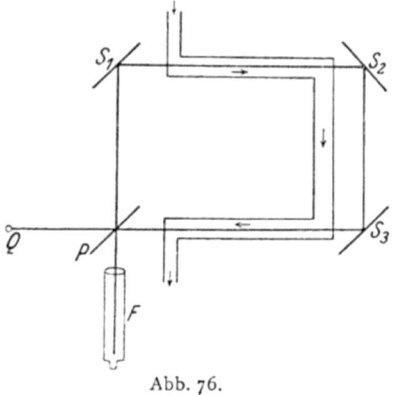

Abb. 76.

Der von ihm benutzte Apparat ist ganz ähnlich dem von Hoek, nur sind *beide* Lichtwege $S_1 S_2$ und $S_3 P$ mit Röhren versehen, durch die Wasser strömen kann, und zwar so, daß der Strahl 1 ganz mit dem Wasser, der Strahl 2 ganz gegen das Wasser läuft (Abb. 76). Fizeau prüfte, ob das Wasser das Licht mit sich führt, indem er beobachtete, ob sich die Interferenzen verschoben, wenn das Wasser in rasche Bewegung gesetzt wird. Das war in der Tat der Fall, aber lange nicht in dem Maße, das vollständiger Mitführung entspricht; die genaue Messung ergab vorzügliche Übereinstimmung mit der Fresnelschen Mitführungsformel (43).

10. Die Aberration.

Wir diskutieren jetzt den Einfluß der Bewegung der Körper auf die *Richtung* der Lichtstrahlen, insbesondere die Frage, ob sich durch Beobachtungen von Richtungsänderungen die Bewegung der Erde durch den Äther feststellen läßt. Dabei ist wiederum zu unterscheiden, ob es sich um eine astronomische oder eine irdische Lichtquelle handelt.

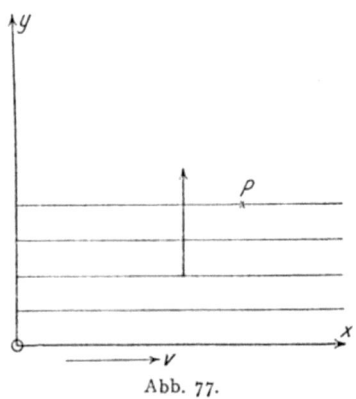

Abb. 77.

Die scheinbare Ablenkung des von den Fixsternen zur Erde gelangenden Lichtes ist die *Aberration*, die wir schon vom Standpunkte der Emissionstheorie diskutiert haben (IV, 3, S. 72). So einfach die dort gegebene Erklärung ist, so verwickelt ist die Sache vom Standpunkte der Wellentheorie. Denn man sieht leicht ein, daß eine Ablenkung der Wellenebenen überhaupt nicht stattfindet. Am deutlichsten erkennt man das, wenn die Strahlen senkrecht zur Bewegung des Beobachters einfallen; dann sind die Wellenebenen dieser Bewegung parallel

und werden von dem bewegten Beobachter ebenso wahrgenommen (Abb. 77).
Dasselbe lehrt aber auch die Rechnung. Wir legen ein ruhendes Koordinatensystem S und ein bewegtes S' so, daß die x- bzw. x'-Achse in die Bewegungsrichtung fällt, und zählen die Wellen, die vom Moment $t = 0$ an bis zum Moment t einen beliebigen Punkt P überstrichen haben; diese Anzahl ist, wie wir wissen, $\nu\left(t - \dfrac{s}{c}\right)$, wo s der von den Wellen zurückgelegte Weg ist. Offenbar ist im Falle senkrecht auftreffender Wellen $s = y$.

Die Invarianz der Wellenzahl erfordert, daß

$$\nu\left(t - \frac{y}{c}\right) = \nu'\left(t - \frac{y'}{c'}\right)$$

ist, wenn die Koordinaten mit der Galilei-Transformation umgerechnet werden. Bei dieser bleibt aber die y-Koordinate ungeändert, daher muß

$$\nu = \nu' \quad \text{und} \quad \frac{\nu}{c} = \frac{\nu'}{c'}, \quad \text{also} \quad c = c'$$

sein. Der bewegte Beobachter sieht also eine Welle von genau derselben Frequenz, Geschwindigkeit und Richtung; denn wäre diese verändert, so müßte die Wellenzahl in S' außer von y' auch von x' abhängen.

Es scheint also, daß die Wellentheorie nicht imstande ist, die einfache und seit fast 200 Jahren bekannte Erscheinung der Aberration zu erklären.

Aber so schlimm liegt die Sache nicht. Der Grund für den Mißerfolg der eben angestellten Überlegung ist der, daß die optischen Instrumente, mit denen die Beobachtungen gemacht werden und zu denen auch das unbewaffnete Auge gehört, gar nicht die Lage der ankommenden Wellenfront feststellen, sondern eine ganz andere Leistung vollbringen.

Man bezeichnet die Funktion des Auges oder des Fernrohrs als *optische Abbildung*, und sie besteht darin, daß die von einem leuchtenden Objekte ausgehenden Strahlen zu einem Bilde vereinigt werden. Dabei wird die Schwingungsenergie der Teilchen des Objekts von den Lichtwellen nach den entsprechenden Teilchen des Bildes transportiert. Die Wege dieses Energietransportes sind nun tatsächlich die physikalischen Strahlen. Energie aber ist eine Größe, die nach dem Erhaltungssatze wie eine Substanz wandern und sich umformen, aber nicht entstehen und verschwinden kann. Daher ist es plausibel, daß man auf ihre Bewegung die Gesetze der Emissionstheorie anwenden kann. Tatsächlich ist die einfache, früher (S. 73) gegebene Ableitung der Aberrationsformel ganz richtig, wenn man die Lichtstrahlen als die Energiebahnen der Lichtwellen definiert und auf diese die Gesetze der Relativbewegung anwendet, als wären sie Ströme geschleuderter Partikel.

Man kann aber auch ohne Anwendung dieses Begriffes der Strahlen als Energiebahnen die Aberrationsformel gewinnen, indem man die Brechung der Wellen an den Linsen oder Prismen des optischen Instruments im einzelnen verfolgt. Dazu muß eine bestimmte Mitführungstheorie zugrunde gelegt werden. Die Stokessche Theorie der vollständigen Mitführung kann die Aberration nur durch Annahmen über die Ätherbewegung erklären, die mechanisch nicht zulässig sind; wir haben auf diese Schwierigkeiten schon oben aufmerksam gemacht. Die Fresnelsche Theorie liefert ein Brechungsgesetz der Lichtwellen an der Oberfläche bewegter Körper, aus dem genau die Aberrationsformel hervorgeht. Die Substanz der Körper, durch die das Licht hindurchgeht, beeinflußt das Resultat nicht, obwohl doch die Größe der Mitführungszahl in jeder Substanz eine andere ist. Um dies direkt zu prüfen, füllte Airy (1871) ein Fernrohr mit Wasser und stellte fest, daß dabei die Aberration ihre normale Größe hatte. Die Aberration als Effekt 1. Ordnung verschwindet natürlich, wenn die Lichtwelle und der Beobachter keine Relativbewegung gegeneinander haben. Daraus folgt auch, daß bei allen optischen Versuchen mit irdischen Lichtquellen keine Ablenkung der Strahlen durch den Ätherwind eintritt. Die Fresnelsche Theorie ist imstande, diese Tatsachen im Einklange mit der Erfahrung darzustellen. Es erübrigt sich, darauf ausführlich einzugehen.

Wir brechen nun unsere Erörterungen über den Lichtäther ab und werfen einen Blick auf die gewonnenen Einsichten.

11. Rückblick und Ausblick.

Wir haben den Lichtäther als Substanz behandelt, die den Gesetzen der Mechanik gehorcht. Er genügt also dem Trägheitsgesetze und wird daher dort, wo keine Materie ist, im Weltenraume, in einem geeigneten Inertialsysteme ruhen. Beziehen wir nun alle Erscheinungen auf ein anderes Inertialsystem, so gelten genau die gleichen Gesetze für die Bewegungen der Körper und des Äthers, also auch für die Lichtfortpflanzung, aber natürlich nur soweit sie Beschleunigungen und wechselseitige Kraftwirkungen betreffen. Wir wissen, daß die Geschwindigkeit und die Richtung einer Bewegung durchaus verschieden sind bezüglich verschiedener Inertialsysteme; kann man doch jeden in gradlinig gleichförmiger Bewegung befindlichen Körper als ruhend auffassen durch bloße Wahl eines geeigneten, nämlich mitbewegten Bezugsystems. In diesem, fast trivialen Sinne muß also für den als mechanische Substanz gedachten Äther das klassische Relativitätsprinzip gelten.

Daraus folgt aber, daß die Geschwindigkeit und Richtung der Lichtstrahlen in jedem Inertialsystem anders erscheinen müssen. Es wäre also zu erwarten, daß durch Beobachtungen der irdischen optischen Erscheinungen, die hauptsächlich durch die Geschwindigkeit und Richtung des Lichtes bedingt sind, die Geschwindigkeit der Erde oder des Sonnensystems festgestellt werden könnte. Aber sämtliche, zu diesem Zwecke angestellten Versuche ergaben ein negatives Resultat. Es stellt sich also heraus, daß die Geschwindigkeit und Richtung der Lichtstrahlen ganz unabhängig sind von der Bewegung des Weltkörpers, auf dem die Beobachtungen angestellt werden. Oder anders ausgedrückt: die optischen Erscheinungen hängen nur von den relativen Bewegungen der *materiellen* Körper ab.

Das ist ein Relativitätsprinzip, welches ganz ähnlich klingt wie das klassische der Mechanik, aber doch einen anderen Sinn hat; denn es bezieht sich auf *Geschwindigkeiten* und *Richtungen* von Bewegungsvorgängen, und diese sind in der Mechanik *nicht* von der Bewegung des Bezugsystems unabhängig.

Es sind nun zwei Standpunkte möglich. Der eine geht davon aus, daß durch die optischen Erfahrungen tatsächlich etwas prinzipiell *Neues* gegeben ist, nämlich daß Licht sich nach Richtung und Geschwindigkeit *anders* verhält wie materielle Körper. Sobald man die optischen Erfahrungen für zwingend hält, wird man diesen Standpunkt dann vertreten, wenn man sich von jeder Spekulation über das *Wesen* des Lichtes fernhalten will. Wir werden sehen, daß Einstein schließlich diesen Weg beschritten hat. Dazu aber gehört eine erhabene Freiheit von den Konventionen der überkommenen Theorie, die erst dann möglich ist, wenn der gordische Knoten von Konstruktionen und Hypothesen so verwickelt geworden ist, daß das Durchhauen die einzige Lösung bleibt.

Hier aber stehen wir noch in der Blütezeit der mechanischen Äthertheorie, und diese nahm natürlich den anderen Standpunkt ein. Sie mußte das optische Relativitätsprinzip als sekundäre, gewissermaßen halb zufällige Erscheinung auffassen, hervorgerufen durch die Kompensation von gegeneinander wirkenden Ursachen. Daß so etwas bis zu einem gewissen Grade möglich ist, liegt daran, daß es ja noch freisteht, Hypothesen darüber zu machen, wie sich der Äther bewegt, wie er von den bewegten Körpern in seiner Bewegung beeinflußt wird. Es ist nun eine große Leistung der Fresnelschen Mitführungshypothese, daß sie tatsächlich das optische Relativitätsprinzip erklärt, soweit Größen 1. Ordnung in Betracht kommen. Solange die Genauigkeit der optischen Messungen nicht die gewaltige Steigerung erfuhr, die nötig ist, um Größen 2. Ordnung zu messen, war mit dieser Theorie allen Forderungen der Erfahrung Genüge getan, bis auf eine mögliche Ausnahme, die merkwürdigerweise meist wenig beachtet wird. Wenn nämlich erhöhte astronomische Messungsgenauigkeit zu dem Ergebnis kommen würde, daß durch die Beobachtung der Verfinsterungen der Jupitertrabanten nach der alten Methode von Römer (s. S. 100) ein Einfluß der Bewegung des Sonnensystems auf die Lichtgeschwindigkeit nicht nachweisbar ist, so wäre damit allerdings die Äthertheorie vor eine kaum lösbare Aufgabe gestellt; denn es ist klar, daß dieser Effekt 1. Ordnung durch keine Hypothese über die Mitführung des Äthers wegdisputiert werden könnte.

Man erkennt nun die Wichtigkeit der experimentellen Aufgabe, die Abhängigkeit der optischen Vorgänge von der Erdbewegung bis auf Größen zweiter Ordnung zu messen. Erst die Lösung dieses Problems kann die Entscheidung bringen, ob das optische Relativitätsprinzip in Strenge gilt oder nur angenähert. Im ersteren Falle würde die Fresnelsche Äthertheorie versagen; man stände dann vor einer neuen Lage.

Historisch ist diese erst etwa 100 Jahre nach Fresnel eingetreten. Dazwischen liegt eine Entwicklung der Äthertheorie in anderer Richtung. Es gab nämlich zu Anfang nicht nur *einen* Äther, sondern eine ganze Menge: einen optischen, einen thermischen, einen elektrischen, einen magnetischen, und vielleicht noch einige mehr. Zu jeder Erscheinung, die im Raume vor sich geht, wurde als Träger ein besonderer Äther erfunden. Alle diese Äther hatten zunächst nichts miteinander zu tun, sondern existierten im selben Raume unabhängig neben- oder besser ineinander. Dieser Zustand der Physik konnte natürlich nicht dauern. Man fand bald Zusammenhänge zwischen den Erscheinungen der verschiedenen, zuerst getrennten Gebiete, und so ergab sich schließlich ein Äther als Träger *aller* physikalischen Erscheinungen, die den von Materie freien Raum überbrücken. Insbesondere erwies sich das Licht als ein elektromagnetischer Schwingungsvorgang, dessen Träger identisch ist mit dem Medium, das die elektrischen und magnetischen Kräfte übermittelt. Durch diese Entdeckungen fand zunächst die Äthervorstellung eine starke Stütze. Schließlich kam es sogar dazu, daß der Äther mit dem Newtonschen Raume identifiziert wurde; er sollte in absoluter Ruhe verharren und nicht nur die elektromagnetischen Wirkungen vermitteln, sondern mittelbar auch die Newtonschen Trägheits- und Fliehkräfte erzeugen.

Wir werden jetzt diese Entwicklung der Theorie darstellen. Es ist wie eine spannende Gerichtsverhandlung; der Äther soll an allem schuld sein, Beweis wird auf Beweis gehäuft, bis schließlich der zwingende Nachweis des Alibi der Sache ein Ende macht: Michelsons Experiment über die Größen 2. Ordnung und seine Deutung durch Einstein.

V. Die Grundgesetze der Elektrodynamik.

1. Die Elektro- und Magneto-Statik.

Daß ein gewisses Erz, der Magneteisenstein, Eisen anzieht, daß an geriebenem Bernstein (griechisch Elektron) kleine, leichte Körperchen hängen bleiben, war schon im Altertum bekannt. Aber die Wissenschaften vom Magnetismus und der Elektrizität sind doch erst Kinder der Neuzeit, die in der Schule Galileis und Newtons gelernt hatte, vernünftige Fragen an die Natur zu stellen und die Antwort im Experiment zu verstehen.

Die Grundtatsachen der elektrischen Erscheinungen wurden etwa vom Jahre 1600 an festgestellt; wir wollen sie kurz aufzählen. Als Mittel zur Erzeugung elektrischer Wirkungen diente damals ausschließlich die Reibung. Gray entdeckte (1729), daß Metalle durch Berührung mit Körpern, die durch Reibung elektrisiert sind, ähnliche Eigenschaften bekommen; er zeigte, daß die elektrischen Wirkungen in den Metallen fortgeleitet werden können. Damit war die Einteilung der Substanzen in *Leiter* (Konduktoren) und *Nichtleiter* (Isolatoren) gewonnen. Daß die elektrische Wirkung nicht immer *Anziehung* ist, sondern auch *Abstoßung* sein kann, wurde durch du Fay (1730) entdeckt; er deutete diese Tatsache durch die Annahme zweier Fluida, die wir heute positive und negative Elektrizität nennen, und er stellte fest, daß gleichnamig geladene Körper sich abstoßen, ungleichnamig geladene sich anziehen.

Wir wollen hier sogleich den *Begriff der elektrischen Ladung* quantitativ definieren; dabei halten wir uns nicht streng an die oft recht krausen Gedankengänge, die historisch zur Aufstellung der Begriffe und Gesetze geführt haben, sondern wählen eine Ordnung der Definitionen und Experimente, bei der der logische Zusammenhang möglichst klar zum Vorschein kommt.

Wir denken uns einen irgendwie durch Reibung elektrisierten Körper M; dieser wirkt nun anziehend oder abstoßend auf andere elektrisierte Körper. Wir wollen zum Studium dieser Wirkung kleine *Probekörperchen* nehmen, etwa Kugeln, deren Durchmesser sehr klein sind gegen den nächsten Abstand vom Körper M, wo wir die Kraft noch untersuchen wollen. Bringen wir einen solchen Probekörper P in die Nähe des Körpers M, dessen Wirkung wir studieren wollen, so erfährt P eine statische Kraft von bestimmter Größe und Richtung, die man mit den Methoden der Mechanik messen kann, etwa durch Ausbalancierung gegen ein Gewicht mit Hilfe von Hebeln oder Fäden.

Nun nehmen wir zwei solche, in verschiedener Weise geriebene Probekörperchen P_1 und P_2, bringen sie der Reihe nach an dieselbe Stelle in der Nähe von M und messen beidemal die Kräfte K_1 und K_2 nach Größe und Richtung. Dabei wollen wir die Verabredung treffen, daß von jetzt an entgegengesetzte Kräfte als gleichgerichtet gelten, aber ihre Größen mit umgekehrten Vorzeichen gerechnet werden sollen.

Der Versuch ergibt, daß die beiden Kräfte gleiche Richtung haben; aber ihre Größe kann verschieden sein und verschiedenes Vorzeichen haben.

Nun bringen wir die beiden Probekörper an eine andere Stelle in der Nähe von M und messen wieder die Kräfte K_1' und K_2' nach Größe und Richtung; wieder haben beide dieselbe Richtung, aber im allgemeinen verschiedene Größen und verschiedenes Vorzeichen.

Bildet man nun das Verhältnis $K_1 : K_2$ der Kräfte an der ersten Stelle, dann das Verhältnis $K_1' : K_2'$ an der zweiten Stelle, so zeigt es sich, daß beide den gleichen Wert haben, der positiv oder negativ sein kann:

$$\frac{K_1}{K_2} = \frac{K_1'}{K_2'}.$$

Aus diesem Resultat wird man schließen:

1. Die Richtung der von einem elektrisierten Körper M auf einen kleinen Probekörper P ausgeübten Kraft hängt gar nicht von der Natur und Elektrisierung des Probekörpers ab, sondern nur von den Eigenschaften des Körpers M.

2. Das Verhältnis der Kräfte auf zwei nacheinander an dieselbe Stelle gebrachten Probekörper ist ganz unabhängig von der Wahl der Stelle, also von der Lage, Natur und Elektrisierung des Körpers M. Es hängt nur von den Eigenschaften der Probekörper ab.

Man wählt nun einen bestimmten, in bestimmter Weise elektrisierten Probekörper als Einheitskörper und schreibt ihm die Ladung oder Elektrizitätsmenge $+1$ zu. Mit diesem mißt man überall die Kraft aus, die der Körper M ausübt; sie sei mit E bezeichnet. Dann bestimmt diese auch die Richtung der auf irgendeinen anderen Probekörper P ausgeübten Kraft K. Das Größenverhältnis $K : E$ aber hängt nur von dem Probekörper P ab und wird seine *elektrische Ladung* e genannt; diese kann positiv oder negativ sein, je nachdem K und E im engeren Sinne gleichgerichtet oder entgegengerichtet sind. Es gilt also

(44) $$\frac{K}{E} = e \quad \text{oder} \quad K = eE.$$

Die Kraft E auf die Ladung 1 heißt auch *elektrische Feldstärke* des Körpers M; sie ist bei fixierter Ladungseinheit nur von der elektrischen Natur des Körpers M abhängig, sie bestimmt dessen elektrische Wirkung im umgebendem Raume oder, wie man sagt, sein »*elektrisches Feld*«.

Was nun die Wahl der Einheitsladung angeht, so wäre es praktisch unmöglich, diese durch eine Vorschrift über die Elektrisierung eines be-

Die Elektro- und Magneto-Statik.

stimmten Probekörpers festzulegen; vielmehr wird man eine mechanische Definition für sie suchen. Das gelingt so:

Man kann zunächst zwei Probekörper gleich stark laden; das Kriterium gleicher Ladung ist, daß sie von dem dritten Körper M an derselben Stelle dieselbe Kraft erfahren. Dann werden die beiden Probekörper sich gegenseitig mit der gleichen Kraft abstoßen; wir sagen nun, ihre Ladung sei 1, wenn diese Abstoßung gleich der Krafteinheit wird, sobald die Entfernung der beiden Probekörper gleich der Längeneinheit gewählt wird. Dabei ist über die Abhängigkeit der Kraft von der Entfernung nicht das geringste vorausgesetzt.

Durch diese Definitionen ist die Elektrizitätsmenge oder elektrische Ladung ebensogut eine meßbare Größe, wie Längen, Massen oder Kräfte.

Das wichtigste Gesetz über die Elektrizitätsmengen, das (1747) unabhängig von Watson und Franklin ausgesprochen wurde, ist der Satz, daß bei jedem elektrisierenden Vorgange immer *gleiche Mengen* positiver und negativer Elektrizität entstehen. Reibt man z. B. einen Glasstab mit einem seidenen Tuche, so wird der Glasstab positiv elektrisch; genau die gleiche negative Ladung findet sich dann auf dem Tuche.

Diese Erfahrungstatsache läßt sich so deuten, daß die beiden Elektrizitätsarten durch die Reibung *nicht erzeugt*, sondern *nur getrennt* werden. Man stellt sie als zwei *Fluida* vor, die in allen Körpern in gleichen Mengen vorhanden sind. In nicht elektrisierten, »neutralen« Körpern sind sie überall in gleicher Menge, so daß sich ihre Wirkung nach außen aufhebt. In elektrisierten Körpern aber sind sie getrennt; ein Teil der positiven Elektrizität ist etwa von einem Körper auf den andern übergeflossen, ebensoviel negative in umgekehrter Richtung.

Es genügt aber offenbar, nur *ein* Fluidum anzunehmen, das unabhängig von der Materie fließen kann; dann muß man der Materie, die von diesem Fluidum frei ist, eine bestimmte Ladung, etwa die positive, zuschreiben, dem Fluidum die entgegengesetzte, negative. Die Elektrisierung besteht darin, daß das negative Fluidum von einem Körper zum andern überfließt; der erste wird dann positiv sein, weil die positive Ladung der Materie nicht mehr ganz kompensiert ist, der andere wird negativ, weil er einen Überschuß des negativen Fluidums hat.

Der Streit zwischen den Anhängern der beiden Hypothesen, der *Ein- und Zwei-Fluidum-Theorie*, dauerte lange Zeit und blieb natürlich solange unfruchtbar und zwecklos, bis er durch die Entdeckung neuer Tatsachen entschieden wurde. Wir gehen auf diese Diskussionen nicht näher ein, sondern berichten nur kurz, daß man schließlich charakteristische Unterschiede im Verhalten der beiden Elektrizitäten fand, die darauf hindeuteten, daß die positive Elektrizität tatsächlich fest an der Materie haftet, die negative aber frei beweglich ist. Diese Lehre gilt noch heute; wir kommen darauf weiter unten bei der Besprechung der Elektronentheorie zurück.

Ein anderer Streit drehte sich um die Frage, wie die elektrischen Anziehungs- und Abstoßungskräfte durch den Raum übertragen werden.

Die ersten Jahrzehnte elektrischer Forschung standen noch nicht unter dem Einflusse der Newtonschen Attraktionstheorie; eine Wirkung in die Ferne erschien undenkbar, es galten metaphysische Sätze wie der, daß Materie nur da wirken kann, wo sie ist, und so wurden verschiedene Hypothesen zur Erklärung der elektrischen Kräfte ersonnen: Emanationen, die den geladenen Körpern entströmen und beim Auftreffen Druck ausüben, und ähnliche Annahmen. Nachdem aber Newtons Gravitationstheorie ihren Siegeszug angetreten hatte, wurde die Vorstellung einer unmittelbar in die Ferne wirkenden Kraft allmählich Gewohnheit. Denn es ist tatsächlich nichts als Denkgewohnheit, wenn irgendeine Vorstellung sich so den Gehirnen einprägt, daß sie als letztes Erklärungsprinzip gebraucht wird. Zwar dauert es dann nicht lange, bis die metaphysische Spekulation, oft im Gewande kritischer Philosophie, den Beweis erbringt, daß das geltende Erklärungsprinzip denknotwendig, sein Gegenteil unvorstellbar sei; aber die fortschreitende, empirische Wissenschaft pflegt sich glücklicherweise darum nicht zu kümmern und greift zuweilen, wenn neue Tatsachen es fordern, zu den verurteilten Vorstellungen zurück. Die Entwicklung der Lehre von den elektrischen und magnetischen Kräften ist ein Beispiel eines solchen Kreislaufs der Theorien; am Beginne steht eine, auf *metaphysische* Gründe gestützte Nahwirkungstheorie, sie wird von einer Fernwirkungstheorie nach Newtonschem Muster abgelöst, am Schlusse verwandelt diese sich, durch neu entdeckte *Tatsachen* gezwungen, in eine allgemeine Nahwirkungstheorie zurück. Dieses Schwanken ist aber kein Zeichen von Schwäche; denn die Bilder, die sich an die Theorien knüpfen, sind nicht das Wesentliche, sondern die empirischen Tatsachen und ihre begrifflichen Zusammenhänge. Wenn man aber diese verfolgt, so sieht man kein Schwanken, sondern eine stetige Entwicklung voll innerer, logischer Kraft. Die ersten theoretischen Versuche der vornewtonischen Zeit kann man mit Fug aus der Reihe fortlassen, weil die Tatsachen zu lückenhaft bekannt waren, um irgendwie zwingende Anhaltspunkte für die Theorie zu liefern. Daß dann aber die Fernwirkungstheorie nach dem Muster der Newtonschen Mechanik entstand, liegt durchaus im Wesen der elektrischen Tatsachen begründet. Eine Forschung, der die experimentellen Hilfsmittel des 18. Jahrhunderts zur Verfügung standen, mußte auf Grund der zurzeit möglichen Beobachtungen zu der Entscheidung kommen, daß die elektrischen und magnetischen Kräfte in derselben Weise wie die Gravitation in die Ferne wirken. Auch heute noch, vom Standpunkte der hoch entwickelten Nahwirkungstheorie Faradays und Maxwells, ist die Darstellung der Elektro- und Magnetostatik mit Hilfe von Fernkräften durchaus erlaubt und führt bei verständigem Gebrauche immer zu richtigen Resultaten.

Der Gedanke, daß die elektrischen Kräfte wie die Gravitation in die Ferne wirken, ist von Äpinus (1759) zuerst gefaßt worden; er ging sogar so weit, Gravitation und Elektrizität als Wirkungen *desselben* Fluidums aufzufassen. Er stellte sich im Sinne der Ein-Fluidum-Theorie vor, daß Materie ohne elektrisches Fluidum andere Materie abstoßen würde, daß aber immer ein kleiner Überschuß des Fluidums da sei, der die Gravitationsanziehung bewirke. Die Aufstellung des richtigen Gesetzes für die Abhängigkeit der elektrischen Wirkungen von der Entfernung gelang ihm merkwürdigerweise nicht; aber er konnte qualitativ die Erscheinung der Influenz erklären. Diese besteht darin, daß ein geladener Körper nicht nur auf andere geladene Körper, sondern auch auf ungeladene, besonders auf leitende Körper anziehend wirkt; die gleichnamige Ladung wird

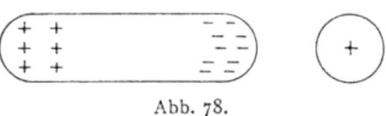

Abb. 78.

nämlich auf die dem wirkenden Körper zugewandte, die ungleichnamige auf die abgewandte Seite des influenzierten Körpers getrieben (Abb. 78), daher überwiegt die Anziehung über die Abstoßung.

Das wahre Gesetz wurde wohl zuerst von Priestley, dem Entdecker des Sauerstoffs, (1767) gefunden, und zwar auf einem geistreichen, indirekten Wege, dessen Beweiskraft im Grunde größer ist, als die der direkten Messung. Unabhängig von ihm hat Cavendish (1771) das Gesetz auf dieselbe Weise abgeleitet. Seinen Namen aber trägt es nach dem Forscher, der es zuerst durch direkte Messungen der Kräfte bewiesen hat, Coulomb (1785).

Jene Überlegung von Priestley und Cavendish läuft etwa auf folgendes heraus:

Wenn man einem Leiter (Metall) elektrische Ladung zuführt, so kann diese nicht im Innern der leitenden Substanz im Gleichgewicht bleiben, da sich ja gleichnamige Ladungsteilchen abstoßen; sie muß vielmehr an die Oberfläche drängen, wo sie in einer gewissen Verteilung ins Gleichgewicht kommt.

Die Erfahrung lehrt nun mit großer Schärfe, daß innerhalb eines rings von metallischen Wänden umgebenen Raumes kein elektrisches Feld besteht, mag die Hülle noch so stark geladen sein. Die an der Oberfläche des Hohlraums befindlichen Ladungen müssen sich also so verteilen, daß die Kraftwirkung auf jeden Punkt im Innern verschwindet. Hat der Hohlraum nun insbesondere die Gestalt einer Kugel, so kann aus Symmetriegründen die Ladung nur gleichförmig auf der Oberfläche verteilt sein; wenn ϱ die Ladung auf der Flächeneinheit (Ladungsdichte) ist, so befinden sich auf zwei Flächenstücken f_1 und f_2 die Elektrizitätsmengen ϱf_1 und ϱf_2. Die Kraft, die ein solches kleines Flächenstück f_1 auf einen im Innern der Kugel befindlichen Probekörper P von der Ladung e ausübt, wird dann $K_1 = e \varrho f_1 R_1$ sein, wo R_1 die Kraft zwischen zwei in P und f_1 angebrachten Ladungseinheiten bedeutet und irgendwie von der Entfernung r_1 zwischen P und f_1 abhängt. Zu jedem Flächenstück f_1 gibt es nun ein gegenüberliegendes f_2, welches man dadurch erhält, daß man die Punkte des Randes von f_1 mit P verbindet und diese Linien über P hinaus bis zum Schnitt mit der Kugel verlängert; die beiden Flächenstücke f_1 und f_2 werden also durch denselben Doppelkegel, mit der Spitze P aus der Kugel ausgeschnitten (Abb. 79), und die Winkel zwischen ihnen und der Achse des Doppelkegels sind gleich. Die Größen von f_1 und f_2 verhalten sich daher wie die Quadrate der Abstände von P:

$$\frac{f_2}{f_1} = \frac{r_2^2}{r_1^2}.$$

Von der auf f_2 befindlichen Ladung ϱf_2 wird die Kraft $K_2'' = \varrho f_2 R_2$ auf P ausgeübt, wo R_2 irgendwie von r_2 abhängt; K_2'' ist natürlich K_1'' entgegen gerichtet.

Es liegt nahe anzunehmen, daß sämtliche auf P wirkende Kräfte sich nur dann aufheben können, wenn sich die von je zwei gegenüberliegenden Flächenstücken herrührenden Kräfte das Gleichgewicht halten, wenn also $K_1 = K_2$ ist. Man kann diese Annahme beweisen, doch würde uns das hier zu weit führen. Lassen wir sie gelten, so folgt aus ihr $f_1 R_1 = f_2 R_2$ oder

$$\frac{R_1}{R_2} = \frac{f_2}{f_1} = \frac{r_2^2}{r_1^2}.$$

Es ist demnach

$$R_1 r_1^2 = R_2 r_2^2 = c,$$

wo c eine von der Entfernung r unabhängige Größe ist. Damit ist R_1 und R_2 bestimmt, nämlich

$$R_1 = \frac{c}{r_1^2}, \qquad R_2 = \frac{c}{r_2^2}.$$

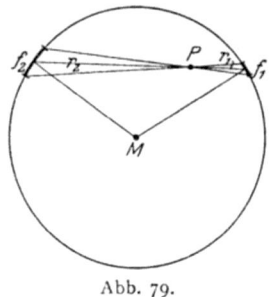

Abb. 79.

Allgemein muß daher die Kraft R zwischen zwei im Abstande r befindlichen Ladungseinheiten den Wert haben:

$$R = \frac{c}{r^2}.$$

Gemäß unserer Verfügung über die Einheit der elektrischen Ladung müssen wir $c = 1$ setzen; denn die Kraft zwischen zwei Ladungseinheiten im Abstande 1 soll gleich 1 sein. Mit dieser Festsetzung wird die Kraft, die zwei Körper mit den Ladungen e_1 und e_2 im Abstande r aufeinander ausüben

(45) $$K = \frac{e_1 e_2}{r^2}.$$

Das ist das *Coulombsche Gesetz*. Bei seiner Formulierung ist als selbstverständlich vorausgesetzt, daß die größten Durchmesser der geladenen Körper klein sind gegen ihren Abstand. Diese Einschränkung drückt aus, daß das Gesetz, ebenso wie das der Gravitation, ein idealisiertes Elementargesetz ist; um daraus auf die Wirkung von Körpern endlicher Ausdehnung zu schließen, muß man die auf ihnen verteilte Elektrizität in kleine Teile zerlegt denken und die Wirkungen aller Teilchen des einen Körpers auf alle des anderen paarweise berechnen und summieren.

Durch die Formel (45) ist die Dimension der Elektrizitätsmenge festgelegt; denn für die Abstoßung zweier gleicher Ladungen gilt $\dfrac{e^2}{r^2} = K$, also $e = r\sqrt{K}$, daher ist

$$[e] = [l\sqrt{VK}] = \left[l\sqrt{\frac{ml}{t^2}}\right] = \left[\frac{l}{t}\sqrt{ml}\right].$$

Damit ist auch die Einheit der Ladung im cm-g-sec-System bestimmt; man muß sie $\dfrac{\text{cm}\sqrt{\text{g cm}}}{\text{sec}}$ schreiben.

Die elektrische Feldstärke E, definiert durch $K = eE$, hat die Dimension

$$[E] = \left[\frac{K}{e}\right] = \left[\frac{K}{l\sqrt{VK}}\right] = \left[\frac{\sqrt{K}}{l}\right] = \left[\frac{\sqrt{ml}}{lt}\right] = \left[\frac{1}{t}\sqrt{\frac{m}{l}}\right],$$

und ihre Einheit ist $\dfrac{1}{\text{sec}}\sqrt{\dfrac{g}{\text{cm}}}$.

Von der Aufstellung des Coulombschen Gesetzes an wurde die Elektrostatik eine mathematische Wissenschaft. Das wichtigste Problem ist, bei gegebener gesamter Elektrizitätsmenge auf leitenden Körpern die Verteilung der Ladungen auf diesen unter der Wirkung der gegenseitigen Influenz und die daraus entspringenden Kräfte zu berechnen. Die Entwicklung dieser mathematischen Aufgabe ist darum interessant, weil sie sehr schnell von der ursprünglichen Formulierung als Fernwirkungstheorie in eine Pseudo-Nahwirkungstheorie verwandelt wurde, d. h. an die Stelle der Summationen der Coulombschen Kräfte traten Differentialgleichungen, worin als Unbekannte die Feldstärke E, oder eine damit zusammenhängende Größe, das *Potential*, auftrat. Wir können aber auf diese rein mathematischen Fragen, um die sich Laplace (1782), Poisson (1813), Green (1828) und Gauß (1840) große Verdienste erworben haben, hier nicht näher eingehen. Nur einen Punkt wollen wir hervorheben: Es handelt sich bei dieser Behandlung der Elektrostatik, die man gewöhnlich *Potentialtheorie* nennt, um keine eigentliche Nahwirkungstheorie in dem Sinne, den wir dem Worte oben (IV, 6, S. 86) gegeben haben; denn die Differentialgleichungen beziehen sich auf die örtliche Änderung der Feldstärke von Stelle zu Stelle, aber sie enthalten kein Glied, das eine zeitliche Änderung ausdrückt. Daher bedingen sie keine Ausbreitung der elektrischen Kraft mit endlicher Geschwindigkeit, sondern stellen trotz der differentiellen Form eine momentane Wirkung in die Ferne dar.

Die Lehre vom *Magnetismus* entwickelte sich in ähnlicher Weise wie die Elektrostatik. Wir können uns daher kurz fassen. Der wesentlichste Unterschied zwischen beiden Erscheinungsgebieten ist der, daß es Körper gibt, die Elektrizität leiten, während der Magnetismus immer an die Materie gebunden und nur mit dieser beweglich ist.

Ein langgestreckter, magnetisierter Körper, eine *Magnetnadel*, hat zwei *Pole*, d. h. Stellen, von denen die magnetische Kraft auszugehen scheint, und zwar gilt das Gesetz, daß gleichnamige Pole sich abstoßen, ungleichnamige sich anziehen. Zerbricht man den Magneten, so werden dadurch seine beiden Teile nicht entgegengesetzt magnetisch, sondern jeder Teil bekommt an der Bruchstelle einen neuen Pol und stellt wieder einen vollständigen Magneten mit zwei gleichen Polen dar. Und das gilt, in wie kleine Stücke man den Magneten auch zerteilen mag.

Man hat daraus geschlossen, daß es zwar zwei Arten von Magnetismus gibt, wie bei der Elektrizität, daß diese aber sich nicht frei bewegen können, sondern in den kleinsten Teilen der Materie, den Molekeln, je in gleicher Menge, aber getrennt vorhanden sind. Jede Molekel ist also selbst ein kleiner Magnet mit Nord- und Südpol (Abb. 80); die Magnetisierung eines endlichen Körpers aber besteht darin, daß alle die Elementarmagnetchen, die ursprünglich in völliger Unordnung lagen, parallel gerichtet werden. Dann heben sich die Wirkungen der abwechselnd aufeinanderfolgenden Nord(+)- und Süd(—)-Pole auf, bis auf die der beiden Endflächen, von denen also alle Wirkung auszugehen scheint.

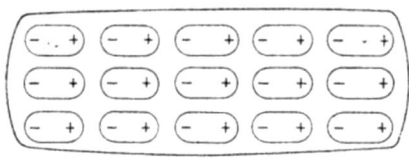

Abb. 80.

Indem man eine sehr lange, dünne Magnetnadel benutzt, kann man es erreichen, daß in der Nähe des einen Pols die Kraft des anderen schon unmerklich ist. Daher kann man auch hier mit Probekörperchen operieren, nämlich den Polen sehr langer, dünner Magnetstäbe; mit diesen lassen sich nun alle Messungen ausführen, die wir bei der Elektrizität besprochen haben. Man gelangt zur Definition der *magnetischen Menge* oder *Polstärke p* und der *magnetischen Feldstärke H*. Die magnetische Kraft, die ein Pol p im Felde H erfährt, ist

(46) $$K = pH.$$

Die Einheit des Poles wird dabei so gewählt, daß zwei Einheitspole im Abstande 1 aufeinander die abstoßende Kraft 1 ausüben. Das Gesetz, wonach sich die Kraft zweier Pole p_1 und p_2 mit der Entfernung ändert, hat ebenfalls Coulomb durch direkte Messung gefunden; es lautet wieder wie das Newtonsche Attraktionsgesetz:

(47) $$K = \frac{p_1 p_2}{r^2}.$$

Offenbar sind die Dimensionen der magnetischen Größen mit denen der entsprechenden elektrischen gleich, und ihre Einheiten haben im cm-g-sec-System dieselben Zeichen.

Die mathematische Theorie des Magnetismus läuft der der Elektrizität ziemlich parallel; der wesentlichste Unterschied ist der, daß die wahren magnetischen Mengen an den Molekeln haften und die meßbaren Anhäufungen, die das Auftreten der Pole bei endlichen Magneten bedingen, nur durch Summation der Wirkungen parallel gerichteter Molekeln entstehen.

2. Galvanismus und Elektrolyse.

Die Geschichte der Entdeckung der sogenannten Kontaktelektrizität durch Galvani (1780) und Volta (1792) ist so bekannt, daß wir sie hier übergehen können; denn so interessant Galvanis Froschschenkelversuche und die sich daran knüpfende Diskussion über den Ursprung der elektrischen Ladungen sind, so liegt uns mehr an der klaren Fassung der Begriffe und Gesetze. Wir stellen daher nur die Tatsachen fest.

Taucht man zwei verschiedene Metalle in eine Lösung (Abb. 81), etwa Kupfer und Zink in verdünnte Schwefelsäure, so zeigen die Metalle elektrische Ladungen, die genau dieselbe Wirkung ausüben, wie die Reibungselektrizität. Nach dem Grundgesetz der Elektrizität treten die Ladungen beider Vorzeichen an den Metallen (Polen) in gleicher Menge auf; das aus Lösung und Metallen bestehende System, auch *galvanisches Element* oder *Zelle* genannt, besitzt also die Fähigkeit, die Elektrizitäten zu scheiden. Das merkwürdige ist nun, daß diese Fähigkeit anscheinend unerschöpflich ist; denn wenn man die Pole durch einen Draht verbindet, so daß ihre Ladungen abfließen und sich ausgleichen, so sind, sobald der Draht wieder entfernt wird, die Pole immer noch geladen. Das Element liefert also fortwährend Elektrizität nach, solange die Drahtverbindung besteht; in dem Drahte muß also ein dauerndes Strömen der Elektrizität stattfinden. Wie man sich das im einzelnen vorstellen will, hängt davon ab, ob man der Ein- oder der Zwei-Fluidum-Theorie anhängt; im ersteren Falle ist nur ein Strom vorhanden, im letzteren fließen zwei entgegengesetzte Ströme der beiden Fluida.

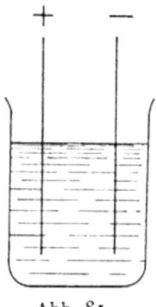

Abb. 81.

Der *elektrische Strom* beweist nun seine Existenz durch sehr deutliche Wirkungen. Vor allem erhitzt er den Verbindungsdraht. Jeder kennt diese Tatsache von den Metallfäden unserer elektrischen Glühbirnen. Der Strom erzeugt also dauernd Wärmeenergie. Woher hat das galvanische Element die Fähigkeit, fortwährend Elektrizität zu erzeugen und dadurch indirekt Wärme zu entwickeln? Nach dem Satze von der Erhaltung der Energie muß überall da, wo eine Energiesorte bei einem Prozesse zum Vorschein kommt, eine andere Energiesorte im gleichen Betrage verschwinden.

Die Energiequelle ist der chemische Vorgang in der Zelle. Das eine Metall löst sich auf, solange der Strom fließt, auf dem anderen schlägt sich ein Bestandteil der Lösung nieder; in der Lösung selbst können verwickelte chemische Prozesse ablaufen. Wir haben mit diesen nichts zu tun, sondern begnügen uns mit der Tatsache, daß die galvanischen Zellen ein Mittel sind, um Elektrizität in schier unbegrenzten Mengen zu erzeugen und beträchtliche elektrische Ströme herzustellen.

Wir werden nun aber den umgekehrten Prozeß zu betrachten haben, bei dem der elektrische Strom eine chemische Zersetzung herbeiführt.

Läßt man z. B. den Strom zwischen zwei unzersetzbaren Zuführungsdrähten (Elektroden), etwa aus Platin, durch angesäuertes Wasser fließen, so zersetzt sich dieses in seine Bestandteile, Wasserstoff und Sauerstoff; der Wasserstoff entwickelt sich an der negativen Elektrode (Kathode), der Sauerstoff an der positiven (Anode). Die quantitativen Gesetze dieser von Nicholson und Carlisle (1800) entdeckten »*Elektrolyse*« hat Faraday (1832) gefunden. Die ungeheure Tragweite der Faradayschen Untersuchungen für die Erkenntnis des Aufbaues der Materie, für die theoretische und technische Chemie sind bekannt; aber nicht diese veranlassen uns, hier darauf einzugehen, sondern der Umstand, daß die Faradayschen Gesetze das Mittel zur exakten Messung von elektrischen Strömen liefern und dadurch den Weiterbau des elektromagnetischen Begriffsystems ermöglichen.

Den Zersetzungsversuch kann man ebensogut, wie mit einem galvanischen Strom, auch mit einem Entladungsstrom machen, der entsteht, wenn man zwei entgegengesetzt geladene Metallkörper durch einen Draht verbindet. Allerdings muß man dabei dafür Sorge tragen, daß die zur Entladung kommenden Elektrizitätsmengen groß genug sind; man hat Aufspeicherungsapparate für Elektrizität, sogenannte *Kondensatoren*, deren Wirksamkeit auf dem Influenzprinzip beruht und die so starke Entladungen geben, daß meßbare Mengen in der elektrolytischen Zelle zersetzt werden. Die Größe der Ladung, die durch die Zelle abfließt, läßt sich mit den oben erörterten Methoden der Elektrostatik messen. Faraday hat nun den Satz gefunden, daß die doppelte Ladung auch die doppelte Zersetzung hervorruft, die dreifache Ladung die dreifache Zersetzung, kurz daß die Menge m des zersetzten Stoffes (oder eines der beiden Zersetzungsprodukte) der hindurchgeflossenen Elektrizitätsmenge e proportional ist:

$$Cm = e.$$

Die Konstante C hängt noch von der Art der Stoffe und des chemischen Prozesses ab.

Ein zweites Gesetz von Faraday regelt diese Abhängigkeit. Bekanntlich treten die chemischen Grundstoffe (Elemente) in ganz bestimmten Gewichtsverhältnissen zu Verbindungen zusammen. Man bezeichnet die Menge eines Elementes, die sich mit 1 g des leichtesten Elementes Wasserstoff verbindet, als sein *Äquivalentgewicht*. So sind z. B. in Wasser (H_2O) 8 g Sauerstoff (O) mit 1 g Wasserstoff (H) verbunden, daher hat Sauerstoff das Äquivalentgewicht 8. Der Satz von Faraday besagt nun, daß dieselbe Elektrizitätsmenge, die 1 g Wasserstoff zur Abscheidung bringt, von jedem anderen Element genau ein Äquivalentgewicht abzuscheiden vermag, also z. B. von Sauerstoff 8 g.

Die Konstante C braucht daher nur für Wasserstoff bekannt zu sein, dann erhält man sie für jeden anderen Stoff durch Division mit dem Äquivalentgewicht. Denn es ist für 1 g Wasserstoff

$$C_0 \cdot 1 = e,$$

für einen anderen Stoff vom Äquivalentgewicht μ
$$C\mu = e;$$
durch Division beider Gleichungen folgt
$$\frac{C}{C_o} = \frac{1}{\mu}, \quad C = \frac{C_o}{\mu}.$$

Es ist also $C_o = e$ diejenige Elektrizitätsmenge, die 1 g Wasserstoff abscheidet; ihr Zahlenwert ist durch exakte Messungen festgelegt und beträgt im cm-g-sec-System

(48) $\quad C_o = 2{,}90 \cdot 10^{14}$ Ladungseinheiten pro Gramm.

Nun kann man die beiden Faradayschen Gesetze in die eine Formel zusammenfassen:

(49) $$e = \frac{C_o}{\mu} m.$$

Die elektrolytische Zersetzung bietet also ein sehr bequemes Maß für die Elektrizitätsmenge e, die bei einer Entladung die Zelle passiert hat; man braucht nur die Masse m eines Zersetzungsproduktes vom Äquivalentgewicht μ zu bestimmen und erhält dann aus der Gleichung (49) die gesuchte Elektrizitätsmenge. Dabei ist es natürlich ganz gleichgültig, ob diese durch Entladung von aufgeladenen Leitern (Kondensatoren) gewonnen wird oder ob sie aus einer galvanischen Zelle stammt. Im letzteren Falle strömt die Elektrizität dauernd mit konstanter Stärke; die Menge, die in der Zeiteinheit durch irgendeinen Querschnitt der Leitung, also auch durch die Zersetzungszelle passiert, heißt die *Stromstärke*. Man kann diese nun einfach messen, indem man den galvanischen Strom während der Einheit der Zeit (1 sec) durch die elektrolytische Zelle fließen läßt und die Masse m eines Zersetzungsprodukts bestimmt; dann liefert wieder die Gleichung (49) diejenige Ladung e, die gleich der Stromstärke ist. Fließt der Strom nicht 1 sec, sondern t sec, so ist die hindurchgeflossene Elektrizitätsmenge e und die abgeschiedene Masse m jedes Zersetzungsproduktes $t$mal so groß; die Stromstärke J ist also

(50) $$J = \frac{e}{t} = \frac{C_o}{\mu} \cdot \frac{m}{t}.$$

Ihre Dimension ist
$$[J] = \left[\frac{e}{t}\right] = \left[\frac{l}{t}\sqrt{K}\right] = \left[\frac{l}{t^2}\sqrt{m\,l}\right]$$
und ihre Einheit
$$\frac{\text{cm}\sqrt{\text{g cm}}}{\text{sec}^2}.$$

3. Widerstand und Stromwärme.

Wir müssen uns jetzt ein wenig mit dem Strömungsvorgange selbst beschäftigen. Man hat den elektrischen Strom stets mit der Strömung von Wasser in einer Rohrleitung verglichen und die dort geltenden Begriffe auf den elektrischen Vorgang übertragen. Damit Wasser in einer

Röhre strömt, muß eine treibende Kraft vorhanden sein; läßt man das Wasser aus einem höheren Gefäße durch eine geneigte Röhre in ein tieferes abfließen, so ist die Schwere die treibende Kraft (Abb. 82). Diese ist um so größer, je höher der obere Wasserspiegel über dem unteren ist. Aber die Geschwindigkeit des Wasserstromes oder seine Stromstärke hängt nicht nur von der Größe des Antriebs durch die Schwere ab, sondern außerdem von dem Widerstande, den das Wasser in der Rohrleitung findet. Ist diese lang und eng, so ist die pro Zeiteinheit hindurch beförderte Wassermenge kleiner als bei einem kurzen, weiten Rohre. Die Stromstärke J ist also proportional der treibenden Niveaudifferenz V und umgekehrt proportional dem *Widerstande* W; wir setzen

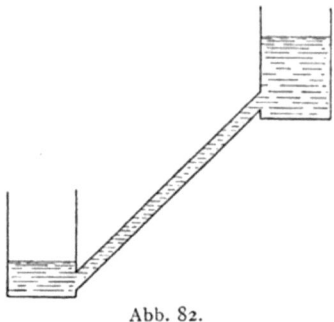

Abb. 82.

$$(51) \quad J = \frac{V}{W} \text{ oder } JW = V,$$

wobei als Einheit des Widerstandes der gewählt ist, der bei der Niveaudifferenz $V = 1$ die Stromstärke 1 erzeugt.

Genau diese Vorstellungen hat nun G. S. Ohm (1826) auf den elektrischen Strom übertragen. Der treibenden Niveaudifferenz entspricht die elektrische Kraft; für ein bestimmtes Drahtstück von der Länge l ist $V = El$ zu setzen, wo E die längs des Drahtes als konstant betrachtete Feldstärke ist. Denn wirkt dasselbe elektrische Feld über eine größere Drahtlänge, so liefert es einen größeren Antrieb auf die strömende Elektrizität. Die Größe V wird auch *Spannung* oder *elektromotorische Kraft* genannt; sie ist überdies identisch mit dem Begriffe des elektrischen Potentials, den wir oben (S. 119) erwähnt haben.

Da die Stromstärke J und die elektrische Feldstärke E, also auch die Spannung $V = El$, meßbare Größen sind, so läßt sich die durch das Ohmsche Gesetz (51) ausgedrückte Proportionalität zwischen J und V experimentell prüfen.

Der Widerstand W hängt von dem Material und der Form des Leitungsdrahtes ab; je länger und dünner dieser ist, um so größer ist W. Ist l die Drahtlänge und q die Größe des Querschnitts, so ist also W mit l direkt, mit q indirekt proportional; man setzt

$$(52) \quad \sigma W = \frac{l}{q} \text{ oder } W = \frac{l}{\sigma q},$$

wo der Proportionalitätsfaktor σ nur noch von dem Material des Drahtes abhängt und *Leitfähigkeit* genannt wird.

Setzt man W aus (52) und $V = El$ in (51) ein, so erhält man

$$JW = J\frac{l}{q\sigma} = V = El,$$

und daraus folgt durch Wegheben von l:

$$\frac{J}{q\sigma} = E \quad \text{oder} \quad \frac{J}{q} = \sigma E.$$

$\frac{J}{q}$ aber bedeutet die Stromstärke pro Einheit des Querschnitts; man nennt diese *Stromdichte* und bezeichnet sie mit i. Dann gilt also

(53) $$i = \sigma E.$$

In dieser Form enthält das *Ohmsche Gesetz* nur noch eine, dem Leitermaterial eigentümliche Konstante, die Leitfähigkeit σ, aber nichts mehr, was von der Form des leitenden Körpers (Drahtes) abhängt.

Für Nichtleiter (Isolatoren) ist $\sigma = 0$. Ideale Isolatoren gibt es aber nicht; ganz geringfügige Spuren von Leitfähigkeit sind immer vorhanden, außer im vollkommenen Vakuum. Man kennt alle Übergänge von den schlechten Leitern (wie Porzellan, Bernstein) über die sogenannten Halbleiter (wie Wasser und andere Elektrolyte) zu den Metallen, die eine ungeheuer hohe Leitfähigkeit haben.

Wir haben schon oben darauf hingewiesen, daß der Strom den Leitungsdraht erwärmt. Das quantitative Gesetz dieser Erscheinung ist von Joule (1841) gefunden worden; es ist offenbar ein spezieller Fall des Satzes von der Erhaltung der Energie, indem die elektrische Energie sich in Wärme verwandelt. Das *Joulesche Gesetz* besagt, daß die vom Strom J beim Durchlaufen der Spannung V in der Zeiteinheit entwickelte Wärme gleich

(54) $$Q = JV$$

ist, wobei Q nicht in Kalorien, sondern in mechanischen Arbeitseinheiten zu messen ist. Wir werden von dieser Formel weiter keinen Gebrauch machen und teilen sie nur der Vollständigkeit halber mit.

4. Elektromagnetismus.

Bisher galten Elektrizität und Magnetismus als zwei Erscheinungsgebiete, die zwar mancherlei Ähnlichkeiten haben, aber ganz getrennt und selbständig sind. Man suchte natürlich eifrig nach einer Brücke zwischen den beiden Gebieten, doch lange ohne Erfolg. Endlich entdeckte Oersted (1820), daß Magnetnadeln von galvanischen Strömen abgelenkt werden. Noch im selben Jahre fanden Biot und Savart das quantitative Gesetz dieser Erscheinung, das Laplace als Fernwirkung formulierte. Es ist für uns darum von größter Wichtigkeit, weil darin zum ersten Male eine dem Elektromagnetismus eigentümliche Konstante von der Natur einer Geschwindigkeit auftritt, die sich später als identisch mit der Lichtgeschwindigkeit erwiesen hat.

Biot und Savart stellten fest, daß der in einem geraden Drahte fließende Strom einen Magnetpol weder an sich zieht, noch von sich stößt, sondern ihn auf einem Kreise um den Draht herumzutreiben strebt (Abb. 83), und zwar einen positiven Pol im Sinne einer Rechtsdrehung (gegen den Uhrzeiger) um die (positive) Stromrichtung. Das quantitative Gesetz kann man dadurch auf die einfachste Form bringen, daß man den Leitungsdraht in lauter kurze Stücke von der Länge l zerlegt denkt und die Wirkung dieser Stromelemente angibt, aus der man dann die Wirkung des Gesamtstroms durch Summation erhält. Wir begnügen uns damit, das Gesetz eines Stromelements für den speziellen Fall anzugeben, wo der Magnetpol in der Ebene liegt, die durch den Mittelpunkt des Elements geht und auf seiner Richtung senkrecht steht (Abb. 84). Dann liegt die an dem Magnetpol von der Stärke 1 angreifende Kraft oder magnetische Feldstärke H in dieser Ebene, steht senkrecht auf der Verbindungslinie des Pols mit der Mitte des Stromelements und ist der Stromstärke J und seiner Länge l direkt, dem Quadrate der Entfernung r umgekehrt proportional:

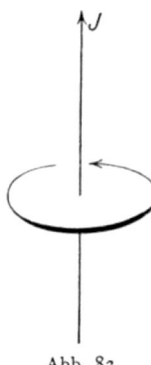

Abb. 83.

$$(55) \qquad cH = \frac{Jl}{r^2}.$$

Äußerlich hat diese Formel wieder Ähnlichkeit mit dem Attraktionsgesetze von Newton oder dem Coulombschen Gesetze der Elektrostatik und Magnetostatik, aber die elektromagnetische Kraft ist doch von ganz anderem Charakter; denn sie wirkt nicht in der Verbindungslinie, sondern senkrecht auf dieser. Die drei Richtungen J, r, H stehen paarweise aufeinander senkrecht; hier erkennt man, daß die elektrodynamischen Wirkungen aufs engste mit der Struktur des euklidischen Raumes im Zusammenhange stehen, sie liefern gewissermaßen ein natürliches rechtwinkliges Koordinatensystem.

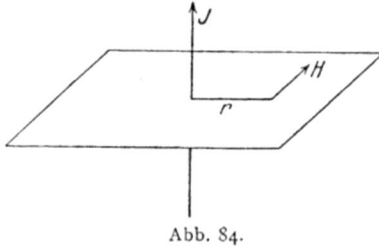

Abb. 84.

Der in der Formel (55) eingeführte Proportionalitätsfaktor c ist vollständig bestimmt, da Entfernung r, Stromstärke J und Magnetfeld H meßbare Größen sind. Er bedeutet offenbar die Stärke desjenigen Stromes, der durch ein Leitungsstück der Länge 1 fließend im Abstande 1 das Magnetfeld 1 erzeugt. Es ist üblich und häufig bequem, statt der Stromeinheit, die wir eingeführt haben (nämlich die statische Elektrizitätsmenge, die in der Zeiteinheit durch den Querschnitt fließt) und die man die elektrostatische nennt, diesen Strom von der Stärke c im elektrostatischen Maße als Stromeinheit zu wählen; diese heißt dann die *elektromagnetische Stromeinheit*. Der Gebrauch derselben hat den Vorteil, daß dann die Gleichung (55) die einfache Form $H = \dfrac{Jl}{r^2}$ oder $J = \dfrac{Hr^2}{l}$ annimmt, wodurch die Messung einer Stromstärke auf die zweier Längen und eines Magnetfeldes zurückgeführt ist. Die meisten praktischen Strommeßinstrumente beruhen auf der Ablenkung von Magneten durch Ströme oder umgekehrt und liefern daher die Stromstärke im elektromagnetischen Maße. Zur Umrechnung auf das zuerst eingeführte elektrostatische Maß des Stromes muß dann die Konstante c bekannt sein; dazu genügt aber eine einzige Messung.

Ehe wir von der experimentellen Bestimmung der Größe c sprechen, wollen wir uns durch eine einfache Dimensionsbetrachtung über ihre Natur informieren. Sie ist nach (55) definiert durch die Formel $c = \dfrac{Jl}{Hr^2}$.

Nun gelten folgende Dimensionsformeln:

$$J = \left[\frac{e}{t}\right], \quad H = \left[\frac{p}{r^2}\right];$$

daher wird die Dimension von c

$$[c] = \left[\frac{el}{pt}\right].$$

Nun wissen wir aber, daß elektrische Ladung e und magnetische Polstärke p von gleicher Dimension sind, weil das Coulombsche Gesetz für elektrische und magnetische Kräfte ganz gleich lautet. Daher erhalten wir:

$$[c] = \left[\frac{l}{t}\right],$$

d. h. die Konstante c hat die Dimension einer Geschwindigkeit.

Ihre erste, exakte Messung ist von Weber und Kohlrausch (1856) ausgeführt worden. Diese Versuche gehören zu den denkwürdigsten Leistungen physikalischer Präzisionsarbeit, nicht nur wegen ihrer Schwierigkeit, sondern wegen der Tragweite ihres Resultats. *Es ergab sich nämlich für c der Wert $3 \cdot 10^{10}$ cm/sec, der genau mit der Lichtgeschwindigkeit übereinstimmt.*

Diese Übereinstimmung konnte nicht zufällig sein; zahlreiche Denker, vor allem Weber selbst, sodann die Mathematiker Gauß und Riemann, die Physiker Neumann, Kirchhoff, Clausius spürten den tiefen Zusammenhang, den die Zahl $c = 3 \cdot 10^{10}$ cm/sec zwischen zwei gewaltigen Wissensgebieten herstellte, und sie suchten nach der Brücke, die vom Elektromagnetismus nach der Optik führen mußte. Riemann kam der Lösung des Problems sehr nahe; erreicht wurde sie aber erst von Maxwell, nachdem Faradays wunderbare Experimentierkunst neue Tatsachen und neue Auffassungen gelehrt hatte. Wir wollen jetzt diese Entwicklung verfolgen.

5. Faradays Kraftlinien.

Faraday kam nicht aus einer gelehrten Schule, sein Geist war nicht mit überlieferten Vorstellungen und Theorien beschwert. Sein abenteuerlicher Aufstieg vom Buchbinderlehrling zum weltberühmten Physiker der

Royal Institution ist bekannt. Ebenso frei vom konventionellen Schema wie sein Leben war auch die Welt seiner Gedanken, die unmittelbar und ausschließlich aus der Fülle seiner experimentellen Erfahrungen entsprangen. Wir haben oben seine Untersuchungen über die elektrolytische Zersetzung besprochen. Seine Methode, alle erdenklichen Abänderungen der Versuchsbedingungen vorzunehmen, führte ihn (1837) dazu, zwischen die beiden Metallplatten (Elektroden) der elektrolytischen Zelle an Stelle einer leitenden Flüssigkeit (Säure, Salzlösung) eine nichtleitende wie Petroleum, Terpentin, zu bringen. Diese zersetzen sich nicht, aber sie sind doch nicht ohne Einfluß auf den elektrischen Vorgang. Es zeigt sich nämlich, daß die beiden Metallplatten, wenn sie durch eine bestimmte galvanische Batterie mit bestimmter Spannung geladen werden, ganz verschiedene Ladungen aufnehmen, je nach der Substanz, die zwischen ihnen ist (Abb. 85). Die nichtleitende Substanz beeinflußt also die Aufnahmefähigkeit oder *Kapazität* des aus den beiden Platten bestehenden Leitersystems, das man einen *Kondensator* nennt.

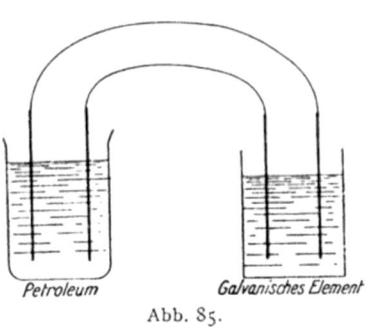

Abb. 85.

Diese Entdeckung machte auf Faraday solchen Eindruck, daß er von nun an die üblichen Vorstellungen der Elektrostatik von einer unmittelbaren Fernwirkung der elektrischen Ladungen aufgab und eine neue, eigenartige Deutung der elektrischen und magnetischen Erscheinungen entwickelte, die als Nahwirkungstheorie zu bezeichnen ist. Was er aus dem eben geschilderten Experiment lernte, ist die Tatsache, daß die Ladungen der beiden Metallplatten nicht einfach durch den dazwischenliegenden Raum aufeinander wirken, sondern, daß das im Zwischenraum befindliche Medium eine wesentliche Rolle dabei spielt. Daraus schloß er, daß sich die Wirkung durch dieses Medium von Stelle zu Stelle fortpflanzt, daß es also eine Nahwirkung ist.

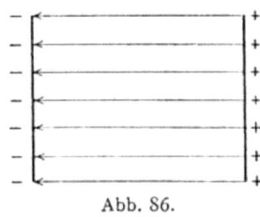

Abb. 86.

Wir kennen die Nahwirkung der elastischen Kräfte in deformierten Festkörpern. Faraday, der sich immer an empirische Tatsachen hielt, verglich die elektrische Nahwirkung in Nichtleitern zwar mit elastischen Spannungen, aber er hielt sich davon fern, die Gesetze dieser auf die elektrischen Erscheinungen zu übertragen. Er gebraucht das Bild der »*Kraftlinien*«, die in der Richtung der elektrischen Feldstärke von den positiven Ladungen durch den Isolator zu den negativen ziehen; im Falle eines Plattenkondensators sind die Kraftlinien gerade Linien senkrecht zu den Plattenebenen (Abb. 86). Faraday betrachtet die Kraftlinien als das eigentliche Substrat der elektrischen Vorgänge, sie sind für ihn geradezu materielle Gebilde, die sich bewegen und deformieren und dadurch die elektrischen Effekte zustande bringen. Die Ladungen spielen bei Faraday eine ganz untergeordnete Rolle, als die Stellen, wo Kraftlinien ausgehen oder enden. In dieser Auffassung wurde er durch jene Experimente bestärkt, die beweisen, daß auf Leitern die gesamte elektrische Ladung an der Oberfläche sitzt, das Innere vollkommen frei bleibt. Um das recht drastisch zu zeigen, baute er einen großen, mit Metall ringsum belegten Kasten, in den er sich mit empfindlichen elektrischen Meßinstrumenten hereinbegab; dann ließ er den Kasten aufs stärkste laden und stellte fest, daß im Innern nicht der geringste Einfluß der Ladungen wahrzunehmen sei. Wir haben oben (V, 1, S. 117) gerade diese Tatsache zur Ableitung des Coulombschen Fernwirkungsgesetzes benützt. Faraday aber schloß daraus, daß die Ladung nicht das Primäre der elektrischen Vorgänge sei und daß man sie nicht als Fluidum vorstellen dürfe, das mit Fernkräften ausgestattet ist. Sondern das Primäre ist der Spannungszustand des elektrischen Feldes in den Nichtleitern, der durch das Bild der Kraftlinien dargestellt wird; die Leiter sind gewissermaßen Löcher im elektrischen Felde und die Ladungen auf ihnen nur fiktive Begriffe, ersonnen, um die durch die Spannungen des Feldes erzeugten Druck- und Zugkräfte als Fernwirkungen zu erklären. Unter den Nichtleitern oder dielektrischen Substanzen ist auch das *Vakuum*, der *Äther*, der hier wieder in neuem Gewande uns entgegentritt.

Diese fremdartige Auffassung Faradays fand bei den Physikern und Mathematikern seiner Zeit zunächst keinen Eingang. Man hielt an der Fernwirkungsauffassung fest, und das ließ sich durchführen auch bei Berücksichtigung der von Faraday entdeckten »dielektrischen« Wirkung der Nichtleiter. Man brauchte nur das Coulombsche Gesetz etwas abzuändern; jedem Nichtleiter kommt eine eigentümliche Konstante ε, seine »*Dielektrizitätskonstante*«, zu, die dadurch definiert ist, daß die zwischen zwei in dem Nichtleiter eingebetteten Ladungen e_1, e_2 wirkende Kraft im Verhältnis $1 : \varepsilon$ kleiner ist als im Vakuum:

(56)
$$K = \frac{1}{\varepsilon} \frac{e_1 e_2}{r^2}.$$

Für das Vakuum ist ε gleich 1, für jeden andern Körper ist ε größer als 1.

Mit diesem Ansatze ließen sich nun in der Tat alle Erscheinungen der Elektrostatik mit Berücksichtigung der dielektrischen Eigenschaften der Nichtleiter erklären. Wir haben bereits oben gesagt, daß die Elektrostatik formell schon lange in eine Pseudo-Nahwirkungstheorie, die sogenannte Potentialtheorie, übergegangen war. Diese konnte ebenfalls leicht die Dielektrizitätskonstante ε assimilieren. Heute wissen wir, daß damit eigentlich die mathematische Formulierung des Faradayschen Kraftlinienbegriffes schon gewonnen war; aber da diese Potentialmethode nur als mathematischer Kunstgriff galt, so blieb der Gegensatz zwischen der klassischen Fernwirkungstheorie und der Faradayschen Nahwirkungsvorstellung unvermittelt bestehen.

Ganz analoge Auffassungen entwickelte Faraday für den Magnetismus. Er entdeckte, daß auch die Kräfte zwischen zwei Magnetpolen davon abhängen, welches Medium sich zwischen ihnen befindet, und er kam dadurch wieder zu der Ansicht, daß die magnetischen Kräfte ebenso wie die elektrischen durch einen eigenartigen Spannungszustand der Zwischenmedien hervorgerufen werden. Zur Darstellung dieser Spannungen dienten ihm die Kraftlinien; man kann diese hier geradezu sichtbar machen, indem man Eisenfeilspäne auf einen Bogen Papier streut und diesen dicht über einen Magneten hält (Abb. 87).

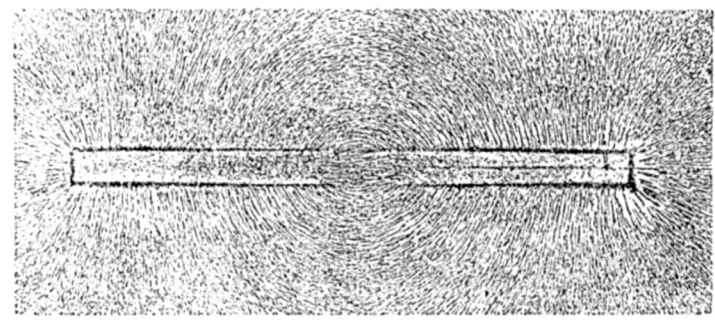

Abb. 87.

Die Fernwirkungstheorie führt formal eine der Substanz charakteristische Konstante, die magnetische Durchdringbarkeit oder *Permeabilität* μ ein und schreibt das Coulombsche Gesetz in der abgeänderten Form:

$$(57) \qquad K = \frac{1}{\mu} \frac{p_1 p_2}{r^2}.$$

Man hat sich aber nicht mit diesem formalen Ansatze begnügt, sondern einen molekularen Mechanismus ersonnen, der die magnetische und dielektrische Polarisierbarkeit verständlich macht. Wir haben bereits oben gesehen, daß die Eigenschaften der Magnete dazu führen, ihre Molekeln selbst als kleine Elementarmagnete anzusehen, die beim Prozesse der Magnetisierung parallel gerichtet werden. Dabei wird angenommen, daß sie von selbst die parallele Einstellung beibehalten, etwa infolge von Reibungswiderständen. Man kann nun annehmen, daß bei den meisten Körpern, die nicht als permanente Magnete vorkommen, diese Reibung fehlt; dann wird die Parallelstellung zwar durch ein äußeres Magnetfeld hergestellt werden, aber sofort verschwinden, wenn das Feld entfernt wird. Eine solche Substanz wird also ein Magnet nur so lange sein, als ein äußeres Magnetfeld da ist. Man braucht aber gar nicht einmal anzunehmen, daß die Molekeln permanente Magnete sind, die sich parallel stellen; wenn jede Molekel die beiden magnetischen Fluida enthält, so werden diese sich unter der Wirkung des Feldes scheiden und die Molekel wird von selbst ein Magnet. Dieser induzierte Magnetismus aber muß genau die Wirkung haben, die die formale Theorie durch Einführung der Permeabilität beschreibt. Zwischen zwei Magnetpolen (N, S) in einem solchen Medium bilden sich Ketten von Molekel-Magneten, deren entgegengesetzte Pole sich im Innern überall kompensieren, aber bei N und S mit entgegengesetzten Polen endigen und daher die Wirkungen von N und S abschwächen (Abb. 88). (Es kommt übrigens auch der umgekehrte Effekt der Verstärkung vor; doch gehen wir auf dessen Deutung hier nicht ein.)

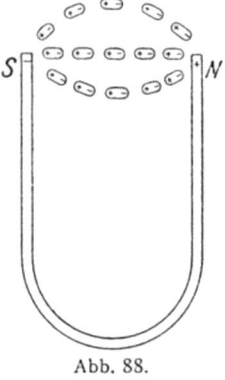

Abb. 88.

Genau dasselbe, was wir hier für den Magnetismus erläutert haben, kann man sich nun auch für die Elektrizität denken. Ein Dielektrikum besteht danach aus Molekeln, die entweder von selbst elektrische Dipole sind und sich in einem äußeren Felde parallel richten, oder die unter der Wirkung des Feldes durch Scheidung der positiven und negativen Elektrizität zu Dipolen werden. Zwischen zwei Kondensatorplatten bilden sich dann wieder Ketten von Molekeln (Abb. 89), deren Ladungen sich im Innern kompensieren, aber an den Platten nicht. Dadurch wird ein Teil der Ladung der Platten selbst aufgehoben, und man muß den Platten neue Ladung zuführen, um sie auf eine bestimmte Spannung zu laden. So erklärt es sich, daß das polarisierbare Dielektrikum die Aufnahmefähigkeit oder Kapazität des Kondensators erhöht.

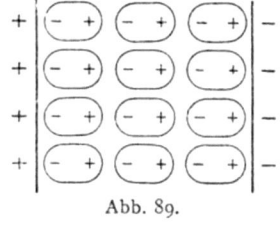

Abb. 89.

Nach dieser Vorstellung der Fernwirkungstheorie ist also die Wirkung des Dielektrikums eine mittelbare. Das Feld im Vakuum ist nur eine Abstraktion, es bedeutet die geometrische Verteilung der Kraft, die auf einen elektrischen Probekörper von der Ladung 1 ausgeübt würde. Das Feld im Dielektrikum aber besteht in einer wirklichen physikalischen Veränderung, der molekularen Verschiebung der Elektrizitäten.

Die Nahwirkungstheorie Faradays kennt keinen solchen Unterschied zwischen dem Felde im Äther und in der isolierenden Materie: beides sind Dielektrika; für den Äther ist die Dielektrizitätskonstante $\varepsilon = 1$, für andere Isolatoren ist sie von 1 verschieden. Wenn das anschauliche Bild der elektrischen Verschiebung für die Materie richtig ist, so muß es auch für den Äther gelten. Dieser Gedanke spielt eine große Rolle in der Theorie Maxwells, die im Grunde nichts ist als die Übersetzung der Faradayschen Kraftlinienvorstellung in die exakte Sprache der Mathematik.

9*

Er nimmt an, daß auch im Äther das Zustandekommen eines elektrischen oder magnetischen Feldes von »Verschiebungen« der Fluida begleitet sei. Man braucht sich dabei den Äther nicht atomistisch konstituiert zu denken, aber der Maxwellsche Gedanke wird doch am klarsten, wenn man sich Äthermolekeln vorstellt, die genau wie die materiellen Molekeln im Felde zu Dipolen werden. Jedoch das Feld ist nicht die *Ursache* dieser Polarisation, sondern die Verschiebung ist das *Wesen* des Spannungszustandes, den man elektrisches Feld nennt; die Ketten von Äthermolekeln *sind* die Kraftlinien, und die Ladungen an den Leiteroberflächen *sind* nichts als die End-Ladungen dieser Ketten. Wenn außer den Ätherteilchen auch noch materielle Molekeln da sind, so verstärkt sich die Polarisation und die Ladungen an den Enden werden größer.

Sind nun Faradays und Maxwells Vorstellungen richtig, oder die der Fernwirkungstheorie?

Solange man sich im Umkreise der elektro- und magneto-statischen Erscheinungen bewegt, sind beide völlig äquivalent. Denn der mathematische Ausdruck von Faradays Gedanken ist das, was wir eine Pseudo-Nahwirkungstheorie genannt haben, weil sie zwar mit Differentialgleichungen operiert, aber keine endliche Fortpflanzungsgeschwindigkeit der Spannungen kennt. Aber Faraday und Maxwell selbst haben diejenigen Vorgänge aufgedeckt, die, analog den Trägheitswirkungen der Mechanik, die Verzögerung der Übertragung eines elektromagnetischen Zustandes von Stelle zu Stelle und damit die endliche Fortpflanzungsgeschwindigkeit bewirken. Das sind die magnetische Induktion und der Verschiebungsstrom.

6. Die magnetische Induktion.

Nachdem die Erzeugung eines Magnetfeldes durch einen elektrischen Strom von Oersted entdeckt, von Biot und Savart als Fernwirkung formuliert worden war, fand Ampère (1820), daß zwei galvanische Ströme aufeinander Kraftwirkungen ausüben, und es gelang ihm wiederum, das Gesetz dieser Erscheinung in der Sprache der Fernwirkungstheorie auszudrücken. Diese Entdeckung hatte weitgehende Konsequenzen, denn sie erlaubte, den Magnetismus auf die Elektrizität zurückzuführen. Nach Ampère sollen in den Molekeln magnetisierbarer Körper kleine, geschlossene Ströme fließen; er zeigte, daß solche sich genau wie Elementarmagnete verhalten. Dieser Gedanke hat sich durchaus bewährt; von jetzt an werden die magnetischen Fluida überflüssig, es gibt nur Elektrizität, die ruhend das elektrostatische, strömend überdies das magnetische Feld erzeugt. Die Ampèresche Entdeckung kann man auch so aussprechen: Ein vom Strome J_1 durchflossener Draht erzeugt nach Oersted in seiner Nachbarschaft ein Magnetfeld; ein zweiter Draht, in dem der Strom J_2 fließt, erfährt dann in diesem Magnetfelde Kraftwirkungen. Das Magnetfeld wirkt also offenbar auf fließende Elektrizität ablenkend oder beschleunigend ein.

Die magnetische Induktion.

Da liegt nun die Frage nahe: Kann das Magnetfeld nicht auch ruhende Elektrizität in Bewegung setzen? Kann es nicht in dem zweiten, ursprünglich stromlosen Drahte, eine Strömung erzeugen oder »induzieren?«

Diese Frage hat Faraday (1831) beantwortet. Er fand, daß ein statisches Magnetfeld nicht die Fähigkeit hat, einen Strom zu erzeugen; wohl aber entsteht ein Strom, sobald das Magnetfeld sich ändert. Wenn er z. B. an einen geschlossenen Leitungsdraht einen Magneten plötzlich annäherte, so floß in dem Drahte ein Strom, solange die Bewegung dauerte; oder wenn er das Magnetfeld durch einen primären Strom erzeugte, so entstand in dem zweiten, sekundären Drahte jedesmal ein kurzer Stromimpuls, sobald der erste Strom ein- oder ausgeschaltet wurde.

Daraus geht hervor, daß die induzierte elektrische Kraft von der zeitlichen Änderungsgeschwindigkeit des Magnetfeldes abhängt. Es gelang Faraday, mit Hilfe seiner Kraftlinien das quantitative Gesetz der Erscheinung zu formulieren. Wir wollen diesem eine solche Gestalt geben, daß seine Analogie zum Gesetze von Biot und Savart deutlich hervortritt. Wir denken uns ein Bündel paralleler, magnetischer Kraftlinien, die ein magnetisches Feld H bilden; um diese herum denken wir uns einen kreisförmigen Leitungsdraht gelegt (Abb. 90).

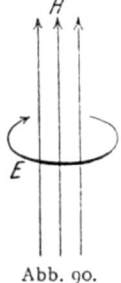

Abb. 90.

Wenn sich die Feldstärke H in der kleinen Zeit t um $\mathfrak{h}$ ändert, so nennen wir $\dfrac{\mathfrak{h}}{t}$ ihre Änderungsgeschwindigkeit oder die Änderung der Kraftlinienzahl. Stellen wir die Kraftlinien als Ketten magnetischer Dipole vor (was ja eigentlich nach Ampère nicht erlaubt ist), so wird bei der Änderung von H in jeder Äthermolekel eine Verschiebung der magnetischen Mengen stattfinden, oder ein »magnetischer Verschiebungsstrom«, dessen Stromstärke pro Flächeneinheit oder Stromdichte durch $j = \dfrac{\mathfrak{h}}{t}$ gegeben ist. Besteht das Feld H nicht im Äther, sondern in einer Substanz von der Permeabilität μ, so ist die Dichte des magnetischen Verschiebungsstromes $j = \mu \dfrac{\mathfrak{h}}{t}$. Durch den Querschnitt q, d. h. die Fläche des vom Leitungsdrahte gebildeten Kreises, tritt also der magnetische Strom $J = qj = q\mu \dfrac{\mathfrak{h}}{t}$.

Dieser erzeugt nun nach Faraday ringsherum ein elektrisches Feld E, das den magnetischen Strom genau so umschlingt, wie beim Oerstedschen Versuche das magnetische Feld H den elektrischen Strom, nur in entgegengesetzter Richtung. Dieses elektrische Feld E ist es, daß den induzierten Strom in dem Leitungsdrahte antreibt; es ist auch vorhanden, wenn gar kein Leitungsdraht da wäre, in dem ein Strom sich ausbilden kann.

Man sieht, daß die magnetische Induktion Faradays vollständig parallel ist zur elektromagnetischen Entdeckung Oersteds. Auch das quantitative

Gesetz ist genau dasselbe. Dort war nach Biot und Savart das von einem Stromelement der Länge l und der Stärke J erzeugte Magnetfeld H (vgl. Abb. 84, S. 126) in der auf dem Element senkrechten Mittelebene senkrecht auf der Verbindungslinie r und der Stromrichtung und hatte den Betrag $H = \dfrac{Jl}{cr^2}$ [Formel (55), S. 126].

Hier gilt genau dasselbe, wenn man elektrische und magnetische Größen vertauscht und zugleich den Drehsinn umkehrt (Abb. 91); die induzierte elektrische Feldstärke in der Mittelebene ist gegeben durch $E = \dfrac{Jl}{cr^2}$.

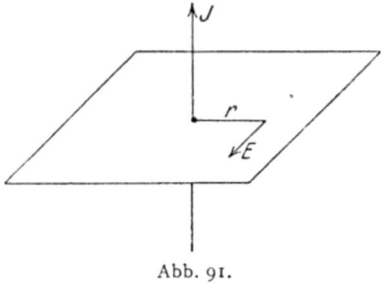

Abb. 91.

Dabei tritt dieselbe Konstante c auf, das Verhältnis der elektromagnetisch und elektrostatisch gemessenen Stromeinheit, die von Weber und Kohlrausch gleich der Lichtgeschwindigkeit gefunden worden ist. Daß das so sein muß, läßt sich übrigens auf Grund energetischer Betrachtungen einsehen.

Auf dem Induktionsgesetze beruht ein großer Teil der physikalischen und technischen Anwendungen der Elektrizität und des Magnetismus. Der Transformator, das Induktorium, die Dynamomaschine und unzählige andere Apparate und Maschinen sind Vorrichtungen, um durch wechselnde Magnetfelder elektrische Ströme zu induzieren. Aber so interessant diese Dinge auch sein mögen, so liegen sie nicht auf unserem Wege, der die Erforschung des Äthers im Zusammenhange mit dem Raumproblem zum Ziele hat. Wir wenden uns daher sogleich zur Darstellung der Maxwellschen Theorie, deren großes Ziel war, alle bekannten elektromagnetischen Erscheinungen zu einer einheitlichen Nahwirkungstheorie im Sinne Faradays zusammenzufassen.

7. Die Nahwirkungstheorie Maxwells.

Wir haben bereits oben gesagt, daß die Elektro- und Magnetostatik bald nach der Aufstellung des Coulombschen Gesetzes von den Mathematikern in die Gestalt einer Pseudo-Nahwirkungstheorie gebracht wurde. Maxwells Aufgabe war es nun, diese durch Verschmelzung mit den Vorstellungen Faradays so auszugestalten, daß sie auch die neuentdeckten Erscheinungen der dielektrischen und magnetischen Polarisierbarkeit, des Elektromagnetismus und der Magnetinduktion umfaßte.

Maxwell stellt an die Spitze seiner Lehre die schon oben erwähnte Vorstellung, daß ein elektrisches Feld E stets von einer elektrischen Verschiebung εE begleitet sei, nicht nur in der Materie, wo ε größer als 1 ist, sondern auch im Äther, wo $\varepsilon = 1$ ist. Wir haben oben dargelegt, wie man sich diese Verschiebung durch Trennung und Strömung der elektrischen Fluida in den Molekeln anschaulich machen kann.

Das erste, was Maxwell nun feststellt, ist die Tatsache, daß auf Grund der Verschiebungsvorstellung das Coulombsche Gesetz im Grunde nichts ist, als eine Folgerung des Satzes von der Unzerstörbarkeit der Elektrizität.

Wir denken uns eine Metallkugel in einem Medium der Dielektrizitätskonstante ε eingebettet (Abb. 92). In diesem konstruieren wir eine Kugel vom Radius 1 und eine zweite vom Radius r. Jetzt werde die Metallkugel mit der Elektrizitätsmenge $+e$ geladen. Nach Maxwell muß dann in jeder Molekel des Dielektrikums eine Verschiebung der positiven Elektrizität nach außen erfolgen, damit die in einem beliebigen Volumen enthaltene Elektrizitätsmenge konstant bleibt. Nun soll die Menge der durch die Oberfläche einer Kugel vom Radius 1 verschobenen Elektrizität nach

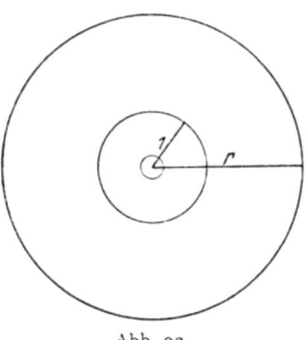

Abb. 92.

Maxwell durch εE gemessen werden. Durch jede konzentrische Kugel wird dieselbe Elektrizitätsmenge durchtreten, weil ja sonst im Dielektrikum eine Anhäufung von Ladungen eintreten würde. Da sich nun die Oberflächen zweier Kugeln verhalten wie die Quadrate der Radien, so tritt durch die Kugel vom Radius r die Elektrizitätsmenge $r^2 \varepsilon E$ hindurch.

Diese muß nun auch genau gleich der Ladung e der Metallkugel sein, an der die Verschiebung ihr Ende findet; also gilt $r^2 \varepsilon E = e$, oder:

$$E = \frac{e}{\varepsilon r^2}.$$

Das ist aber das Coulombsche Gesetz in der verallgemeinerten Form (56), S. 129; E ist die von der Ladung e auf die Einheitsladung im Abstande r ausgeübte Kraft.

Handelt es sich nicht um Kugeln, sondern um beliebige, geladene Körper, so bleibt doch der Grundgedanke Maxwells derselbe: Das Feld ist durch die Bedingung bestimmt, daß die Verschiebung εE der Elektrizität im Dielektrikum nach außen oder die »Divergenz« von εE (div εE) durch irgendeine beliebig kleine geschlossene Fläche gerade die im Innern der Fläche auftretenden Ladungen kompensiert. Indem wir die Ladung pro Volumeneinheit oder *Ladungsdichte der Elektrizität* mit ϱ bezeichnen, schreiben wir symbolisch

(58) $$\mathrm{div}\ \varepsilon E = \varrho.$$

Dies soll uns nur eine Gedächtnishilfe für das eben formulierte Gesetz sein. Maxwell aber zeigte, daß man für den Begriff der Divergenz einen bestimmten Differentialausdruck ableiten kann; daher bedeutet die Formel (58) dem Mathematiker eine Differentialgleichung, ein Nahwirkungsgesetz.

Genau dieselben Überlegungen gelten für den Magnetismus mit einem wichtigen Unterschiede: nach Ampère soll es gar keine eigentlichen Magnete, keine magnetischen Mengen geben, sondern nur Elektromagnete. Das magnetische Feld soll immer durch elektrische Ströme erzeugt sein, sei es durch Leitungsströme in Drähten, sei es durch molekulare Ströme in den Molekeln. Daraus folgt, daß die magnetischen Kraftlinien niemals endigen, also entweder in sich zurücklaufen oder sich ins Unendliche verlieren. Bei einem Elektromagneten, einer stromdurchflossenen Spule (Abb. 93), ist das der Fall; die magnetischen Kraftlinien gehen geradlinig durch das Innere der Spule, zum Teil schließen sie sich außen, zum Teil verlaufen sie ins Unendliche. Denkt man sich die Spule durch zwei Ebenen A, B abgeschlossen, so wird gerade so viel »magnetische Verschiebung« μH durch A eintreten, wie durch B aus-

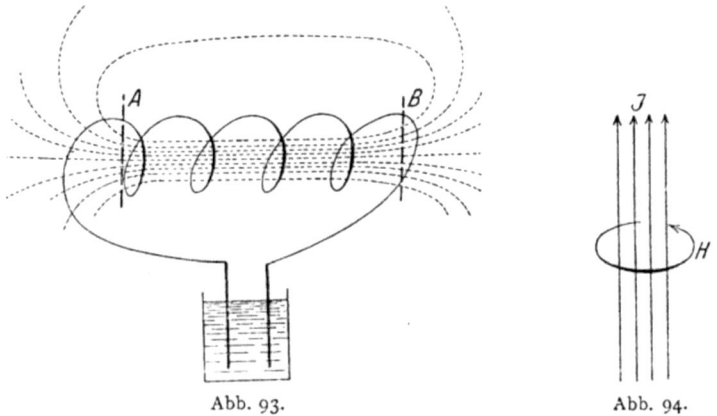

Abb. 93.   Abb. 94.

tritt; übrigens sagt man, da hier das Verschiebungsbild schlecht paßt statt Verschiebung gewöhnlich »magnetische Induktion«. Durch irgendeine geschlossene Fläche werden immer ebenso viele Kraftlinien ein- wie austreten; oder, die gesamte »Divergenz« des Magnetismus durch eine beliebige geschlossene Fläche ist Null:

(59) $$\operatorname{div} \mu H = 0.$$

Das ist die Maxwellsche Nahwirkungsformel des Magnetismus.

Wir kommen jetzt zum Biot-Savartschen Gesetze des Elektromagnetismus Um dieses in ein Nahwirkungsgesetz zu verwandeln, denken wir uns der elektrischen Strom nicht in einem dünnen Drahte, sondern gleichförmig mit der Dichte $i = \dfrac{J}{q}$ über einen kreisförmigen Querschnitt q verteilt und fragen nach der magnetischen Feldstärke H am Rande des Querschnitts (Abb. 94). Dann ist diese nach Biot und Savart überall in der Richtung der Tangente an den Kreis und hat nach Formel (55), S. 126

den Betrag $H = \dfrac{Jl}{cr^2}$, wo r der Radius des Kreises, l die Länge des Stromelements ist. Nun ist der Querschnitt, die Kreisfläche, gleich πr^2, also kann man die Formel (55) schreiben $\dfrac{cH}{\pi l} = \dfrac{J}{\pi r^2} = \dfrac{J}{q} = i$, und das gilt für beliebig kleinen Querschnitt und für beliebig kleine Länge l. Links steht also eine gewisse Differentialgröße des Magnetfeldes, und das Gesetz besagt, daß diese der Stromdichte proportional ist. Die genaue mathematische Untersuchung dieser Differentialbildung können wir hier nicht durchführen; sie muß nicht nur die Größe, sondern auch die Richtung des Magnetfeldes berücksichtigen, und da dieses sich rotatorisch um die Stromrichtung herumwindet, heißt die Differentialoperation »Rotation« des Feldes H (rot H). Daher schreiben wir symbolisch

(60) $c \operatorname{rot} H = i$

und fassen diese Formel wieder nur als Gedächtnishilfe auf für den Zusammenhang von Richtung und Größe des Magnetfeldes H mit der Stromdichte i. Für den Mathematiker aber ist es eine Differentialgleichung von ähnlicher Art, wie das Gesetz (58).

Ganz genau dasselbe gilt nun für die Magnetinduktion, nur wollen wir das entgegengesetzte Vorzeichen schreiben, um den umgekehrten Drehsinn anzudeuten:

(61) $c \operatorname{rot} E = -j$.

Die vier symbolischen Formeln (58) bis (61) haben eine wunderbare Symmetrie. Eine solche formale Schönheit ist keineswegs gleichgültig; sie enthüllt die Einfachheit des Naturgeschehens, das durch die Begrenztheit unserer Sinne der direkten Anschauung verborgen bleibt und sich nur dem zergliedernden Verstande offenbart.

8. Der Verschiebungsstrom.

Diese Symmetrie ist aber noch nicht vollkommen; denn i bedeutet die Dichte des elektrischen Leitungsstromes, also einen Transport elektrischer Ladungen über endliche Entfernungen, j aber ist die zeitliche Änderung des Magnetfeldes und läßt sich nur auf Grund der recht künstlichen Hypothese der Ätherdipole als Verschiebungsstrom deuten. Maxwell bemerkte nun (1864), daß, was dem magnetischen Felde recht, dem elektrischen billig sei. Die Vorstellung der Dipole zwingt dazu, auch einen *dielektrischen Verschiebungsstrom* anzunehmen, der in Nichtleitern fließt, wenn das elektrische Feld E sich ändert; ist e die Änderung von E in der Zeit t, so ist die Dichte des dielektrischen Verschiebungsstroms gleich $\varepsilon \dfrac{e}{t}$ zu setzen.

Diese Maxwellsche Theorie, die in unserer Darstellung fast trivial anmutet, ist von größter Bedeutung, denn sie wurde der Schlüssel zur elektromagnetischen Lichttheorie. Wir wollen uns ihren Sinn an einem konkreten Falle klar machen. Die Pole einer galvanischen Zelle seien durch zwei Drähte mit den Platten eines Kondensators verbunden; in einer der beiden Drahtverbindungen sei ein Stromschlüssel (Abb. 95). Schließt man diesen, so fließt ein kurzer Strom, der die beiden Kondensatorplatten auflädt; dabei entsteht zwischen diesen ein elektrisches Feld E.

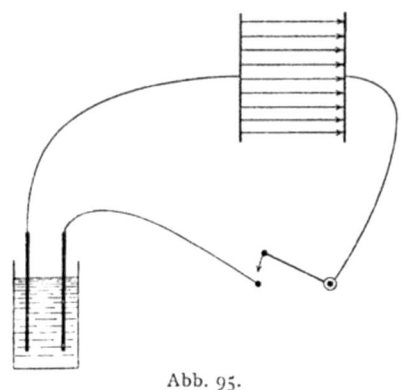

Abb. 95.

Vor Maxwell faßte man diesen Vorgang als »offenen Strom« auf; Maxwell aber sagt, daß während des Anwachsens des Feldes E zwischen den Kondensatorplatten ein Verschiebungsstrom fließt, der den Leitungsstrom zu einem geschlossenen ergänzt. Sobald die Kondensatorplatten aufgeladen sind, hören beide Ströme, Leitungs- und Verschiebungsstrom, auf.

Das wesentliche ist nun, daß Maxwell behauptet, der Verschiebungsstrom erzeuge genau so, wie der Leitungsstrom, ein Magnetfeld nach dem Biot-Savartschen Gesetze. Daß das wirklich so ist, haben nicht nur die Erfolge der Maxwellschen Theorie durch richtige Vorhersage zahlreicher Erscheinungen bewiesen, sondern es ist später auch direkt experimentell bestätigt worden.

In einem Halbleiter werden Leitungs- und Verschiebungsstrom zugleich vorhanden sein. Für den ersteren gilt das Ohmsche Gesetz (53), S. 125, $i = \sigma E$, für den letzteren das Maxwellsche $i = \dfrac{\varepsilon e}{t}$; wenn beide zugleich da sind, wird also $i = \varepsilon \dfrac{e}{t} + \sigma E$ sein. Für den Magnetismus gibt es aber keinen Leitungsstrom, es ist immer $j = \mu \dfrac{\mathfrak{h}}{t}$. Setzt man das in unsere symbolischen Gleichungen (58) bis (61) ein, so lauten sie:

(62)
$$\begin{cases} \text{a) } \operatorname{div} \varepsilon E = \varrho, & \text{c) } c\operatorname{rot} H - \varepsilon \dfrac{e}{t} = \sigma E, \\ \text{b) } \operatorname{div} \mu H = 0, & \text{d) } c\operatorname{rot} E + \mu \dfrac{\mathfrak{h}}{t} = 0. \end{cases}$$

Das sind *die Maxwellschen Gesetze*, die die Grundlage aller elektromagnetischen und optischen Theorien bis auf unsere Zeit geblieben sind. Für den Mathematiker sind sie ganz bestimmte Differentialgleichungen. Uns sind sie kurze Gedächtnisregeln, die besagen:

a) Wo elektrische Ladung auftritt, entsteht ein elektrisches Feld von solcher Art, daß in jedem Volumen die Ladung durch die Verschiebung gerade kompensiert wird.
b) Durch jede geschlossene Fläche tritt ebensoviel magnetische Verschiebung ein wie aus.
c) Um einen elektrischen Strom, sei es Leitungs- oder Verschiebungsstrom, windet sich ein magnetisches Feld.
d) Um einen magnetischen Verschiebungsstrom windet sich ein elektrisches Feld im umgekehrten Sinne.

Die Maxwellschen »*Feldgleichungen*«, wie man sie nennt, sind eine echte Nahwirkungstheorie; denn sie liefern, wie wir sogleich sehen werden, eine endliche Fortpflanzungsgeschwindigkeit der elektromagnetischen Kräfte.

Zur Zeit, da sie aufgestellt wurden, war aber der Glaube an unmittelbare Fernwirkung nach dem Schema der Newtonschen Attraktion noch so eingewurzelt, daß es eine beträchtliche Zeit dauerte, bis sie sich durchsetzen konnten. Denn auch die Fernwirkungstheorie hatte es verstanden, die Induktionserscheinungen mit Formeln zu meistern. Dazu mußte man annehmen, daß bewegte Ladungen außer der Coulombschen Anziehung noch besondere Fernwirkungen ausüben, die von der Größe und Richtung der Geschwindigkeit abhängen. Die ersten Ansätze dieser Art stammen von Neumann (1845). Besonders berühmt ist das Gesetz, das Wilhelm Weber (1846) aufgestellt hat; ähnliche Formeln haben Riemann (1858) und Clausius (1877) angegeben. Alle diese Theorien haben gemeinsam, daß sämtliche elektrischen und magnetischen Wirkungen durch Kräfte zwischen elektrischen Elementarladungen oder, wie man heute sagt, »Elektronen« erklärt werden sollen; es handelt sich also um Vorläufer der heutigen Elektronentheorie, wobei allerdings ein wesentlicher Umstand noch fehlt: die endliche Ausbreitungsgeschwindigkeit der Kräfte. Diese Fernwirkungstheorien der Elektrodynamik lieferten eine vollständige Erklärung der bei geschlossenen Leitungsströmen auftretenden bewegenden Kräfte und Induktionsströme. Aber bei »offenen« Leitungen, d. h. Kondensatorladungen und -entladungen, mußten sie versagen; denn dabei kommt der Verschiebungsstrom ins Spiel, von dem die Fernwirkungstheorien nichts wissen. Helmholtz hat sich besonders darum verdient gemacht, durch geeignete Versuchsanordnungen eine Entscheidung zwischen der Fern- und der Nahwirkungstheorie herbeizuführen. Das ist ihm auch bis zu einem gewissen Grade gelungen, und er selber wurde einer der eifrigsten Vorkämpfer der Maxwellschen Theorie. Aber erst sein Schüler Hertz verhalf ihr durch die Entdeckung der elektromagnetischen Wellen zum Siege.

9. Die elektromagnetische Lichttheorie.

Wir haben schon oben (V, 4, S. 127) von dem Eindruck gesprochen, den die von Weber und Kohlrausch festgestellte Übereinstimmung der elektromagnetischen Konstanten c mit der Lichtgeschwindigkeit auf die Forscher jener Zeit machte. Es gab aber noch andere Hinweise dafür, daß eine enge Beziehung zwischen dem Licht und den elektromagnetischen Vorgängen bestehen müsse. Am eindringlichsten zeigt das die Entdeckung Faradays (1834), daß ein polarisierter Lichtstrahl, der einen magnetisierten Körper passiert, von diesem beeinflußt wird; wenn der Strahl parallel zu den magnetischen Kraftlinien verläuft, wird seine Polarisationsebene gedreht. Faraday selbst schloß daraus, daß der Lichtäther und der Träger der elektromagnetischen Kraftlinien identisch sein müßten. Obwohl er nicht Mathematiker genug war, um seine Vorstellungen in quantitative Gesetze und Formeln umzusetzen, so war doch seine Gedankenwelt von der abstraktesten Art und nicht im geringsten an die engen Schranken der trivialen Anschauung gebunden, die das Gewohnte für das Bekannte nimmt. Faradays Äther war kein elastisches Medium, er bekam seine Eigenschaften nicht aus Analogien der *scheinbar* bekannten materiellen Welt, sondern aus exakten Experimenten und den daraus entspringenden, *wirklich* bekannten Zusammenhängen. Maxwell hat Faradays Werk fortgesetzt; seine Begabung war der Faradays ähnlich, dazu kam aber eine vollkommene Beherrschung der mathematischen Hilfsmittel seiner Zeit.

Wir wollen uns jetzt klar machen, daß aus Maxwells Feldgesetzen (62) die Fortpflanzung elektromagnetischer Kräfte mit endlicher Geschwindigkeit hervorgeht. Dabei beschränken wir uns auf Vorgänge im Vakuum oder Äther; dieser hat keine Leitfähigkeit, $\sigma = 0$, keine wahren Ladungen, $\varrho = 0$, und seine Dielektrizitätskonstante und Permeabilität sind gleich 1, $\varepsilon = 1$, $\mu = 1$. Dann besagen die beiden ersten Feldgleichungen (62)

(63) $\qquad \operatorname{div} E = 0, \qquad \operatorname{div} H = 0,$

daß alle Kraftlinien geschlossen sind oder ins Unendliche verlaufen. Wir wollen, um ein wenn auch rohes Bild der Vorgänge zu erhalten, uns einzelne, geschlossene Kraftlinien vorstellen.

Die beiden andern Feldgleichungen lauten dann:

(64) $\qquad \dfrac{\mathfrak{e}}{t} = c \operatorname{rot} H, \qquad \dfrac{\mathfrak{h}}{t} = - c \operatorname{rot} E.$

Nun nehmen wir an, daß irgendwo in einem begrenzten Raume ein elektrisches Feld E herrscht, das sich in der kleinen Zeit t um $\mathfrak{e}$ ändert; dann ist $\dfrac{\mathfrak{e}}{t}$ seine Änderungsgeschwindigkeit. Nach der ersten Gleichung schlingt sich um dieses Feld sogleich ein Magnetfeld, das der Änderungsgeschwindigkeit $\dfrac{\mathfrak{e}}{t}$ proportional ist; auch dieses wird sich zeitlich ändern, während eines folgenden kleinen Zeitabschnittes t um $\mathfrak{h}$. Seine Änderungsgeschwindigkeit $\dfrac{\mathfrak{h}}{t}$ induziert sogleich nach der zweiten Gleichung ein umschlingendes elektrisches Feld. Im nächsten kleinen Zeitabschnitt erzeugt dieses wieder nach der ersten Gleichung ein umschlingendes Magnetfeld, und so setzt sich der Prozeß kettenartig mit endlicher Geschwindigkeit fort (Abb. 96). Natürlich ist das nur eine sehr rohe Beschreibung des in Wirklichkeit kontinuierlichen, nach allen Seiten sich ausbreitenden Vorganges; wir werden nachher ein besseres Bild entwerfen.

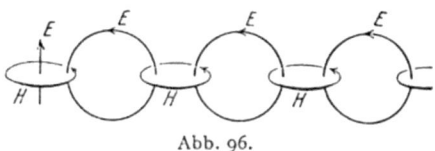

Abb. 96.

Was uns hier besonders interessiert ist dies: Wir wissen aus der Mechanik, daß das Zustandekommen einer endlichen Fortpflanzungsgeschwindigkeit elastischer Wellen auf den Verzögerungen beruht, die infolge der Massenträgheit bei der Weitergabe der Kräfte von Punkt zu Punkt des Körpers eintreten. Die Massenträgheit aber wird durch die Beschleunigung bestimmt, und diese ist die Änderungsgeschwindigkeit der Geschwindigkeit; es ist $b = \dfrac{w}{t}$, wo w die Änderung der Geschwindigkeit $v = \dfrac{x}{t}$ in der kleinen Zeit t ist. Die Verzögerung beruht also durchaus auf der *zweifachen* Differentiation.

Genau dasselbe ist nun hier der Fall; zunächst bestimmt die Änderungsgeschwindigkeit des elektrischen Feldes $\dfrac{e}{t}$ das Magnetfeld H, dann dessen Änderungsgeschwindigkeit $\dfrac{\mathfrak{h}}{t}$ das elektrische Feld E an einer Nachbarstelle. Das Fortschreiten des elektrischen Feldes für sich von Stelle zu Stelle wird somit durch zwei zeitliche Differentiationen bedingt, also durch eine der Beschleunigung ganz analoge Bildung. Hierauf allein beruht die Existenz elektromagnetischer Wellen. Würde eine der beiden Teilwirkungen zeitlos verlaufen, so würde keine wellenartige Ausbreitung der elektrischen Kraft zustande kommen. Hier sieht man die Wichtigkeit des Maxwellschen Verschiebungsstroms, denn dieser ist gerade die Änderungsgeschwindigkeit $\dfrac{e}{t}$ des elektrischen Feldes.

Wir geben nun noch ein Bild der Fortpflanzung einer elektromagnetischen Welle, das der Wirklichkeit etwas näher kommt. Zwei Metallkugeln mögen starke, entgegengesetzt gleiche Ladungen $+e$ und $-e$ tragen, so daß ein starkes elektrisches Feld zwischen ihnen besteht. Nun möge ein Funke zwischen den Kugeln überschlagen; dann gleichen sich die Ladungen aus, das Feld bricht zusammen mit großer Änderungsgeschwindigkeit $\dfrac{e}{t}$. Die Figur zeigt, wie sich dann abwechselnd magnetische und elektrische Kraftlinien umeinander schlingen (Abb. 97); dabei sind die magnetischen Kraftlinien nur in der Mittelebene zwischen den Kugeln, die elektrischen in der darauf senkrechten Papierebene gezeichnet; die ganze Figur ist natürlich rotationssymmetrisch um die Verbindungslinie der Kugeln zu denken. Jede folgende Kraftlinienschlinge ist schwächer als die vorhergehende, weil sie weiter nach außen liegt und einen größeren Umfang hat; daher hebt der innere Teil einer Schlinge elektrischer Kraft den äußeren Teil der vorhergehenden nicht ganz auf, zumal er etwas verspätet in Wirksamkeit tritt.

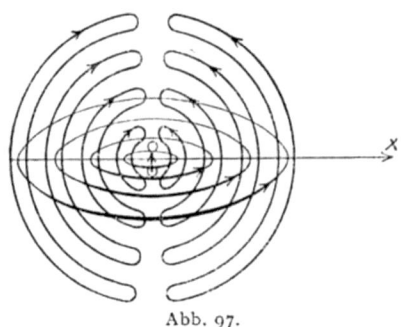

Abb. 97.

Verfolgt man den Vorgang längs einer Geraden, die auf der Verbindungslinie der Kugelmitten senkrecht steht, etwa längs der x-Achse, so sieht man, daß auf dieser die elektrischen und magnetischen Kräfte immer senkrecht stehen; überdies stehen sie aufeinander senkrecht. Dasselbe gilt übrigens für jede Fortpflanzungsrichtung. Die elektromagnetische Welle ist also streng transversal; ferner ist sie polarisiert, doch hat man noch die Wahl, ob man die elektrische oder die magnetische Feldstärke als maßgebend für die Schwingung ansehen will.

Daß die Geschwindigkeit der Fortpflanzung gerade gleich der in den Formeln vorkommenden Konstanten c wird, können wir hier nicht beweisen; es ist aber wohl an sich plausibel, denn wir wissen, daß c die Dimension einer Geschwindigkeit hat. Da ferner nach Weber und Kohlrausch die Größe von c gleich der Lichtgeschwindigkeit ist, so durfte Maxwell schließen, daß *die Lichtwellen nichts seien als elektromagnetische Wellen.*

Von den Folgerungen, die Maxwell zog, wurde eine bald in gewissem Umfange experimentell bestätigt. Er berechnete nämlich die Lichtgeschwindigkeit c_1 in einem nicht merklich magnetisierbaren Nichtleiter ($\mu = 1$, $\sigma = 0$); diese kann dann außer von c nur noch von der Dielektrizitätskonstante ε abhängen, denn diese ist für $\mu = 1$, $\sigma = 0$ die einzige in den Formeln (62) vorkommende Konstante. Maxwell fand $c_1 = \dfrac{c}{\sqrt{\varepsilon}}$; daraus ergibt sich für den Brechungsindex $n = \dfrac{c}{c_1} = \sqrt{\varepsilon}$.

Man müßte also die Brechbarkeit des Lichtes durch die aus rein elektrischen Messungen bekannte Dielektrizitätskonstante bestimmen können. Für einige Gase, z. B. Wasserstoff, Kohlenoxyd, Luft, ist das auch tatsächlich der Fall, wie L. Boltzmann (1874) gezeigt hat; für andere Substanzen ist die Maxwellsche Relation $n = \sqrt{\varepsilon}$ nicht richtig, dann ist aber jedesmal der Brechungsindex nicht konstant, sondern von der

Farbe (Schwingungszahl) des Lichtes abhängig. Hier tritt also die *Farbenzerstreuung* oder *Dispersion* des Lichtes störend dazwischen; wir werden auf diese nachher vom Standpunkte der Elektronentheorie zurückkommen. Jedenfalls ist klar, daß die statisch gemessene Dielektrizitätskonstante um so besser mit dem Quadrate des Brechungsindex stimmen wird, je langsamer die Schwingungen, oder je länger die Wellen des benutzten Lichtes sind; unendlich langsame Schwingungen sind ja mit einem statischen Zustande identisch. Die neuere Erforschung des langwelligsten Gebietes der Licht- und Wärmestrahlen durch Rubens hat eine vollständige Bestätigung der Maxwellschen Formel gebracht.

Was nun die mehr geometrischen Gesetze der Optik anbelangt, Reflexion und Brechung, Doppelbrechung und Polarisation in Kristallen usw., so verschwinden in der elektromagnetischen Lichttheorie alle die Schwierigkeiten, die für die Theorien vom elastischen Äther schier unüberwindlich waren. Dort war es vor allem die Existenz longitudinaler Wellen, die beim Durchgang des Lichtes durch die Grenzfläche zwischen zwei Medien zum Vorschein kamen und nur durch ganz unwahrscheinliche Hypothesen über die Konstitution des Äthers beseitigt werden konnten. Die elektromagnetischen Wellen sind immer streng transversal. Damit fällt diese Schwierigkeit fort. Formal ist die Maxwellsche Theorie mit der Äthertheorie von Mac Cullagh nahezu identisch, die wir oben (IV, 6, S. 91) erwähnt haben; man kann ohne neue Rechnung die meisten Folgerungen übertragen.

Wir können auf die weitere Entwicklung der Elektrodynamik nicht näher eingehen. Das Band zwischen Licht und Elektromagnetismus wurde immer enger. Immer mehr Erscheinungen wurden entdeckt, die einen Einfluß elektrischer und magnetischer Felder auf das Licht anzeigten. Alles fügte sich den Maxwellschen Gesetzen, deren Sicherheit ständig wuchs.

Aber den schlagenden Beweis für die Einheit der Optik mit der Elektrodynamik erbrachte Heinrich Hertz (1888), indem er die endliche Ausbreitungsgeschwindigkeit der elektromagnetischen Kraft nachwies und elektromagnetische Wellen wirklich herstellte. Er ließ zwischen zwei geladenen Kugeln Funken überspringen und erzeugte dadurch Wellen, wie sie unsere Abbildung (Abb. 97) darstellt. Wenn sie auf einen kreisförmigen Draht trafen, der eine kleine Lücke hatte, so riefen sie in diesem Ströme hervor, die durch kleine Fünkchen an der Lücke beobachtet werden konnten. Es gelang Hertz diese Wellen zu spiegeln und zur Interferenz zu bringen; dadurch konnte er ihre Wellenlänge messen und ihre Geschwindigkeit berechnen, die sich genau gleich der des Lichtes c ergab. Damit war Maxwells Hypothese unmittelbar bestätigt. Heute laufen die Hertzschen Wellen der großen Stationen für drahtlose Telegraphie ständig über die Erde und legen Zeugnis ab für die beiden großen Forscher Maxwell und Hertz, von denen der eine ihre Existenz vorhergesagt, der andere sie wirklich hergestellt hat.

10. Der elektromagnetische Äther.

Von nun an gibt es nur noch *einen* Äther als Träger der Gesamtheit aller elektrischen, magnetischen, optischen Erscheinungen. Wir kennen seine Gesetze, Maxwells Feldgleichungen, aber wir wissen wenig über seine Konstitution. Was ist es eigentlich, worin die elektromagnetischen Felder bestehen und was in den Lichtwellen Schwingungen ausführt?

Wir erinnern uns, daß Maxwell den Begriff der Verschiebung seinen Betrachtungen zugrunde gelegt hat, und wir haben diesen anschaulich so gedeutet, daß in den kleinsten Teilen oder Molekeln des Äthers gerade so wie in den Molekeln der Materie eine wirkliche Verschiebung und Scheidung der elektrischen (oder magnetischen) Fluida eintritt. Diese Vorstellung ist, soweit sie den Vorgang der elektrischen Polarisation der *Materie* anbetrifft, sehr gut begründet und wird auch von der neueren Ausgestaltung der Maxwellschen Lehre, der Elektronentheorie, übernommen; denn daß die Materie molekular konstituiert ist, und daß jede Molekel verschiebbare Ladungen trägt, ist durch zahllose Erfahrungen sichergestellt. Aber für den freien Äther ist das keineswegs so; hier ist der Maxwellsche Begriff der Verschiebung rein hypothetisch und hat nur den Wert, die abstrakten Gesetze des Feldes zu veranschaulichen.

Diese Gesetze besagen, daß mit jeder zeitlich veränderlichen Verschiebung die Entstehung eines elektromagnetischen Kraftfeldes ringsumher verknüpft ist. Kann man sich von diesem Zusammenhange ein mechanisches Bild machen?

Maxwell selbst hat mechanische Modelle für die Konstitution des Äthers angegeben und sie heuristisch erfolgreich verwendet. Besonders erfinderisch in dieser Richtung war William Thomson (Lord Kelvin), der unablässig bemüht war, die elektromagnetischen Erscheinungen als Wirkungen verborgener mechanischer Bewegungen und Kräfte zu verstehen.

Der rotatorische Charakter des Zusammenhanges zwischen elektrischem Strom und magnetischem Felde und umgekehrt legt es nahe, den elektrischen Zustand des Äthers als lineare Verschiebung, den magnetischen als Drehung um eine Achse aufzufassen, oder umgekehrt.

Man kommt so auf Vorstellungen, die Mac Cullaghs Äthertheorie verwandt sind; bei dieser sollte der Äther nicht elastische Widerstände gegen Verzerrungen im gewöhnlichen Sinne entwickeln, sondern Widerstände gegen die absolute Rotation seiner Volumenelemente. Es würde uns viel zu weit führen, die zahlreichen, oft sehr phantastischen Hypothesen über die Konstitution des Äthers aufzuzählen.

Wollte man sie wörtlich nehmen, so wäre der Äther eine fürchterliche Maschinerie von unsichtbaren Zahnrädern, Kreiseln und Getrieben, die in der verwickeltsten Weise ineinandergreifen, und von all dem Wust wäre nichts zu merken als einige relativ einfache Kräfte, die als elektromagnetisches Feld in Erscheinung treten.

Es gibt auch feinere, oft sehr geistreiche Theorien, bei denen der Äther eine Flüssigkeit ist, deren Strömungsgeschwindigkeit etwa das elektrische, deren Wirbel das magnetische Feld darstellen. Bjerknes hat eine Theorie entworfen, bei der die elektrischen Ladungen als pulsierende Kugeln in der Ätherflüssigkeit vorgestellt werden, und er hat gezeigt, daß solche Kugeln Kräfte aufeinander ausüben, die mit den elektromagnetischen eine beträchtliche Ähnlichkeit zeigen.

Fragen wir nun nach dem Sinn und Wert solcher Theorien, so ist zu ihren Gunsten anzuführen, daß sie, wenn auch selten genug, zu neuen Experimenten und zur Entdeckung neuer Erscheinungen angeregt haben. Noch öfters allerdings sind große und mühevolle Experimentalforschungen angestellt worden, um zwischen zwei Äthertheorien zu entscheiden, die beide gleich unwahrscheinlich und phantastisch waren; auf diese Weise ist viel Arbeit sinnlos aufgewendet worden. Auch heute noch gibt es einige Leute, die die mechanische Erklärung des elektromagnetischen Äthers für eine Forderung der Vernunft ansehen; immer wieder tauchen solche Theorien auf, die naturgemäß immer abstruser werden, da die Fülle der zu erklärenden Tatsachen und damit die Schwierigkeit der Aufgabe dauernd wächst.

Heinrich Hertz hat sich von allen mechanistischen Spekulationen bewußt abgewandt. Wir zitieren seine Worte: »Das Innere aller Körper, den freien Äther eingeschlossen, kann von der Ruhe aus Störungen erfahren, welche wir als elektrische, und andere Störungen, welche wir als magnetische bezeichnen. Das Wesen dieser Zustandsänderungen kennen wir nicht, sondern nur die Erscheinungen, welche ihr Vorhandensein hervorruft.« Dieser klare Verzicht auf mechanische Erklärung ist methodisch von größter Wichtigkeit. Er öffnet den Weg für die großen Fortschritte, die durch Einsteins Arbeiten erreicht worden sind. Die mechanischen Eigenschaften fester und flüssiger Körper sind uns aus Erfahrung bekannt; aber diese Erfahrung betrifft nur ihr Verhalten im Groben. Es kann wohl sein und wird durch die neuere Molekularforschung bekräftigt, daß diese sichtbaren, groben Eigenschaften eine Art Schein sind, vorgetäuscht durch die Plumpheit der Beobachtungsmethoden, während die tatsächlichen Vorgänge zwischen den kleinsten Bausteinen, den Atomen, Molekeln und Elektronen, nach ganz andern Gesetzen vor sich gehen. Darum ist es ein naives Vorurteil, jedes kontinuierliche Medium wie der Äther müßte sich verhalten, wie die scheinbar kontinuierlichen Flüssigkeiten und Festkörper der uns mit den groben Sinnen zugänglichen Welt. Die Eigenschaften des Äthers müssen durch das Studium der in ihm ablaufenden Vorgänge unabhängig von allen sonstigen Erfahrungen festgestellt werden. Das Resultat dieser Forschungen kann man so aussprechen: Der Zustand des Äthers läßt sich durch zwei gerichtete Größen beschreiben, die die Namen elektrische und magnetische Feldstärke, E und H, führen und deren räumliche und zeitliche Änderungen durch die Maxwellschen Gleichungen verknüpft sind; unter gewissen Umständen sind durch den Ätherzustand mechanische, thermische, chemische Wirkungen auf die Materie bedingt, die zur Beobachtung gelangen können.

Alles, was über diese Aussagen hinausgeht, ist überflüssige Hypothese, Phantasie. Man kann einwenden, daß eine solche abstrakte Auffassung die Erfindungskraft des Forschers unterbindet, die durch anschauliche Bilder und Analogien angeregt wird. Aber das Beispiel von Hertz selbst widerlegt diese Meinung, denn selten war einem Physiker eine solche experimentelle Gestaltungskraft eigen wie ihm, der als Theoretiker nur die reinste Abstraktion gelten ließ.

11. Hertz' Theorie der bewegten Körper.

Wichtiger als das Scheinproblem der mechanischen Deutung der Äthervorgänge ist die Frage nach dem Einflusse der Bewegungen der Körper, zu denen auch der Äther außerhalb der Materie zu rechnen ist, auf die elektromagnetischen Erscheinungen. Wir kommen damit von einem allgemeineren Standpunkte zu den Untersuchungen zurück, die wir früher (IV, 7—11) über die Optik bewegter Körper angestellt haben. Die Optik ist jetzt ein Teilgebiet der Elektrodynamik, der Lichtäther mit dem elektromagnetischen Äther identisch. Alle Schlüsse, die wir dort aus den optischen Beobachtungen auf das Verhalten des Lichtäthers gezogen haben, müssen ihre Geltung behalten, da sie offenbar von dem Mechanismus der Lichtschwingungen ganz unabhängig sind; unsere Untersuchung betraf ja nur die geometrischen Merkmale einer Lichtwelle: Schwingungszahl (Dopplerscher Effekt), Geschwindigkeit (Mitführung) und Fortpflanzungsrichtung (Aberration).

Wir haben gesehen, daß bis zur Zeit der Entwicklung der elektromagnetischen Lichttheorie nur Größen 1. Ordnung bezüglich $\beta = \dfrac{v}{c}$ der Messung zugänglich waren. Und das Resultat dieser Beobachtungen ließ sich kurz als das »optische Relativitätsprinzip« so aussprechen: Die optischen Vorgänge hängen nur von den relativen Bewegungen der beteiligten, Licht aussendenden, übermittelnden, empfangenden materiellen Körper ab; in einem translatorisch bewegten Bezugsysteme laufen alle inneren optischen Vorgänge so ab, als wenn es im Äther ruhte.

Zur Erklärung dieser Tatsache lagen zwei Theorien vor; die eine von Stokes nahm an, daß der Äther innerhalb der Materie von dieser vollständig mitgeführt werde, die zweite von Fresnel dagegen begnügte sich mit einer teilweisen Mitführung, deren Betrag sie aus den Experimenten ableiten konnte. Wir haben gesehen, daß die Stokessche Theorie bei konsequenter Durchführung in Schwierigkeiten gerät, die Fresnelsche aber alle Erscheinungen befriedigend darstellt.

In der elektromagnetischen Theorie sind genau dieselben beiden Standpunkte möglich: entweder vollständige Mitführung nach Stokes, oder teilweise nach Fresnel. Es fragt sich, ob sich aus rein elektromagnetischen Beobachtungen eine Entscheidung zwischen beiden Hypothesen gewinnen läßt.

Die Hypothese der vollständigen Mitführung hat zuerst Hertz systematisch auf die Maxwellschen Feldgleichungen übertragen. Er war sich dabei völlig bewußt, daß ein solches Vorgehen nur provisorisch sein konnte, weil bei der Anwendung auf die optischen Vorgänge dieselben Schwierigkeiten auftreten mußten, an denen die Stokessche Theorie scheitert; aber die Einfachheit einer Theorie, bei der zwischen Bewegung des Äthers und der Materie nicht unterschieden zu werden brauchte, veranlaßte ihn, sie ausführlich zu entwickeln und zu diskutieren. Dabei zeigte es sich, daß die Induktionserscheinungen in bewegten *Leitern*, die für die experimentelle Physik und die Technik bei weitem die größte Bedeutung haben, von der Hertzschen Theorie richtig wiedergegeben werden; Widersprüche mit der Erfahrung treten erst bei feineren Experimenten auf, bei denen die Verschiebungen in *Nichtleitern* eine Rolle spielen. Wir wollen alle Möglichkeiten der Reihe nach untersuchen:

1) Bewegter Leiter a) im elektrischen Felde,
   b) im magnetischen Felde.
2) Bewegter Isolator a) im elektrischen Felde,
   b) im magnetischen Felde.

1a) Ein Leiter bekommt im elektrischen Felde Oberflächenladungen. Wird er bewegt, so nimmt er diese mit; bewegte Ladungen müssen aber einem Strome äquivalent sein und daher nach dem Biot-Savartschen Gesetze ein umschlingendes Magnetfeld erzeugen. Um eine anschauliche Vorstellung zu haben, denken wir uns einen Plattenkondensator, dessen Platten der xz-Ebene parallel sind (Abb. 98). Sie seien entgegengesetzt geladen, und zwar sei auf der Flächeneinheit einer Platte die Elektrizitätsmenge e. Nun werde die eine Platte gegen die andere in der x-Richtung mit der Geschwindigkeit v bewegt; dann ensteht ein Mitführungs- oder *Konvektionsstrom*. Die bewegte Platte verschiebt sich in der Zeiteinheit um die Länge v; ist ihr Querschnitt senkrecht zur x-Achse gleich q, so tritt durch eine zur yz-Ebene parallele Ebene in der Zeiteinheit die Elektrizitätsmenge eqv, also ein Strom von der Dichte ev. Dieser muß genau dieselbe magnetische Wirkung ausüben wie ein durch die ruhende Platte fließender Leitungsstrom der Dichte $i = ev$.

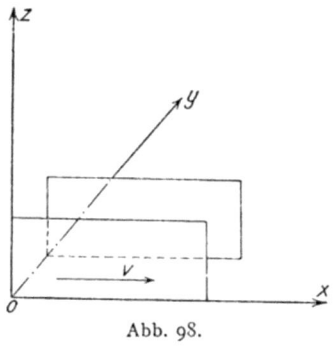

Abb. 98.

Das ist im Laboratorium von Helmholtz durch H. A. Rowland (1875) und später genauer von A. Eichenwald (1903) experimentell bestätigt worden. Statt der geradlinig bewegten Platte wurde dabei eine rotierende Metallscheibe benützt.

1 b) Wenn Leiter im magnetischen Felde bewegt werden, so entstehen in ihnen elektrische Felder und dadurch Ströme. Das ist die schon von Faraday entdeckte und quantitativ erforschte Erscheinung der *Induktion durch Bewegung*. Der einfachste Fall ist dieser: Das Magnetfeld H, etwa durch einen Hufeisenmagneten erzeugt, sei parallel der z-Achse (Abb. 99); parallel zur y-Achse sei ein gerades Drahtstück der Länge 1, und dieses werde in der x-Richtung mit der Geschwindigkeit v bewegt. Dann ergibt die Hertzsche Theorie, daß in diesem Drahte ein elektrisches Feld parallel der negativen y-Richtung induziert wird; schließt man den Draht durch einen an der Bewegung unbeteiligten Bügel, wie in der Figur angedeutet, zur geschlossenen Leitung, so fließt in dieser ein Induktionsstrom. Man beweist das am einfachsten, indem man das Faradaysche Induktionsgesetz so ausspricht: der in einem geschlossenen Drahte induzierte Strom

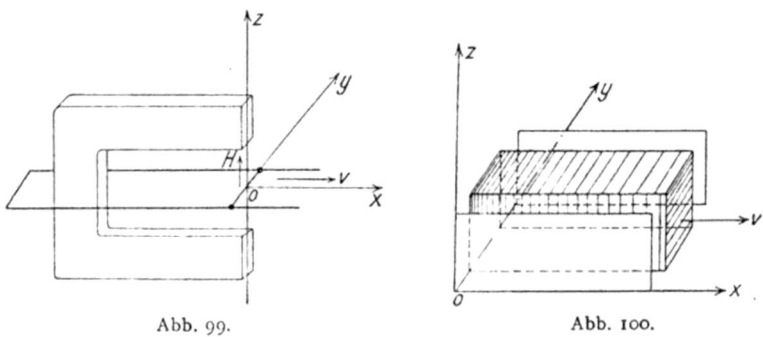

Abb. 99.   Abb. 100.

ist proportional der sekundlichen Änderung der Kraftlinienzahl oder der magnetischen Verschiebung μH, die von dem Drahte umschlossen wird. Durch die Bewegung des Drahtes nimmt diese Zahl offenbar um $\mu H v$ pro sec zu; daher ist die induzierte elektrische Feldstärke gleich $\mu H \dfrac{v}{c}$.

Dieses Gesetz ist die Grundlage aller Maschinen und Apparate der Physik und Elektrotechnik, bei denen durch Induktion Bewegungsenergie in elektromagnetische Energie verwandelt wird; dazu gehören z. B. das Telephon, die Dynamomaschinen aller Arten. Das Gesetz kann daher als durch unzählige Erfahrungen völlig sichergestellt gelten.

2 a) Die Bewegung eines Nichtleiters in einem elektrischen Felde denken wir uns so realisiert: Zwischen die beiden Platten des Kondensators der Abb. 98 werde eine bewegliche Scheibe aus dem Material des Nichtleiters gebracht (Abb. 100). Wird nun der Kondensator aufgeladen, so entsteht in der Scheibe ein elektrisches Feld E und eine Verschiebung εE senkrecht zur Plattenebene, also parallel der y-Richtung; dadurch laden sich

die beiden Grenzflächen der isolierenden Scheibe entgegengesetzt gleich wie die gegenüberstehende Metallplatte auf. Über die Größe dieser Ladung wissen wir folgendes: Auf S. 135 hatten wir gesehen, daß das Coulombsche Gesetz nach Maxwells Auffassung die Größe der Verschiebung um eine geladene Kugel mit deren Ladung e in Zusammenhang bringt; es ist nämlich für eine Kugel vom Radius r

$$E = \frac{e}{\varepsilon r^2} \text{ oder } \varepsilon E = \frac{e}{r^2}.$$

Nun hat aber diese Kugel die Oberfläche $4\pi r^2$, also ist die Ladung pro Einheit der Fläche

$$\frac{e}{4\pi r^2} = \frac{\varepsilon E}{4\pi}.$$

Übertragen wir das auf den Fall des Kondensators, so wird die Oberflächendichte auf den Grenzebenen der isolierenden Platte ebensogroß sein wie auf den Metallplatten und mit dem elektrischen Felde E in der Beziehung

$$e = \frac{\varepsilon E}{4\pi}$$

stehen.

Wenn jetzt die isolierende Schicht mit der Geschwindigkeit v in der x-Richtung bewegt wird, so soll nach Hertz der Äther in der Schicht vollkommen mitgenommen werden; also werden auch das Feld E und die von diesem auf den Grenzebenen erzeugten Ladungen $e = \dfrac{\varepsilon E}{4\pi}$ mitgeführt.

Die bewegte Ladung einer Grenzfläche stellt also wieder einen Strom von der Dichte $\dfrac{\varepsilon E}{4\pi} v$ dar und muß nach dem Biot-Savartschen Gesetze ein Magnetfeld erzeugen.

Daß das der Fall ist, hat W. C. Röntgen (1885) experimentell nachgewiesen; aber die Ablenkung der Magnetnadel, die er beobachtete, war viel kleiner, als sie nach der Hertzschen Theorie sein sollte. Es verhält sich nach seinen Messungen so, als wenn nicht der ganze Äther von der Scheibe mitgenommen würde, sondern nur ein Teil. Ein anderer Teil aber bleibt in Ruhe. Bestände die Scheibe aus reinem Äther, so wäre $\varepsilon = 1$ und die influenzierte Ladung gleich $\dfrac{E}{4\pi}$; Röntgens Versuche zeigen, daß nur der Überschuß der Ladung über diesen Betrag, also $\dfrac{\varepsilon E}{4\pi} - \dfrac{E}{4\pi} = \dfrac{E}{4\pi}(\varepsilon - 1)$, an der Bewegung der Materie teilnimmt. Dieses Resultat werden wir nachher in einfacher Weise deuten. Hier stellen wir nur fest, daß, wie nach den bekannten Tatsachen der Optik zu erwarten war, die

Hertzsche Theorie der vollständigen Mitführung auch bei rein elektromagnetischen Vorgängen versagt.

Eichenwald hat (1903) das Röntgensche Resultat dadurch sehr eindrucksvoll bestätigt, daß er die geladenen Metallplatten an der Bewegung teilnehmen ließ. Diese liefern einen Konvektionsstrom von der Stärke ev, die isolierende Schicht müßte wegen der entgegengesetzt gleichen Ladungen nach Hertz diesen genau kompensieren. Eichenwald aber fand, daß das nicht der Fall ist; vielmehr erhielt er einen von dem Material des Isolators gänzlich unabhängigen Strom. Genau das ist nach Röntgens Resultat der teilweisen Mitführung zu erwarten; denn der vom Isolator herrührende Strom ist $\left(\dfrac{\varepsilon E}{4\pi} - \dfrac{E}{4\pi}\right)v$, das erste Glied desselben wird von dem Konvektionsstrom ev kompensiert, und es bleibt der Strom $\dfrac{E}{4\pi}v$ übrig, der von der Dielektrizitätskonstante ε unabhängig ist.

2 b) Wir denken uns ein zur z-Achse paralleles Magnetfeld, etwa durch einen Hufeisenmagneten realisiert, und eine Scheibe aus nichtleitendem Material durch das Feld in der x-Richtung bewegt (Abb. 101). Da es keine Nichtleiter gibt, die merklich magnetisierbar sind, wollen wir $\mu = 1$ annehmen. Die beiden, zur y-Achse senkrechten Grenzflächen der Scheibe seien mit Metall belegt; die Belegungen mögen durch Gleitkontakte mit einem Elektrometer in Verbindung stehen, so daß man die auf ihnen entstehende Ladung messen kann.

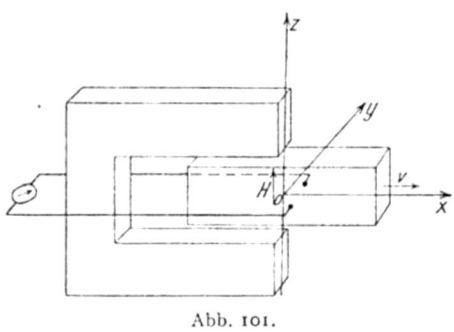

Abb. 101.

Dieser Versuch entspricht genau dem unter 1 b) erörterten Induktionsversuche, nur tritt an die Stelle des bewegten Leiters ein bewegtes Dielektrikum. Das Induktionsgesetz läßt sich in derselben Weise anwenden, es fordert die Existenz eines in der negativen y-Richtung wirkenden elektrischen Feldes $E = vH$, wenn die Dicke der Scheibe gleich 1 ist. Daher müssen nach der Hertzschen Theorie die beiden Belegungen entgegengesetzte Ladungen von der Flächendichte $\dfrac{\varepsilon E}{4\pi} = \dfrac{\varepsilon v H}{4\pi}$ zeigen, die einen Ausschlag des Elektrometers veranlassen. Der Versuch ist (1905) von H. A. Wilson (mit rotierendem Dielektrikum) angestellt worden und bestätigte zwar die Existenz der Auflagerung, aber wiederum in geringerem Betrage, nämlich entsprechend einer Flächendichte $(\varepsilon - 1)\dfrac{vH}{4\pi}$. Es verhält sich wieder so, als nähme nicht der ganze Äther an der Bewegung der Materie teil, sondern nur so viel, wie diese stärker dielektrisch ist als das Vakuum. Auch hier versagt die Hertzsche Theorie.

Bei allen diesen vier typischen Erscheinungen kommt es offenbar nur auf die relative Bewegung der felderzeugenden Körper gegen den untersuchten Leiter oder Isolator an. Anstatt diesen in der x-Richtung zu bewegen, wie wir es getan haben, könnte man ihn festhalten und die übrigen Teile des Apparates in der negativen x-Richtung bewegen; das Ergebnis müßte das gleiche sein. Die Hertzsche Theorie kennt eben nur relative Bewegungen der Körper, wobei der Äther ebenfalls als Körper gilt. In einem translatorisch bewegten Systeme laufen alle Vorgänge nach Hertz genau so ab, als wenn es ruhte; es gilt also das klassische Relativitätsprinzip.

Aber die Hertzsche Theorie ist mit den Tatsachen unvereinbar und mußte bald einer anderen Platz machen, die hinsichtlich der Relativität genau den entgegengesetzten Standpunkt einnahm.

12. Die Elektronentheorie von Lorentz.

Das ist die Theorie von H. A. Lorentz (1892), die den Höhepunkt und Abschluß der Physik des substantiellen Äthers bedeutete.

Sie ist eine atomistisch weiterentwickelte Ein-Fluidum-Theorie der Elektrizität; hierdurch ist auch, wie wir sogleich sehen werden, die Rolle bestimmt, die sie dem Äther zuweist.

Daß die elektrischen Ladungen atomistische Struktur haben, in kleinsten, unteilbaren Mengen auftreten, hat Helmholtz (1881) zuerst ausgesprochen, um die Faradayschen Gesetze der Elektrolyse (S. 121) verständlich zu machen. In der Tat braucht man nur anzunehmen, daß jedes Atom in elektrolytischer Lösung eine Art chemischer Verbindung mit einem Elektrizitätsatom oder *Elektron* eingeht, um zu verstehen, daß eine bestimmte Elektrizitätsmenge immer äquivalente Substanzmengen zur Abscheidung bringt.

Die Atomistik der Elektrizität bewährte sich besonders zur Erklärung der Erscheinungen, die man beim Durchgang des elektrischen Stroms durch ein verdünntes Gas beobachtet.

Hier entdeckte man zuerst, daß die positive und die negative Elektrizität sich durchaus verschieden verhalten. Wenn man in ein Glasrohr zwei Metallelektroden einführt und einen Strom zwischen ihnen übergehen läßt (Abb. 102),

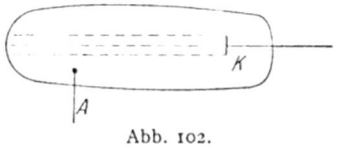

Abb. 102.

so erhält man sehr komplizierte Erscheinungen, solange noch Gas von merklichem Drucke in dem Rohre ist; entfernt man das Gas aber mehr und mehr, so wird das Bild immer einfacher. Bei sehr hohem Vakuum geht von der negativen Elektrode, der Kathode K, ein Strahl bläulichen Lichtes geradlinig aus, ohne sich darum zu kümmern, wo der positive Pol, die

Anode A, sich befindet. Diese *Kathodenstrahlen*, die Plücker (1858) entdeckte, wurden von manchen für Lichtwellen gehalten, denn sie warfen, wie Hittorf (1869) zeigte, Schatten von festen Körpern, die man in ihren Weg stellte; andere hielten sie für eine materielle Emanation, die von der Kathode ausgeschleudert wird. Crookes, der diesen Standpunkt vertrat (1879), nannte die Strahlen den ›vierten Aggregatzustand‹ der Materie. Für die materielle Natur der Strahlen sprach vor allem der Umstand, daß sie durch einen Magneten abgelenkt werden, und zwar gerade so, wie ein Strom negativer Elektrizität. Den größten Anteil an der Erforschung der Natur der Kathodenstrahlen haben J. J. Thomson und Ph. Lenard. Es gelang, die negative Ladung der Strahlen durch direktes Auffangen nachzuweisen; auch werden sie von einem quer zu ihrer Bahn angebrachten elektrischen Felde abgelenkt, und zwar entgegen der Feldrichtung, was wieder die negative Ladung beweist.

Die Überzeugung von der korpuskularen Natur der Kathodenstrahlen brach sich Bahn, als es gelang, quantitative Schlüsse auf ihre Geschwindigkeit und Ladung zu ziehen.

Stellen wir uns den Kathodenstrahl als einen Strom kleiner Teilchen von der Masse m vor, so wird er offenbar von einem bestimmten elektrischen oder magnetischen Felde um so weniger abgelenkt, je größer seine Geschwindigkeit ist; geradeso, wie eine Gewehrkugel um so ›rasanter‹ fliegt, je schneller sie ist. Man kann nun sehr stark ablenkbare, also ganz langsame Kathodenstrahlen herstellen; diese kann man künstlich so stark beschleunigen, daß ihre Anfangsgeschwindigkeit neben der Endgeschwindigkeit vernachlässigt werden kann. Dazu bringt man vor der Kathode K ein Drahtnetz N an (Abb. 103) und ladet dieses stark positiv; dann werden die negativen Kathodenstrahlteilchen in dem Felde zwischen Kathode und Drahtnetz sehr stark

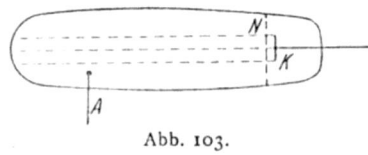

Abb. 103.

beschleunigt und treten durch die Maschen des Netzes mit einer Geschwindigkeit, die wesentlich nur von dieser Beschleunigung herrührt. Diese kann man aber berechnen nach der Grundgleichung der Mechanik

$$m\,b = K = e\,E,$$

wenn e die Ladung, E die Feldstärke ist; man hat offenbar eine ›Fallbewegung‹, bei der die Beschleunigung nicht gleich der Schwerebeschleunigung g, sondern gleich $\dfrac{e}{m} E$ ist. Wäre das Verhältnis $\dfrac{e}{m}$ bekannt, so könnte man die Geschwindigkeit v aus den Fallgesetzen finden. Man hat aber zwei Unbekannte, $\dfrac{e}{m}$ und v, und braucht daher noch eine Messung zu ihrer Bestimmung. Diese gewinnt man durch Anbringung eines seitlichen magnetischen Feldes. Wir haben bei der Besprechung der Hertzschen

Theorie (V, 11, 1b, S. 148) gesehen, daß ein Magnetfeld H in einem senkrecht zu H bewegten Körper eine elektrische Feldstärke $E = \dfrac{v}{c} H$ hervorruft, die sowohl auf H als auf v senkrecht steht. Daher wird auch auf jedes Kathodenstrahlteilchen eine ablenkende Kraft $eE = e \dfrac{v}{c} H$ angreifen, so daß senkrecht zur ursprünglichen Bewegung eine Beschleunigung $b = \dfrac{e}{m}\dfrac{v}{c} H$ entsteht. Diese läßt sich durch Messung der seitlichen Ablenkung des Strahles finden; also hat man eine zweite Gleichung zur Bestimmung der beiden Unbekannten $\dfrac{e}{m}$ und v.

Die nach dieser oder einer ähnlichen Methode ausgeführten Bestimmungen haben nun ergeben, daß für nicht zu große Geschwindigkeiten $\dfrac{e}{m}$ tatsächlich einen bestimmten, konstanten Wert hat, und zwar:

(65) $$\frac{e}{m} = 5{,}31 \cdot 10^{17}$$

elektrostatische Ladungseinheiten pro Gramm. Andererseits haben wir bei der Besprechung der Elektrolyse [V, 3, Formel (48), S. 123] angegeben, daß 1 g Wasserstoff die Elektrizitätsmenge $C_0 = 2{,}90 \cdot 10^{14}$ transportiert. Macht man nun die naheliegende Annahme, daß die Ladung einer Partikel beidemal dieselbe, nämlich ein Elektrizitätsatom oder *Elektron* ist, so muß man schließen, daß die Masse des Kathodenstrahlteilchens m sich zu der des Wasserstoffatoms m_H verhält wie:

(66) $$\frac{m}{m_H} = \frac{e}{m_H} : \frac{e}{m} = \frac{2{,}90 \cdot 10^{14}}{5{,}31 \cdot 10^{17}} = \frac{1}{1830}.$$

Die Kathodenstrahlteilchen sind also etwa 2000 mal leichter als die Wasserstoffatome, die ihrerseits die leichtesten aller Atome sind. Dieses Ergebnis legt den Schluß nahe, daß man in den Kathodenstrahlen einen Strom von reinen Elektrizitätsatomen vor sich hat.

Diese Auffassung hat sich nun bei unzähligen Untersuchungen durchaus bewährt. Die negative Elektrizität besteht aus den frei beweglichen Elektronen, die positive aber ist an die Materie gebunden und tritt niemals ohne diese auf. Die neuere Experimentalforschung hat damit die Hypothese der alten Ein-Fluidumtheorie bestätigt und präzisiert. Es ist auch gelungen, die Größe der Ladung e des einzelnen Elektrons zu bestimmen. Die ersten Versuche dieser Art sind von J. J. Thomson (1898) unternommen worden. Der Grundgedanke ist der: Kleine Tröpfchen aus Öl, Wasser oder Kügelchen aus Metall von mikroskopischen oder submikroskopischen Dimensionen, die durch Kondensation von Dampf oder Zerstäuben in Luft hergestellt werden, fallen mit konstanter Geschwindigkeit, indem die Lufttreibung die Entstehung von Beschleunigungen verhindert. Durch Messung der Fallgeschwindigkeit kann man die Größe der Teilchen bestimmen und durch Multiplikation mit der Dichte ihre Masse M. Das Gewicht eines solchen Teilchens ist dann Mg, wo $g = 981$ cm/sec^2 die Erdbeschleunigung ist. Nun kann man solche Teilchen elektrisch laden, indem man die Luft der Einwirkung von Röntgenstrahlen oder Strahlen radioaktiver Substanzen aussetzt. Bringt man dann ein vertikal aufwärts gerichtetes elektrisches Feld E an, so wird ein Kügelchen von der Ladung e von diesem nach oben gezogen, und wenn die elektrische Kraft eE gleich dem Gewichte Mg ist, wird es schweben. Aus der Gleichung $eE = Mg$ kann man nun die Ladung e berechnen. Millikan (1910), der die schärfsten Versuche dieser Art gemacht hat, hat gefunden, daß die Ladung kleiner Tröpfchen immer ein ganzzahliges Multiplum einer bestimmten kleinsten Ladung ist; diese wird man also als das *elektrische Elementarquantum* ansprechen. Seine Größe ist:

(67) $$e = 4{,}77 \cdot 10^{-10}$$

elektrostatische Einheiten. Allerdings werden Millikans Versuche von Ehrenhaft bestritten; doch ist es wahrscheinlich, daß die Unterschreitungen der Elementarladung, die dieser gefunden hat, darauf beruhen, daß er mit zu kleinen Kugeln operiert, bei denen sekundäre Erscheinungen auftreten.

Für die Lorentzsche Elektronentheorie spielt die absolute Größe der Elementarladung keine wesentliche Rolle. Wir wollen jetzt das Bild der physikalischen Welt schildern, wie es Lorentz entworfen hat.

Die materiellen Atome sind die Träger der positiven Elektrizität, die mit ihnen untrennbar verbunden ist; außerdem enthalten sie aber eine Anzahl negativer Elektronen, so daß sie nach außen elektrisch neutral erscheinen. In den Nichtleitern sind die Elektronen fest an die Atome gebunden; sie können nur aus ihren Gleichgewichtslagen etwas verschoben werden, wodurch das Atom zum Dipol wird. In Elektrolyten und in leitenden Gasen kommt es vor, daß ein Atom ein Elektron oder mehrere zu viel oder zu wenig hat; dann heißt es ein *Ion* oder *Träger* und wandert im elektrischen Felde unter gleichzeitigem Transport von Elektrizität und Materie. In Metallen bewegen sich die Elektronen frei umher, wobei sie nur durch Zusammenstöße mit den Atomen der Substanz einen Widerstand erfahren. Der Magnetismus kommt dadurch zustande, daß in gewissen Atomen die Elektronen in geschlossenen Bahnen kreisen und dadurch Ampèresche Molekularströme darstellen.

Die Elektronen und die positiven Atomladungen schwimmen im Äthermeer, in dem ein elektromagnetisches Feld nach den Maxwellschen Gleichungen besteht; nur ist in diesen $\varepsilon = 1$, $\mu = 1$ zu setzen und an die Stelle der Leitungsstromdichte tritt der Konvektionsstrom der Elektronen ϱv. Sie lauten also

(68)
$$\begin{cases} \operatorname{div} E = \varrho, & \operatorname{rot} H - \dfrac{1}{c}\dfrac{\mathfrak{e}}{t} = \dfrac{\varrho v}{c}, \\ \operatorname{div} H = 0, & \operatorname{rot} E + \dfrac{1}{c}\dfrac{\mathfrak{h}}{t} = 0, \end{cases}$$

und fassen die Gesetze von Coulomb, Biot-Savart und Faraday in der bekannten Weise zusammen.

Alle elektromagnetischen Vorgänge bestehen also im Grunde aus den Bewegungen von Elektronen und den sie begleitenden Feldern. Die ganze Materie ist ein elektrisches Phänomen. Die verschiedenen Eigenschaften der Materie beruhen auf den Verschiedenheiten der Beweglichkeit der Elektronen gegen die Atome, wie wir es soeben geschildert haben. Die Elektronentheorie hat nun die Aufgabe, aus den Grundgesetzen (68) für die einzeln unsichtbaren Elektronen und Atome die gewöhnlichen Maxwellschen Gleichungen abzuleiten, d. h. zu zeigen, daß die materiellen Körper je nach ihrer Natur eine Leitfähigkeit σ, eine Dielektrizitätskonstante ε und eine Permeabilität μ zu haben scheinen.

Lorentz hat diese Aufgabe gelöst und gezeigt, daß die Elektronentheorie nicht nur im einfachsten Falle die Maxwellschen Gesetze liefert, sondern darüber hinaus die Erklärung zahlreicher Feinheiten ermöglicht, die der beschreibenden Theorie gar nicht oder nur mit Hilfe künstlicher Hypothesen zugänglich waren. Dazu gehören vor allem die feineren Phänomene der Optik, die Farbenzerstreuung, die von Faraday entdeckte magnetische Drehung der Polarisationsebene (S. 140) und ähnliche Wechselwirkungen zwischen Lichtwellen und elektrischen oder magnetischen Feldern. Wir können auf diese umfangreiche und mathematisch verwickelte Theorie nicht eingehen und wollen uns auf die Frage beschränken, die uns vor allem interessiert: Welchen Anteil nimmt der Äther an den Bewegungen der Materie?

Lorentz stellt die höchst radikale und vorher noch nie mit dieser Bestimmtheit geäußerte Behauptung auf:

Der Äther ruht absolut im Raume.

Damit sind im Prinzip absoluter Raum und Äther völlig identifiziert. Der absolute Raum ist kein Vakuum, sondern ein Etwas von bestimmten Eigenschaften, dessen Zustand durch Angabe zweier gerichteter Größen, des elektrischen Feldes E und des magnetischen Feldes H, beschrieben wird, und das als solches Äther heißt.

Diese Annahme geht noch etwas weiter als die Theorie Fresnels. Dort ruhte der Äther des Weltenraumes in einem Inertialsystem, wofür man auch absolute Ruhe sagen könnte; aber der Äther innerhalb der materiellen Körper wird von diesen zum Teil mitgeführt.

Lorentz kann auch auf diese partielle Mitführung Fresnels verzichten und kommt doch praktisch zu genau demselben Ergebnisse. Um das einzusehen, betrachten wir den Vorgang innerhalb eines Dielektrikums zwischen den Platten eines Kondensators. Wenn dieser geladen wird, so entsteht ein zu den Platten senkrechtes Feld (Abb. 104) und dieses verschiebt die Elektronen in den Atomen der dielektrischen Substanz und verwandelt sie in Dipole, so, wie wir es früher (S. 131, 135) erläutert haben. Die dielektrische Verschiebung im Sinne Maxwells ist εE, aber nur ein Teil derselben rührt von der wirklichen Verschiebung der Elektronen her; denn das Vakuum hat die Dielektrizitätskonstante $\varepsilon = 1$, also die Verschiebung E, folglich ist der Anteil der Elektronenverschiebung nur $\varepsilon E - E = (\varepsilon - 1) E$. Wir haben nun gesehen, daß die Experimente von Röntgen und Wilson über die Erscheinungen in bewegten Isolatoren aussagen, daß tatsächlich nur dieser Anteil der Verschiebung an der Bewegung teilnimmt. Die Lorentzsche Theorie stellt also die elektromagnetischen Tatsachen richtig dar, ohne es nötig zu haben, den Äther irgendwie an der Bewegung der Materie teilnehmen zu lassen.

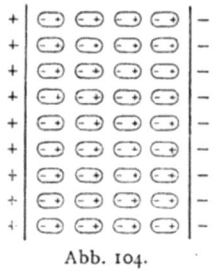
Abb. 104.

Daß auch die Mitführung des Lichtes in genauer Übereinstimmung mit der Fresnelschen Formel (43), S. 106, herauskommt, machen wir uns so plausibel: Wir betrachten wie bei dem Wilsonschen Versuche einen dielektrischen Körper, der sich in der x-Richtung mit der Geschwindigkeit v bewegt und in dem ein Lichtstrahl in derselben Richtung läuft (Abb. 105). Dieser bestehe aus einer elektrischen Schwingung E parallel zur y-Achse und einer magnetischen H parallel zur z-Achse. Nun wissen wir aber aus dem Wilsonschen Versuche, daß ein solches Magnetfeld im bewegten Körper eine zusätzliche elektrische Verschiebung in der y-Richtung vom Betrage $(\varepsilon - 1) v H$ erzeugt; daraus erhält man ein zusätzliches elektrisches Feld durch Division mit ε. Das gesamte elektrische Feld ist also

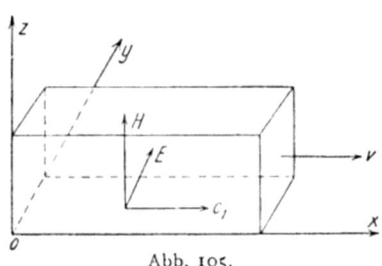
Abb. 105.

$$E + \frac{\varepsilon - 1}{\varepsilon} v H.$$

Würde die Mitführung vollständig sein, wie die Hertzsche Theorie voraussetzt, so würde statt $\varepsilon - 1$ nur ε stehen, also das gesamte Feld die Größe $E + v H$ haben. Man sieht, daß wegen der partiellen Mitführung v durch

$$\frac{\varepsilon - 1}{\varepsilon} v$$

zu ersetzen ist. Diese Größe müßte also der absoluten Geschwindigkeit des Äthers innerhalb der Materie nach der Fresnelschen Theorie entsprechen, d. h. der in der Optik mit φ bezeichneten Mitführungszahl,

Formel (43). Und das ist tatsächlich auch genau der Fall; denn nach der Maxwellschen Lichttheorie (S. 142) ist ja die Dielektrizitätskonstante ε gleich dem Quadrate des Brechungsindex n, $\varepsilon = n^2$. Setzt man das ein, so erhält man

$$\frac{\varepsilon - 1}{\varepsilon} v = \frac{n^2 - 1}{n^2} v = \left(1 - \frac{1}{n^2}\right) v = \varphi .$$

in Übereinstimmung mit der Formel (43), S. 106.

Wir erinnern uns, daß der Fresnelschen Theorie Schwierigkeiten durch die Farbenzerstreuung erwuchsen. Denn wenn der Brechungsindex n von der Frequenz (Farbe) des Lichtes abhängt, so auch die Mitführungszahl φ; der Äther kann doch aber nur in *einer* bestimmten Weise mitgenommen werden, nicht für jede Farbe anders. Diese Schwierigkeit fällt in der Elektronentheorie ganz fort; denn der Äther bleibt in Ruhe, was mitgenommen wird, sind die in der Materie sitzenden Elektronen, und die Farbenzerstreuung beruht darauf, daß diese vom Lichte zum Mitschwingen gebracht werden und rückwirkend die Lichtgeschwindigkeit beeinflussen.

Wir können auf die Einzelheiten dieser weitverzweigten Lehre nicht eingehen, sondern fassen das Resultat so zusammen:

Die Lorentzsche Theorie setzt die Existenz eines absolut ruhenden Äthers voraus; sodann beweist sie, daß trotzdem alle elektromagnetischen und optischen Erscheinungen nur von den relativen Translationsbewegungen der materiellen Körper abhängen, soweit Glieder 1. Ordnung in β in Betracht kommen. Sie erklärt daher alle bekannten Vorgänge, vor allem die Tatsache, daß die absolute Bewegung der Erde durch den Äther durch irdische Experimente bezüglich Größen 1. Ordnung nicht nachweisbar ist (das optische oder besser elektromagnetische Relativitätsprinzip).

Ein Experiment (1. Ordnung) aber ist denkbar, das sich durch die Lorentzsche Theorie ebensowenig erklären ließe, wie durch alle vorher besprochenen Äthertheorien: das wäre ein Versagen der Römerschen Methode zur Feststellung einer absoluten Bewegung des ganzen Sonnensystems (s. S. 100, 111).

Entscheidend für die Lorentzsche Theorie wird sein, ob sie auch noch bei Versuchen standhält, die Größen 2. Ordnung in β zu messen erlauben. Denn durch solche müßte sich die absolute Bewegung der Erde durch den Äther feststellen lassen. Ehe wir aber auf diese Frage eingehen, haben wir noch von einer Leistung der Lorentzschen Elektronentheorie zu sprechen, durch die sie ihren Umfang gewaltig erweitert hat: die elektrodynamische Deutung der Trägheit.

13. Die elektromagnetische Masse.

Dem Leser wird aufgefallen sein, daß von dem Augenblicke an, da wir den elastischen Äther verlassen und uns dem elektrodynamischen zugewandt haben, von der Mechanik wenig mehr die Rede war. Die mechanischen und die elektromagnetischen Vorgänge bilden je ein Reich für sich; die ersteren spielen sich im Newtonschen absoluten Raume ab, der durch die Gültigkeit des Trägheitsgesetzes definiert ist und seine Existenz in Fliehkräften zu erkennen gibt, die letzteren sind Zustände des im absoluten Raume ruhenden Äthers. Eine umfassende Theorie, wie die Lorentzsche sein will, kann diese beiden Reiche nicht nebeneinander unverknüpft bestehen lassen.

Nun haben wir gesehen, daß eine Zurückführung der Elektrodynamik auf Mechanik trotz unerhörter darauf verwandter Mühe der scharfsinnigsten Forscher nicht befriedigend gelungen ist.

Da taucht der umgekehrte, kühne Gedanke auf: Läßt sich nicht die Mechanik auf die Elektrodynamik zurückführen?

Wenn dies gelänge, so wäre damit der abstrakte absolute Raum Newtons in den konkreten Äther verwandelt; die Trägheitswiderstände und Fliehkräfte müßten als physikalische Wirkungen des Äthers, etwa als besonders gestaltete elektromagnetische Felder erscheinen, das Relativitätsprinzip der Mechanik aber müßte seine strenge Geltung verlieren und nur, wie das der Elektrodynamik, näherungsweise für Größen 1. Ordnung in $\beta = \dfrac{v}{c}$ richtig sein.

Die Wissenschaft hat diesen Schritt, der die Rangordnung der Begriffe so ganz auf den Kopf stellt, nicht gescheut. Und obwohl die Lehre vom absolut ruhenden Äther später hat fallen müssen, so ist doch diese Revolution, die die Mechanik von ihrem Thron stürzte und die Elektrodynamik zur Herrscherin der Physik erhob, nicht vergeblich gewesen; ihr Resultat hat in einer etwas abgeänderten Form Geltung behalten.

Wir haben oben (S. 141) gesehen, daß die Fortpflanzung elektromagnetischer Wellen dadurch zustande kommt, daß die Wechselwirkung zwischen elektrischer und magnetischer Feldstärke einen der mechanischen Trägheit analogen Effekt hervorbringt. Ein elektromagnetisches Feld hat ein Beharrungsvermögen, ganz ähnlich wie eine mechanische Masse; um es herzustellen, muß Arbeit aufgewandt werden, und wenn es vernichtet wird, kommt diese Arbeit wieder zum Vorschein. Man sieht dies bei allen Vorgängen, die mit elektromagnetischen Schwingungen verbunden sind, z. B. bei den Apparaten für drahtlose Telegraphie. Eine drahtlose Sendestation enthält einen elektrischen Oszillator, der im wesentlichen aus einer Funkenstrecke F, einer Spule S und einem Kondensator K, d. h. zwei voneinander isolierten Metallplatten, besteht, die, durch Drähte verbunden, einen »offenen« Stromkreis bilden (Abb. 106).

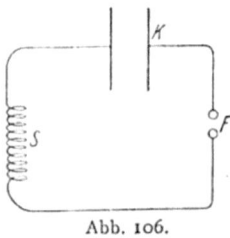

Abb. 106.

Der Kondensator wird aufgeladen, bis ein Funke bei F überspringt; dabei entlädt sich der Kondensator wieder, die aufgespeicherten Elektrizitätsmengen fließen ab. Sie gleichen sich aber nicht einfach aus, sondern schießen über das Gleichgewicht herüber und sammeln

Die elektromagnetische Masse.

sich wieder auf den Kondensatorplatten, nur mit umgekehrtem Vorzeichen, geradeso, wie ein Pendel durch die Gleichgewichtslage durchschwingt und nach der andern Seite ausschlägt. Ist die neue Aufladung des Kondensators beendet, strömt die Elektrizität wieder zurück und pendelt hin und her, bis ihre Energie durch Erwärmung der Leitungsdrähte oder Abgabe an andere Teile der Apparatur, z. B. die ausstrahlende Antenne, verbraucht ist. Das Schwingen der Elektrizität beweist also das Beharrungsvermögen des Feldes, das der Massenträgheit der Pendelkugel genau entspricht. Die Maxwellsche Theorie stellt diese Tatsache in allen Einzelheiten richtig dar; man kann die elektromagnetischen Schwingungen, die bei einer bestimmten Apparatur auftreten, aus den Feldgleichungen im voraus berechnen.

J. J. Thomson hat hieraus den Schluß gezogen, daß die Trägheit eines Körpers durch eine ihm erteilte elektrische Ladung vergrößert werden muß. Betrachten wir eine geladene Kugel zuerst in Ruhe, dann in Bewegung mit der Geschwindigkeit v. Die ruhende Kugel hat ein elektrostatisches Feld mit radial auslaufenden Kraftlinien, die bewegte Kugel hat überdies ein magnetisches Feld mit kreisförmigen Kraftlinien, die die Bahn der Kugel umschlingen (Abb. 107); denn eine bewegte Ladung ist ein Konvektionsstrom und erzeugt ein Magnetfeld nach dem Biot-Savartschen Gesetze. Beide Zustände haben das geschilderte Beharrungsvermögen; der eine kann in den andern nur durch Arbeitsaufwand übergeführt werden. Die Kraft, die nötig ist, die Kugel aus der Ruhe in Bewegung zu setzen, ist also für die geladene Kugel größer, als für die ungeladene. Um die schon bewegte geladene Kugel noch weiter zu beschleunigen, muß offenbar das Magnetfeld H verstärkt werden; also ist wieder eine vergrößerte Kraft dazu notwendig.

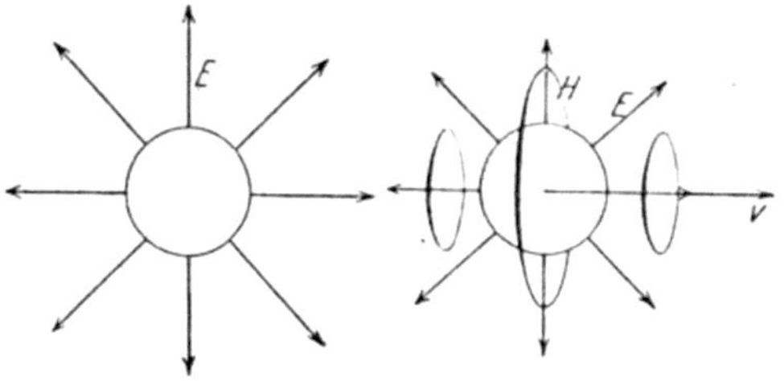

Abb. 107.

Wir erinnern uns, daß eine die kurze Zeit t wirkende Kraft K einen Impuls $J = Kt$ darstellt, der eine Geschwindigkeitsänderung w einer Masse m nach der Formel (7) (II, 9, S. 27)

$$mw = J$$

erzeugt. Trägt die Masse eine Ladung, so wird ein bestimmter Impuls J nur eine kleinere Geschwindigkeitsänderung hervorrufen, der Rest J' wird zur Veränderung des Magnetfeldes verbraucht; es ist also

$$mw = J - J'.$$

Nun ergibt die Rechnung das sehr plausible Resultat, daß der zur Vergrößerung des Magnetfeldes nötige Impuls J' um so größer ist, je größer die Geschwindigkeitsänderung w ist; und zwar ist er ihr näherungsweise proportional. Man kann also $J' = m'w$ setzen, wo m' ein Proportionalitätsfaktor ist, der übrigens von dem Zustande, d. h. von der Geschwindigkeit v vor der Geschwindigkeitsänderung, abhängen kann. Dann wird

$$mw = J - m'w$$

oder

$$(m + m')w = J.$$

Es ist also so, als wenn die Masse m vermehrt wäre, und zwar um eine aus den elektromagnetischen Feldgleichungen zu berechnende Größe m', die noch von der Geschwindigkeit v abhängig sein kann. Der genaue Wert von m' für beliebige Geschwindigkeiten v läßt sich nur berechnen, wenn man Annahmen über die Verteilung der elektrischen Ladung über den bewegten Körper macht. Aber der Grenzwert für kleine Geschwindigkeiten relativ zur Lichtgeschwindigkeit c, d. h. für kleine β, ergibt sich unabhängig von solchen Annahmen zu

(69) $$m_0 = \tfrac{4}{3} \frac{U}{c^2},$$

wo U die elektrostatische Energie der Ladungen des Körpers ist.

Wir haben gesehen, daß die Masse des Elektrons etwa 2000 mal kleiner ist als die des Wasserstoffatoms. Daher liegt der Gedanke nahe, daß das Elektron vielleicht überhaupt keine »gewöhnliche« Masse besitzt, sondern nichts sei als »elektrische Ladung« an sich, und seine Masse durchaus elektromagnetischen Ursprungs.

Ist eine solche Annahme mit den Kenntnissen vereinbar, die man über Größe, Ladung und Masse des Elektrons hat?

Da die Elektronen Bausteine der Atome sein sollen, so müssen sie jedenfalls klein sein gegen die Größe der Atome. Nun weiß man aus der Atomphysik, daß der Radius der Atome von der Größenordnung 10^{-8} cm ist; der Radius des Elektrons muß also wesentlich kleiner sein als 10^{-8} cm. Stellt man sich das Elektron als eine Kugel vom Radius a mit der auf der Oberfläche verteilten Ladung e vor, so ist, wie sich aus dem Coulombschen Gesetze ableiten läßt, die elektrostatische Energie

$U = \tfrac{1}{2} \dfrac{e^2}{a}$; daher wird die elektromagnetische Masse nach (69)

$$m_0 = \tfrac{4}{3} \frac{U}{c^2} = \tfrac{2}{3} \frac{e^2}{a c^2}.$$

Hieraus kann man den Radius a berechnen:

$$a = \tfrac{2}{3} \cdot \frac{e}{c^2} \cdot \frac{e}{m_0}.$$

Auf der rechten Seite ist alles bekannt, $\dfrac{e}{m_0}$ aus der Ablenkung der Kathodenstrahlen [Formel (65), S. 153], e aus den Millikanschen Messungen

[Formel (67), S. 154]; c ist die Lichtgeschwindigkeit. Setzt man die angegebenen Werte ein, so erhält man

$$a = \tfrac{2}{3} \cdot \frac{4{,}77 \cdot 10^{-10}}{9 \cdot 10^{20}} \cdot 5{,}31 \cdot 10^{17} = 1{,}88 \cdot 10^{-13} \text{ cm},$$

eine Länge, die etwa 100000mal kleiner ist als der Atomradius.

Die Hypothese des rein elektromagnetischen Ursprungs der Elektronenmasse steht also nicht im Widerspruche zu den bekannten Tatsachen. Aber sie ist damit noch nicht bewiesen.

Da fand die Theorie eine starke Stütze durch verfeinerte Beobachtungen an Kathodenstrahlen und β-Strahlen radioaktiver Substanzen, die ebenfalls ausgeschleuderte Elektronen sind. Wir haben oben erläutert, daß man durch elektrische und magnetische Beeinflussung solcher Strahlen sowohl das Verhältnis von Ladung und Masse $\frac{e}{m}$, als auch ihre Geschwindigkeit v bestimmen kann und daß zunächst für $\frac{e}{m}$ ein bestimmter Wert, unabhängig von v, gefunden wurde. Als man aber zu größeren Geschwindigkeiten überging, fand sich eine Abnahme von $\frac{e}{m}$; besonders bei β-Strahlen des Radiums, die nur wenig langsamer sind als das Licht, war dieser Effekt sehr deutlich und konnte quantitativ gemessen werden. Daß die elektrische Ladung von der Geschwindigkeit abhängen soll, war mit den Vorstellungen der Elektronentheorie unvereinbar. Wohl aber mußte man eine Abhängigkeit der Masse von der Geschwindigkeit erwarten, wenn diese elektromagnetischen Ursprungs ist. Um eine quantitative Theorie zu gewinnen, mußte man allerdings bestimmte Annahmen über die Form des Elektrons und die Verteilung der Ladung auf ihm machen. M. Abraham (1903) betrachtete das Elektron als starre Kugel mit einer gleichförmig über das Innere oder die Oberfläche verteilten Ladung und zeigte, daß beide Annahmen zu derselben Abhängigkeit der elektromagnetischen Masse von der Geschwindigkeit führen, nämlich zu einer Zunahme der Masse mit wachsender Geschwindigkeit. Je schneller das Elektron schon fliegt, um so mehr widersetzt sich das elektromagnetische Feld einer weiteren Geschwindigkeitszunahme. Die Zunahme von m erklärt die beobachtete Abnahme von $\frac{e}{m}$, und zwar stimmt die Abrahamsche Theorie auch quantitativ recht gut mit den Messungsergebnissen von Kaufmann (1901), wenn man annimmt, daß keine »gewöhnliche« Masse neben der elektromagnetischen vorhanden sei.

Damit war das Ziel erreicht, die Trägheit der Elektronen auf elektromagnetische Felder im Äther zurückzuführen. Zugleich eröffnete sich eine weite Perspektive. Da die Atome die Träger der positiven Elektrizität sind und außerdem zahlreiche Elektronen enthalten, so ist vielleicht ihre Masse ebenfalls elektromagnetischen Ursprungs? Dann wäre die Masse als Quantität des Beharrungsvermögens kein Urphänomen, wie sie es in der elementaren Mechanik ist, sondern eine sekundäre Folge der Struktur des Äthers. Newtons absoluter Raum, der nur durch das mechanische Trägheitsgesetz definiert ist, wird damit überflüssig; seine Rolle übernimmt der durch seine elektromagnetischen Eigenschaften wohlbekannte Äther. Eine sehr konkrete, dem physikalischen Denken entsprechende Lösung des Raumproblems wäre gewonnen.

Wir werden sehen (V, 15, S. 166), daß neue Tatsachen dieser Auffassung widersprechen; aber der Zusammenhang zwischen Masse und elektromagnetischer Energie, der hier zuerst entdeckt wurde, bedeutet eine fundamentale Erkenntnis, deren tiefer Sinn erst durch die Relativitätstheorie Einsteins zur rechten Geltung gebracht worden ist.

Wir müssen noch nachtragen, daß außer der Abrahamschen Theorie des starren Elektrons auch andere Hypothesen aufgestellt und durchgerechnet worden sind. Am wichtigsten ist die von H. A. Lorentz (1904), die mit der Relativitätstheorie in enger Beziehung steht. Er nahm an, daß das Elektron bei der Bewegung sich in der Bewegungsrichtung kontrahiert, aus einer Kugel zu einem abgeplatteten Rotationsellipsoid wird; die Größe der Abplattung soll dabei in bestimmter Weise von der Geschwindigkeit abhängen. Diese Hypothese erscheint zunächst sehr sonderbar; sie liefert allerdings eine wesentlich einfachere Formel für die elektromagnetische Masse in ihrer Abhängigkeit von der Geschwindigkeit, als die Abrahamsche Theorie, aber das wäre keine Rechtfertigung des Ansatzes. Diese liegt vielmehr in der Entwicklung begründet, die die Lorentzsche Elektronentheorie infolge der experimentellen Untersuchungen über die Größen 2. Ordnung nehmen mußte und denen wir uns sogleich zuwenden werden. Die Lorentzsche Formel für die Masse des Elektrons hat dann in der Relativitätstheorie eine universelle Bedeutung bekommen; wir kommen auf die experimentelle Entscheidung zwischen ihr und der Abrahamschen Theorie weiter unten zurück (VI, 7, S. 206).

Als die Elektronentheorie um die Wende des Jahrhunderts den geschilderten Stand erreicht hatte, schien die Möglichkeit eines einheitlichen physikalischen Weltbildes nahe gerückt, das alle Formen der Energie einschließlich der mechanischen Trägheit auf dieselbe Wurzel zurückführt, das elektromagnetische Feld im Äther. Eine einzige Energieform stand noch außerhalb des Systems, die Gravitation; doch durfte man hoffen, daß auch diese sich werde als Ätherwirkung verstehen lassen.

14. Das Experiment von Michelson.

Aber schon 20 Jahre vorher hatte das Fundament des ganzen Gebäudes einen Sprung bekommen, und gleichzeitig mit dem Weiterbau nach oben mußte man unten stützen und flicken.

Wir haben mehrmals betont, daß für die Theorie vom ruhenden Äther solche Versuche entscheidend sein mußten, bei denen Größen zweiter Ordnung in β zu Messung gelangen; hier mußte es sich zeigen, ob über einen schnell bewegten Körper der Ätherwind hinfegt und die Lichtwellen verweht, wie es die Theorie fordert.

Das erste und wichtigste Experiment dieser Art gelang Michelson (1881) mit Hilfe seines Interferometers (IV, 4, S. 80), das er in unermüdlicher Arbeit zu einem Präzisionsinstrument von noch nie dagewesener Leistungsfähigkeit ausgebildet hatte.

Bei der Untersuchung des Einflusses der Erdbewegung auf die Lichtgeschwindigkeit (IV, 9, S. 102) hat sich ergeben, daß die Zeit, die ein Lichtstrahl zum Hin- und Rückwege auf einer der Erdbahn parallelen Strecke l gebraucht, nur um eine Größe zweiter Ordnung von dem Werte verschieden ist, den sie bei ruhender Erde hätte; wir fanden dort für diese Zeit den Ausdruck

$$t_1 = l\left(\frac{1}{c+v} + \frac{1}{c-v}\right) = \frac{2lc}{c^2-v^2},$$

wofür man auch schreiben kann:

$$t_1 = \frac{2l}{c} \cdot \frac{1}{1-\beta^2}.$$

Könnte man diese Lichtzeit so genau messen, daß man sicher wäre, den Bruch $\frac{1}{1-\beta^2}$ trotz des winzig kleinen Wertes der Größe β^2 von 1 zu unterscheiden, so hätte man damit ein Mittel, den Ätherwind nachzuweisen.

Aber man kann Lichtzeiten an sich keineswegs so genau messen; die Interferometermethoden liefern vielmehr nur Differenzen der Laufzeiten des Lichtes auf verschiedenen Wegen mit jener erstaunlichen Genauigkeit, die für diesen Zweck notwendig ist.

Daher läßt Michelson einen zweiten Lichtstrahl einen Weg AB von derselben Länge l, aber senkrecht zur Erdbahn, hin und zurück durchlaufen (Abb. 108). Während das Licht von A nach B läuft, hat sich die Erde ein Stück vorwärts bewegt, so daß der Punkt B an die Stelle B' des Äthers gelangt ist; der wahre Weg des Lichtes im Äther ist also AB', und wenn es dazu die Zeit t braucht, so ist $AB' = ct$.

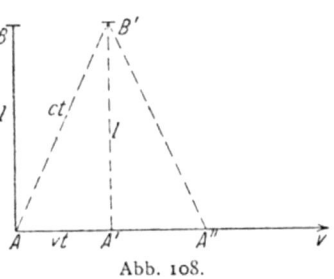

Abb. 108.

In derselben Zeit t hat sich A nach A' mit der Geschwindigkeit v bewegt; es ist also $AA' = vt$. Wendet man nun auf das rechtwinklige Dreieck $AA'B'$ den Pythagoräischen Lehrsatz an, so erhält man

$$c^2 t^2 = l^2 + v^2 t^2$$

oder

$$t^2(c^2 - v^2) = l^2, \quad t^2 = \frac{l^2}{c^2 - v^2} = \frac{l^2}{c^2} \cdot \frac{1}{1-\beta^2}, \quad t = \frac{l}{c} \cdot \frac{1}{\sqrt{1-\beta^2}}.$$

11*

Für den Rückweg braucht das Licht ebensolange; denn dabei verschiebt sich die Erde um dieselbe Strecke, wobei der Ausgangspunkt A von A' nach A'' gelangt.

Für den Hin- und Rückweg braucht das Licht also die Zeit:

$$t_2 = \frac{2l}{c} \cdot \frac{1}{\sqrt{1-\beta^2}}.$$

Der Unterschied der Durchlaufungszeit für dieselbe Strecke parallel und senkrecht zur Erdbewegung ist also:

$$t_1 - t_2 = \frac{2l}{c}\left(\frac{1}{1-\beta^2} - \frac{1}{\sqrt{1-\beta^2}}\right).$$

Nun kann man (ähnlich wie auf S. 98 ausgeführt) bei Vernachlässigung von Gliedern von höherer als 2. Ordnung in β näherungsweise $\frac{1}{1-\beta^2}$ durch $1+\beta^2$ und $\frac{1}{\sqrt{1-\beta^2}}$ durch $1+\frac{1}{2}\beta^2$ ersetzen[1]).

Daher kann man mit ausreichender Näherung schreiben:

$$t_1 - t_2 = \frac{2l}{c}\left((1+\beta^2) - (1+\tfrac{1}{2}\beta^2)\right) = \frac{2l}{c} \cdot \frac{\beta^2}{2} = \frac{l}{c}\beta^2.$$

Die Verzögerung der einen Lichtwelle gegen die andere ist also eine Größe 2. Ordnung.

Die Messung dieser Verzögerung läßt sich mit Hilfe des Michelsonschen Interferometers ausführen (Abb. 109). Bei diesem wird (vgl. S. 80) das von der Lichtquelle Q kommende Licht an der halbdurchlässigen Platte P in zwei Strahlen geteilt, die senkrecht zueinander bis zu den Spiegeln S_1 und S_2 laufen, dort zurückreflektiert werden und wieder zur Platte P gelangen; von hier treten sie vereinigt in das Beobachtungsfernrohr F, wo sie interferieren. Sind die Abstände S_1P und S_2P gleich,

---

[1]) Denn wenn x eine kleine Zahl ist, deren Quadrat vernachlässigt werden kann, so wird
$$(1+x)(1-x) = 1 - x^2 \text{ näherungsweise } = 1,$$
mithin
$$1 + x = \frac{1}{1-x};$$
ferner
$$(1-x)(1+\tfrac{1}{2}x)^2 = (1-x)(1+x+\tfrac{1}{4}x^2)$$
$$\text{näherungsweise} = (1-x)(1+x) = 1-x^2$$
$$\text{näherungsweise} = 1,$$
mithin
$$(1+\tfrac{1}{2}x)^2 = \frac{1}{1-x},$$
$$1+\tfrac{1}{2}x = \frac{1}{\sqrt{1-x}}.$$

Ersetzt man in den beiden gewonnenen Näherungsformeln x durch β^2, so bekommt man die im Text benutzten Annäherungen
$$\frac{1}{1-\beta^2} = 1+\beta^2, \quad \frac{1}{\sqrt{1-\beta^2}} = 1+\tfrac{1}{2}\beta^2.$$

und bringt man den einen Arm des Apparates in die Richtung der Erdbewegung, so hat man genau den eben erörterten Fall realisiert; die beiden Strahlen kommen also im Gesichtsfeld mit einer gegenseitigen Verzögerung von $\frac{l}{c}\beta^2$ an. Die Interferenzstreifen liegen also nicht genau da, wo sie bei ruhender Erde liegen müßten. Dreht man nun aber den Apparat um 90° herum, bis der andere Arm der Erdbewegung parallel ist, so werden jetzt die Interferenzstreifen um den gleichen Betrag nach der andern Seite verschoben sein. Beobachtet man also die Lage der Interferenzstreifen während der Drehung selbst, so muß dabei eine Verschiebung sichtbar werden, die der doppelten Verzögerung, $2\frac{l}{c}\beta^2$, entspricht.

Ist T die Periode der Schwingung des benutzten Lichtes, so ist das Verhältnis der Verzögerung zur Periode $\frac{2l}{cT}\beta^2$, und da nach der Formel (35), S. 77, die Wellenlänge $\lambda = cT$ ist, so kann man dieses Verhältnis $2\frac{l}{\lambda}\beta^2$ schreiben.

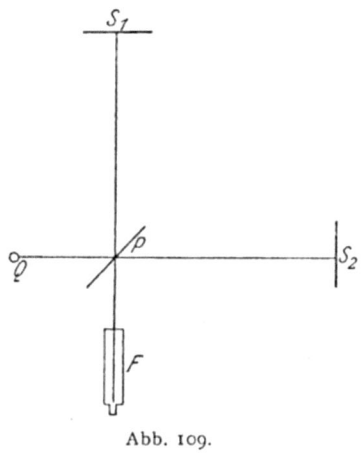

Abb. 109.

Die beiden interferierenden Wellenzüge erfahren daher bei der Drehung des Apparates eine Verschiebung gegeneinander, deren Verhältnis zur Wellenlänge durch $\frac{2l\beta^2}{\lambda}$ gegeben ist (Abb. 110). Die Interferenzstreifen selber entstehen dadurch, daß die in etwas verschiedenen Richtungen von der Lichtquelle ausgehenden Strahlen etwas verschiedene Wege zurückzulegen haben; der Streifenabstand entspricht einem Wegunterschiede von einer Wellenlänge, daher ist die beobachtbare Verschiebung der Streifen der Bruchteil $\frac{2l\beta^2}{\lambda}$ der Streifenbreite.

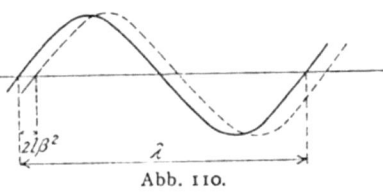

Abb. 110.

Michelson hat nun bei einer gemeinsam mit Morley (1887) in größerem Maßstabe ausgeführten Wiederholung des Versuches die Länge des Lichtweges durch mehrfache Hin- und Herreflexion auf 11 m $= 1{,}1 \cdot 10^3$ cm gebracht; die Wellenlänge des benutzten Lichtes betrug etwa $\lambda = 5{,}9 \cdot 10^{-5}$ cm. Wir wissen, daß β ungefähr gleich 10^{-4}, also $\beta^2 = 10^{-8}$ ist; daher wird

$$\frac{2l\beta^2}{\lambda} = \frac{2 \cdot 1{,}1 \cdot 10^3 \cdot 10^{-8}}{5{,}9 \cdot 10^{-5}} = 0{,}37\,,$$

d. h. die Interferenzstreifen müssen sich bei der Drehung des Apparates um mehr als $^1/_3$ ihres Abstandes verschieben. Michelson war sicher, daß der 100. Teil dieser Verschiebung noch wahrnehmbar sein müsse.

Als der Versuch aber ausgeführt wurde, zeigte sich nicht die geringste Spur der erwarteten Verschiebung, und auch spätere Wiederholungen mit noch raffinierteren Hilfsmitteln gaben kein anderes Resultat. Daraus muß geschlossen werden: *Der Ätherwind ist nicht vorhanden. Die Lichtgeschwindigkeit wird auch in Größen 2. Ordnung von der Bewegung der Erde durch den Äther nicht beeinflußt.*

15. Die Kontraktionshypothese.

Michelson selbst schloß aus seinem Versuche, daß der Äther von der bewegten Erde vollständig mitgeführt werde, wie es die elastische Theorie von Stokes und die elektromagnetische von Hertz behaupten. Aber das widerspricht den zahlreichen Experimenten, die partielle Mitführung beweisen. Michelson untersuchte nun, ob sich ein Unterschied der Lichtgeschwindigkeit in verschiedenen Höhen über dem Erdboden feststellen lasse, aber ohne positives Ergebnis; er folgerte daraus, daß sich die Bewegung des von der Erde mitgenommenen Äthers in sehr große Höhen über der Erdoberfläche erstrecken müsse. Dann würde also der Äther von einem bewegten Körper auf beträchtliche Entfernungen beeinflußt; aber das ist tatsächlich nicht der Fall, denn Oliver Lodge zeigte (1892), daß die Lichtgeschwindigkeit in der Nähe von rasch bewegten Körpern nicht im geringsten beeinflußt wird, selbst dann nicht, wenn das Licht in einem von dem Körper mitgeführten, starken elektrischen oder magnetischen Felde verläuft. Aber alle diese Bemühungen erscheinen fast überflüssig; denn hätten sie selbst zu einer einwandfreien Erklärung des Michelsonschen Versuches geführt, so bliebe die ganze übrige Elektrodynamik und Optik bewegter Körper unerklärt, die durchweg für teilweise Mitführung spricht.

Ein naheliegender Erklärungsversuch, der aber systematisch erst viel später von Ritz (1908) entwickelt worden ist, besteht in der Hypothese, daß die Lichtgeschwindigkeit von der Geschwindigkeit der *Lichtquelle* abhängt. Doch steht diese Annahme so ziemlich mit allen theoretischen und experimentellen Ergebnissen der Forschung im Widerspruch. Zunächst würde damit der Charakter der elektromagnetischen Vorgänge als Nahwirkung aufgegeben; denn eine solche besteht eben darin, daß die Fortpflanzung einer Wirkung von einer Stelle zur andern nur von den Vorgängen in der unmittelbaren Nachbarschaft dieser Stelle beeinflußt wird, nicht aber von der Geschwindigkeit einer weit entfernten Lichtquelle. Ritz hat daher auch offen seine Theorie als eine Art Emissionstheorie bezeichnet; aber das Emittierte sollen natürlich keine materiellen, den mechanischen Gesetzen gehorchende Teilchen sein, sondern ein Agens, das beim Eindringen in Materie auf die Elektronen gerichtete, transversale Kräfte ausübt und diese zum Schwingen bringt. Lichtschwingungen sind dann also nur in der Materie, nicht im Äther vorhanden. Der Einwand, daß für eine Emissionstheorie die Interferenz unerklärlich bleibt, ist offenbar bei dieser Auffassung unberechtigt.

Aber es ist Ritz nicht gelungen, seine Theorie mit den optischen und elektromagnetischen Erfahrungen in Einklang zu bringen; überall, wo man mit relativen Bewegungen von Lichtquelle und Beobachter zu tun hat, zeigen sich zwar Einflüsse auf die Schwingungszahl (Dopplerscher Effekt) und auf die Richtung (Aberration), aber nicht auf die Geschwindigkeit des Lichtes (Experimente von Arago, S. 103, und Hoek, S. 104). Neuerdings hat de Sitter (1913) durch eine ausführliche Untersuchung bewiesen, daß die Geschwindigkeit des von den Fixsternen kommenden Lichtes von der Bewegung dieser Gestirne unabhängig ist.

Wir haben diese Theorie trotz ihres Mißerfolges erwähnt, weil ein Gedanke, den sie betont, auch für das Verständnis der Relativitätstheorie wichtig ist; nämlich die Tatsache, daß alle *beobachtbaren* Vorgänge immer an die Materie gebunden sind. Das »Feld im Äther« ist eine Fiktion, ersonnen, um die räumlichen und zeitlichen Abhängigkeiten der Vorgänge in den Körpern möglichst einfach zu beschreiben. Wir werden nachher auf diese Auffassung zurückkommen.

Wir wenden uns jetzt zur Elektronentheorie von Lorentz zurück, die durch das Michelsonsche Experiment offenbar in eine recht schwierige Lage geraten mußte. Die Lehre vom ruhenden Äther scheint unabweisbar die Existenz des Ätherwindes auf der Erde zu fordern und steht daher im schärfsten Widerspruch zu Michelsons Versuchsergebnisse. Daß sie daran nicht sogleich zugrunde ging, zeigt ihre Stärke, die auf der Einheitlichkeit und Geschlossenheit ihres physikalischen Weltbildes beruht.

Schließlich wurde sie auch dieser Schwierigkeit bis zu einem gewissen Grade Herr, allerdings durch eine höchst sonderbare Hypothese, mit der Fitz-Gerald (1892) hervortrat und die Lorentz sogleich annahm und ausbaute.

Erinnern wir uns an die Überlegungen, die die Grundlage des Michelsonschen Versuches bilden. Wir fanden, daß die Zeit, die ein Lichtstrahl zum Hin- und Hergange längs einer Strecke l braucht, verschieden ist, je nachdem diese der Erdbewegung parallel oder auf ihr senkrecht ist; und zwar beträgt sie im ersten Falle $t_1 = \dfrac{2l}{c} \cdot \dfrac{1}{1-\beta^2}$, im zweiten $t_2 = \dfrac{2l}{c} \dfrac{1}{\sqrt{1-\beta^2}}$.

Angenommen nun, der parallel zur Erdbewegung gerichtete Arm des Interferometers würde im Verhältnis $\sqrt{1-\beta^2} : 1$ verkürzt, so würde die Zeit t_1 im selben Verhältnisse kleiner werden, nämlich

$$t_1 = \frac{2l\sqrt{1-\beta^2}}{c(1-\beta^2)} = \frac{2l}{c} \cdot \frac{1}{\sqrt{1-\beta^2}}$$

Also wäre $t_1 = t_2$.

Die durch ihre Grobheit und Kühnheit überraschende Hypothese lautet nun einfach so: *Jeder Körper, der gegen den Äther die Geschwindigkeit v hat, zieht sich in der Bewegungsrichtung um den Bruchteil*

$$\sqrt{1-\beta^2} = \sqrt{1-\frac{v^2}{c^2}}$$

zusammen.

In der Tat muß dann der Michelsonsche Versuch ein negatives Resultat ergeben, denn für beide Stellungen des Interferometers ist dann $t_1 = t_2$. Ferner, und das ist die Hauptsache, wäre eine solche Kontraktion durch kein Mittel auf der Erde feststellbar; denn jeder irdische Maßstab würde sich ebenso kontrahieren. Ein Beobachter, der außerhalb der Erde im Äther ruhte, würde allerdings die Kontraktion bemerken; die ganze Erde würde in der Bewegungsrichtung abgeplattet sein, und alle Dinge darauf ebenso.

Die Kontraktionshypothese erscheint darum so merkwürdig, fast absurd, weil die Verkürzung nicht als eine Folge irgendwelcher Kräfte, sondern als einfacher Begleitumstand der Tatsache der Bewegung erscheint. Aber Lorentz ließ sich durch diesen Einwand nicht abschrecken, sie seiner Theorie einzuverleiben, zumal *neue* Erfahrungen bestätigten, daß auch in zweiter Ordnung keine Wirkung der Erdbewegung durch den Äther beobachtet werden kann.

Wir können alle diese Experimente hier weder beschreiben, noch gar im einzelnen diskutieren. Sie sind teils optisch und betreffen die Vorgänge bei der Spiegelung und Brechung, der Doppelbrechung, der Drehung der Polarisationsebene usw., teils sind sie elektromagnetisch und betreffen die Induktionserscheinungen, die Stromverteilung in Drähten usw. Die physikalische Technik gestattet heute festzustellen, ob bei diesen Vorgängen ein Einfluß zweiter Ordnung der Erdbewegung vorhanden ist oder nicht. Besonders beachtenswert ist ein Versuch von Trouton und Noble (1903) zur Auffindung einer Drehkraft, die an einem aufgehängten Plattenkondensator infolge des Ätherwindes auftreten sollte.

Diese Experimente fielen ausnahmslos negativ aus. Man durfte nicht mehr daran zweifeln, daß eine Translationsbewegung durch den Äther vom mitbewegten Beobachter nicht wahrgenommen werden kann. Das Relativitätsprinzip, das für die Mechanik gilt, erstreckt also seine Gültigkeit auf die Gesamtheit aller elektromagnetischen Vorgänge.

Nun ging Lorentz daran, diese Tatsache mit seiner Äthertheorie in Einklang zu bringen; und dazu schien kein anderer Weg vorhanden als die Annahme der Kontraktionshypothese und ihre Verarbeitung mit den Gesetzen der Elektronentheorie zu einem widerspruchslosen, einheitlichen Ganzen. Zunächst bemerkte er, daß ein System elektrischer Ladungen, die sich allein unter der Wirkung ihrer elektrostatischen Kräfte im Gleichgewichte halten, sich von selbst kontrahiert, sobald es in Bewegung gesetzt wird; genauer gesagt, die bei der gleichförmigen Bewegung des Systems auftretenden elektromagnetischen Kräfte verändern die Gleichgewichtskonfiguration so, daß jede Länge in der Bewegungsrichtung um den Faktor $\sqrt{1-\beta^2}$ verkürzt wird.

Dieser mathematische Satz führt nun zu einer Erklärung der Kontraktion, wenn man annimmt, daß alle physikalischen Kräfte im Grunde elektrischen Ursprungs sind oder wenigstens dieselben Gesetze des Gleichgewichts in gleichförmig bewegten Systemen befolgen. Die Schwierigkeit, alle Kräfte als elektrische anzusehen, beruht darauf, daß diese nach altbekannten Sätzen, die schon von Gauß stammen, zwar zu Gleichgewichten, aber niemals zu *stabilen* Gleichgewichten von Ladungen führen. Die Kräfte, die die Atome zu Molekeln und diese zu festen Körpern verbinden, können daher nicht einfach elektrisch sein. Am klarsten tritt die Notwendigkeit der Annahme von nichtelektrischen Kräften hervor, wenn man nach der dynamischen Konstitution des einzelnen Elektrons selbst fragt. Dieses soll eine Anhäufung negativer Ladung sein; man muß dieser eine endliche Ausdehnung zuschreiben, denn wie wir (S. 160) gesehen haben, ist die Energie einer kugelförmigen Ladung vom Radius a gleich $\frac{1}{2}\frac{e^2}{a}$ und wird unendlich groß, wenn a gleich Null gesetzt wird. Die einzelnen Teile des Elektrons streben aber auseinander, da gleichnamige Ladungen sich abstoßen. Folglich muß eine fremde Kraft da sein, die sie zusammenhält. In der Abrahamschen Theorie des Elektrons wird angenommen, daß dieses eine *starre* Kugel sei; d. h. die nichtelektrischen Kräfte sollen so groß sein, daß sie überhaupt keine Deformation zulassen. Man kann aber natürlich auch andere Annahmen machen.

Für Lorentz lag nun die Hypothese nahe, daß auch das Elektron die Kontraktion $\sqrt{1-\beta^2}$ erfährt; wir haben bereits oben (S. 162) gesagt, daß sich dann eine viel einfachere Formel für die Masse des Elektrons ergibt, als nach der Abrahamschen Hypothese. Das Lorentzsche Elektron hat aber außer der elektromagnetischen Energie noch eine Deformationsenergie fremden Ursprungs, die bei dem starren Elektron von Abraham fehlt.

Lorentz untersuchte nun die Frage, ob die Kontraktionshypothese zur Ableitung der Relativität genügt. In schwierigen Rechnungen stellte er fest, daß das nicht der Fall sei; aber er fand auch (1899), welche Annahme noch hinzukommen muß, damit alle elektromagnetischen Vorgänge in bewegten Systemen ebenso ablaufen wie im Äther. Sein Resultat ist zum mindesten ebenso merkwürdig, wie die Kontraktionshypothese; es lautet: *Man muß in einem gleichförmig bewegten Systeme ein anderes Zeitmaß verwenden.* Er nannte dieses von System zu System verschiedene Zeitmaß »*Ortszeit*«. Die Kontraktionshypothese kann man offenbar so aussprechen, daß das Längenmaß in bewegten Systemen anders ist als im Äther. Beide Hypothesen zusammen besagen nun, daß Raum und Zeit in bewegten Systemen anders gemessen werden müssen als im Äther. Lorentz gab die Gesetze an, nach denen die Maßgrößen in verschieden bewegten Systemen aufeinander umgerechnet werden können, und bewies, daß bei diesen Transformationen die Feldgleichungen der Elektronentheorie unverändert bleiben. Das ist der mathematische Gehalt seiner Entdeckung; zu ähnlichen Ergebnissen gelangten fast zur gleichen Zeit[1]) der englische Physiker Larmor (1900) und der französische Mathematiker Poincaré (1905). Wir werden diese Zusammenhänge sogleich von Einsteins Standpunkte in viel durchsichtigerer Form kennenlernen und gehen daher hier nicht darauf ein. Aber wir wollen uns klarmachen, welche Folgen die neue Wendung der Lorentzschen Theorie für die Vorstellung vom Äther hat.

In der neuen Theorie von Lorentz gilt in Übereinstimmung mit der Erfahrung das Relativitätsprinzip für alle elektrodynamischen Vorgänge; ein Beobachter nimmt also in seinem System dieselben Vorgänge wahr, mag dieses im Äther ruhen oder in geradlinig, gleichförmiger Bewegung begriffen sein. Er besitzt also überhaupt kein Mittel, das eine vom andern zu unterscheiden; denn auch die Beobachtung von andern Körpern in der Welt, die sich unabhängig von ihm bewegen, lehrt ihn immer nur die Relativbewegung gegen diese kennen, niemals die absolute Bewegung gegen den Äther. Er kann also behaupten, daß er selber im Äther ruhe, ohne daß jemand ihn widerlegen kann. Allerdings kann ein zweiter Beobachter auf einem andern, relativ zum ersten bewegten Körper mit demselben Rechte dasselbe behaupten. Es gibt kein empirisches oder theoretisches Mittel, zu entscheiden, ob einer von beiden und welcher recht hat.

Wir gelangen hier also in dieselbe Lage gegenüber dem Äther, in die uns das klassische Relativitätsprinzip der Mechanik gegenüber dem absoluten Raume Newtons brachte (III. 6, S. 56). Dort müßten wir zugeben, daß es sinnlos sei, einen bestimmten Ort im absoluten Raume als etwas *Wirkliches* im Sinne der Physik anzuerkennen; denn es gibt kein mechanisches Mittel einen Ort im absoluten Raume zu fixieren oder wiederzufinden. Genau so muß man jetzt zugestehen, daß eine bestimmte Stelle im Äther nichts physikalisch Wirkliches ist; damit verliert aber der Äther selbst vollkommen den Charakter einer Substanz. Ja, man darf sogar sagen: Wenn von zwei relativ zueinander bewegten Beobachtern jeder das gleiche Recht hat zu behaupten, er ruhe im Äther, so kann es gar keinen Äther geben.

Die Äthertheorie führt also in ihrer höchsten Entwicklung zur Aufhebung ihres Grundbegriffes. Aber man hat sich nur schwer dazu entschließen können, die Leerheit der Äthervorstellung zuzugeben; selbst Lorentz, dessen geistvolle Gedanken und mühevolle Arbeit die Äthertheorie bis zu dieser Krisis geführt haben, hat sich längere Zeit vor diesem Schritte gescheut. Der Grund dafür ist der: Man hat den Äther eigens dafür erdacht, damit ein Träger der Lichtschwingungen oder allgemeiner der

---

[1]) Es ist historisch interessant, daß die heute als Lorentz-Transformation [s. VI, 2, S. 180, Formel (72)] bezeichneten Formeln für die Umrechnung auf ein bewegtes System schon 1887 von Voigt in einer Abhandlung aufgestellt worden sind, die noch auf dem Boden der elastischen Lichttheorie steht.

elektromagnetischen Kräfte im leeren Raume vorhanden ist. Schwingungen ohne etwas, was schwingt, sind in der Tat undenkbar. Wir haben aber schon oben, bei Besprechung der Ritzschen Theorie, darauf hingewiesen, daß die Behauptung, auch im leeren Raume seien *feststellbare* Schwingungen vorhanden, über jede mögliche Erfahrung hinausgeht. Licht oder elektromagnetische Kräfte sind immer nur an der Materie nachweisbar; der leere, von der Materie völlig freie Raum ist überhaupt kein Gegenstand der Beobachtung. Feststellbar ist nur: Von diesem materiellen Körper geht eine Wirkung aus und trifft an jenem materiellen Körper einige Zeit später ein. Was dazwischen geschieht, ist rein hypothetisch, oder, schärfer ausgedrückt, willkürlich; das bedeutet, die Theorie darf das Vakuum mit Zustandsgrößen, Feldern oder dergleichen nach freiem Ermessen ausstatten, mit der einzigen Einschränkung, daß dadurch die an materiellen Körpern beobachteten Veränderungen in einen straffen, durchsichtigen Zusammenhang gebracht werden.

Diese Auffassung ist ein neuer Schritt in der Richtung nach höherer Abstraktion, nach Loslösung von gewohnten Anschauungen, die scheinbar notwendige Bestandteile der Vorstellungswelt sind. Zugleich ist sie aber eine Annäherung an das Ideal, nur das durch die Erfahrung direkt Gegebene als Baustein der physikalischen Welt gelten zu lassen, unter Ausmerzung aller überflüssigen Bilder und Analogien, die einem Zustande primitiverer und roherer Erfahrung entstammen.

Der substantielle Äther verschwindet von jetzt an aus der Theorie. An seine Stelle tritt das abstrakte »elektromagnetische Feld« als bloßes mathematisches Hilfsmittel zur bequemeren Beschreibung der Vorgänge in der Materie und ihrer gesetzmäßigen Zusammenhänge[1]).

Wer vor einer solchen formalen Auffassung zurückschreckt, denke an folgende, ganz analoge Abstraktion, an die er sich längst gewöhnt hat: Zur Ortsbestimmung auf dem Erdboden werden auf Kirchtürmen, Bergspitzen und anderen, sichtbaren Punkten trigonometrische Zeichen angebracht, auf denen die geographische Länge und Breite verzeichnet sind. Auf dem Meere aber ist nichts davon vorhanden; dort sind die Längen- und Breitenkreise nur gedacht, oder, wie man auch sagt, virtuell. Wenn ein Schiff seinen Ort feststellen will, so verwandelt es einen Schnittpunkt dieser gedachten Linien durch astronomische Beobachtungen in Wirklichkeit, den virtuellen Ort in einen reellen. Ganz ähnlich ist das elektromagnetische Feld aufzufassen. Der feste Erdboden entspricht der Materie, die trigonometrischen Marken den feststellbaren physikalischen Veränderungen. Das Meer aber entspricht dem Vakuum, die Längen-

---

[1]) Einstein hat neuerdings vorgeschlagen, den leeren, mit Gravitations- und elektromagnetischen Feldern ausgestattet gedachten Raum »*Äther*« zu nennen, wobei aber dieses Wort keine Substanz mit deren traditionellen Attributen bezeichnen soll; so gibt es in diesem »Äther« keine fixierbaren Punkte und es ist sinnlos von Bewegung relativ zum »Äther« zu sprechen. Ein solcher Gebrauch des Wortes Äther ist natürlich zulässig und, wenn einmal eingebürgert, wohl auch bequem.

und Breitenkreise dem gedachten elektromagnetischen Felde. Dieses ist virtuell, bis ein Probekörper hereingebracht wird und es durch seine reellen Veränderungen sichtbar macht; geradeso wie das Schiff den virtuellen geographischen Ort realisiert.

Nur wer diese Betrachtungsweise sich wirklich angeeignet hat, wird die weitere Entwicklung der Lehre von Raum und Zeit verstehen. Verschiedene Menschen sind der fortschreitenden Abstraktion, Objektivierung und Relativierung verschieden zugänglich. Die alten Kulturvölker des europäischen Kontinents, Deutsche, Holländer, Skandinavier, Franzosen und Italiener, nehmen sie am leichtesten auf und sind am lebhaftesten am Weiterbau des Systems beteiligt. Die Engländer, die zu konkreten Vorstellungen neigen, sind schon schwerer zugänglich. Der Amerikaner hält sich gern an mechanische Bilder und Modelle; selbst Michelson, dessen experimentelle Arbeiten den größten Anteil an der Zerstörung der Äthertheorie haben, lehnt eine ätherlose Lichttheorie als undenkbar ab. Aber die junge Generation wird überall schon im Sinne der neuen Auffassungen erzogen und nimmt das als Selbstverständlichkeiten hin, was den Älteren als unerhörte Neuerung gilt.

Überblicken wir die Entwicklung, so sehen wir die Äthertheorie mit dem Relativitätsprinzip abschließen und durch dieses ihr Ende finden. Der substantielle Äther verschwindet als überflüssige Hypothese, das Relativitätsprinzip tritt um so klarer als Grundgesetz der Physik hervor. Daher entsteht die Aufgabe, von dieser sicheren Grundlage aus das Gebäude der physikalischen Welt neu aufzubauen. Wir kommen damit endlich zu Einsteins Arbeiten.

VI. Das spezielle Einsteinsche Relativitätsprinzip.

1. Der Begriff der Gleichzeitigkeit.

Die logischen Schwierigkeiten, die bei der Durchführung des Relativitätsprinzips auf die elektrodynamischen Vorgänge zu überwinden waren, beruhen darauf, daß folgende zwei Sätze in Einklang zu bringen sind:
1. Nach der klassischen Mechanik hat die Geschwindigkeit irgendeiner Bewegung verschiedene Werte für zwei relativ zueinander bewegte Beobachter.
2. Die Erfahrung aber lehrt, daß die Lichtgeschwindigkeit unabhängig von dem Bewegungszustande des Beobachters immer denselben Wert c hat.

Die ältere Äthertheorie versuchte, den Widerspruch der beiden Sätze dadurch fortzuschaffen, daß die Lichtgeschwindigkeit in zwei Summanden geteilt wurde, die Geschwindigkeit des Lichtäthers und die Geschwindigkeit des Lichtes gegen den Äther, wobei der erste Anteil noch durch Mitführungshypothesen geeignet bestimmt werden konnte. Hierdurch gelingt aber die Aufhebung des Widerspruchs nur bezüglich Größen 1. Ordnung. Die Lorentzsche Theorie mußte, um den Satz von der Konstanz der Lichtgeschwindigkeit streng aufrecht zu erhalten, für jedes bewegte System ein besonderes Längen- und Zeitmaß einführen; der Satz kommt dann also durch eine Art »physikalischer Täuschung« zustande.

Einstein erkannte (1905), daß es sich bei der Lorentzschen Längenkontraktion und Ortszeit nicht um einen mathematischen Kunstgriff und eine physikalische Täuschung handelt, sondern um die Grundlagen der Begriffe von Raum und Zeit überhaupt.

Von den beiden Sätzen 1. und 2. ist der erste rein theoretischer, begrifflicher Art, der zweite empirisch begründet.

Da nun der zweite, der Satz von der Konstanz der Lichtgeschwindigkeit, als experimentell ganz sicher gelten muß, so bleibt nichts übrig als den ersten Satz fallen zu lassen und damit die Prinzipien der Raum- und Zeitbestimmung, wie sie bisher immer gehandhabt worden sind. Es muß also in diesen ein Fehler stecken, zum mindesten ein Vorurteil, eine Verwechslung von Gewohntem mit Denknotwendigem, jenem bekannten Hindernisse jeglichen Fortschrittes.

Dieses Vorurteil nun steckt in dem *Begriffe der Gleichzeitigkeit*.

Es gilt als selbstverständlich, daß der Satz einen Sinn hat: Ein Ereignis an der Stelle A, etwa auf der Erde, und ein Ereignis an der

Stelle B, etwa auf der Sonne, sind gleichzeitig. Man setzt dabei voraus, daß Begriffen wie Zeitmoment, Gleichzeitigkeit, früher, später usw. eine Bedeutung an sich, a priori, gültig für das Weltganze, zukommt. Auf diesem Standpunkte war auch Newton, als er die Existenz einer absoluten Zeit oder Dauer postulierte (III, 1, S. 45), die »gleichförmig und ohne Beziehung auf irgendeinen äußeren Gegenstand« verfließen soll.

Aber für den messenden Physiker ist jedenfalls eine solche Zeit nicht vorhanden. Für ihn hat der Satz, ein Ereignis bei A und ein Ereignis bei B seien gleichzeitig, schlechthin keinen Sinn; denn er besitzt kein Mittel, um über die Richtigkeit oder Falschheit der Behauptung zu entscheiden.

Um nämlich die Gleichzeitigkeit zweier Ereignisse, die an verschiedenen Orten stattfinden, beurteilen zu können, muß man an jedem Orte Uhren haben, von denen man sicher ist, daß sie gleich gehen oder »synchron« sind. Die Frage läuft also auf die heraus: Kann man ein Mittel angeben, um den gleichen Gang zweier an verschiedenen Orten befindlicher Uhren zu prüfen?

Wir denken uns die beiden Uhren im festen Abstande l bei A und B in einem Bezugsysteme S ruhend. Man kann nun die Uhren auf zwei Weisen auf gleichen Gang bringen:

1. Man trägt sie an dieselbe Stelle, reguliert sie dort, bis sie richtig gehen, und bringt sie dann nach A und B zurück.
2. Man benutzt Zeitsignale zur Uhrvergleichung.

Beide Verfahren werden in der Praxis verwandt; ein Seeschiff führt einen gutgehenden Chronometer mit, der nach der Normaluhr im Heimathafen reguliert ist, außerdem aber bekommt es Zeitsignale mit drahtloser Telegraphie.

Daß man letztere für nötig hält, beweist das Mißtrauen, welches man gegen die »mitgenommene« Zeit hat. Die praktische Schwäche des Verfahrens der transportabeln Uhr besteht darin, daß der kleinste Fehler im Gange sich dauernd vergrößert. Aber auch wenn man die Annahme macht, daß es ideale, fehlerfreie Uhren gibt (wie sie der Physiker in den Atomschwingungen bei der Lichtaussendung zu besitzen überzeugt ist), so ist es logisch unzulässig, die Zeitdefinition in relativ zueinander bewegten Systemen auf diese zu stützen. Denn direkt, d. h. ohne Vermittelung von Signalen, prüfbar ist doch der gleiche Gang zweier Uhren, seien sie noch so gut, nur, wenn sie relativ zueinander ruhen; daß sie auch bei relativer Bewegung den gleichen Gang behalten, ist (ohne Signale) nicht feststellbar; es wäre eine reine Hypothese, die wir nach den Prinzipien physikalischer Forschung zu vermeiden suchen müssen. Dadurch wird man dazu gedrängt, das Verfahren der Zeitsignale für die Definition der Zeit in relativ bewegten Systemen zu bevorzugen; wenn man damit zu einem widerspruchsfreien System der Zeitmessung gelangt, wird man nachträglich zu untersuchen haben, wie eine ideale Uhr beschaffen sein muß, damit sie in beliebig bewegten Systemen immer die »richtige« Zeit anzeigt (s. VI, 5, S. 189).

Stellen wir uns einen Schleppzug auf See vor, bestehend aus einem Schleppdampfer A und einigen an gespannter Trosse geschleppten Frachtkähnen B, C, D. Es sei Windstille und so dichter Nebel, daß ein Schiff vom andern nicht sichtbar ist; sollen nun die Uhren auf den Schiffen verglichen werden, so wird man Schallsignale benutzen. Der Schlepper A wird etwa um 12 Uhr einen Schuß lösen, und wenn der Knall auf den Kähnen hörbar ist, so werden diese ihre Uhren auf 12 Uhr stellen. Hierbei begehen sie aber offenbar einen kleinen Fehler, da ja der Schall eine gewisse Zeit braucht, um von A nach B, C... zu gelangen. Wenn die Schallgeschwindigkeit c bekannt ist, so kann man diesen Fehler beseitigen. c ist etwa gleich 340 m/sec; wenn der Kahn B um $l = 170$ m hinter A ist, so braucht der Schall $t = \dfrac{l}{c} = \dfrac{170}{340} = \tfrac{1}{2}$ sec von A nach B, die Uhr bei B muß daher bei Eintreffen des Schalles auf $\tfrac{1}{2}$ sec nach 12 Uhr gestellt werden. Aber auch die Korrektion ist nur richtig, wenn der Schleppzug still liegt; sobald er fährt, braucht offenbar der Schall von A nach B kürzere Zeit, weil der Kahn B der Schallwelle entgegenkommt. Wenn man jetzt die genaue Korrektion anbringen will, so muß man die absolute Geschwindigkeit der Schiffe gegen die Luft kennen. Ist diese unbekannt, so ist auch eine absolute Zeitvergleichung mit Hilfe des Schalles unmöglich. Bei sichtigem Wetter kann man das Licht statt des Schalles benutzen; da dieses ungeheuer viel schneller läuft, ist der Fehler jedenfalls sehr klein, aber bei einer prinzipiellen Betrachtung kommt es auf die absolute Größe natürlich gar nicht an. Denken wir uns statt des Schleppzuges auf See einen Weltkörper im Äthermeer, statt des Schallsignals ein Lichtsignal, so bleiben doch alle Überlegungen ungeändert bestehen. Einen schnelleren Boten als das Licht aber gibt es im Weltenraume nicht. Wir sehen, daß die Theorie vom absolut ruhenden Äther zu dem Schlusse führt: eine absolute Zeitvergleichung in bewegten Systemen ist nur ausführbar, wenn man die Bewegung gegen den Äther kennt.

Aber das Resultat aller experimentellen Forschungen war, daß eine Bewegung gegen den Äther durch keine physikalische Beobachtung feststellbar ist. Daraus folgt, daß absolute Gleichzeitigkeit ebenfalls auf keine Weise festgestellt werden kann.

Das Paradoxe dieses Satzes verschwindet, wenn man sich klar macht, daß man zur Zeitvergleichung mit Lichtsignalen den genauen Wert der Lichtgeschwindigkeit schon kennen muß, daß aber die Messung dieser wiederum auf die Bestimmung einer Zeitdauer herausläuft. Hier liegt offenbar ein logischer Zirkel vor.

Kann man nun auch keine absolute Gleichzeitigkeit erreichen, so läßt sich doch, wie Einstein bemerkt hat, eine relative Gleichzeitigkeit für alle in relativer Ruhe zueinander befindlichen Uhren definieren, wobei der Wert der Signalgeschwindigkeit nicht bekannt zu sein braucht.

Wir wollen dies zunächst an unserm Schleppzuge zeigen. Wenn dieser ruht, so wird der gleiche Gang der auf den Schiffen A und B befindlichen Uhren (Abb. 111) folgendermaßen erreicht werden können: man bringt ein Boot C genau in die Mitte der Schleppleine zwischen A und B und läßt dort einen Schuß abgeben; dann muß der Knall bei A und B gleichzeitig gehört werden.

Wenn nun der Schleppzug S fährt, so kann man offenbar genau dasselbe Verfahren anwenden; wenn die Schiffer nicht daran denken, daß sie relativ zur Luft in Bewegung sind, so werden sie überzeugt sein, daß die Uhren in A und B gleich gehen.

Ein zweiter Schleppzug S', dessen Schiffe A', B', C' in genau denselben Abständen voneinander liegen wie die entsprechenden des ersten S, möge seine Uhren auf dieselbe Art vergleichen. Wenn jetzt der eine Zug den andern überholt, mag dieser nun ruhen oder selber fahren, so werden in einem Augenblicke die Schiffe A an A', B an B' vorübergleiten, und die Schiffer können prüfen, ob ihre Uhren übereinstimmen. Natürlich werden sie finden, daß das nicht der Fall ist; wenn etwa A und A' zufällig synchron sind, so sind es B und B' nicht.

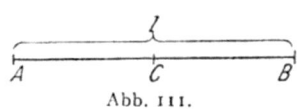

Abb. 111.

Dadurch wird der Fehler zutage kommen; bei Fahrt braucht offenbar das Signal vom Mittelpunkte C nach dem vorderen Schiffe A längere, nach dem hinteren Schiffe B kürzere Zeit als in Ruhe, weil A vor der Schallwelle flieht, B ihr entgegenkommt; und dieser Unterschied ist verschieden, wenn die Geschwindigkeiten der beiden Züge verschieden sind.

Im Falle des Schalles hat nun *ein* System die richtige Zeit, nämlich das relativ zur Luft ruhende. Im Falle des Lichtes aber besteht keine Möglichkeit, das zu behaupten, weil absolute Bewegung gegen den Lichtäther ein Begriff ist, der nach allen Erfahrungen keine physikalische Realität hat. Das am Beispiel des Schalles erörterte Verfahren zur Uhrregulierung ist natürlich auch mit Licht möglich; die in A und B befindlichen Uhren werden so gestellt, daß jeder vom Mitelpunkt C der Strecke AB ausgehende Lichtblitz die Uhren in A und B bei gleicher Stellung ihrer Zeiger erreicht. Auf diese Weise kann jedes System S den Synchronismus seiner Uhren herstellen; wenn sich aber zwei solche, gleichförmig und geradlinig gegeneinander bewegte Systeme begegnen und etwa die Uhren A, A' übereinstimmen, so werden die Uhren B, B' verschiedene Zeigerstellungen haben. Beide Systeme können mit *gleichem* Rechte beanspruchen, die richtige Zeit zu haben; denn jedes kann behaupten, daß es ruht, weil alle Naturgesetze in beiden gleichlauten.

Wenn aber zwei mit gleichem Rechte denselben Anspruch erheben, der seinem Sinne nach nur einem zukommen kann, so muß man schließen, daß der Anspruch überhaupt sinnlos ist:

Es gibt keine absolute Gleichzeitigkeit.

Der Begriff der Gleichzeitigkeit.

Wer das einmal begriffen hat, dem ist es schwer verständlich, daß viele Jahrhunderte exakter Forschung vergehen mußten, bis diese einfache Tatsache erkannt wurde. Es ist die alte Geschichte vom Ei des Columbus.

Die nächste Frage ist die, ob die Methode der Uhrvergleichung, die wir eingeführt haben, zu einem widerspruchslosen relativen Zeitbegriffe führt.

Das ist tatsächlich der Fall. Wir wollen, um das einzusehen, die Minkowskische Darstellung der Ereignisse oder Weltpunkte in einer xt-Ebene benützen, wobei wir uns auf Bewegungen in der x-Richtung beschränken und daher y und z fortlassen (Abb. 112).

Die auf der x-Achse ruhenden Punkte A, B, C werden in dem xt-Koordinatensystem S als 3 Parallele zur t-Achse dargestellt. Der Punkt C liege in der Mitte zwischen A und B. Von ihm soll zur Zeit $t = 0$ ein Lichtsignal nach beiden Richtungen ausgesandt werden.

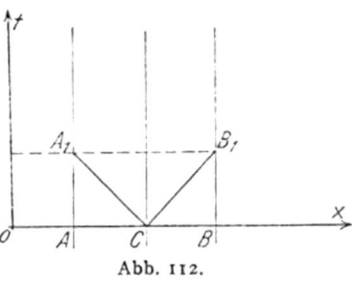

Abb. 112.

Wir nehmen an, daß das System S »ruhe«, d. h. daß die Lichtgeschwindigkeit nach beiden Richtungen gleich sei; dann werden die nach rechts und links eilenden Lichtsignale durch Gerade dargestellt, die gegen die x-Achse gleich geneigt sind und die wir »Lichtlinien« nennen. Die Neigung wollen wir gleich 45° annehmen, was offenbar darauf herausläuft, daß dieselbe Strecke, die in der Figur die Längeneinheit 1 cm auf der x-Achse darstellt, auf der t-Achse die sehr kleine Zeit $\frac{1}{c}$ sec bedeutet, die das Licht zum Durchlaufen von 1 cm Weg braucht.

Die Schnittpunkte A_1, B_1 der Lichtlinien mit den Weltlinien der Punkte A, B geben durch ihre t-Werte die Momente des Eintreffens der beiden Lichtsignale an. Man sieht, daß A_1 und B_1 auf einer Parallelen zur x-Achse liegen, also gleichzeitig sind.

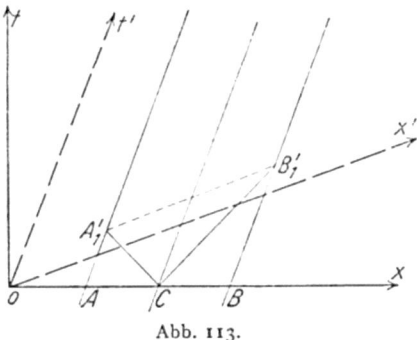

Abb. 113.

Jetzt sollen die 3 Punkte A, B, C gleichförmig mit gleicher Geschwindigkeit bewegt sein; ihre Weltlinien sind dann wieder parallel, aber geneigt gegen die x-Achse (Abb. 113). Die Lichtsignale werden durch dieselben von C ausgehenden Lichtlinien wie oben dargestellt; aber ihre Schnittpunkte A'_1, B'_1 mit den Weltlinien A, B liegen jetzt *nicht* auf

Born, Relativitätstheorie. 3. Aufl.

einer Parallelen zur x-Achse, sie sind also im xt-Koordinatensysteme *nicht* gleichzeitig, sondern B'_t ist später als A'_t. Dagegen wird ein mitbewegter Beobachter mit gleichem Rechte behaupten, daß A'_t, B'_t gleichzeitige Ereignisse (Weltpunkte) sind; er wird ein $x't'$-Koordinatensystem S' gebrauchen, bei dem die Punkte A'_t, B'_t auf einer Parallelen zur x'-Achse liegen. Die Weltlinien der Punkte A, B, C selbst sind natürlich der t'-Achse parallel, weil A, B, C im Systeme S' ruhen, ihre x'-Koordinaten für alle t' denselben Wert haben.

Daraus ergibt sich, daß das mitbewegte System S' in der xt-Ebene durch ein schiefwinkliges Koordinatensystem $x't'$ dargestellt wird, bei dem *beide* Achsen gegen die ursprünglichen geneigt sind.

Wir erinnern uns nun daran, daß in der gewöhnlichen Mechanik die Inertialsysteme in der xt-Ebene ebenfalls durch schiefwinklige Koordinaten mit beliebig gerichteter t-Achse dargestellt werden, wobei aber die x-Achse immer dieselbe bleibt (III, 7, S. 60). Wir haben schon dort darauf hingewiesen, daß dies vom mathematischen Standpunkte ein Schönheitsfehler ist, der durch die Relativitätstheorie aufgehoben wird. Jetzt sieht man klar, wie das durch die neue Definition der Gleichzeitigkeit zustande kommt. Zugleich gewinnt man durch den Anblick der Figur auch ohne Rechnung die Überzeugung, daß diese Definition in sich widerspruchslos möglich sein muß; denn sie bedeutet ja nichts anderes als den Gebrauch schiefwinkliger xt-Koordinaten statt rechtwinkliger.

Die Einheiten der Länge und der Zeit in dem schiefwinkligen System werden durch die Konstruktion noch nicht bestimmt; bei dieser ist nur die Tatsache benützt, daß das Licht sich nach allen Richtungen in einem System S gleich schnell ausbreitet, aber noch nicht der Satz, daß die Lichtgeschwindigkeit in allen Inertialsystemen denselben Wert c hat. Zieht man diesen noch heran, so gewinnt man die vollständige Kinematik Einsteins.

2. Die Einsteinsche Kinematik und die Lorentz-Transformationen.

Wir wiederholen noch einmal die Voraussetzungen der Einsteinschen Kinematik:

1. *Das Relativitätsprinzip*: Es gibt unendlich viele, relativ gleichförmig und geradlinig bewegte Bezugsysteme (Inertialsysteme), in denen alle Naturgesetze ihre einfachste (ursprünglich für den absoluten Raum oder ruhenden Äther abgeleitete) Gestalt annehmen.
2. *Das Prinzip von der Konstanz der Lichtgeschwindigkeit*: In allen Inertialsystemen hat die Lichtgeschwindigkeit, mit physikalisch gleichartigen Maßstäben und Uhren gemessen, denselben Wert.

Die Aufgabe ist, daraus die Beziehungen zwischen Längen und Zeiten in den verschiedenen Inertialsystemen abzuleiten. Dabei beschränken wir uns wieder auf Bewegungen parallel zu einer festen Raumrichtung, der x-Richtung.

Wir betrachten zwei Inertialsysteme S und S', die die relative Geschwindigkeit v haben. Der Nullpunkt des Systems S' hat also bezüglich des Systems S zur Zeit t die Koordinate $x = vt$; seine Weltlinie ist im Systeme S' durch die Bedingung $x' = 0$ gekennzeichnet. Die beiden Gleichungen müssen dasselbe bedeuten, es muß daher $x - vt$ mit x' proportional sein; wir setzen:

$$\alpha x' = x - vt.$$

Nach dem Relativitätsprinzip sind aber beide Systeme völlig gleichberechtigt; man kann also dieselbe Überlegung auf die Bewegung des Nullpunkts von S relativ zu S' anwenden, wobei nur die relative Geschwindigkeit v das umgekehrte Vorzeichen hat. Es muß daher auch $x' + vt'$ mit x proportional sein, und zwar wegen der Gleichwertigkeit der beiden Systeme mit demselben Proportionalitätsfaktor α:

$$\alpha x = x' + vt'.$$

Aus dieser Gleichung läßt sich nun mit Hilfe der ersten t' durch x und t ausdrücken; man findet

$$v t' = \alpha x - x' = \alpha x - \frac{x - vt}{\alpha} = \frac{1}{\alpha}\{(\alpha^2 - 1) x + vt\},$$

also

$$\alpha t' = \frac{\alpha^2 - 1}{v} x + t.$$

Diese Gleichung zusammen mit der ersten erlaubt x' und t' zu berechnen, wenn x und t bekannt sind. Dabei ist aber noch der Proportionalitätsfaktor α unbestimmt; dieser muß so gewählt werden, daß das Prinzip von der Konstanz der Lichtgeschwindigkeit gewahrt wird.

Die Geschwindigkeit einer gleichförmigen Bewegung wird im System S durch $u = \dfrac{x}{t}$, im System S' durch $u' = \dfrac{x'}{t'}$ dargestellt. Dividiert man die beiden Gleichungen, welche x' und t' durch x und t auszudrücken gestatten, ineinander, so hebt sich der Faktor α fort und man findet

$$u' = \frac{x'}{t'} = \frac{x - vt}{\dfrac{\alpha^2 - 1}{v} x + t};$$

dividiert man hier Zähler und Nenner der rechten Seite durch t und führt $u = \dfrac{x}{t}$ ein, so erhält man

(70)
$$u' = \frac{u - v}{\dfrac{\alpha^2 - 1}{v} u + 1}.$$

Handelt es sich insbesondere um die gleichförmige Bewegung eines Lichtstrahls längs der x-Achse, so muß nach dem Prinzip von der Konstanz der Lichtgeschwindigkeit $u = u'$ sein; ihr gemeinsamer Wert ist eben die Lichtgeschwindigkeit c. Setzen wir demnach in unserer Formel $u = c$ und zugleich $u' = c$, so muß

$$c = \frac{c-v}{\dfrac{a^2-1}{v}c+1} \quad \text{oder} \quad \frac{a^2-1}{v}c^2 + c = c - v$$

sein; daraus folgt

$$a^2 - 1 = -\frac{v^2}{c^2} = -\beta^2$$

oder

$$a^2 + \beta^2 = 1.$$

Damit ist der Proportionalitätsfaktor α gefunden, nämlich

(71) $$\alpha = \sqrt{1-\beta^2}.$$

Die Transformationsformeln lauten nun:

$$\alpha x' = x - vt, \quad \alpha t' = -\frac{\beta^2}{v}x + t.$$

Wir schreiben sie noch einmal ganz ausführlich an, wobei wir die zur Bewegungsrichtung senkrechten Koordinaten y, z, die sich nicht ändern, hinzufügen:

(72) $$x' = \frac{x-vt}{\sqrt{1-\dfrac{v^2}{c^2}}}, \quad y' = y, \quad z' = z, \quad t' = \frac{t - \dfrac{v}{c^2}x}{\sqrt{1-\dfrac{v^2}{c^2}}}.$$

Man nennt diese Regeln, nach denen Ort und Zeit eines Weltpunktes im System S' berechnet werden können, wenn sie im System S gegeben sind, eine *Lorentz-Transformation*. Es sind tatsächlich dieselben Formeln, die Lorentz durch schwierige Überlegungen über die Invarianz der Maxwellschen Feldgleichungen gefunden hat (s. V, 15, S. 169).

Will man x, y, z, t durch x', y', z', t' ausdrücken, so muß man die Gleichungen auflösen; man kann ohne Rechnung aus der Gleichwertigkeit der beiden Systeme S und S' schließen, daß die Auflösungsformeln genau dieselbe Gestalt haben müssen, wobei nur v in $-v$ verwandelt ist. In der Tat ergibt auch die Ausrechnung:

$$x = \frac{x' + vt'}{\sqrt{1-\dfrac{v^2}{c^2}}}, \quad y = y', \quad z = z', \quad t = \frac{t' + \dfrac{v}{c^2}x'}{\sqrt{1-\dfrac{v^2}{c^2}}}.$$

Von besonderem Interesse ist der Grenzfall, daß die Geschwindigkeit v der beiden Systeme im Verhältnis zur Lichtgeschwindigkeit c sehr klein ist; dann kommt man gerade auf die Galilei-Transformation [Formel

(29), S. 59] zurück. Denn wenn $\frac{v}{c}$ neben 1 vernachlässigt werden kann, erhält man aus (72)

$$x' = x - vt, \quad y' = y, \quad z' = z, \quad t' = t.$$

Man versteht so, daß wegen des kleinen Wertes, den $\frac{v}{c}$ in den meisten praktischen Fällen hat, die Galileische Kinematik jahrhundertelang allen Bedürfnissen genügte.

3. Geometrische Darstellung der Einsteinschen Kinematik.

Ehe wir den Inhalt dieser Formeln zu deuten suchen, wollen wir die durch sie dargestellten Beziehungen zwischen zwei Inertialsystemen nach der von Minkowski eingeführten Weise in der vierdimensionalen *Welt xyzt* geometrisch deuten. Dabei können wir die ungeändert bleibenden Koordinaten y, z unbeachtet lassen und uns auf die Betrachtung der xt-Ebene beschränken. Alle kinematischen Gesetze erscheinen dann als geometrische Tatsachen in der xt-Ebene. Dem Leser ist aber dringend zu empfehlen, die in geometrischer Form gewonnenen Beziehungen fortlaufend in die gewöhnliche Sprache der Kinematik zurück zu übersetzen. Er soll also unter einer Weltlinie wirklich die Bewegung eines Punktes verstehen, unter dem Schnitte zweier Weltlinien die Begegnung zweier bewegter Punkte usw. Man kann sich die Vorstellung der durch die Figuren dargestellten Vorgänge sehr erleichtern, indem man ein Lineal zur Hand nimmt, dieses parallel zur x-Achse an der t-Achse entlang führt und die Schnittpunkte der Linealkante mit den Weltlinien ins Auge faßt; diese Punkte bewegen sich dann an der Kante hin und her und geben ein Bild des räumlichen Bewegungsablaufs.

Jedes Inertialsystem S wird, wie wir gesehen haben (VI, 1, S. 177), durch ein schiefwinkliges Achsenkreuz in der xt-Ebene dargestellt; daß eines darunter rechtwinklig ist, muß als zufälliger Umstand betrachtet werden und spielt weiter keine Rolle.

Jeder Raumpunkt kann Ausgangspunkt einer Lichtwelle sein, die sich als Kugel gleichförmig nach allen Seiten ausbreitet. Längs der hier allein betrachteten x-Richtung sind von dieser Kugelwelle nur zwei Lichtsignale vorhanden, von denen das eine nach links, das andere nach rechts läuft. Diese werden also in der xt-Ebene durch zwei sich kreuzende Gerade dargestellt, die natürlich von der Wahl des Bezugsystems völlig unabhängig sind, da sie wirkliche Ereignisse, Weltpunkte, miteinander verknüpfen, nämlich die nacheinander von dem Lichtsignal getroffenen Raumstellen.

Wir zeichnen diese *Lichtlinien* für einen Weltpunkt, der zugleich der Nullpunkt aller betrachteten xt-Koordinatensysteme sein soll, und zwar als zwei aufeinander senkrechte Geraden; diese wählen wir als Achsen eines $\xi\eta$-Koordinatensystems (Abb. 114).

Damit haben wir eines der Hauptmerkmale der Einsteinschen Theorie vor Augen: Das $\xi\eta$-System ist eindeutig bestimmt und in der »Welt« fest, obwohl seine Achsen nicht räumliche Gerade sind, sondern von den Weltpunkten gebildet werden, die ein vom Nullpunkt ausgehendes Lichtsignal erreicht. Dieses invariante oder »absolute« Koordinatensystem ist also höchst abstrakter Art. Man muß sich daran gewöhnen, daß solche Abstraktionen in der modernen Theorie die konkrete Äthervorstellung ersetzen; ihre Stärke ist, daß sie nichts enthalten, was über die zur Deutung der Erfahrungen nötigen Begriffe hinausgeht.

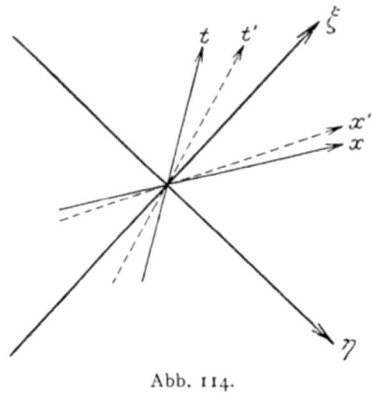

Abb. 114.

Mit diesem absoluten Bezugsysteme $\xi\eta$ müssen nun die *Eichkurven* fest verbunden werden, die auf den Achsen eines beliebigen Inertialsystems xt die Einheiten der Länge und Zeit abschneiden. Diese Eichkurven müssen durch ein invariantes Gesetz dargestellt sein, und es handelt sich darum, ein solches zu finden.

Die Lichtlinien selbst sind invariant. Die ξ-Achse ($\eta = 0$) wird in einem Bezugsystem S durch die Formel $x = ct$ dargestellt, in einem andern Bezugsystem S' durch die Formel $x' = ct'$; denn diese drücken aus, daß die Lichtgeschwindigkeit in beiden Systemen denselben Wert hat. Wir wollen nun die Differenz $x' - ct'$, die für die Punkte der η-Achse gleich Null ist, mit der Lorentz-Transformation (72) auf die Koordinaten x, t umrechnen; dann folgt

$$x' - ct' = \frac{1}{\alpha}\left\{(x - vt) - c\left(t - \frac{v}{c^2}x\right)\right\}$$
$$= \frac{1}{\alpha}\left\{x\left(1 + \frac{v}{c}\right) - ct\left(1 + \frac{v}{c}\right)\right\}$$
$$= \frac{1 + \beta}{\alpha}(x - ct).$$

Hieraus sieht man, daß, wenn $x - ct = 0$ ist, auch $x' - ct' = 0$ wird.

Für die η-Achse ($\xi = 0$) ist $x = -ct$ und $x' = -ct'$; machen wir die entsprechende Umrechnung von $x' + ct'$ in x, t, so haben wir oben nur c in $-c$, also auch β in $-\beta$ zu verwandeln (während $\alpha = \sqrt{1-\beta^2}$ unverändert bleibt) und erhalten:

$$x' + ct' = \frac{1 - \beta}{\alpha}(x + ct).$$

Aus diesen beiden Formeln aber liest man leicht eine invariante Bildung ab; es ist nämlich $(1 + \beta)(1 - \beta) = 1 - \beta^2 = \alpha^2$, daher wird, wenn man die beiden Gleichungen miteinander multipliziert, der Faktor den Wert 1 bekommen und man findet

$$(x' - ct')(x' + ct') = (x - ct)(x + ct)$$

oder

$$x'^2 - c^2 t'^2 = x^2 - c^2 t^2;$$

d. h. der *Ausdruck*

(73) $$G = x^2 - c^2 t^2$$

ist eine Invariante. Wegen ihres fundamentalen Charakters nennen wir sie die *Grundinvariante*.

Sie dient uns zunächt zur Bestimmung der Längen- und Zeiteinheit in einem beliebigen Bezugsysteme S.

Dazu fragen wir nach allen Weltpunkten, für die G den Wert $+1$ oder -1 hat.

Offenbar ist $G = 1$ für den Weltpunkt $x = 1$, $t = 0$; das ist aber der Endpunkt eines vom Nullpunkte des Bezugsystems S aufgetragenen Einheitsmaßstabes im Augenblick $t = 0$. Da das für alle Bezugsysteme S in gleicher Weise gilt, so erkennen wir, daß die Weltpunkte, für die $G = 1$ ist, die ruhende Längeneinheit für ein beliebiges Bezugsystem definieren, wie wir sogleich näher ausführen werden.

Ebenso ist $G = -1$ für den Weltpunkt $x = 0$, $t = \dfrac{1}{c}$; dieser Weltpunkt hängt also in entsprechender Weise mit der Zeiteinheit der im System S ruhenden Uhr zusammen.

Man kann nun die Punkte $G = +1$ oder $G = -1$ sehr leicht geometrisch konstruieren, indem man von dem invarianten Koordinatensystem $\xi\eta$ ausgeht. Die ξ-Achse wird von den Punkten gebildet, für die $\eta = 0$ ist; andererseits sind dieselben Weltpunkte in einem beliebigen Inertialsystem S dadurch gekennzeichnet, daß $x = ct$ ist. Daher muß η mit $x - ct$ proportional sein; indem wir die Einheit von η geeignet wählen, können wir

$$\eta = x - ct$$

setzen. Ganz ebenso findet man durch Betrachtung der η-Achse, daß man

$$\xi = x + ct$$

setzen kann. Es ist dann

$$\xi\eta = (x - ct)(x + ct) = x^2 - c^2 t^2 = G.$$

$G = \xi\eta$ bedeutet offenbar den Inhalt eines Rechtecks mit den Seiten ξ und η; will man einen Weltpunkt finden, für den $G = \xi\eta = 1$ ist, so hat man nur darauf zu achten, daß das aus den Koordinaten ξ, η gebildete Rechteck den Flächeninhalt 1 hat. Alle diese Rechtecke lassen sich übersehen; unter ihnen ist das Quadrat mit der Seite 1, die übrigen sind um so höher, je schmäler sie sind, und um so niedriger, je breiter sie sind, entsprechend der Bedingung $\eta = \frac{1}{\xi}$ (Abb. 115).

Die Punkte ξ, η bilden offenbar eine Kurve, die sich der ξ- und der η-Achse immer mehr und mehr nähert; man nennt diese Kurve eine *gleichseitige Hyperbel*. Wenn ξ und η beide negativ sind, so ist $\xi \cdot \eta$ positiv; daher liefert die Konstruktion einen zweiten, zum ersten spiegelbildlichen Hyperbelast im gegenüberliegenden Quadranten.

Für $G = -1$ gilt dieselbe Konstruktion in den beiden übrigen Quadranten, wo die Koordinaten ξ und η verschiedenes Vorzeichen haben.

Die vier Hyperbeln bilden nun die gesuchten *Eichkurven*, durch die die Einheiten für Längen und Zeiten für alle Bezugssysteme xt festgelegt werden.

Die x-Achse treffe die Hyperbeläste $G = +1$ in den Punkten P und P'; die t-Achse die Hyperbeläste $G = -1$ in Q und Q' (Abb. 116).

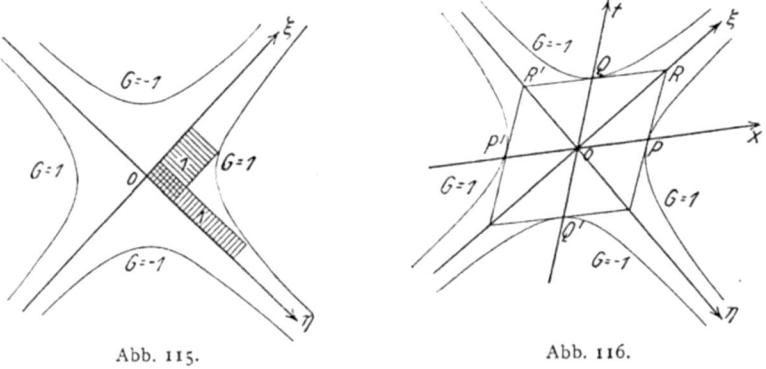

Abb. 115.   Abb. 116.

Wir ziehen durch P eine Parallele zur t-Achse und behaupten, daß diese den rechten Eichkurvenast $G = +1$ nicht noch in einem zweiten Punkte schneidet, sondern gerade in P berührt. Mit andern Worten, wir sagen, daß kein einziger Punkt dieses Eichkurvenastes links von der Geraden liegt, sondern daß der ganze Ast rechts von ihr verläuft, alle seine Punkte also x-Koordinaten haben, die größer sind als die Strecke OP.

Das ist in der Tat der Fall. Denn für jeden Punkt der Eichkurve $G = x^2 - c^2 t^2 = 1$ ist $x^2 = 1 + c^2 t^2$; also ist für den Punkt P der Eichkurve, der zugleich auf der x-Achse $t = 0$ liegt, $x^2 = 1$, für jeden andern Eichkurvenpunkt aber ist x^2 um den positiven Betrag $c^2 t^2$ größer als 1. Mithin ist $OP = 1$ und für jeden Punkt des rechten Eichkurvenastes ist x größer als 1.

Ganz ebenso folgt, daß die durch P' gezogene Parallele zur t-Achse den linken Hyperbelast $G = 1$ in P' berührt, und daß die durch Q

und Q' zur x-Achse gezogenen Parallelen die Hyperbeläste $G = -1$ in Q und Q' berühren. Dabei wird offenbar die Strecke $OQ = \dfrac{1}{c}$; denn der Punkt Q liegt auf der Eichkurve $G = x^2 - c^2 t^2 = -1$ und auf der t-Achse $x = 0$, also ist für ihn $c^2 t^2 = 1$, $t = \dfrac{1}{c}$.

Die beiden Parallelen zur t-Achse durch P und P' treffen die Lichtlinien ξ, η in den Punkten R und R'; durch dieselben Punkte gehen aber auch die Parallelen zur x-Achse durch Q und Q'. Denn es gilt z. B. für den Punkt R $x = ct$, weil er auf der ξ-Achse liegt, und $x = 1$, weil er auf der Parallelen zur t-Achse durch P liegt; daraus folgt $t = \dfrac{1}{c}$, d. h. er liegt auf der Parallelen zur x-Achse durch Q.

Nun sieht man, daß diese Konstruktion der x-Achse mit der vorher (S. 177) gegebenen der gleichzeitigen Weltpunkte übereinstimmt. Denn die t-Achse OQ und die beiden Parallelen PR und $P'R'$ sind die Weltlinien dreier Punkte, deren einer O in der Mitte der beiden andern P, P' liegt; läßt man nun von O ein Lichtsignal nach beiden Seiten laufen, so wird dieses durch die Lichtlinien ξ, η dargestellt, es trifft also die beiden äußeren Weltlinien in R und R'. Folglich sind diese beiden Weltpunkte gleichzeitig, ihre Verbindungslinie der x-Achse parallel, genau, wie es unsere neue Konstruktion ergeben hat.

Wir fassen nun das Resultat dieser Überlegung kurz zusammen:

Die Achsen x und t eines Bezugsystems S liegen so zueinander, daß jede von ihnen derjenigen Geraden parallel ist, die die Eichkurve im Durchstoßungspunkte mit der andern Achse berührt.

Die Längeneinheit wird durch die Strecke OP dargestellt; die Zeiteinheit wird durch die Strecke OQ bestimmt, die allerdings nicht 1 sec, sondern $\dfrac{1}{c}$ sec bedeutet.

Jede Weltlinie, die die Eichkurvenäste $G = 1$ trifft, kann als x-Achse genommen werden; dann ist die t-Achse als Parallele zu der in P berührenden Geraden festgelegt. Ebenso kann auch die t-Achse als eine beliebige, die Eichkurvenäste $G = -1$ treffende Weltlinie gewählt werden; die zugehörige x-Achse ist durch die analoge Konstruktion eindeutig bestimmt.

Diese Regeln treten an die Stelle der Sätze der klassischen Kinematik; dort war die x-Achse für alle Inertialsysteme dieselbe, die Längeneinheit auf ihr fest gegeben und die Zeiteinheit gleich dem Abschnitte auf der im allgemeinen schiefen t-Achse, den eine bestimmte, zur x-Achse parallele Gerade auf ihr abschneidet (s. S. 60, Abb. 41).

Wie kommt es nun, daß diese anscheinend so verschiedenen Konstruktionen tatsächlich kaum unterscheidbar sind?

Das liegt an dem ungeheuer großen Werte der Lichtgeschwindigkeit c, wenn man diesen in cm und sec mißt. Will man nämlich in der Figur 1 sec und 1 cm durch Strecken *derselben* Länge darstellen, so muß man offenbar die Zeichnung in der t-Richtung zusammendrücken, so daß sich alle der t-Achse parallelen Strecken im Verhältnisse 1 : c zusammendrängen. Wäre $c = 10$, so würde sich ein Bild ergeben, wie es die Abb. 117 darstellt; die beiden Lichtlinien würden einen ganz spitzen Winkel bilden, der den Spielraum der x-Achsen darstellt, dafür würde der Winkelraum der t-Achsen sehr groß; je größer c ist, um so mehr würde die quantitative Verschiedenheit der Veränderlichkeit der x- und t-Richtung hervortreten. Für den wirklichen Wert von c, nämlich $c = 3 \cdot 10^{10}$ cm/sec, könnte man die Zeichnung auf dem Papier überhaupt nicht mehr ausführen; die beiden Lichtlinien würden praktisch zusammenfallen, die x-Richtung, die immer zwischen ihnen liegt, also konstant sein. Das ist gerade die Annahme der gewöhnlichen Kinematik; man sieht also, daß diese ein Spezialfall oder besser ein Grenzfall der Einsteinschen Kinematik ist, nämlich der Grenzfall unendlich großer Lichtgeschwindigkeit.

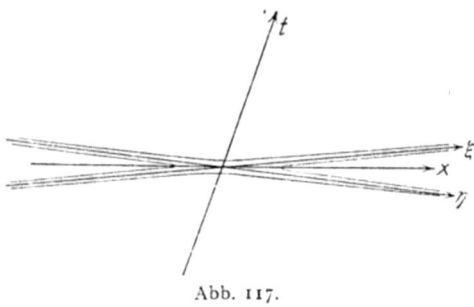

Abb. 117.

4. Bewegte Maßstäbe und Uhren.

Wir wollen jetzt die einfachsten kinematischen Fragen beantworten, die die Beurteilung der Länge ein und desselben Maßstabes und ein und derselben Zeitdauer von verschiedenen Bezugsystemen aus betreffen.

Ein Stab von der Länge 1 werde vom Nullpunkt des Systems S aus längs der x-Achse hingelegt; wir fragen nach seiner Länge im System S'. Daß diese nicht ebenfalls gleich 1 sein wird, ist ohne weiteres klar; denn die mit S' mitbewegten Beobachter werden natürlich die Lagen der Endpunkte des Stabes gleichzeitig messen, d. h. gleichzeitig im Bezugsystem S'. Das ist aber *nicht* gleichzeitig im Bezugsystem S; wenn also auch die Lage des einen Stabendes in S und S' gleichzeitig abgelesen wird, so wird die des andern Stabendes bezüglich der S-Zeit von den Beobachtern der Systeme S und S' *nicht* gleichzeitig abgelesen; in der Zwischenzeit hat aber das System S' sich fortbewegt, die Ablesung der S'-Leute betrifft also eine verschobene Lage des zweiten Stabendes.

Diese Sache erscheint auf den ersten Blick hoffnungslos verwickelt. Es gibt Gegner des Relativitätsprinzips, simple Geister, die nach Anhören dieser Schwierigkeit, eine Stablänge festzustellen, empört ausrufen: »Ja, mit gefälschten Uhren kann man natürlich alles ableiten; hier sieht man, zu welchen Absurditäten der blinde Glaube an die Zauberkraft mathematischer Formeln führt«, worauf sie die Relativitätstheorie in Bausch und Bogen verdammen. Die Leser unserer Darstellung werden hoffentlich begriffen haben, daß die Formeln keineswegs das Wesentliche sind, sondern daß es sich um rein begriffliche Zusammenhänge handelt, die man auch ohne Mathematik recht gut verstehen kann; ja, man könnte im Grunde nicht nur auf die Formeln, sondern sogar auf die geometrischen Figuren verzichten und alles in den Worten der gewöhnlichen Sprache vortragen, nur würde das Buch dann so weitschweifig und unübersichtlich werden, daß kein Verleger es drucken, kein Leser es studieren würde.

Wir benutzen nun zunächst unsere Figur in der xt-Ebene, um die Frage nach der Längenbestimmung des Stabes in den beiden Systemen S und S' zu lösen (Abb. 118).

Der Stab soll im System $S(x, t)$ ruhen; daher ist die Weltlinie seines Anfangspunktes die t-Achse, die seines Endpunktes die dazu parallele Gerade im Abstande 1; diese berührt die Eichkurve im Punkte P. Der ganze Stab wird also für alle Zeiten durch den Streifen zwischen diesen beiden Geraden dargestellt.

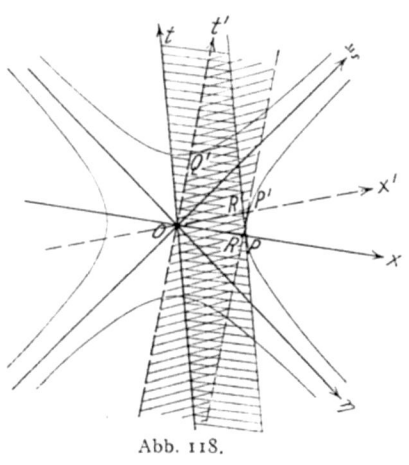

Abb. 118.

Nun soll seine Länge im Systeme $S'(x', t')$ bestimmt werden, welches gegen S bewegt ist; seine t'-Achse ist also gegen die t-Achse geneigt. Wir finden die zugehörige x'-Achse, indem wir im Durchstoßungspunkte Q' der t'-Achse mit der Eichkurve die Tangente und zu dieser durch O die Parallele OP' ziehen. Die Strecke OP' ist die Längeneinheit auf der x'-Achse. Die Länge des im System S ruhenden Einheitsstabes gemessen im System S' aber wird bestimmt durch die Strecke OR', die der den Stab darstellende Parallelstreifen aus der x'-Achse ausschneidet; diese ist offenbar kürzer als OP', also ist OR' kleiner als 1: Der Stab erscheint im bewegten Systeme S' verkürzt.

Das ist genau die von Fitz-Gerald und Lorentz zur Erklärung des Michelsonschen Versuches ersonnene Kontraktion, die hier als natürliche Folge der Einsteinschen Kinematik erscheint.

Wenn umgekehrt ein im System S' ruhender Maßstab vom System S aus gemessen wird, erscheint er natürlich ebenfalls verkürzt, *nicht* etwa verlängert; denn ein solcher Stab wird durch den Streifen dargestellt, der durch die t'-Achse und die zu ihr parallele Weltlinie durch den Punkt P' begrenzt ist, die letztere trifft aber die Einheitsstrecke OP des Systems S in einem innern Punkte R, so daß OR kleiner als 1 ist.

Die Kontraktion ist also durchaus wechselseitig, wie es das Relativitätsprinzip verlangt.

Die Größe der Kontraktion finden wir am besten mit Hilfe der Lorentztransformation (72).

l_0 sei die Länge des Stabes in dem Bezugsystem S', in dem er ruht; man nennt l_0 auch *Ruhlänge* oder *Eigenlänge* des Stabes.

Soll nun die Länge des Stabes, wie sie vom System S aus beurteilt wird, festgestellt werden, so hat man $t = 0$ zu setzen, was die Gleichzeitigkeit der Ablesung der Lage beider Stabenden bezüglich S ausdrückt. Dann folgt aus der ersten Gleichung der Lorentztransformation (72)

$$x' = \frac{x}{\sqrt{1 - \frac{v^2}{c^2}}}.$$

Nun ist für den Anfangspunkt des Stabes $x = 0$, also auch $x' = 0$; für seinen Endpunkt ist $x' = l_0$, und wenn $x = l$ die Stablänge, gemessen im System S, bedeutet, so erhält man

(74)
$$l = l_0 \sqrt{1 - \frac{v^2}{c^2}}.$$

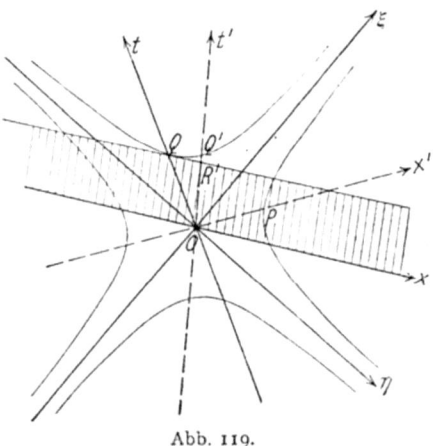

Abb. 119.

Dies besagt, daß die Stablänge im System S im Verhältnisse $\sqrt{1 - \beta^2} : 1$ verkürzt erscheint, genau in Übereinstimmung mit der Kontraktionshypothese von Fitz-Gerald und Lorentz (V, 15, S. 168).

Dieselben Überlegungen gelten für die Bestimmung einer Zeitdauer in zwei verschiedenen Systemen S und S'.

Wir denken uns in allen Raumpunkten des Systems S gleichgehende Uhren angebracht. Diese haben gleichzeitig bezüglich S eine bestimmte Zeigerstellung; die Stellung $t = 0$ wird durch die Weltpunkte der x-Achse, die Stellung $t = \dfrac{1}{c}$ durch die Weltpunkte der zur x-Achse parallelen, durch den Punkt Q gehenden Geraden dargestellt (Abb. 119).

Im Nullpunkt des Systems S' sei eine Uhr angebracht, die für $t = 0$ auch $t' = 0$ zeigt; fragen wir nun, welche Stellung der Zeiger einer Uhr des Systems S hat, die sich an der Stelle befindet, wo die in S' ruhende Uhr gerade die Zeit $t' = \dfrac{1}{c}$ anzeigt. Der gesuchte Wert von t wird offenbar durch den Schnittpunkt Q' der t'-Achse mit der Eichkurve $G = -1$ bestimmt; dagegen wird die Zeigerstellung $t = \frac{1}{c}$ der in S ruhenden Uhren durch die Punkte der Geraden dargestellt, die durch Q zur x-Achse parallel gelegt ist. Diese Gerade trifft die t'-Achse in einem Punkte R', und die Figur zeigt, das Q' außerhalb der Strecke QR' liegt; das bedeutet aber, die Zeiteinheit des Systems S' erscheint im System S verlängert.

Um den Betrag der Verlängerung festzustellen, setzen wir in der Lorentz-Transformation für die im Nullpunkt von S' befindliche Uhr $x' = 0$, also $x = vt$; dann wird

$$t' = \frac{t - \frac{v}{c^2}x}{\sqrt{1 - \frac{v^2}{c^2}}} = t\sqrt{1 - \frac{v^2}{c^2}}.$$

Ein Zeitintervall t_0 im System S', $t' = t_0$, wird demnach im System S als

(75) $$t = \frac{t_0}{\sqrt{1 - \frac{v^2}{c^2}}}$$

gemessen, erscheint also verlängert. Die Zeitdilatation ist zur Längenkontraktion reziprok.

Natürlich erscheint auch umgekehrt die Zeiteinheit einer im Systeme S ruhenden Uhr im Systeme S' vergrößert.

Man kann auch sagen, daß von irgend einem System aus beurteilt, die Uhren jedes dagegen bewegten Systems nachzugehen scheinen. Die zeitlichen Abläufe in dem relativ bewegten System sind langsamer, alle Vorgänge in diesem System bleiben hinter den entsprechenden des als ruhend betrachteten Systems zurück. Wir kommen nachher auf die hieraus entspringenden, häufig als paradox bezeichneten Umstände zurück.

Man nennt die Zeitangabe einer Uhr in dem Bezugsystem, in dem sie ruht, die *Eigenzeit* des Systems. Diese ist identisch mit der »Ortszeit« von Lorentz; der Fortschritt der Einsteinschen Theorie betrifft nicht die formalen Gesetze, als vielmehr ihre prinzipielle Auffassung. Bei Lorentz erschien die Ortszeit als mathematische Hilfsgröße im Gegensatz zu der wahren, absoluten Zeit. Einstein stellte fest, daß es kein Mittel gibt, diese absolute Zeit zu bestimmen, sie aus den unendlich vielen, gleichberechtigten Ortszeiten der verschieden bewegten Bezugsysteme herauszufinden. Das bedeutet aber, daß die absolute Zeit keine physikalische Realität hat; Zeitangaben haben nur Sinn relativ zu bestimmten Bezugsystemen. Damit ist die Relativierung des Zeitbegriffes durchgeführt.

5. Schein und Wirklichkeit.

Nachdem wir die Gesetze der Einsteinschen Kinematik in der doppelten Gestalt von Figuren und Formeln kennen gelernt haben, müssen wir sie vom Standpunkte der Erkenntnistheorie kurz beleuchten.

Man könnte nämlich zu der Meinung gelangen, daß es sich in der Einsteinschen Theorie gar nicht um neue Erkenntnisse über die Dinge der physikalischen Welt handle, sondern nur um Definitionen konventioneller Art, die zwar den Forderungen der Empirie angepaßt sind, aber ebensogut durch andere Bestimmungen ersetzt werden könnten. Dieser Gedanke liegt nahe, wenn wir an den Ausgangspunkt unserer Betrachtungen, das Beispiel des Schleppzuges, denken, wobei das Konventionelle, Willkürliche der Einsteinschen Definition der Gleichzeitigkeit ins Auge springt. Tatsächlich ließe sich die ganze Einsteinsche Kinematik für Schiffe, die sich durch windstille Luft bewegen, vollkommen durchführen, wenn man Schallsignale zur Uhrregulierung benützt; die Größe c würde dann in allen Formeln die Schallgeschwindigkeit bedeuten. Jedes fahrende Schiff würde je nach seiner Geschwindigkeit seine eigenen Einheiten für Längen und Zeiten haben und zwischen den Maßsystemen verschiedener Schiffe würden die Lorentz-Transformationen gelten; man hätte eine widerspruchslose Einsteinsche Welt im »Kleinen«.

Aber diese Widerspruchslosigkeit besteht nur so lange, als wir zulassen, daß die Einheiten für Längen und Zeiten durch keine andere Forderung eingeschränkt sein sollen, als daß die beiden Prinzipien der Relativität und der Konstanz der Schall- bzw. Lichtgeschwindigkeit gelten. Ist das die Meinung der Einsteinschen Theorie?

Sicherlich nicht. Vielmehr wird selbstverständlich vorausgesetzt, daß ein Stab, der in zwei Bezugsystemen S und S' relativ zu diesen unter genau dieselben physikalischen Bedingungen gebracht, etwa der Einwirkung aller Kräfte möglichst entzogen wird, beidemal *dieselbe* Länge vorstellt. Ein ruhender, fester Maßstab im System S von der Länge 1 soll natürlich auch im System S' die Länge 1 haben, wenn er dort ruht und wenn Vorsorge getroffen ist, daß die übrigen physikalischen Verhältnisse (Schwerkraft, Lagerung, Temperatur, elektrische und magnetische Felder usw.) in S' möglichst dieselben sind wie in S. Genau das entsprechende wird man für die Uhren verlangen.

Man könnte diese stillschweigend gemachte Voraussetzung der Einsteinschen Theorie das »Prinzip von der physikalischen Identität der Maßeinheiten« nennen.

Sobald man sich dieses Prinzips bewußt ist, sieht man, daß mit ihm die Übertragung der Einsteinschen Kinematik auf den Fall der Schiffe und der Uhrenvergleichung mit Schallsignalen im Widerspruche steht. Denn die nach Einsteins Vorschrift mit Hilfe der Schallgeschwindigkeit bestimmten Längen- und Zeiteinheiten werden natürlich keineswegs gleich den mit festen Maßstäben und gewöhnlichen Uhren gemessenen Längen- und Zeiteinheiten sein; die ersten sind nicht nur auf jedem fahrenden Schiffe andere, je nach dessen Geschwindigkeit, sondern es ist außerdem die Längeneinheit querschiffs von der längsschiffs verschieden. Die Einsteinsche Kinematik wäre also zwar eine mögliche Definition, aber in diesem Falle nicht einmal eine nützliche; die gewöhnlichen Maßstäbe und Uhren wären ihr zweifellos überlegen.

Aus demselben Grunde ist es auch nur schwer möglich, die Einsteinsche Kinematik durch Modelle zu veranschaulichen. Diese geben wohl die Beziehungen zwischen Längen und Zeiten in verschiedenen Systemen richtig wieder, stehen aber mit dem Prinzip der Identität der Maßeinheiten im Widerspruche; die Längenskala muß eben in zwei relativ zueinander bewegten Systemen S und S' des Modells verschieden gewählt werden.

Ganz anders soll es nun nach Einstein in der wirklichen Welt sein; dort soll die neue Kinematik gerade gelten, wenn man *denselben* Stab, *dieselbe* Uhr erst im System S, dann im System S' zur Festlegung der Längen und Zeiten benutzt. Damit aber erhebt sich die Einsteinsche Theorie über den Standpunkt einer bloßen Konvention zur Behauptung bestimmter Eigenschaften der wirklichen Körper; dadurch erst gewinnt sie die fundamentale Bedeutung für die ganze Naturauffassung.

Sehr klar tritt dieser wichtige Umstand hervor, wenn man die Römersche Methode zur Messung der Lichtgeschwindigkeit mit Hilfe der Jupitermonde ins Auge faßt. Das ganze Sonnensystem bewegt sich relativ zu den Fixsternen; denken wir uns mit diesen ein Bezugsystem S fest verbunden, so definiert die Sonne mit ihren Planeten ein anderes System S'. Der Jupiter mit seinen Satelliten ist eine (ideal gute) Uhr mit ihren Zeigern; diese wird im Kreise herumbewegt, so daß sie bald in die Richtung der relativen Bewegung von S' gegen S, bald in die entgegengesetzte gelangt. Man kann den Gang der Jupiter-Uhr in diesen Stellungen keineswegs durch Konvention willkürlich bestimmen, derart daß die Zeit, die das Licht zum Durchlaufen des Durchmessers der Erdbahn braucht, in allen Richtungen gleich ist; sondern das ist *ganz von selbst* so, dank der Einrichtung der Jupiter-Uhr. Diese zeigt eben die Eigenzeit des Sonnensystems S' an, nicht irgendeine absolute Zeit oder die fremde Zeit des Fixsternsystems S; mit andern Worten, die Umlaufszeit der Jupitermonde ist relativ zum Sonnensystem konstant (wobei von der Geschwindigkeit des Jupiter selbst relativ zum Sonnensystem abgesehen wird).

Nun behaupten manche, daß diese Anschauung einen *Verstoß gegen das Kausalgesetz* bedeute. Wenn nämlich ein und derselbe Maßstab vom System S aus beurteilt eine verschiedene Länge hat, je nachdem er in S ruht oder sich relativ zu S bewegt, so muß, sagen diese, eine *Ursache* für diese Veränderung vorhanden sein. Aber die Einsteinsche Theorie gibt keine Ursache an, behauptet vielmehr, daß die Kontraktion von selbst, als Begleitumstand der Tatsache der Bewegung, einträte. Dieser Einwand ist aber nicht berechtigt; er beruht auf einer zu engen Fassung des Begriffes »Veränderung«. An sich hat ja solch ein Begriff gar keinen Sinn, er bedeutet nichts Absolutes, ebensowenig wie Größen- oder Zeitangaben absolute Bedeutung haben. Man ist doch nicht geneigt, zu sagen, ein gegen ein Inertialsystem S gleichförmig und geradlinig bewegter Körper »erleidet eine Veränderung«, obwohl er doch seinen *Ort* gegen das System S verändert. Welche »Veränderungen« die Physik als Wirkungen zählt, für die Ursachen zu suchen sind, ist durchaus nicht a priori klar, sondern wird erst durch die empirische Forschung selbst bestimmt.

Die Auffassung der Einsteinschen Theorie über das Wesen der Kontraktion ist diese:

Ein materieller Stab ist physikalisch nicht ein räumliches Ding, sondern durchaus ein raum-zeitliches Gebilde; jeder Punkt des Stabes ist jetzt, und jetzt, und jetzt immer noch, zu jeder Zeit. Das adäquate Bild des (räumlich eindimensional) gedachten Stabes ist also nicht eine Strecke der x-Achse, sondern ein Streifen der xt-Ebene (Abb. 120). Derselbe Stab, in verschieden bewegten Systemen S und S' ruhend, wird durch verschiedene Streifen dargestellt. Es gibt a priori *keine* Regel, wie diese 2-dimensionalen Gebilde der xt-Ebene zu zeichnen sind, damit sie das physikalische Verhalten ein und desselben Stabes bei verschiedenen Geschwindigkeiten richtig darstellen. Dazu muß erst eine Eichkurve in der xt-Ebene festgelegt werden. Die klassische Kinematik zeichnet diese anders wie die Einsteinsche; welche recht hat, ist a priori nicht festzustellen. In der klassischen Theorie haben die beiden Streifen dieselbe Breite gemessen parallel zu einer festen x-Achse; in der Einsteinschen Theorie haben sie dieselbe Breite gemessen in den verschiedenen x-Richtungen der relativ bewegten Bezugsysteme mit verschiedenen, aber bestimmten Einheiten. Die »Kontraktion« betrifft gar nicht den Streifen, sondern die von einer x-Achse ausgeschnittene Strecke; aber nur der Streifen als Mannigfaltigkeit von Weltpunkten, Ereignissen, hat physikalische Realität, nicht der Querschnitt. Die Kontraktion ist also nur eine Folge der Betrachtungsweise, keine Veränderung einer physikalischen Realität; also fällt sie nicht unter die Begriffe von Ursache und Wirkung.

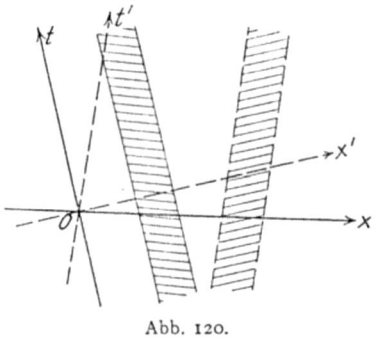

Abb. 120.

Durch diese Auffassung wird auch jene berüchtigte Streitfrage erledigt, ob die Kontraktion »wirklich« oder nur »scheinbar« ist. Wenn ich mir von einer Wurst eine Scheibe abschneide, so wird diese größer oder kleiner, je nachdem ich mehr oder weniger schief schneide. Es ist sinnlos, die verschiedenen Größen der Wurstscheiben als »scheinbar« zu bezeichnen und etwa die kleinste, die bei senkrechtem Schnitt entsteht, als die »wirkliche« Größe.

Genau so hat ein Stab in der Einsteinschen Theorie verschiedene Längen, je nach dem Standpunkte des Beobachters; von diesen ist eine die größte, die Ruhlänge, aber darum ist sie nicht wirklicher als die andern. Die Anwendung der Disjunktion von »scheinbar« und »wirklich« in diesem naiven Sinne ist nicht klüger, als wenn man fragt, welches die wirkliche x-Koordinate eines Punktes xy sei, ohne daß man angibt, welches xy-Koordinatensystem gemeint sei.

Ganz entsprechendes gilt von der Relativität der Zeit. Eine ideale Uhr hat in dem Bezugsystem, in dem sie ruht, immer ein und denselben Gang; sie zeigt die »Eigenzeit« des Bezugsystems an. Von einem andern System aus beurteilt aber geht sie langsamer; ein bestimmter Abschnitt der Eigenzeit erscheint dort als länger. Auch hier ist wieder die Frage sinnlos, welches die »wirkliche« Dauer eines Vorganges sei.

Bei richtiger Auffassung enthält die Einsteinsche Kinematik keinerlei Dunkelheiten oder gar innere Widersprüche. Wohl aber stehen viele ihrer Ergebnisse im Gegensatz zu gewohnten Denkformen oder zu Lehren der klassischen Physik. Wo diese Gegensätze besonders kraß sind, werden sie häufig als unerträglich, als paradox empfunden. Wir werden im folgenden zahlreiche Schlüsse aus der Einsteinschen Theorie ziehen, die zuerst starken Widerspruch fanden, bis es gelang, sie experimentell zu bestätigen. Hier aber wollen wir eine Überlegung mitteilen, die zu besonders merkwürdigen Ergebnissen führt, ohne daß es möglich erscheint, diese durch das Experiment zu prüfen; es handelt sich um das sogenannte »Uhren-Paradoxon«.

Man denke sich einen Beobachter A im Nullpunkt O des Inertialsystems S ruhend; ein zweiter Beobachter B soll sich zunächst am selben Orte O in Ruhe befinden, dann mit gleichförmiger Geschwindigkeit auf gerader Linie, etwa der x-Achse, forteilen, bis er einen Punkt C erreicht dort soll er umkehren und wieder mit derselben Geschwindigkeit geradlinig nach O zurückkehren.

Beide Beobachter haben ideale Uhren bei sich, die ihre Eigenzeit anzeigen. Die Zeitabschnitte der Beschleunigung bei der Abreise, der Umkehr und der Ankunft von B kann man im Verhältnis zu der Dauer der ganzen Reise so kurz machen wie man will, indem man die Zeitdauer der gleichförmigen Bewegungen hin und zurück hinreichend groß macht; wenn etwa der Gang der Uhren durch die Beschleunigung beeinflußt werden sollte, so wird diese Wirkung bei genügend langer Reisedauer verhältnismäßig beliebig klein bleiben, so daß man sie vernachlässigen kann. Dann muß aber die Uhr des Beobachters B nach seiner Rückkehr nach O gegen die Uhr von A nachgehen; denn wir wissen (VI, 4, S. 189), daß während der Perioden gleichförmiger Bewegung von B, die für das Resultat maßgebend sind, die Eigenzeit hinter der Zeit irgend eines andern Inertialsystems zurückbleibt. Man sieht dies besonders anschaulich an dem geometrischen Bilde in der xt-Ebene (Abb. 121). In diesem haben wir der Bequemlichkeit halber die Achsen des xt-Systems aufeinander senkrecht gezeichnet. Die Weltlinie des Punktes A ist die t-Achse; die Weltlinie des Punktes B ist die geknickte (punktiert gezeichnete) Linie OUR, deren Knickpunkt U auf der zur t-Achse parallelen Weltlinie des Umkehrpunktes C liegt.

Durch U legen wir die aus der Eichkurve $G = -1$ durch entsprechende Vergrößerung hervorgehende Hyperbel; diese treffe die *t*-Achse in Q. Dann ist offenbar die Eigenzeitstrecke OQ für den Beobachter A genau gleich der Eigenzeitstrecke OU für den Beobachter B. Die Eigenzeitdauer für A bis zum Rückkehrpunkte R ist aber, wie die Figur lehrt, mehr als doppelt so groß wie OQ, während sie für B genau doppelt so groß ist wie OU. Daher hat die Uhr von A im Augenblicke der Rückkehr einen Vorsprung vor der Uhr von B.

Die Größe des Vorsprungs berechnet sich leicht aus der Formel (75), worin t_0 die Eigenzeit von A, t die Zeit gemessen im System B bedeutet. Beschränken wir uns auf kleine Geschwindigkeiten von B und sehen $\beta = \dfrac{v}{c}$ als kleine Zahl an, so können wir statt (75) näherungsweise (s. Anmerkung auf S. 164) schreiben:

$$t = t_0\left(1 + \tfrac{1}{2}\beta^2\right);$$

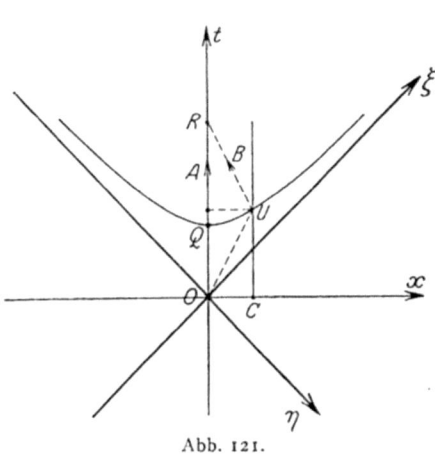

Abb. 121.

daher ist der Vorsprung der Uhr von A über die von B

$$(76) \quad t - t_0 = \frac{\beta^2}{2} t_0,$$

und das gilt in jedem Augenblick der Bewegung, da Hin- und Rückreise mit derselben Geschwindigkeit erfolgen; es gilt also insbesondere auch für den Augenblick der Rückkehr, wobei dann t_0 die gesamte Reisedauer nach der Eigenzeit von A, t die Reisedauer nach der Eigenzeit von B bedeutet.

Das Paradoxe dieses Ergebnisses liegt darin, daß *jeder* innere Vorgang im System B langsamer ablaufen muß als derselbe Vorgang im System A. Alle Atomschwingungen, ja der Lebenslauf selbst müssen sich gerade so verhalten wie die Uhren; wenn also A und B Zwillingsbrüder sind, so muß B nach der Rückkehr von der Reise jünger sein als der Bruder A. In der Tat, ein wunderlicher Schluß, der aber durch keine Deutelei zu beseitigen ist. Man muß sich damit abfinden, wie man sich vor einigen Jahrhunderten mit den auf dem Kopfe stehenden Antipoden abfinden mußte; da es sich, wie die Formel (76) zeigt, um einen Effekt zweiter Ordnung handelt, werden sich schwerlich praktische Konsequenzen daraus ergeben.

Wenn man sich gegen dieses Ergebnis zur Wehr setzt und es als paradox bezeichnet, so meint man mit diesem Worte nichts als »ungewohnt«, »sonderbar«; darüber hilft die Zeit hinweg. Aber es gibt auch Gegner der Relativitätstheorie, die aus dieser Überlegung einen Einwand gegen die logische Folgerichtigkeit der Theorie ableiten wollen. Diese argumentieren so: Nach der Relativitätstheorie sind zwei gegeneinander bewegte Systeme gleichberechtigt. Man kann also auch B als ruhend auffassen; dann vollführt A eine Reise in genau derselben Weise wie vorher B, nur in der entgegengesetzten Richtung. Man muß daher schließen, daß die Uhr von B bei der Rückkehr von A einen Vorsprung vor der Uhr von A hat. Aber vorher waren wir genau zu dem entgegengesetzten Ergebnis gekommen. Da nun nicht die Uhr von A vor der Uhr von B vorgehen und zugleich die Uhr von B vor der Uhr von A vorgehen kann, so enthüllt diese Überlegung einen inneren Widerspruch der Theorie — so meinen die Oberflächlichen. Der Fehler dieser Überlegung liegt auf der Hand; das Relativitätsprinzip betrifft *nur* gleichförmig und geradlinig gegeneinander bewegte Systeme; auf beschleunigte Systeme ist es in der bisher allein entwickelten Form *nicht* anwendbar. Aber das System B *ist* beschleunigt; es ist also *nicht* mit A gleichwertig. A ist ein Inertialsystem, B ist es nicht. Später werden wir allerdings sehen, daß die allgemeine Relativitätstheorie Einsteins auch gegeneinander beschleunigte Systeme als gleichwertig betrachtet, doch in einem Sinne, der genauer Erörterung bedarf; wir werden von diesem allgemeinen Standpunkte noch einmal auf das »Uhrenparadoxon« zurückkommen und zeigen, daß auch da bei sorgfältiger Überlegung keinerlei Schwierigkeiten vorliegen. Wir haben nämlich oben die Annahme gemacht, daß bei hinreichend langer Reisedauer die kurzen Beschleunigungszeiten auf den Gang der Uhren keinen Einfluß haben; aber das gilt *nur* für die Betrachtung von dem Inertialsystem A aus, *nicht* für die Zeitmessung in dem beschleunigten System B. In diesem treten nach den Prinzipien der allgemeinen Relativitätstheorie Gravitationsfelder auf, die den Gang der Uhren beeinflussen; wenn diese Wirkung berücksichtigt wird, so ergibt sich, daß unter allen Umständen die Uhr von B gegenüber der von A vorgeht, und damit verschwindet der scheinbare Widerspruch (s. VII, 10, S. 257).

Die Relativierung der Begriffe von Länge und Zeitdauer erscheint vielen schwierig; doch wohl nur darum, weil sie ungewohnt ist. Die Relativierung der Begriffe »unten« und »oben« durch die Entdeckung der Kugelgestalt der Erde hat den Zeitgenossen sicherlich nicht geringere Schwierigkeiten bereitet. Auch hier widersprach das Ergebnis der Forschung einer aus dem unmittelbaren Erlebnis geschöpften Anschauung. Ähnlich scheint Einsteins Relativierung der Zeit mit dem Zeiterlebnisse des einzelnen nicht in Übereinstimmung zu sein; denn das *Gefühl* des »Jetzt« erstreckt sich schrankenlos über die Welt, alles Sein eindeutig mit dem Ich verknüpfend. Daß dasselbe, was das Ich als »zugleich« empfindet, ein anderer als »nacheinander« bezeichnen soll, das läßt sich in der Tat durch das *Zeiterlebnis* nicht begreifen. Aber die exakte Wissenschaft hat *andere* Kriterien der Wahrheit; da das absolute »Zugleich« nicht feststellbar ist, muß sie diesen Begriff aus ihrem System ausmerzen.

6. Die Addition der Geschwindigkeiten.

Wir wollen jetzt tiefer in die Gesetze der Einsteinschen Kinematik eindringen. Dabei beschränken wir uns zumeist auf die Betrachtung der xt-Ebene; die Verallgemeinerung der gewonnenen Sätze auf den vierdimensionalen $xyzt$-Raum bringt keine wesentlichen Schwierigkeiten mit sich und soll darum nur gelegentlich gestreift werden.

Die Lichtlinien, die durch $G = x^2 - c^2 t^2 = 0$ gekennzeichnet sind, teilen die xt-Ebene in vier Quadranten (Abb. 122); in jedem Quadranten behält offenbar G dasselbe Vorzeichen, und zwar ist $G > 0$ in den beiden gegenüberliegenden Quadranten, die die Hyperbeläste $G = +1$ enthalten, und es ist $G < 0$ in den beiden gegenüberliegenden Quadranten, die die Hyperbeläste $G = -1$ enthalten. Eine durch den Nullpunkt O gehende, gerade Weltlinie kann zur x-Achse oder zur t-Achse gemacht werden, je nachdem sie in den Quadranten $G > 0$ oder $G < 0$ verläuft; dem entsprechend unterscheidet man die Weltlinien in »raumartige« und »zeitartige«.

In irgend einem Inertialsystem trennt die x-Achse die Weltpunkte der »Vergangenheit« ($t < 0$) von denen der »Zukunft« ($t > 0$). Aber für jedes Inertialsystem ist diese Scheidung eine andere; denn für eine andere Lage der x-Achse fallen Weltpunkte, die vorher oberhalb der x-Achse, also in der »Zukunft«, lagen, nun unterhalb der x-Achse, also in die Vergangenheit, und umgekehrt. Nur die durch Weltpunkte innerhalb der Quadranten $G < 0$ dargestellten Ereignisse sind für jedes Inertialsystem eindeutig entweder »vergangen« oder »zukünftig«. Für einen solchen Weltpunkt P ist $t^2 > \dfrac{x^2}{c^2}$, d. h. in jedem zulässigen Bezugsystem ist der Zeitabstand der beiden Ereignisse O und P größer als die Zeit, die das Licht braucht, um von einem Orte zum andern zu laufen. Man kann dann immer ein solches Inertialsystem S einführen, dessen t-Achse durch P geht, in dem P also ein am räumlichen Nullpunkte stattfindendes Ereignis darstellt; von einem andern Inertialsystem aus beurteilt, wird sich dieses System S geradlinig und gleichförmig so bewegen, daß sein Nullpunkt gerade mit den Ereignissen O und P koinzidiert. Dann ist offenbar für das Ereignis P im System S $x = 0$, also $G = -c^2 t^2 < 0$.

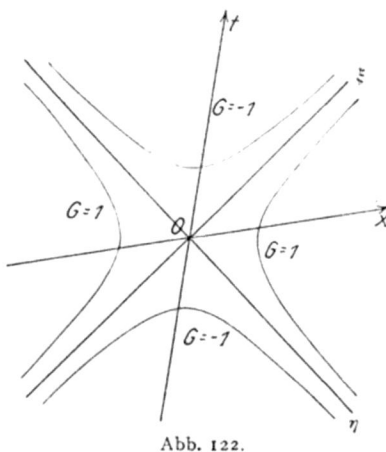

Abb. 122.

In jedem Inertialsystem scheidet die t-Achse die Weltpunkte, denen

Die Addition der Geschwindigkeiten. 197

»vor« oder »hinter« dem räumlichen Nullpunkte auf der x-Achse stattfindende Ereignisse entsprechen. Aber für ein anderes Inertialsystem mit anderer t-Achse ist diese Scheidung offenbar eine andere; nur für die innerhalb der Quadranten $G > 0$ gelegenen Weltpunkte ist es eindeutig bestimmt, ob sie »vor« oder »hinter« dem räumlichen Nullpunkte liegen. Für einen solchen Punkt P ist $t^2 < \dfrac{x^2}{c^2}$; d. h. in jedem zulässigen Bezugsystem ist der Zeitabstand der beiden Ereignisse O und P kleiner als die Laufzeit des Lichtes zwischen ihnen. Dann kann man ein geeignet bewegtes Inertialsystem S einführen, dessen x-Achse durch P geht, indem also die beiden Ereignisse O und P gleichzeitig sind. In diesem System ist offenbar für das Ereignis P $t = 0$, also $G = x^2 > 0$.

Daraus geht hervor, daß die Invariante G für jeden Weltpunkt P eine meßbare Größe von anschaulicher Bedeutung ist; entweder läßt sich P mit O »auf gleichen Ort transformieren«, dann ist $G = - c^2 t^2$, wo t der Zeitunterschied des Ereignisses F gegen das an derselben Raumstelle des Systems S stattfindende Ereignis O ist, oder P läßt sich mit O »auf Gleichzeitigkeit« transformieren, dann ist $G = x^2$, wo x der räumliche Abstand der beiden im System S gleichzeitigen Ereignisse ist.

Die Lichtlinien $G = 0$ stellen in jedem Koordinatensystem Bewegungen mit Lichtgeschwindigkeit dar. Daher entspricht jeder zeitartigen Weltlinie eine Bewegung mit kleinerer Geschwindigkeit; jede Bewegung mit Unterlichtgeschwindigkeit kann »auf Ruhe transformiert« werden, weil zu ihr eine zeitartige Weltlinie gehört.

Was gilt nun aber für Bewegungen mit Überlichtgeschwindigkeit?

Es ist nach dem Vorangehenden wohl klar, daß die Einsteinsche Relativitätstheorie solche für physikalisch unmöglich erklären muß. Denn die neue Kinematik verliert allen Sinn, wenn es Signale gäbe, die die Gleichzeitigkeit von Uhren mit Überlichtgeschwindigkeit zu kontrollieren erlaubten.

Hier scheint sich eine Schwierigkeit zu erheben.

Angenommen, ein System S' hätte die Geschwindigkeit v gegen ein anderes S; ein bewegter Körper K bewege sich relativ zu S' mit der Geschwindigkeit u'. Nach der gewöhnlichen Kinematik ist dann die relative Geschwindigkeit des Körpers K gegen S

$$u = v + u'.$$

Wenn nun sowohl v, als auch u die Hälfte der Lichtgeschwindigkeit übertreffen, so ist $u = v + u'$ größer als c, was nach der Relativitätstheorie unmöglich sein soll.

Natürlich beruht dieser Widerspruch darauf, daß man in der Kinematik des Relativitätsprinzips, wo jedes Bezugsystem eigene Längen- und Zeiteinheiten hat, Geschwindigkeiten nicht einfach addieren darf.

Man sieht das schon daraus, daß in irgend zwei gegeneinander bewegten Bezugsystemen die Lichtgeschwindigkeit immer denselben Wert hat; gerade diese Tatsache haben wir früher zur Ableitung der Lorentz-Transformation benützt (VI, 2, S. 178), und die dort aufgestellte Formel (70), S. 179, liefert das richtige Gesetz für die Zusammensetzung der Geschwindigkeiten, wenn man darin $\alpha^2 - 1 = -\beta^2 = -\dfrac{v^2}{c^2}$ einführt. Wir ziehen es vor, diese Regel nochmals aus der Lorentz-Transformation (72), S. 180, abzuleiten; dazu dividieren wir die Ausdrücke für x' und y' (oder z') durch den für t':

$$\frac{x'}{t'} = \frac{x - vt}{t - \dfrac{v}{c^2}x}, \qquad \frac{y'}{t'} = \frac{y\sqrt{1 - \dfrac{v^2}{c^2}}}{t - \dfrac{v}{c^2}x}.$$

Wenn wir hier rechter Hand durch t kürzen, treten die Quotienten $u_p = \dfrac{x}{t}$, $u_s = \dfrac{y}{t}$ auf, welche offenbar die im System S gemessenen Projektionen oder Komponenten der Geschwindigkeit des Körpers K parallel (longitudinal) und senkrecht (transversal) zur Richtung der Bewegung des Systems S' gegen S sind; die Quotienten $u'_p = \dfrac{x'}{t'}$, $u'_s = \dfrac{y'}{t'}$ haben dieselbe Bedeutung bezüglich des Systems S'. Man erhält daher das *Einsteinsche Additionstheorem der Geschwindigkeiten*:

(77) $\qquad u'_p = \dfrac{u_p - v}{1 - \dfrac{v u_p}{c^2}}, \qquad u'_s = u_s \dfrac{\sqrt{1 - \dfrac{v^2}{c^2}}}{1 - \dfrac{v u_p}{c^2}},$

das an die Stelle der einfachen Formeln

$$u'_p = u_p - v, \qquad u'_s = u_s$$

der alten Kinematik tritt.

Handelt es sich insbesondere um einen in der Bewegungsrichtung des Systems S' gegen S laufenden Lichtstrahl, so ist $u_s = 0$, $u_p = c$; dann liefert die Formel (77) das selbstverständliche Resultat

$$u'_p = \frac{c - v}{1 - \dfrac{v}{c}} = c, \qquad u'_s = 0,$$

das den Satz von der Konstanz der Lichtgeschwindigkeit ausdrückt. Überdies aber sieht man, daß für irgendeinen longitudinal bewegten Körper $u'_p < c$ bleibt, solange $u_p < c$ ist; denn ersetzt man in der ersten Formel (77) u_p durch den größeren Wert c, so vergrößert man den Zähler und verkleinert den Nenner, so daß der Bruch sicher größer wird und man erhält

$$u'_p < \frac{c - v}{1 - \dfrac{v}{c}} \quad \text{oder} \quad u'_p < c.$$

Das entsprechende gilt erst recht für transversale, überhaupt für beliebige Bewegung.

Die Lichtgeschwindigkeit ist daher kinematisch eine unüberschreitbare Grenze. Diese Behauptung der Einsteinschen Theorie hat viel Widerspruch gefunden; sie schien eine unberechtigte Beschränkung für zukünftige Entdecker, die Bewegungen mit Überlichtgeschwindigkeit suchen wollten.

Man kennt ja in den β-Strahlen der radioaktiven Substanzen Elektronen von nahezu Lichtgeschwindigkeit; warum sollte es nicht möglich sein, diese so zu beschleunigen, daß sie Überlichtgeschwindigkeit erreichen?

Die Einsteinsche Theorie behauptet nun, daß das prinzipiell nicht möglich sei, weil der Trägheitswiderstand oder die Masse eines Körpers um so größer ist, je mehr sich seine Geschwindigkeit der des Lichtes annähert. Wir gelangen damit zu der *neuen Dynamik*, die sich auf der Einsteinschen Kinematik aufbaut.

7. Die Einsteinsche Dynamik.

Die Galilei-Newtonsche Mechanik ist aufs engste mit der alten Kinematik verknüpft; das klassische Relativitätsprinzip beruht insbesondere auf der Tatsache, daß Geschwindigkeitsänderungen, Beschleunigungen, gegen Galilei-Transformationen invariant sind.

Man kann nun natürlich nicht für einen Teil des Naturgeschehens die eine, für einen andern Teil die andere Kinematik annehmen, für die Mechanik die Invarianz bei Galilei-Transformationen, für die Elektrodynamik die Invarianz bei Lorentz-Transformationen fordern.

Nun wissen wir, daß erstere ein Grenzfall der letzteren sind, durch unendlich große Werte der Konstanten c gekennzeichnet. Daher werden wir mit Einstein annehmen, daß die klassische Mechanik gar nicht streng gilt, sondern einer Abänderung bedarf; die Gesetze der neuen Mechanik müssen gegen Lorentz-Transformationen invariant sein.

Bei der Aufstellung dieser Gesetze muß man sich entscheiden, welche Grundsätze der klassischen Mechanik beizubehalten sind, welche verworfen oder abgeändert werden müssen. Das Grundgesetz der Dynamik, von dem wir ausgegangen sind, ist der *Impulssatz*, ausgedrückt durch die Formel (7) (II, 9, S. 27): $J = mw$. Es ist klar, daß man ihn in dieser Form nicht ohne weiteres aufrecht erhalten kann. Denn während in der klassischen Mechanik die Geschwindigkeitsänderung w für verschiedene Inertialsysteme immer denselben Wert hat (s. III, 5, S. 54), ist das hier wegen des Einsteinschen Additionstheorems der Geschwindigkeiten (77) nicht der Fall; die Formel (7) hat also ohne besondere Vorschriften für die Umrechnung (Transformation) des Impulses von einem Bezugsystem auf ein anderes gar keinen Sinn, und darum ist es nicht zweckmäßig, von ihr aus durch Verallgemeinerung das neue Grundgesetz zu suchen.

Wohl aber kann man von dem *Erhaltungssatz des Impulses* [II, 9, S. 28, Formel (9)] ausgehen; dieser betrifft den gesamten, von zwei Körpern *mitgeführten* Impuls und besagt, daß dieser bei einem Zusammenstoß der Körper erhalten bleibt, wie sich auch die Geschwindigkeiten dabei ändern. Es handelt sich also um eine Aussage, die zwei aufeinander wirkende Körper allein angeht, um einen *gegenseitigen* Stoß, ohne Einwirkung von außen, also auch ohne Bezugnahme auf dritte Körper oder Koordinatensysteme. Man wird daher verlangen, daß dieser Erhaltungssatz auch in der neuen Dynamik gültig bleiben soll.

Allerdings ist das, wie wir sogleich sehen werden, nicht möglich, wenn man an dem Grundsatz der klassischen Mechanik festhält, daß die Masse eine für jeden Körper eigentümliche, konstante Größe ist. Daher werden wir von vornherein annehmen, daß *die Masse ein und desselben Körpers eine relative Größe* ist; sie soll verschiedene Werte haben, je nach dem Bezugsystem, von dem aus man sie beurteilt, oder von einem bestimmten Bezugsystem aus je nach der Geschwindigkeit des bewegten Körpers. Es ist einleuchtend, daß die Masse bezüglich eines bestimmten Bezugsystems nur von dem Betrage der Geschwindigkeit des bewegten Körpers gegen dieses System abhängen kann.

Wir betrachten nun zwei Bezugsysteme S und S', die sich relativ zueinander geradlinig mit der Geschwindigkeit v bewegen. Auf S sei ein Beobachter A, auf S' ein Beobachter B. Diese seien mit zwei ganz gleichen Kugeln versehen; die Kugel von A habe also bezüglich des Systems S dieselbe Masse, wie die Kugel B bezüglich S', sofern die relativen Bewegungen nur dieselben sind.

Nun sollen die beiden Beobachter die Kugeln einander zuwerfen, und zwar jeder in der auf seiner Bewegung senkrechten Richtung auf den andern hin; dabei sollen sie den Augenblick des Wurfs so abpassen, daß die beiden Kugeln sich im Fluge genau *symmetrisch* treffen, d. h. so, daß die Verbindungslinie ihrer Mittelpunkte im Augenblick des Zusammenstoßes auf der Bewegungsrichtung von S und S' gegeneinander senkrecht steht.

Bezeichnen wir mit u_{p_1} und u_{s_1} die longitudinale und transversale Geschwindigkeitskomponente der ersten Kugel, mit u_{p_2}, u_{s_2} die der zweiten, so kann man angeben, wie diese Größen, gemessen in einem der beiden Bezugsysteme S oder S', sich vor und nach dem Stoße verhalten.

Die erste Kugel wird von A transversal bezüglich S mit einer relativen Geschwindigkeit U fortgeschleudert; daher ist

(78) $$u_{p_1} = 0, \quad u_{s_1} = U.$$

Ebenso schleudert B seine Kugel bezüglich S' in der entgegengesetzten Richtung mit derselben Relativgeschwindigkeit U; es ist also

$$u'_{p_2} = 0, \quad u'_{s_2} = -U.$$

Nun kann man diese Größen nach dem Additionstheorem (77), S. 198, jeweils auf das andere System umrechnen; wir begnügen uns mit der Angabe aller Komponenten im System S, fügen aber sogleich hinzu, daß die Rechnung im System S' zu genau demselben Schlußresultate führt, wie es nach der Symmetrie des ganzen Vorganges sein muß. Man erhält durch Einsetzen der Werte von u'_{p_2} und u'_{s_2} in (77)

$$(79) \qquad u_{p_2} = v, \qquad u_{s_2} = -U\sqrt{1 - \frac{v^2}{c^2}}.$$

Will man nun den gesamten Impuls vor dem Stoße berechnen, so ist es vorteilhaft, nicht erst den Versuch zu machen, die Massen der beiden gleichen, aber verschieden bewegten Kugeln als gleich anzusetzen; denn es wird sich sogleich ergeben, daß sie notwendig verschieden sein müssen. Bezeichnen wir also die Massen vor dem Stoß bezüglich S mit m_1, m_2, so hat der gesamte Impuls vor dem Stoß die Komponenten

$$(80) \quad \begin{cases} J_p = m_1 u_{p_1} + m_2 u_{p_2} = m_2 v, \\ J_s = m_1 u_{s_1} + m_2 u_{s_2} = m_1 U - m_2 U \sqrt{1 - \frac{v^2}{c^2}}. \end{cases}$$

Nun betrachten wir die Wirkung des Stoßes.

Da dieser genau symmetrisch erfolgen soll, so kann weder vom System S aus beurteilt die longitudinale Geschwindigkeit der ersten Kugel durch den Stoß sich ändern, noch vom System S' aus beurteilt die der zweiten. Überhaupt muß aus Symmetriegründen der Beobachter A an seiner Kugel genau denselben Bewegungsvorgang sehen, wie B an der seinen. Die transversalen Geschwindigkeitskomponenten werden sich bei dem Stoße ändern; die erste Kugel möge, von S aus gemessen, die der ursprünglichen entgegen gerichtete Geschwindigkeit $-U'$ annehmen, dann muß die zweite Kugel, von S' aus beurteilt, durch den Stoß die Geschwindigkeit U' bekommen, die ebenfalls ihrer ursprünglichen Bewegung entgegen gerichtet ist. Man hat daher nach dem Stoße

$$(81) \quad \begin{cases} u_{p_1} = 0, & u_{s_1} = -U', \\ u'_{p_2} = 0, & u'_{s_2} = U', \end{cases}$$

und erhält daraus durch Umrechnung auf das System S nach (77):

$$(82) \qquad u_{p_2} = v, \qquad u_{s_2} = U'\sqrt{1 - \frac{v^2}{c^2}}.$$

Bezeichnet man die Massen nach dem Stoße mit $\overline{m}_1$, $\overline{m}_2$, so ergeben sich die Impulskomponenten nach dem Stoße:

$$(83) \quad \begin{cases} J_p = \overline{m}_1 u_{p_1} + \overline{m}_2 u_{p_2} = \overline{m}_2 v, \\ J_s = \overline{m}_1 u_{s_1} + \overline{m}_2 u_{s_2} = -\overline{m}_1 U' + \overline{m}_2 U' \sqrt{1 - \frac{v^2}{c^2}}. \end{cases}$$

Vergleichen wir die Impulse vor und nach dem Stoße, (80) und (83), so erhalten wir als Bedingungen ihrer Unveränderlichkeit:

$$(84) \quad \begin{cases} m_2 v = \overline{m}_2 v, \\ m_1 U - m_2 U \sqrt{1 - \frac{v^2}{c^2}} = -\overline{m}_1 U' + \overline{m}_2 U' \sqrt{1 - \frac{v^2}{c^2}}. \end{cases}$$

Wäre nun die Masse konstant, also $m_1 = m_2 = \bar{m}_1 = \bar{m}_2$, so würde zwar die erste Gleichung identisch richtig sein, die zweite aber würde auf einen Widerspruch führen. Denn dann würde aus ihr folgen, daß

$$(U + U')\left(1 - \sqrt{1 - \frac{v^2}{c^2}}\right) = 0$$

ist, und das ist unmöglich, weil U und v sicher nicht Null sind.

Wir müssen also den Grundsatz der klassischen Mechanik von der Konstanz der Masse fallen lassen und ersetzen ihn durch die schon oben genannte Annahme, daß die Masse eines Körpers bezüglich eines Systems S von dem Betrage seiner Geschwindigkeit relativ zu diesem System abhängt.

Man kann den Betrag u der Geschwindigkeit aus den Komponenten u_p und u_s nach der Formel (3) (II, 3, S. 21) berechnen:

$$u = \sqrt{u_p^2 + u_s^2}.$$

Danach erhält man für die Geschwindigkeiten der beiden Kugeln

(85)
$$\begin{cases} \text{vor dem Stoße} \\ \text{aus (78) und (79):} \end{cases} \begin{cases} u_1 = U, \\ u_2 = \sqrt{v^2 + U'^2\left(1 - \frac{v^2}{c^2}\right)}, \end{cases}$$
$$\begin{cases} \text{nach dem Stoße} \\ \text{aus (81) und (82):} \end{cases} \begin{cases} u_1 = U', \\ u_2 = \sqrt{v^2 + U'^2\left(1 - \frac{v^2}{c^2}\right)}. \end{cases}$$

Nun verlangt die erste Gleichung (84), daß $m_2 = \bar{m}_2$ ist; wenn die Masse überhaupt mit der Geschwindigkeit veränderlich ist, so kann nur dann $m_2 = \bar{m}_2$ sein, wenn die entsprechende Geschwindigkeit u_2 vor und nach dem Stoße ungeändert bleibt:

$$v^2 + U^2\left(1 - \frac{v^2}{c^2}\right) = v^2 + U'^2\left(1 - \frac{v^2}{c^2}\right).$$

Daraus folgt aber $U = U'$.

Sodann zeigen die Gleichungen (85), daß auch u_1 beim Stoße ungeändert bleibt, und daraus folgt $m_1 = \bar{m}_1$.

Daher kann man jetzt die zweite Gleichung (84) so schreiben:

$$m_1 U - m_2 U \sqrt{1 - \frac{v^2}{c^2}} = - m_1 U + m_2 U \sqrt{1 - \frac{v^2}{c^2}},$$

oder

$$m_1 - m_2 \sqrt{1 - \frac{v^2}{c^2}} = 0.$$

Daraus ergibt sich

(86)
$$m_2 = \frac{m_1}{\sqrt{1 - \frac{v^2}{c^2}}}.$$

Denken wir uns nun die Wurfgeschwindigkeit U immer kleiner und kleiner gewählt; dann wird schließlich nach (85) $u_1 = 0$, $u_2 = v$. Alsdann ist m_1 die Masse, die der Geschwindigkeit Null entspricht und die man *Ruhmasse* m_0 nennt, während m_2 die der Geschwindigkeit v entsprechende Masse ist, die wir mit m schlechtweg bezeichnen. Es gilt also

$$(87) \quad m = \frac{m_0}{\sqrt{1 - \frac{v^2}{c^2}}}.$$

Damit ist *die Abhängigkeit der relativistischen Masse von der Geschwindigkeit gefunden.*

Man kann nun nachträglich leicht einsehen, daß durch diesen Ansatz (87) die allgemeine Gleichung (86) für beliebige Wurfgeschwindigkeiten U erfüllt wird, denn es ist nach (85)

$$m_1 = \frac{m_0}{\sqrt{1 - \frac{u_1^2}{c^2}}} = \frac{m_0}{\sqrt{1 - \frac{U^2}{c^2}}},$$

$$m_2 = \frac{m_0}{\sqrt{1 - \frac{u_2^2}{c^2}}} = \frac{m_0}{\sqrt{1 - \frac{1}{c^2}\left\{v^2 + U^2\left(1 - \frac{v^2}{c^2}\right)\right\}}}$$

$$= \frac{m_0}{\sqrt{1 - \frac{v^2}{c^2}}\sqrt{1 - \frac{U^2}{c^2}}},$$

woraus die Relation (86) ohne weiteres folgt.

Wie schon gesagt, würde die Betrachtung der Sachlage vom andern Bezugsystem S' aus zu genau demselben Ergebnis führen.

Für den *mitgeführten Impuls* eines Körpers erhält man

$$(88) \quad J = mv = \frac{m_0 v}{\sqrt{1 - \frac{v^2}{c^2}}}.$$

Von diesem kann man zu dem Bewegungsgesetze für kontinuierlich wirkende Kräfte übergehen. Man muß dabei diejenige Formulierung der klassischen Mechanik (II, 10, S. 29) benutzen, die sich auf den mitgeführten Impuls stützt; sie läßt sich offenbar ohne weiteres auf die neue Dynamik übertragen, nur muß man das Gesetz für die longitudinale und transversale Komponente gesondert formulieren:

Eine Kraft K erzeugt eine Änderung des mitgeführten Impulses, und zwar ist die pro Zeiteinheit berechnete Änderung der longitudinalen bzw. transversalen Impulskomponente gleich der entsprechenden Kraftkomponente.

Hiernach lassen sich leicht die Bewegungsgleichungen aufstellen.

Fügt man zu der Geschwindigkeit v zunächst einen kleinen longitudinalen Zusatz w_p hinzu, so findet man nach einfacher Rechnung[1]) die

---
[1]) Sind nämlich
$$u_p = v + w_p, \quad u_s = w_s$$
die Geschwindigkeitskomponenten nach der Änderung, so sind die zugehörigen Impulskomponenten
$$J_p = \frac{m_0(v + w_p)}{\sqrt{1 - \frac{u^2}{c^2}}}, \quad J_s = \frac{m_0 w_s}{\sqrt{1 - \frac{u^2}{c^2}}},$$
wo
$$u = \sqrt{u_p^2 + u_s^2} = \sqrt{(v + w_p)^2 + w_s^2}$$
der Betrag der geänderten Geschwindigkeit ist. Diesen kann man aber näherungsweise mit der Komponente u_p gleich setzen; denn es wird
$$u = \sqrt{v^2 + 2vw_p + w_p^2 + w_s^2},$$
und wenn man die Quadrate von w_p und w_s vernachlässigt:
$$u = \sqrt{v^2 + 2vw_p} = v\sqrt{1 + 2\frac{w_p}{v}}.$$

Hierauf wenden wir das früher (Anmerkung auf S. 164) benutzte Verfahren zur Ableitung von Näherungsformeln an; es ist für kleine x
$$(1 + x)^2 = 1 + 2x + x^2 \text{ näherungsweise } = 1 + 2x,$$
also
$$\sqrt{1 + 2x} \text{ näherungsweise } = 1 + x.$$
Demnach wird mit genügender Näherung
$$u = v\left(1 + \frac{w_p}{v}\right) = v + w_p = u_p.$$

Sodann entwickeln wir in ähnlicher Weise:
$$\frac{1}{\sqrt{1 - \frac{u^2}{c^2}}} = \frac{1}{\sqrt{1 - \frac{1}{c^2}(v^2 + 2vw_p)}} = \frac{1}{\alpha\sqrt{1 - \frac{2vw_p}{\alpha^2 c^2}}},$$
wobei die früher [VI, 2, Formel (71), S. 180] eingeführte Abkürzung α gebraucht ist. Nach der früher (Anmerkung auf S. 164) gebrauchten Näherungsformel
$$\frac{1}{\sqrt{1 - x}} = 1 + \tfrac{1}{2}x$$
wird
$$\frac{1}{\sqrt{1 - \frac{u^2}{c^2}}} = \frac{1}{\alpha}\left(1 + \frac{vw_p}{\alpha^2 c^2}\right).$$

Nun erhält man für die Impulskomponenten nach der Änderung unter Vernachlässigung der in w_p, w_s quadratischen Glieder:
$$J_p = m_0(v + w_p)\frac{1}{\alpha}\left(1 + \frac{vw_p}{\alpha^2 c^2}\right) = \frac{m_0}{\alpha}\left\{v + w_p\left(1 + \frac{v^2}{\alpha^2 c^2}\right)\right\}$$
$$= \frac{m_0}{\alpha}\left(v + \frac{w_p}{\alpha^2}\right)$$
und
$$J_s = m_0 w_s \frac{1}{\alpha}\left(1 + \frac{vw_p}{\alpha^2 c^2}\right)$$
$$= \frac{m_0}{\alpha} w_s.$$

Die Einsteinsche Dynamik.

longitudinale Änderung von $J = \dfrac{m_0 w_p}{\left(\sqrt{1-\dfrac{v^2}{c^2}}\right)^3}$;

fügt man aber zu v einen transversalen Zuwachs w_s hinzu, so wird die transversale Änderung von $J = \dfrac{m_0 w_s}{\sqrt{1-\dfrac{v^2}{c^2}}}$.

Diese Ausdrücke sind mit der kleinen Zeitdauer t der Änderung zu dividieren; dabei treten die *Komponenten der Beschleunigung*

$$b_p = \frac{w_p}{t}, \qquad b_s = \frac{w_s}{t}$$

auf und man erhält für die *Komponenten der Kraft* die Ausdrücke:

(89) $\qquad K_p = \dfrac{m_0 b_p}{\left(\sqrt{1-\dfrac{v^2}{c^2}}\right)^3}, \qquad K_s = \dfrac{m_0 b_s}{\sqrt{1-\dfrac{v^2}{c^2}}}$.

Der Zusammenhang zwischen Kraft und erzeugter Beschleunigung ist also ein anderer, je nachdem die Kraft in der Richtung der schon vorhandenen Beschleunigung oder senkrecht dazu wirkt.

Man pflegt diese Formeln auf eine Gestalt zu bringen, in der sie dem Grundgesetz der klassischen Dynamik [II, 10, Formel (10), S. 29] möglichst ähnlich sehen. Dazu setzt man

(90) $\qquad m_p = \dfrac{m_0}{\left(\sqrt{1-\dfrac{v^2}{c^2}}\right)^3}, \qquad m_s = \dfrac{m_0}{\sqrt{1-\dfrac{v^2}{c^2}}}$,

und bezeichnet diese Größen als *longitudinale und transversale Masse*; die letztere ist mit der vorher als *relativistische Masse* schlechtweg bezeichneten Größe m, Formel (87), identisch.

Dann kann man statt (89) schreiben:

(91) $\qquad K_p = m_p b_p, \qquad K_s = m_s b_s$,

in formaler Übereinstimmung mit dem klassischen Grundgesetz.

Man sieht hier, wie notwendig es ist, den Massenbegriff von Anfang an ausschließlich durch den Trägheitswiderstand zu definieren; sonst wäre es nicht möglich ihn in der relativistischen Mechanik anzuwenden, denn für

---

Hiervon sind die ursprünglichen Impulse

$$J_p^0 = \frac{m_0 v}{a}, \qquad J_s^0 = 0$$

abzuziehen und man erhält für die Impulsänderungen

$$J_p - J_p^0 = \frac{m_0 w_p}{a^3}, \qquad J_s - J_s^0 = \frac{m_0 w_s}{a},$$

was mit den Formeln des Textes übereinstimmt.

den mitgeführten Impuls, für longitudinale und transversale Kräfte kommt jedesmal ein anderer Ausdruck »Masse« in Betracht, und diese Massen sind überdies nicht charakteristische Konstanten des Körpers, sondern hängen von seiner Geschwindigkeit ab. Der Massenbegriff der Einsteinschen Dynamik entfernt sich also sehr weit von dem Sprachgebrauch, wo Masse irgendwie Quantität der Materie bedeutet. Ein Maß dafür ist in gewissem Sinne die Ruhmasse m_0; aber diese ist wiederum nicht, wie die Masse der gewöhnlichen Mechanik, in einem beliebigen Bezugsystem gleich dem Verhältnis von Impuls zu Geschwindigkeit oder von Kraft zu Beschleunigung.

Ein Blick auf die Massenformeln (87) und (90) lehrt, daß die Werte der relativistischen Masse m (bzw. m_l und m_s) um so größer werden, je mehr sich die Geschwindigkeit v des bewegten Körpers der Lichtgeschwindigkeit nähert. Für $v = c$ wird die Masse unendlich groß.

Daraus folgt, daß es unmöglich ist, mit endlichen Kräften einen Körper auf Überlichtgeschwindigkeit zu bringen; sein Trägheitswiderstand wächst ins Unendliche an und verhindert die Erreichung der Lichtgeschwindigkeit.

Hier sieht man, wie die Einsteinsche Theorie sich harmonisch zu einem einheitlichen Ganzen abrundet; die fast paradox erscheinende Annahme einer unüberschreitbaren Grenzgeschwindigkeit wird durch die Naturgesetze in der neuen Form selbst gefordert.

Die Formel (87) für die Abhängigkeit der Masse von der Geschwindigkeit ist dieselbe, die schon Lorentz durch elektrodynamische Rechnungen für sein abgeplattetes Elektron gefunden hatte; dabei drückte sich m_0 durch die elektrostatische Energie U des ruhenden Elektrons ebenso aus, wie in der Abrahamschen Theorie [V, 13, S. 160, Formel (69)], nämlich

$$m_0 = \tfrac{4}{3} \frac{U}{c^2}.$$

Wir sehen jetzt, daß der Lorentzschen Massenformel eine viel allgemeinere Bedeutung zukommt. Sie muß für jede Art von Masse gelten, gleichgültig, ob diese elektrodynamischen Ursprungs ist oder nicht.

Die neueren Untersuchungen über die Ablenkung der Kathodenstrahlen scheinen dafür zu sprechen, daß die Lorentzsche Formel besser stimmt als die Abrahamsche. Eine überraschende Bestätigung der relativistischen Massenformel aber ist auf einem Gebiete gewonnen worden, das der Relativitätstheorie ganz fernzuliegen scheint, nämlich die *Spektroskopie* der Licht- und Röntgenstrahlen.

Wir können diese wunderbaren Zusammenhänge nur mit wenigen Worten streifen. Das Leuchten der Atome kommt dadurch zustande, daß Elektronen innerhalb des Atomverbandes schwingende Bewegungen ausführen und elektromagnetische Wellen erzeugen, die sich nach allen Seiten fortpflanzen. Die ältere Theorie berechnete diese Vorgänge mit Hilfe der Maxwellschen Feldgleichungen; neuerdings sah man sich aber gezwungen, die strenge Gültigkeit dieser im Atominnern aufzugeben und andere Gesetzmäßigkeiten anzunehmen, die zum ersten Male von Max Planck (1900) in der Theorie der Wärmestrahlung eingeführt worden sind. Das ist die sogenannte *Quantentheorie*. Niels Bohr hat diese (1913) zur Erklärung der Spektren herangezogen und große Erfolge erzielt. Ohne auf Einzelheiten einzugehen, bemerken wir nur, daß bei schnellen Bewegungen der Elektronen die Masse nach der Einsteinschen Relativitätstheorie vergrößert sein muß, und das wird einen Einfluß auf die Spektren haben. Tatsächlich hat Sommerfeld (1915) zeigen können, daß infolge der Massenveränderlichkeit die Spektrallinien eine verwickelte Struktur haben; jede Linie besteht in Wahrheit aus einem ganzen System stärkerer und feinerer Linien. Bei den sichtbaren Spektren, die von den äußeren Elektronen des Atoms ausgesandt werden, ist diese Liniengruppe sehr eng, es handelt sich um eine »Feinstruktur«; bei den Röntgenspektren, die aus dem Atominnern stammen, aber ist es eine Grobstruktur von millionenmal größerer Aufspaltung. Die von Sommerfeld berechnete Feinstruktur der Linien des Wasserstoff- und Heliumspektrums ist von Paschen (1916) beobachtet worden; auch bei den Röntgenspektren haben sich diese Ansätze gut bewährt. Sie stimmen so genau, daß der Unterschied der Massenformeln von Abraham und Lorentz, der eine Größe 2. Ordnung in β ist, dafür in Betracht kommt; Sommerfelds Schüler Glitscher hat (1917) zeigen können, daß die Abrahamsche Formel mit den Beobachtungen am Heliumspektrum nicht vereinbar ist, wohl aber die Lorentzsche. Man kann daher von einer *spektroskopischen Bestätigung* der Einsteinschen Relativitätstheorie sprechen.

Da *jede* Masse nach der Formel (87) von der Geschwindigkeit abhängt, so wird der Beweis für die elektromagnetische Natur der Masse des Elektrons hinfällig, damit zugleich auch der Zusammenhang zwischen Ruhmasse und elektrostatischer Energie. Die Lorentzsche Theorie des ruhenden Äthers konnte den Versuch machen, die mechanische Massenträgheit auf das eigenartige Beharrungsvermögen des elektromagnetischen Feldes zurückzuführen; wenn die Einsteinsche Relativitätstheorie diesen großen Plan aufgeben müßte, so würde ihr das jeder, dem die Einheit der Natur am Herzen liegt, zum Nachteil anrechnen. Aber die neue Dynamik hat auch hier nicht versagt, sondern die tiefste Aufklärung über das Wesen der trägen Masse gebracht.

8. Die Trägheit der Energie.

Für alle praktischen Zwecke, auch für die schnellsten Elektronen, genügt es, die Massenformel (87) bis auf Glieder von höherer als 2. Ordnung anzuschreiben. Nun ist, wie wir früher gesehen haben (S. 164, Anmerkung), mit dieser Annäherung

$$\frac{1}{\sqrt{1-\beta^2}} = 1 + \tfrac{1}{2}\beta^2.$$

Daher wird
$$m = m_0\left(1 + \tfrac{1}{2}\frac{v^2}{c^2}\right).$$

In der gewöhnlichen Mechanik ist die kinetische Energie (II, 14, S. 39) definiert durch $T = m_0 \dfrac{v^2}{2}$; aus unserer Formel folgt dafür der Ausdruck

$$T = c^2(m - m_0).$$

Man kann zeigen, daß diese Definition der kinetischen Energie streng gültig ist, auch wenn man die Glieder von höherer als 2. Ordnung nicht vernachlässigt.

Der Energiesatz [II, 14, Formel (16), S. 39] verlangt, daß die zeitliche Änderung der Energie $E = T + U$ während der Bewegung dauernd Null ist. Dabei muß man hier statt des klassischen Wertes $T = \dfrac{m}{2}v^2$ den relativistischen

$$(92) \qquad T = c^2(m - m_0) = c^2 m_0 \left(\frac{1}{\sqrt{1 - \dfrac{v^2}{c^2}}} - 1\right)$$

einsetzen; bildet man davon die zeitliche Änderung, so erhält man nach einer ähnlichen Rechnung wie oben (S. 204, Anmerkung) für longitudinale Beschleunigung [1]:

$$(93) \qquad \text{Zeitliche Änderung von } T = \frac{m_0 v b_p}{\left(\sqrt{1 - \dfrac{v^2}{c^2}}\right)^3} = K_p v,$$

wo die longitudinale Kraftkomponente nach (89), S. 205 eingeführt ist. Die rechte Seite ist aber die negative zeitliche Änderung der potentiellen Energie U. Denn während eines hinreichend kleinen Zeitintervalles t kann man die Kraft als näherungsweise konstant ansehen und so verfahren,

---

[1] Dort wurde gezeigt, daß, wenn man die Geschwindigkeit v durch die geänderte u mit den Komponenten $u_p = v + w_p$, $u_s = w_s$ ersetzt, der Ausdruck

$$\frac{1}{u} = \frac{1}{\sqrt{1 - \dfrac{v^2}{c^2}}}$$

übergeht in

$$\frac{1}{\sqrt{1 - \dfrac{u^2}{c^2}}} = \frac{1}{u}\left(1 + \frac{v w_p}{u^2 c^2}\right);$$

seine Änderung ist also

$$\frac{1}{\sqrt{1 - \dfrac{u^2}{c^2}}} - \frac{1}{\sqrt{1 - \dfrac{v^2}{c^2}}} = \frac{v w_p}{u^3 c^2},$$

und daraus folgt sofort die Formel des Textes.

als ob es sich um die Schwerkraft handelte, deren potentielle Energie [II, 14, Formel (15), S. 37] gleich Gx war; dabei war die Richtung x der Schwere entgegen angenommen, so daß $G = -K_p$ gesetzt werden muß. Die zeitliche Änderung der potentiellen Energie wird dann

$$G\frac{x}{t} = -K_p v.$$

Mithin drückt die Gleichung (93) tatsächlich aus, daß die Größe $E = T + U$ zeitlich konstant ist, wobei T den Ausdruck (92) bedeutet. Schreibt man die Formel (92)

$$m = m_0 + \frac{T}{c^2},$$

so sagt sie aus, daß die Masse sich von ihrem Werte bei Ruhe gerade um so viel unterscheidet, als die durch das Quadrat der Lichtgeschwindigkeit geteilte kinetische Energie beträgt.

Diese Formulierung legt den Gedanken nahe, daß die Ruhmasse m_0 in derselben Weise mit dem Energieinhalte des ruhenden Körpers zusammenhängt, daß also überhaupt zwischen jeder Masse und Energie die universelle Beziehung

(94) $$m = \frac{E}{c^2}$$

besteht. Einstein hat dieses *Gesetz von der Trägheit der Energie* als das wichtigste Ergebnis der Relativitätstheorie bezeichnet; bedeutet es doch die Identität der beiden fundamentalen Begriffe von Masse und Energie und eröffnet dadurch die tiefsten Einblicke in die Struktur der Materie. Ehe wir hiervon berichten, teilen wir den einfachen, von Einstein gegebenen Beweis der Formel (94) mit.

Dieser stützt sich auf die Tatsache der Existenz des *Strahlungsdruckes*. Daß eine Lichtwelle, die auf einen absorbierenden Körper auftrifft, auf diesen einen Druck ausübt, folgt aus den Maxwellschen Feldgleichungen mit Hilfe eines von Poynting (1884) zuerst abgeleiteten Satzes; und zwar ergibt sich, daß der Impuls, der von einem kurzen Lichtblitz oder Lichtstoß von der Energie E auf die absorbierende Fläche ausgeübt wird, gleich $\frac{E}{c}$ ist. Dieses Resultat ist experimentell von Lebedew (1890) und später mit größerer Genauigkeit von Nichols und Hull (1901) bestätigt worden. Genau denselben Druck erfährt ein Körper, der Licht aussendet, ebenso wie ein Geschütz beim Abschuß einen Rückstoß bekommt.

Wir denken uns nun einen Hohlkörper, etwa ein langes Rohr, und in diesem an den Enden zwei gleich große Körper A, B aus gleichem Material, die also nach den gewöhnlichen Vorstellungen die gleiche Masse haben (Abb. 123). Der Körper A soll aber einen Energieüberschuß E über B

haben, etwa in der Form von Wärme, und es soll eine Einrichtung (Hohlspiegel oder dergleichen) vorhanden sein, um diese Energie E in der Form von Strahlung nach B zu senden. Die räumliche Ausdehnung dieses Lichtblitzes sei klein gegen die Länge l des Rohres.

Dann erfährt A den Rückstoß $\dfrac{E}{c}$; also bekommt das ganze Rohr, dessen gesamte Masse M sei, eine nach rückwärts gerichtete Geschwindigkeit v, die sich aus der Impulsgleichung

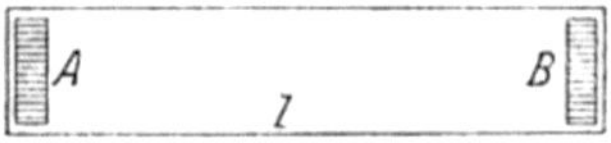

$$Mv = \frac{E}{c}$$

Abb. 123.

bestimmt. Diese Bewegung hält an, bis der Lichtblitz bei B angekommen und dort absorbiert ist; dabei erfährt B denselben Stoß nach vorn, das ganze System kommt daher zur Ruhe. Die Verrückung, die es während der Laufzeit t des Lichtblitzes erfahren hat, ist $x = vt$, wo v aus obiger Gleichung zu entnehmen ist, also

$$x = \frac{Et}{Mc}.$$

Die Laufzeit ist aber (bis auf einen kleinen Fehler höherer Ordnung) durch $l = ct$ bestimmt; daher wird die Verrückung

$$x = \frac{El}{Mc^2}.$$

Nun kann man die Körper A, B miteinander vertauschen, und zwar ohne Anwendung äußerer Einwirkungen; man stelle sich etwa vor, daß zwei im Rohre befindliche Männer A an die Stelle von B, B an die Stelle von A bringen und dann selbst an ihren ursprünglichen Platz zurückkehren. Nach der gewöhnlichen Mechanik müßte dabei das ganze Rohr keine Verschiebung erfahren; denn dauernde Ortsveränderungen können nur durch äußere Kräfte bewirkt werden.

Ist diese Vertauschung ausgeführt, so wäre im Inneren des Rohres alles wie zu Anfang, die Energie E wieder an derselben Stelle wie vorher, die Massenverteilung genau die gleiche. Aber das ganze Rohr wäre gegen seine Ausgangslage durch den Lichtstoß um die Strecke x verrückt. Das widerspricht natürlich allen Grundsätzen der Mechanik. Man könnte ja den Prozeß wiederholen und dadurch dem System ohne Anwendung äußerer Kräfte eine beliebige Ortsveränderung erteilen. Das ist unmöglich. Der einzige Ausweg ist die Annahme, daß bei der Vertauschung von A und B diese beiden Körper nicht mechanisch gleichwertig sind, sondern daß B infolge seines um E höheren Energiegehaltes eine um m größere Masse als A habe. Dann bleibt bei der Vertauschung nicht alles symmetrisch, sondern es wird die Masse m von rechts nach links um die Strecke l verschoben. Dabei verschiebt sich das ganze Rohr um eine Strecke x in der umgekehrten Richtung; sie bestimmt sich daraus, daß der Vorgang ohne äußere Kraftwirkung vor sich geht. Der Gesamtimpuls, bestehend aus dem des Rohres $M\dfrac{x}{t}$ und dem der transportierten Masse $-m\dfrac{l}{t}$, ist also Null:

$$Mx - ml = 0;$$

daraus folgt:

$$x = \frac{ml}{M}.$$

Diese Verrückung muß nun die durch den Lichtstoß erzeugte gerade aufheben; also muß

$$x = \frac{ml}{M} = \frac{El}{Mc^2}$$

sein. Hieraus kann man m berechnen und findet

$$m = \frac{E}{c^2}.$$

Das ist der Betrag an träger Masse, den man der Energie E zuschreiben muß, damit der Grundsatz der Mechanik gültig bleibt, daß ohne Wirkung äußerer Kräfte keine Ortsveränderungen eintreten können.

Da schließlich jede Energie auf Umwegen in Strahlung verwandelbar ist, muß der Satz universelle Gültigkeit haben. *Masse ist danach nichts als eine Erscheinungsform der Energie*; die Materie selber verliert ihren primären Charakter als unzerstörbare Substanz, sie ist nichts als eine Zusammenballung von Energie. Wo elektrische und magnetische Felder oder andere Wirkungen zu starken Energieanhäufungen führen, da kommt die Erscheinung der Massenträgheit zustande. Das Elektron und die Atome sind solche Stellen ungeheurer Energiekonzentration.

Wir können von den zahlreichen und wichtigen Folgerungen dieses Satzes nur wenige kurz berühren.

Was zunächst die Masse des Elektrons betrifft, so zeigt die Formel (69), S. 160, für die Ruhmasse $m_0 = \tfrac{4}{3}\dfrac{U}{c^2}$, daß die elektrostatische Energie U nicht die gesamte Energie E des ruhenden Elektrons sein kann; es muß noch ein anderer Energieanteil V vorhanden sein, $E = U + V$, derart, daß

$$m_0 = \tfrac{4}{3}\frac{U}{c^2} = \frac{E}{c^2} = \frac{U+V}{c^2}$$

wird. Daraus folgt $V = \tfrac{4}{3}U - U = \tfrac{1}{3}U = \tfrac{1}{4}E$; die gesamte Energie ist also zu drei Vierteln elektrostatisch, zu einem Viertel von anderer Art. Dieser Anteil muß von den Kohäsionskräften herrühren, die das Elektron gegen die elektrostatische Anziehung zusammenhalten. Hierüber sind bereits sehr tief eindringende Theorien von Mie, Hilbert und

Einstein entwickelt worden, doch sind die Ergebnisse noch zu unbefriedigend, als daß hier darüber berichtet werden könnte. Am aussichtsreichsten erscheinen die Ansätze Einsteins, auf die wir bei der Besprechung der allgemeinen Relativitätstheorie noch einmal kurz zurückkommen werden.

Dagegen ist der Satz von der Trägheit der Energie bereits jetzt von größter Wichtigkeit für das Problem des Aufbaus der materiellen Atome.

Wir haben oben (S. 154) berichtet, daß jedes Atom aus einem positiven Anteil besteht, der mit der trägen Masse untrennbar verbunden ist, und aus einer Anzahl negativer Elektronen. Durch Versuche von Rutherford (1913) und seinen Schülern über die Zerstreuung der von radioaktiven Substanzen emittierten positiven Strahlen, den sogenannten α-Strahlen, wurde der Beweis erbracht, daß die positiven Bestandteile der Atome, die man heute »Kerne« nennt, außerordentlich klein sind, viel kleiner sogar als das Elektron, dessen Radius wir (S. 161) auf etwa $2 \cdot 10^{-13}$ cm geschätzt haben. Wenn nun die Masse des Kerns, wie die des Elektrons, in der Hauptsache (zu drei Vierteln) elektromagnetischer Natur wäre, so müßte zwischen ihr und dem Radius a eine Formel ähnlich wie die früher (S. 160) auf das Elektron angewandte $m_0 = \frac{2}{3}\frac{e^2}{ac^2}$ bestehen, nur vielleicht mit etwas anderem Zahlenfaktor. Die Massen wären also den Radien umgekehrt proportional:

$$\frac{\text{Radius des Elektrons}}{\text{Radius des Kerns}} = \frac{\text{Masse des Kerns}}{\text{Masse des Elektrons}}.$$

Nun wissen wir, daß das Wasserstoffatom etwa 2000 mal träger ist als das Elektron; daraus folgt, daß der Radius des Wasserstoffkerns etwa 2000 mal kleiner ist als der des Elektrons, in guter Übereinstimmung mit den experimentellen Ergebnissen.

Man kann also den Satz von der Trägheit der Energie mit Erfolg auf die Massen der Atome oder Kerne anwenden.

Die radioaktiven Atome zerfallen bekanntlich unter Aussendung von drei Arten von Strahlen: 1. α-Strahlen, das sind positiv geladene Teilchen, die sich als Heliumkerne erwiesen haben; 2. β-Strahlen, das sind Elektronen; 3. γ-Strahlen, das sind elektromagnetische Wellen von der Natur der Röntgenstrahlen. Bei dieser Emission verliert das Atom nicht nur direkt Masse, sondern außerdem Energie von beträchtlicher Größe; aber mit dem Energieverlust ist nach dem Satze von der Trägheit der Energie wiederum eine Massenabnahme verknüpft. Leider ist diese so klein, daß es vorläufig noch nicht gelungen ist, sie experimentell zu bestimmen.

Prinzipiell ist aber die Erkenntnis von großer Bedeutung, daß bei dem Zerfall eines Atoms die Massen der Bestandteile zusammengezählt nicht gleich der Masse des ursprünglichen Atoms sind. Denn es ist ein altes Ziel der Forschung, alle Atome in einfachere Urbestandteile zu zerlegen. Prout (1815) hat die Hypothese aufgestellt, daß diese Urbestandteile die

Wasserstoffatome sind; er begründet diese Idee durch den Hinweis, daß die Gewichte vieler Atome ganzzahlige Vielfache des Gewichts des Wasserstoffatoms sind. Die genaue Messung der Atomgewichte hat aber diese Behauptung nicht bestätigt, wodurch die Proutsche Hypothese in Mißkredit kam. Heute aber wird sie mit Erfolg wieder aufgenommen; denn nach dem Satze von der Trägheit der Energie wird die Masse eines aus n Wasserstoffkernen gebildeten Atomkerns nicht einfach gleich $n$mal der Masse des Wasserstoffkernes sein, sondern um den bei der Vereinigung umgesetzten Energiebetrag anders. Neuerdings hat nun diese Auffassung eine große Stütze gefunden durch die Entdeckung Rutherfords (1919), daß man von Stickstoffatomen Wasserstoffkerne durch ein Bombardement mit α-Strahlen abspalten kann. Allerdings kann der Satz von der Trägheit der Energie nur kleine Abweichungen der Ganzzahligkeit des Verhältnisses der Atomgewichte zu dem des Wasserstoffs erklären; aber es gibt noch eine andere Ursache, die die groben Differenzen hervorruft, die Tatsache der *Isotopen*. Viele Elemente sind Gemische von Atomen mit gleichgeladenen Kernen und gleicher Anordnung der Elektronen, aber verschiedener Kernmasse; diese lassen sich chemisch nicht trennen, wohl aber physikalisch. Die Existenz der Isotopen wurde zuerst bei radioaktiven Substanzen und neuerdings durch Aston (1920) bei vielen anderen Elementen erwiesen. Doch können wir hier auf dieses interessante Thema nicht eingehen.

Dieser Ausblick auf die Probleme der modernen Atomistik zeigt aufs eindringlichste, daß die Einsteinsche Relativitätstheorie keine Ausgeburt phantastischer Spekulation, sondern ein Wegweiser im wichtigsten Forschungsgebiete der Physik ist. Die Entschleierung des Geheimnisses der Welt der Atome bedeutet ein Ziel für die geistige Entwicklung der Menschheit, das an Großartigkeit und Folgenschwere alle anderen Aufgaben der Naturwissenschaft übertrifft, vielleicht sogar die Erkenntnis vom Bau des Weltalls. Denn jeder Schritt zu diesem Ziele gibt uns nicht nur neue Waffen im Kampfe ums Dasein, sondern bringt uns Wissen von den tiefsten Zusammenhängen der natürlichen Welt und lehrt uns scheiden zwischen dem Trug der Sinne und der Wahrheit der ewigen Gesetze des Alls.

9. Optik bewegter Körper.

Nachdem wir die wichtigsten Folgerungen aus der abgeänderten Mechanik gezogen haben, ist es an der Zeit, auf diejenigen Probleme zurückzukommen, aus denen die Einsteinsche Relativitätstheorie hervorgegangen ist, die Elektrodynamik und Optik bewegter Körper. Die Grundgesetze dieser Gebiete sind in den Maxwellschen Feldgleichungen zusammengefaßt, und schon Lorentz hatte erkannt, daß diese für den leeren Raum ($\varepsilon = 1$, $\mu = 1$, $\sigma = 0$) bei den Lorentz-Transformationen invariant sind. Die exakten, invarianten Feldgleichungen für bewegte Körper hat Minkowski (1907) aufgestellt; sie unterscheiden sich von den Lorentzschen

Formeln der Elektronentheorie nur in nebensächlichen Gliedern, die nicht durch Beobachtungen geprüft werden können, haben aber mit diesen die partielle Mitführung der dielektrischen Polarisation gemein und erklären daher alle elektromagnetischen und optischen Vorgänge an bewegten Körpern in voller Übereinstimmung mit den Beobachtungen; wir erinnern insbesondere an die Versuche von Röntgen, Eichenwald und Wilson (V, 11, S. 146), doch wollen wir nicht darauf eingehen, weil dazu ausführliche mathematische Ableitungen nötig sind. Die Optik bewegter Körper aber läßt sich ganz elementar behandeln, und wir wollen sie als eine der schönsten Anwendungen der Einsteinschen Theorie hier darstellen.

In dieser gibt es keinen Äther, sondern nur relativ zueinander bewegte Körper. Daß alle optischen Vorgänge, bei denen Lichtquelle, durchstrahlte Substanzen und Beobachter in ein und demselben Inertialsysteme ruhen, dieselben sind für alle Inertialsyteme, ist nach der Einsteinschen Relativitätstheorie selbstverständlich; diese erklärt also auch den Michelsonschen Versuch, aus dem sie ja hervorgegangen ist. Es handelt sich also jetzt nur darum, ob die bei relativen Bewegungen von Lichtquelle, durchstrahltem Medium und Beobachter auftretenden Erscheinungen von der Theorie richtig wiedergegeben werden.

Wir denken uns eine Lichtwelle in einem materiellen Körper, der im Bezugsysteme S ruht; ihre Geschwindigkeit sei $c_1 = \dfrac{c}{n}$ (n ist der Brechungsindex), ihre Schwingungszahl sei ν, ihre Richtung relativ zum System S fest gegeben. Wir fragen, wie diese drei Merkmale der Welle von einem Beobachter beurteilt werden, der in einem Bezugsystem S' ruht, das sich mit der Geschwindigkeit v parallel der x-Richtung des Systems S bewegt.

Wir behandeln diese Frage nach derselben Methode, die wir früher (IV, 7, S. 94) darauf angewandt haben, nur daß wir statt der Galilei-Transformationen die Lorentz-Transformationen zugrunde legen. Wir haben dort gezeigt, daß die Wellenzahl

$$\nu\left(t - \frac{s}{c}\right)$$

eine Invariante ist; denn sie bedeutet die Anzahl der Wellen, die vom Momente $t = 0$ an den Nullpunkt verlassen und bis zum Momente t den Punkt P erreichen, wobei sie um die Strecke s fortschreiten (Abb. 69, S. 93). Diese Invarianz gilt natürlich jetzt für Lorentz-Transformationen.

Wir betrachten nun zunächst Wellen, die parallel zur x-Richtung fortschreiten; dann ist für s die x-Koordinate des Punktes P zu setzen, und man hat

$$\nu\left(t - \frac{x}{c_1}\right) = \nu'\left(t' - \frac{x'}{c_1'}\right),$$

wo ν, ν' und c_1, c_1' die Frequenzen und Geschwindigkeiten der Welle relativ zu den Systemen S und S' sind. Setzt man hier rechts die durch die Lorentz-Transformation (72), S. 180, gegebenen Ausdrücke für x' und t' ein, so erhält man:

$$\nu\left(t - \frac{x}{c_1}\right) = \frac{\nu'}{\alpha}\left(t - \frac{v}{c^2}x - \frac{x - vt}{c_1'}\right),$$

wo $\alpha = \sqrt{1 - \beta^2} = \sqrt{1 - \frac{v^2}{c^2}}$ ist. Setzt man hier erst $x = 1$, $t = 0$, dann $t = 1$, $x = 0$ so erhält man:

(95)
$$\begin{cases} \dfrac{\nu}{c_1} = \dfrac{\nu'}{\alpha}\left(\dfrac{v}{c^2} + \dfrac{1}{c_1'}\right), \\ \nu = \dfrac{\nu'}{\alpha}\left(1 + \dfrac{v}{c_1'}\right). \end{cases}$$

Dividiert man die zweite Gleichung durch die erste, so erhält man:

$$c_1 = \frac{1 + \dfrac{v}{c_1'}}{\dfrac{v}{c^2} + \dfrac{1}{c_1'}} = \frac{c_1' + v}{1 + \dfrac{vc_1'}{c^2}};$$

löst man umgekehrt nach c_1' auf, so erhält man die *strenge Mitführungsformel*:

$$c_1' = \frac{c_1 - v}{1 - \dfrac{vc_1}{c^2}}.$$

Diese stimmt genau mit dem Einsteinschen Additionstheorem der Geschwindigkeiten bei longitudinaler Bewegung [erste Formel (77), S. 198] überein, wenn man darin u_p durch c_1, u_p' durch c_1' ersetzt. Dieselbe Regel, die für die Umrechnung der Geschwindigkeiten materieller Körper relativ zu verschiedenen Bezugsystemen gilt, ist also auch auf die Lichtgeschwindigkeit anwendbar.

Dieses Gesetz ist aber, wenn man Glieder von höherer als 2. Ordnung in $\beta = \dfrac{v}{c}$ vernachlässigt, mit der Fresnelschen Mitführungsformel (43), S. 106 identisch. Denn mit dieser Annäherung kann man schreiben:

$$\frac{1}{1 - \dfrac{vc_1}{c^2}} = \frac{1}{1 - \dfrac{\beta}{n}} = 1 + \frac{\beta}{n} = 1 + \frac{v}{nc},$$

also

$$c_1' = (c_1 - v)\left(1 + \frac{v}{nc}\right)$$
$$= c_1 - v + \frac{vc_1}{nc} - \frac{v^2}{nc},$$

und wenn man wieder das letzte Glied 2. Ordnung fortläßt und $\dfrac{c_1}{c} = \dfrac{1}{n}$ setzt:

$$c'_1 = c_1 - v\left(1 - \dfrac{1}{n^2}\right).$$

Das ist genau die *Fresnelsche Mitführungsformel*.

Die zweite der Formeln (95) stellt das Dopplersche Prinzip dar; dieses wendet man gewöhnlich auf das Vakuum an, setzt also $c_1 = c$, dann folgt aus dem Additionstheorem der Geschwindigkeiten bekanntlich (S. 198) auch $c'_1 = c$. Sodann gibt die zweite der Formeln (95)

$$\nu' = \nu \dfrac{\alpha}{1 + \dfrac{v}{c}} = \nu \dfrac{\sqrt{1-\beta^2}}{1+\beta};$$

nun ist $1 - \beta^2 = (1-\beta)(1+\beta)$, daher kann man schreiben

$$\nu' = \nu \dfrac{\sqrt{(1-\beta)(1+\beta)}}{1+\beta} = \nu \sqrt{\dfrac{1-\beta}{1+\beta}}.$$

Die *strenge Formel für den Dopplerschen Effekt* bekommt also die symmetrische Gestalt

$$\nu' \sqrt{1 + \dfrac{v}{c}} = \nu \sqrt{1 - \dfrac{v}{c}},$$

die die Gleichwertigkeit der Bezugsysteme S und S' in Evidenz setzt. Vernachlässigt man nun Glieder von höherer als 2. Ordnung, so ist $\sqrt{1+\beta}$ durch $1+\tfrac{1}{2}\beta$, $\sqrt{1-\beta}$ durch $1-\tfrac{1}{2}\beta$ zu ersetzen; man erhält daher

$$\nu'(1 + \tfrac{1}{2}\beta) = \nu(1 - \tfrac{1}{2}\beta),$$

$$\nu' = \nu \dfrac{1 - \tfrac{1}{2}\beta}{1 + \tfrac{1}{2}\beta};$$

nun ist mit derselben Genauigkeit $\dfrac{1}{1+\tfrac{1}{2}\beta} = 1 - \tfrac{1}{2}\beta$, also

$$\nu' = \nu(1-\tfrac{1}{2}\beta)^2 = \nu(1 - \beta + \tfrac{1}{4}\beta^2)$$

und bei Vernachlässigung von β^2:

$$\nu' = \nu\left(1 - \dfrac{v}{c}\right),$$

in vollständiger Übereinstimmung mit der Formel (40), (S. 97).

Um mit derselben Methode die *Aberration* des Lichtes abzuleiten, müssen wir einen Wellenzug betrachten, der sich senkrecht zur Bewegungsrichtung x der Systeme S und S' gegeneinander fortpflanzt; dabei müssen wir aber hinzufügen, ob die senkrechte Richtung bezüglich S oder S' gemeint ist, denn wenn der Strahl relativ zu S senkrecht auf der x-Achse

Optik bewegter Körper.

ist, ist er es nicht relativ zu S'. Wir wollen annehmen, die Fortpflanzungsrichtung sei die y'-Achse des Systems S'; dann ist $s' = y'$ zu setzen und es gilt für das Vakuum ($c_1 = c_1' = c$):

$$\nu\left(t - \frac{s}{c}\right) = \nu'\left(t' - \frac{y'}{c}\right).$$

Setzt man hier die durch die Lorentz-Transformation (72), S. 180, gegebenen Werte ein, so erhält man:

$$\nu\left(t - \frac{s}{c}\right) = \nu'\left(\frac{t - \frac{v}{c^2}x}{\alpha} - \frac{y}{c}\right);$$

daraus folgt zunächst für $x = 0$, $y = 0$, $s = 0$, $t = 1$:

$$\nu = \frac{\nu'}{\alpha},$$

sodann für $t = 0$:

$$\frac{\nu}{c}s = \nu'\left(\frac{vx}{c^2\alpha} + \frac{y}{c}\right) = \frac{\nu'}{\alpha c}(\beta x + \alpha y),$$

also

$$s = \alpha y + \beta x.$$

Wäre die Wellenebene relativ zum Bezugsysteme S senkrecht zur y-Achse, so wäre $s = y$; da das nicht der Fall ist, muß sie abgelenkt sein (Abb. 124). x, y sind die Koordinaten irgendeines Punktes P der Wellenebene. Wählen wir für P insbesondere den Schnittpunkt A mit der x-Achse, so ist $x = a$, $y = 0$ zu setzen, also $s = \beta a$; ebenso ist für den Schnittpunkt B der Wellenebene mit der y-Achse $x = 0$, $y = b$ zu setzen, also $s = \alpha b$.

Daher erhält man

$$s = \beta a = \alpha b \quad \text{oder} \quad \frac{b}{a} = \frac{\beta}{\alpha}.$$

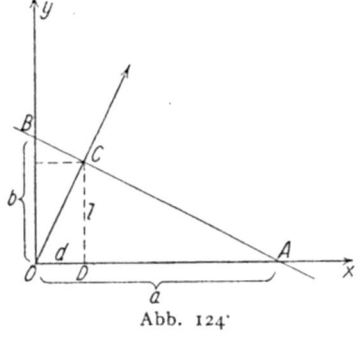

Abb. 124.

Dieses Verhältnis $\frac{b}{a}$ ist offenbar ein Maß für die Ablenkung der Wellenfront. Man sieht leicht, daß es mit der elementaren Definition der Aberrationskonstante nach der Emissionstheorie (IV, 3, S. 74) übereinstimmt. Denn das vom Nullpunkt auf die Wellenebene gefällte Lot OC ist die Fortpflanzungsrichtung; ist D die Projektion von C auf die x-Achse, so ist $OD = d$ die Verschiebung, die man einem zur y-Achse parallelen Fernrohr von der Länge $DC = l$ während der vom Licht zum Durchlaufen des Rohres gebrauchten Zeit erteilen muß, damit ein bei C die Mitte des Objektivs treffender Lichtstrahl gerade bei O die Mitte des Okulars erreicht. Also ist $\frac{d}{l}$ die Aberrationskonstante. Aus der Ähnlichkeit der Dreiecke OCD und BOA ergibt sich aber die Proportion

$$\frac{d}{l} = \frac{b}{a} = \frac{\beta}{\alpha} = \frac{\beta}{\sqrt{1-\beta^2}}.$$

Das ist die *exakte Aberrationsformel*. Vernachlässigt man β^2 neben 1, so geht sie in die elementare Formel

$$\frac{d}{l} = \beta = \frac{v}{c}$$

über.

Dieses Resultat ist besonders bemerkenswert, weil sämtliche Äthertheorien bei der Erklärung der Aberration beträchtliche Schwierigkeiten zu überwinden haben. Mit Hilfe der Galilei-Transformation erhält man gar keine Ablenkung der Wellenebene und Wellenrichtung (IV, 10, S. 109), und man muß, um die Aberration zu erklären, den Begriff des »Strahles« einführen, der in bewegten Systemen nicht mit der Fortpflanzungsrichtung übereinzustimmen braucht. In der Einsteinschen Theorie ist das nicht nötig; in jedem Inertialsysteme S fällt die Richtung des Strahles, d. h. des Energietransportes, mit der Senkrechten auf den Wellenebenen zusammen, trotzdem ergibt sich die Aberration in derselben einfachen Weise wie der Dopplersche Effekt und die Fresnelsche Mitführungszahl aus dem Begriffe der Welle mit Hilfe der Lorentz-Transformation.

Diese Ableitung der Grundgesetze der Optik bewegter Körper zeigt die Überlegenheit der Einsteinschen Relativitätstheorie gegenüber allen anderen Theorien auf das schlagendste.

10. Minkowskis absolute Welt.

Das Wesen der neuen Kinematik besteht in der Untrennbarkeit von Raum und Zeit. Die Welt ist eine vierdimensionale Mannigfaltigkeit, ihr Element ist der Weltpunkt; Raum und Zeit sind Formen der Anordnung der Weltpunkte, und diese Ordnung ist bis zu gewissem Grade mit Willkür behaftet. Minkowski hat diese Anschauung in die Worte gefaßt: »Von Stund an sollen Raum und Zeit für sich völlig zu Schatten herabsinken und nur noch eine Art Union der beiden soll Selbständigkeit bewahren.« Und er hat diesen Gedanken konsequent durchgeführt, indem er die Kinematik als vierdimensionale Geometrie entwickelte. Wir haben uns seiner Darstellung durchweg bedient, wobei wir nur zur Vereinfachung die y- und z-Achsen fortließen und in der xt-Ebene operierten. Werfen wir nun noch einen Blick vom mathematischen Standpunkte auf die Geometrie in der xt-Ebene, so erkennen wir, daß es sich nicht um die gewöhnliche Euklidische Geometrie handelt. Denn bei dieser sind alle vom Nullpunkt ausgehenden Geraden gleichberechtigt, die Längeneinheit auf ihnen ist dieselbe, die Eichkurve also ein Kreis (Abb. 125). In der xt-Ebene aber sind die raumartigen und zeitartigen Geraden nicht gleichwertig, auf jeder gilt eine andere Längeneinheit, die Eichkurve besteht aus den Hyperbeln

$$G = x^2 - c^2 t^2 = \pm 1.$$

In der Euklidischen Ebene kann man unendlich viele rechtwinklige Koordinatensysteme mit demselben Nullpunkte O konstruieren, die durch Drehung auseinander hervorgehen. In der xt-Ebene gibt es ebenfalls unendlich viele gleichberechtigte Koordinatensysteme, bei denen die eine Achse innerhalb eines Winkelgebietes willkürlich gewählt werden kann.

In der Euklidischen Geometrie ist die Entfernung s eines Punktes P mit den Koordinaten x, y vom Nullpunkte eine Invariante gegenüber den Drehungen des Koordinatensystems [s. III, 7, Formel (28), S. 59]; nach dem Pythagoräischen Lehrsatze (Abb. 125) ist nämlich im xy-System

$$s^2 = x^2 + y^2,$$

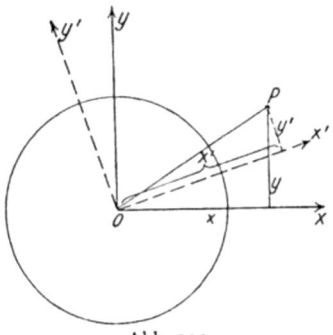

Abb. 125.

und in irgendeinem $x'y'$-System gilt ebenso $s^2 = x'^2 + y'^2$. Die Eichkurve, der Kreis mit dem Radius 1, ist durch $s = 1$ dargestellt; daher wird man s, oder auch s^2, als *Grundinvariante* der Euklidischen Geometrie ansehen.

In der xt-Ebene ist die Grundinvariante

$$G = x^2 - c^2 t^2,$$

die Eichkurve ist $G = \pm 1$.

Minkowski bemerkte nun, daß hier eine Parallelität zum Vorschein kommt, die auf die mathematische Struktur der vierdimensionalen Welt (bzw. der xt-Ebene) ein helles Licht wirft. Setzt man nämlich $-c^2 t^2 = u^2$, so wird offenbar

$$G = x^2 + u^2 = s^2$$

und läßt sich als Grundinvariante s^2 einer Euklidischen Geometrie mit den rechtwinkligen Koordinaten x, u auffassen.

Allerdings kann man aus der negativen Größe $-c^2 t^2$ nicht die Quadratwurzel ziehen, u selbst läßt sich nicht aus der Zeit t berechnen. Aber die Mathematik ist längst gewohnt, solche Schwierigkeiten mit kühnem Schwunge zu überwinden. Die »imaginäre« Größe $\sqrt{-1} = i$ hat seit Gauß Bürgerrecht im mathematischen Reiche. Wir können hier auf die strenge Begründung der Lehre von den imaginären Zahlen nicht eingehen; sie sind im Grunde nicht »imaginärer«, als eine gebrochene

Zahl wie $\frac{2}{3}$, denn Zahlen, »mit denen man zählt«, sind doch eigentlich nur die natürlichen, ganzen Zahlen 1, 2, 3, 4 .... 2 läßt sich nicht durch 3 teilen; $\frac{2}{3}$ ist also ebensogut eine nicht ausführbare Operation wie $\sqrt{-1}$. Die Brüche wie $\frac{2}{3}$ bedeuten eine Erweiterung des natürlichen Zahlbegriffs, die durch die Schule und die Gewohnheit jedem geläufig nnd unanstößig ist. Eine ähnliche Erweiterung des Zahlbegriffs sind die imaginären Zahlen, jedem Mathematiker ebenso gewohnt und geläufig, wie die Bruchrechnung. Alle Formeln, die imaginäre Zahlen enthalten, besitzen eine ebenso scharfe Bedeutung, wie die aus gewöhnlichen, »reellen« Zahlen gebildeten, und die aus ihnen gezogenen Folgerungen sind ebenso zwingend.

Bedienen wir uns hier des Symbols $\sqrt{-1} = i$, so können wir schreiben:
$$u = ict.$$

Die nicht-euklidische Geometrie der xt-Ebene ist also formal mit der euklidischen Geometrie in der xu-Ebene identisch, wobei nur reellen Zeiten t imaginäre u-Werte entsprechen.

Dieser Satz ist nun für die mathematische Behandlung der Relativitätstheorie von unschätzbarem Vorteile. Denn bei zahlreichen Operationen und Rechnungen kommt es nicht auf die Realität der betrachteten Größen an, sondern nur auf die zwischen ihnen bestehenden algebraischen Beziehungen, die für imaginäre Zahlen ebenso gelten wie für reelle. Man kann daher die aus der euklidischen Geometrie bekannten Gesetze auf die vierdimensionale Welt übertragen. Minkowski ersetzt

$$x \quad y \quad z \quad ict$$
durch
$$x \quad y \quad z \quad u$$

und operiert dann mit diesen 4 Koordinaten in völlig symmetrischer Weise. Die Grundinvariante wird dann offenbar
$$G = s^2 = x^2 + y^2 + z^2 + u^2.$$

Die Sonderstellung der Zeit verschwindet dadurch aus allen Formeln, was die Bequemlichkeit und Übersichtlichkeit der Rechnungen sehr erhöht. Im Schlußresultat muß man dann wieder u durch ict ersetzen, wobei nur solche Gleichungen physikalischen Sinn behalten, die ausschließlich mit reellen Zahlen gebildet sind.

Der Nichtmathematiker wird sich unter diesen Ausführungen nicht viel denken können; er wird vielleicht, empört über die von Minkowski selbst halb im Scherz formulierte »mystische Gleichung« $3 \cdot 10^{10}$ cm $= \sqrt{-1}$ sec, den Kritikern der Relativitätstheorie beipflichten, denen die Gleichwertigkeit der Zeit mit den räumlichen Dimensionen als reiner Unsinn erscheint.

Wir hoffen, daß unsere Darstellungsweise, bei der die formale Methode Minkowskis erst am Schlusse erscheint, solchen Einwänden standhalten kann. In der xt-Ebene ist doch offenbar die Zeit t mit der Längendimension x keineswegs vertauschbar; die Lichtlinien ξ und η scheiden als unüberwindbare Schranken die zeitartigen von den raumartigen Weltlinien. Minkowskis Transformation $u = ict$ ist also nur als mathematischer Kunstgriff zu werten, der gewisse formale Analogien zwischen den Raumkoordinaten und der Zeit ins rechte Licht setzt, ohne doch eine Verwechslung zwischen ihnen zuzulassen.

Aber dieser Kunstgriff hat wichtige Erkenntnisse gebracht; ohne ihn wäre Einsteins allgemeine Relativitätstheorie nicht denkbar. Dabei kommt es auf die Analogie der Grundinvariante G mit dem Quadrat einer Entfernung an. Wir werden in Zukunft für die Größe

$$(96) \quad s = \sqrt{G} = \sqrt{x^2 + y^2 + z^2 + u^2} = \sqrt{x^2 + y^2 + z^2 - c^2 t^2}$$

die Bezeichnung »*vierdimensionale Entfernung*« gebrauchen, wobei wir uns bewußt bleiben müssen, daß das Wort in übertragenem Sinne verstanden wird.

Der eigentliche Sinn der Größe s ist nach unsern früheren Erörterungen über die Invariante G leicht zu verstehen. Beschränken wir uns auf die xt-Ebene, so wird

$$s = \sqrt{G} = \sqrt{x^2 + u^2} = \sqrt{x^2 - c^2 t^2}.$$

Nun ist für jede raumartige Weltlinie G positiv, also s als Quadratwurzel aus einer positiven Zahl eine reelle Größe; man kann dann den Weltpunkt x, t mit dem Nullpunkte durch Wahl eines geeigneten Bezugsystems S gleichzeitig machen. Dann ist $t = 0$, also $s = \sqrt{x^2} = x$ der räumliche Abstand des Weltpunktes vom Nullpunkte.

Für jede zeitartige Weltlinie ist G negativ, also s imaginär; dann gibt es ein Koordinatensystem, in dem $x = 0$, also $s = \sqrt{-c^2 t^2} = ict$ ist. In jedem Falle hat also s eine einfache Bedeutung und ist als meßbare Größe zu betrachten.

Wir schließen damit die Darstellung der speziellen Einsteinschen Relativitätstheorie ab. Ihr Ergebnis können wir etwa so zusammenfassen:

Nicht nur die Gesetze der Mechanik, sondern die aller Naturvorgänge, besonders die elektromagnetischen Erscheinungen, lauten vollkommen identisch in unendlich vielen, relativ zueinander gleichförmig translatorisch bewegten Bezugsystemen, die man Inertialsysteme nennt. In jedem dieser Systeme gilt ein besonderes Maß für Längen und Zeiten, und diese Maße sind durch die Lorentz-Transformationen miteinander verknüpft.

Bezugsysteme, die sich relativ zu den Inertialsystemen beschleunigt bewegen, sind, genau wie in der Mechanik, mit den Inertialsystemen *nicht* gleichwertig. Bezieht man die Naturgesetze auf solche beschleunigte Systeme, so lauten sie anders; in der Mechanik treten Fliehkräfte auf, in der Elektrodynamik analoge Wirkungen, deren Studium uns zu weit führen würde. Einsteins spezielle Relativitätstheorie beseitigt also *nicht* den Newtonschen absoluten Raum in dem eingeschränkten Sinne, den wir diesem Worte früher (III, 6, S. 55) gegeben haben; sie stellt gewissermaßen nur für die *ganze Physik* einschließlich der Elektrodynamik denjenigen Zustand her, den die Mechanik seit Newton hatte. Die tiefen Fragen des absoluten Raumes, die uns dort beunruhigten, sind also noch immer nicht gelöst: wir sind ihnen kaum einen Schritt näher gekommen, ja, durch die Erweiterung des physikalischen Gegenstandes über die Mechanik hinaus ist die Aufgabe offenbar wesentlich erschwert.

Wir werden jetzt sehen, wie Einstein sie bewältigt hat.

VII. Die allgemeine Relativitätstheorie Einsteins.

1. Relativität bei beliebigen Bewegungen.

Bei der Erörterung der klassischen Mechanik haben wir ausführlich die Gründe besprochen, die Newton zur Aufstellung der Begriffe des absoluten Raumes und der absoluten Zeit geführt haben; wir haben aber auch sogleich die Einwände hervorgehoben, die man vom Standpunkte der Erkenntniskritik gegen diese Begriffsbildungen vorbringen kann.

Newton stützt die Annahme des absoluten Raumes auf die Existenz der Trägheitswiderstände und Fliehkräfte. Diese können augenscheinlich nicht auf Wechselwirkungen von Körper zu Körper beruhen, weil sie im ganzen Universum, soweit die Beobachtung reicht, unabhängig von der lokalen Verteilung der Massen in der gleichen Weise auftreten. Daher schließt Newton, daß sie von den *absoluten* Beschleunigungen abhängen. Damit wird der absolute Raum als fiktive Ursache physikalischer Erscheinungen eingeführt.

Das Unbefriedigende dieser Theorie erkennt man aus folgendem Beispiele:

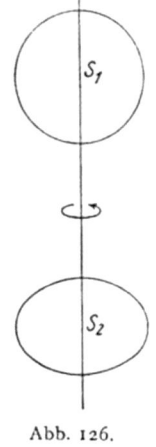

Abb. 126.

Im Weltenraume mögen zwei flüssige Körper S_1 und S_2 von gleicher Substanz und Größe vorhanden sein, in solcher Entfernung, daß die gewöhnlichen Gravitationswirkungen des einen auf den anderen unmerklich gering sind (Abb. 126); jeder der Körper soll unter der Wirkung der Gravitation seiner Teile aufeinander und der übrigen physikalischen Kräfte im Gleichgewicht sein, so daß keine relativen Bewegungen seiner Teile gegeneinander stattfinden. Aber die beiden Körper sollen um die Verbindungslinie ihrer Mittelpunkte eine relative Drehbewegung mit konstanter Rotationsgeschwindigkeit ausführen; das bedeutet, ein Beobachter auf dem einen Körper S_1 stellt eine gleichförmige Drehung des andern Körpers S_2 gegen seinen eigenen Standpunkt fest, und umgekehrt. Nun soll jeder der Körper von relativ zu ihm ruhenden Beobachtern ausgemessen werden; es ergebe sich, daß S_1 eine Kugel, S_2 ein abgeplattetes Rotationsellipsoid sei.

Die Newtonsche Mechanik würde aus diesem verschiedenen Verhalten der beiden Körper den Schluß ziehen, daß S_1 im absoluten Raume ruht,

S_2 aber eine absolute Rotation ausführt; die Fliehkräfte bewirken dann die Abplattung von S_2.

Man sieht an diesem Beispiele deutlich, daß der absolute Raum als (fiktive) Ursache eingeführt wird; denn S_1 kann an der Abplattung von S_2 nicht schuld sein, weil ja die beiden Körper relativ zueinander unter ganz gleichen Bedingungen stehen und daher sich gegenseitig nicht verschieden deformieren können.

Der Raum als Ursache befriedigt aber das Kausalitätsbedürfnis nicht. Denn wir kennen *keine* andere Äußerung seiner Existenz als die Fliehkräfte; man kann also die Hypothese des absoluten Raumes durch nichts anderes belegen als durch die Tatsachen, zu deren Erklärung sie eingeführt ist. Eine gesunde Erkenntniskritik lehnt solche ad hoc gemachten Hypothesen ab; sie sind zu billig und zerbrechen alle Schranken, die gewissenhafte Forschung zwischen ihren Ergebnissen und den Hirngespinsten der Phantasie aufzurichten sucht. Wenn der Bogen Papier, den ich eben beschrieben habe, plötzlich vom Tische auffliegt, so stände mir die Hypothese frei, daß der Geist des längst verstorbenen Newton ihn entführt habe; aber als vernünftiger Mensch mache ich diese Hypothese nicht, sondern denke an die Zugluft, die entstand, weil das Fenster offensteht und meine Frau gerade zur Tür hereintritt. Auch wenn ich die Zugluft nicht selbst gespürt habe, ist diese Hypothese vernünftig, weil sie den zu erklärenden Vorgang mit einem andern beobachtbaren Vorgange in Verbindung bringt. Diese kritische Auswahl der zulässigen Ursachen unterscheidet die vernünftige, kausale Weltbetrachtung, zu der die physikalische Forschung gerechnet werden will, von Mystik, Spiritismus und ähnlichen Äußerungen ungebändigter Phantasie.

Der absolute Raum aber hat nahezu spiritistischen Charakter. Fragt man: »was ist die Ursache der Fliehkräfte?«, so lautet die Antwort: »der absolute Raum«. Fragt man aber: »was ist der absolute Raum und worin äußert er sich sonst?«, so weiß niemand eine andere Antwort als die: »der absolute Raum ist die Ursache der Fliehkräfte, sonst hat er keine Eigenschaften«. Diese Gegenüberstellung zeigt zur Genüge, daß der Raum als Ursache physikalischer Vorgänge aus dem Weltbilde beseitigt werden muß.

Vielleicht ist es nicht überflüssig anzumerken, daß die Heranziehung elektromagnetischer Erscheinungen an dieser Beurteilung des absoluten Raumes nichts ändert. Bei diesen treten in rotierenden Koordinatensystemen Wirkungen auf, die den Fliehkräften der Mechanik analog sind; aber das sind natürlich nicht neue, unabhängige Beweisgründe für die Existenz des absoluten Raumes, denn, wie wir wissen, sind durch den Satz von der Trägheit der Energie Mechanik und Elektrodynamik zu einer Einheit verschmolzen. Es ist nur für uns bequemer, allein mit den Begriffen der Mechanik zu operieren.

Kehren wir nun zur Betrachtung der beiden Körper S_1 und S_2 zurück, so müssen wir, wenn der Raum als Ursache ihres verschiedenen Verhaltens abgelehnt wird, nach anderen, reellen Ursachen suchen.

Angenommen nun, es wären außerhalb der Körper S_1 und S_2 absolut keine andern materiellen Körper vorhanden. Dann bliebe das verschiedene Verhalten von S_1 und S_2 tatsächlich unerklärbar. Aber ist denn dieses Verhalten empirische Tatsache? Zweifellos nicht; wir haben noch niemals Erfahrungen über zwei allein im Weltenraume schwebende Körper sammeln können. Die Annahme, daß zwei wirkliche Körper S_1 und S_2 unter diesen Umständen sich verschieden verhielten, ist durch *nichts* begründet. Man muß vielmehr verlangen, daß eine befriedigende Mechanik diese Annahme ausschließt.

Wenn wir aber bei zwei wirklichen Körpern S_1 und S_2 das geschilderte verschiedene Verhalten beobachten (wir kennen ja mehr oder weniger abgeplattete Planeten), so dürfen wir als Ursache dafür nur *ferne Massen* in Anspruch nehmen. In der wirklichen Welt sind solche ferne Massen tatsächlich vorhanden, das Heer der Gestirne. Welchen Weltkörper wir auch herausgreifen, so ist er umgeben von unzähligen anderen, die von ihm ungeheuer entfernt sind und sich relativ zueinander so langsam bewegen, daß sie als Ganzes etwa wie eine feste, hohle Masse wirken, in deren Hohlraum der betrachtete Körper sitzt.

Diese fernen Massen müssen die Ursache der Fliehkräfte sein. Damit sind auch alle Erfahrungen im Einklange; denn das Bezugsystem der Astronomie, gegen das die Rotationen der Himmelskörper bestimmt werden, ist so gewählt, daß es relativ zum Fixsternhimmel im Ganzen in Ruhe ist, genauer gesagt so, daß die scheinbaren Bewegungen der Fixsterne relativ zu dem Bezugsystem ganz ungeordnet sind und keine Vorzugsrichtung haben. Die Abplattung eines Planeten ist um so größer, je größer seine Drehgeschwindigkeit gegen dieses, mit den fernen Massen verbundene Bezugsystem ist.

Demnach werden wir fordern, daß die Gesetze der Mechanik und die der Physik überhaupt nur die relativen Lagen und Bewegungen der Körper enthalten. Es darf kein Bezugsystem a priori bevorzugt sein, wie es die Inertialsysteme der Newtonschen Mechanik und der speziellen Einsteinschen Relativitätstheorie sind; denn sonst gingen in die Naturgesetze die absoluten Beschleunigungen gegen diese bevorzugten Bezugsysteme ein, nicht nur die relativen Bewegungen der Körper.

Wir gelangen also zu dem Postulat, daß die wahren Gesetze der Physik in beliebig bewegten Bezugsystemen in gleicher Weise gelten sollen. Das ist eine beträchtliche Erweiterung des Relativitätsprinzips.

2. Das Äquivalenzprinzip.

Die Erfüllung dieses Postulats erfordert eine ganz neue Formulierung des Trägheitsgesetzes, da dieses der Grund für die Sonderstellung der

Inertialsysteme ist. Die Trägheit eines Körpers soll nicht mehr als Wirkung des absoluten Raumes, sondern der andern Körper angesehen werden.

Nun kennen wir nur eine Wechselwirkung zwischen *allen* materiellen Körpern, die Gravitation; ferner wissen wir, daß die Erfahrung einen merkwürdigen Zusammenhang zwischen Gravitation und Trägheit geliefert hat, den Satz von der Gleichheit der schweren und der trägen Masse (II, 12, S. 34). Die beiden, in der Newtonschen Formulierung so verschiedenen Phänomene der Trägheit und Attraktion werden also eine gemeinsame Wurzel haben.

Das ist die große Entdeckung Einsteins, durch die das allgemeine Relativitätsprinzip aus einem Postulate der Erkenntniskritik in einen Satz der exakten Wissenschaften verwandelt worden ist.

Wir können das Ziel der folgenden Untersuchung so kennzeichnen: in der gewöhnlichen Mechanik wird die Bewegung eines schweren Körpers (auf den keine elektromagnetischen oder anderen Kräfte wirken) durch zwei Ursachen bestimmt: 1. seine Trägheit bei Beschleunigungen gegen den absoluten Raum, 2. die Gravitation der übrigen Massen. Jetzt soll eine Formulierung des Bewegungsgesetzes gefunden werden, bei dem Trägheit und Gravitation in einem höheren Begriffe verschmelzen, derart, daß die Bewegung allein durch die Verteilung der übrigen Massen in der Welt bestimmt ist. Bis zur Aufstellung des neuen Gesetzes müssen wir aber noch einen längeren Weg zurücklegen und einige begriffliche Schwierigkeiten überwinden.

Wir haben den Satz von der Gleichheit der schweren und trägen Masse früher ausführlich besprochen. Für die irdischen Vorgänge besagt er: alle Körper fallen gleich schnell; für die Bewegungen der Himmelskörper drückt er aus, daß die Beschleunigung unabhängig ist von der Masse des bewegten Körpers. Wir haben auch berichtet, daß der Satz nach Messungen von Eötvös mit außerordentlicher Genauigkeit gültig ist, daß er aber trotzdem in der klassischen Mechanik nicht zu den Grundgesetzen gezählt, sondern als fast zufälliges Geschenk der Natur hingenommen wird.

Jetzt soll das anders werden; der Satz tritt an die Spitze nicht nur der Mechanik, sondern der ganzen Physik.

Wir müssen ihn daher so beleuchten, daß sein fundamentaler Inhalt klar hervortritt. Wir raten dem Leser, folgendes einfache Experiment zu machen. Er nehme zwei leichte, aber verschieden schwere Gegenstände, etwa eine Münze und ein Stück Radiergummi, und lege sie auf den flachen Handteller. Er spürt dann das Gewicht der beiden Körperchen als Druck auf der Handfläche, und zwar ist dieser verschieden. Nun bewege er die Hand rasch nach unten; dann empfindet er eine Verringerung des Druckes beider Körperchen. Wenn man diese Bewegung immer schneller wiederholt, so wird schließlich der Moment eintreten,

Das Äquivalenzprinzip.

wo die Körperchen sich von der Handfläche lösen und hinter ihr während der Bewegung zurückbleiben; das tritt offenbar ein, sobald die Hand schneller herabsinkt, als die Körperchen frei herabfallen. Da diese nun trotz ihres verschiedenen Gewichtes gleich schnell fallen, so bleiben sie, auch nach der Ablösung von der Hand, immer in derselben Höhe beieinander.

Man denke sich nun Wichtelmännchen, die auf der Hand leben und nichts von der Außenwelt wissen; wie würden diese den ganzen Vorgang beurteilen? Man kann sich leicht in die Seele solcher mitbewegter Beobachter versetzen, während man den Versuch macht und auf die wechselnden Drucke und Bewegungen der Körperchen gegen die Handfläche achtet. Bei ruhender Hand werden die Wichtelmännchen das verschiedene Gewicht der beiden Körperchen konstatieren. Wenn jetzt die Hand herabsinkt, so werden sie eine Gewichtsabnahme der Körperchen feststellen; sie werden nach einer Ursache dafür suchen und bemerken, daß ihr Standort, die Hand, relativ zu den umgebenden Körpern, den Zimmerwänden, herabsinkt. Man kann nun aber die Wichtelmännchen mit den beiden Versuchskörpern in einen geschlossenen Kasten sperren und diesen mit der Hand abwärts bewegen. Dann sehen die Beobachter im Kasten nichts, woran sie die Bewegung des Kastens feststellen könnten. Sie können dann einfach nur die Tatsache konstatieren, daß das Gewicht aller Körper im Kasten in gleicher Weise abnimmt. Wenn nun die Hand so schnell bewegt wird, daß die freifallenden Gegenstände hinter ihr zurückbleiben, so werden die Beobachter im Kasten zu ihrem Staunen die noch eben beträchtlich schweren Gegenstände nach oben fliegen sehen; sie bekommen negatives Gewicht, oder besser, die Schwerkraft wirkt nicht mehr nach unten, sondern nach oben. Auch fallen beide Körper trotz ihres verschiedenen Gewichts gleich schnell nach oben. Die Leute im Kasten können diese Beobachtungen auf zweierlei Arten erklären: entweder denken sie, daß das Schwerefeld unverändert bestehen bleibt, der Kasten aber in der Richtung des Feldes beschleunigt wird; oder sie nehmen an, daß die anziehenden Massen unterhalb des Kastens verschwunden, dafür neue oberhalb des Kastens aufgetaucht sind, wodurch sich die Richtung der Schwerkraft umgekehrt hat. Wir fragen nun: Gibt es irgendein Mittel, um durch Experimente innerhalb des Kastens zwischen beiden Möglichkeiten zu unterscheiden?

Und wir müssen antworten, daß die Physik ein solches Mittel *nicht* kennt. Tatsächlich ist die Wirkung der Schwere von der Wirkung der Beschleunigung durch nichts zu unterscheiden; beide sind einander völlig äquivalent. Das beruht wesentlich darauf, daß alle Körper *gleich* schnell fallen; wäre das nämlich nicht der Fall, so könnte man sogleich unterscheiden, ob eine beschleunigte Bewegung verschieden schwerer Körper durch die Anziehung fremder Massen erzeugt oder nur durch Beschleunigung des Standpunktes des Beobachters vorgetäuscht wird. Denn in ersterem Falle bewegen sich verschieden schwere Körper verschieden schnell, in letzterem Falle aber ist die relative Beschleunigung aller frei beweglichen Körper gegen den Beobachter gleich groß, sie fallen trotz verschiedenen Gewichtes gleich schnell.

Dieses Einsteinsche *Äquivalenzprinzip* gehört also zu jenen Sätzen, auf die wir in diesem Buche besonderes Gewicht gelegt haben, nämlich solchen, die die Nichtfeststellbarkeit einer physikalischen Aussage, die Nichtunterscheidbarkeit zweier Begriffe behaupten. Die Physik lehnt solche Begriffe und Sätze ab und ersetzt sie durch neue; denn physikalische Realität haben nur feststellbare Tatsachen.

Die klassische Mechanik unterscheidet zwischen der Bewegung eines sich selbst überlassenen, keinen Kräften unterworfenen Körpers, der Trägheitsbewegung, und der Bewegung eines Körpers unter der Wirkung der Gravitation. Die erste ist in einem Inertialsysteme geradlinig und gleichförmig; die zweite geht auf gekrümmten Bahnen und ungleichförmig vor sich. Nach dem Äquivalenzprinzip müssen wir diese Unterscheidung fallen lassen; denn man kann durch bloßen Übergang zu einem beschleunigten Bezugsysteme die gerade, gleichförmige Trägheitsbewegung in eine gekrümmte, beschleunigte Bewegung verwandeln, die von einer durch Gravitation erzeugten nicht unterscheidbar ist, und auch das Umgekehrte gilt, wenigstens für beschränkte Stücke der Bewegung, wie nachher näher ausgeführt wird. Wir nennen von nun an jede Bewegung eines Körpers, auf den keine Kräfte elektrischen, magnetischen oder sonstigen Ursprungs wirken, sondern der nur unter dem Einfluß gravitierender Massen steht, eine *Trägheitsbewegung*; dieses Wort soll also eine allgemeinere Bedeutung haben wie früher. Der Satz, daß die Trägheitsbewegung relativ zu einem Inertialsysteme geradlinig gleichförmig ist, das gewöhnliche Trägheitsgesetz, hört jetzt natürlich auf. Vielmehr ist es gerade unser Problem: das Gesetz der Trägheitsbewegung in dem verallgemeinerten Sinne anzugeben.

Die Lösung dieser Aufgabe befreit uns vom absoluten Raume und liefert zugleich eine *Theorie der Gravitation*, die dadurch viel tiefer mit den Prinzipien der Mechanik verknüpft wird, als in Newtons Lehre.

Wir wollen diese Erörterungen noch etwas nach der quantitativen Seite ergänzen. Wir haben früher (III, 8, S. 62) gezeigt, daß die Bewegungsgleichungen der Mechanik bezogen auf ein System S, das gegen die Inertialsysteme die konstante Beschleunigung k hat, in der Form

$$m\, b = K'$$

geschrieben werden können, wenn K' die Summe aus der wirklichen Kraft K und der Trägheitskraft $-m\,k$ bedeutet:

$$K' = K - m\,k.$$

Ist nun die Kraft K die Schwere, so ist $K = m\,g$, also

$$K' = m(g - k).$$

Indem man die Beschleunigung k des Bezugsystems S geeignet wählt, kann man der Differenz $g - k$ jeden beliebigen positiven oder negativen

Wert erteilen, sie auch zu Null machen. Nennt man in Analogie zur Elektrodynamik die Kraft auf die Masseneinheit die »*Feldstärke*« der Schwere und den Raum, wo diese wirkt, das *Schwerefeld*, so kann man sagen: Durch geeignete Wahl des beschleunigten Bezugsystems kann man ein konstantes Schwerefeld schaffen, ein vorhandenes abschwächen, vernichten, verstärken, umkehren.

Jedes beliebige Schwerefeld läßt sich offenbar innerhalb eines hinreichend kleinen Raumteiles und während kurzer Zeit als annähernd konstant ansehen; daher kann man immer ein beschleunigtes Bezugsystem finden, relativ zu dem in dem beschränkten Raum-Zeit-Gebiete kein Schwerefeld vorhanden ist.

Man wird nun fragen, ob nicht jedes Gravitationsfeld in seiner ganzen Ausdehnung und für alle Zeiten durch bloße Wahl des Bezugsystems beseitigt werden kann, ob sich also gewissermaßen alle Gravitation als »scheinbar« auffassen läßt. Das ist aber offenbar nicht der Fall. Das Feld der Erdkugel z. B. läßt sich nicht vollständig beseitigen. Denn es ist nach dem Zentrum gerichtet, die Beschleunigung müßte also von diesem fortweisen; das ist aber nicht möglich. Würde man selbst zulassen (und das werden wir müssen), daß das Bezugsystem nicht starr ist, sondern sich beschleunigt um den Erdmittelpunkt ausdehnt, so würde diese Bewegung nicht seit beliebig langer Zeit möglich sein, sie müßte einmal am Mittelpunkt angefangen haben. Durch Rotation des Bezugsystems um eine Achse erhält man eine von dieser fortgerichtete Trägheitskraft [III, 9. S. 64, Formel (31)], die Zentrifugalkraft

$$mk = m\frac{4\pi^2 r}{T^2}.$$

Diese kompensiert das Schwerefeld der Erde nur in einem gewissen Abstande r, nämlich dem Radius der als kreisförmig gedachten Mondbahn mit der Umlaufszeit T.

Es gibt also »wahre« Gravitationsfelder, doch ist der Sinn dieses Wortes in der allgemeinen Relativitätstheorie ein anderer, als in der klassischen Mechanik; denn man kann stets durch geeignete Wahl des Bezugsystems einen beliebigen, hinreichend kleinen Teil des Feldes beseitigen. Wir werden erst später den Begriff des Gravitationsfeldes genauer festlegen.

Natürlich gibt es gewisse Gravitationsfelder, die in ihrer ganzen Ausdehnung durch Wahl des Bezugsystems beseitigt werden können. Um solche zu finden, braucht man ja nur von einem Bezugsystem auszugehen, in dem ein Raumteil feldfrei ist, und ein irgendwie beschleunigtes Bezugsystem einzuführen; relativ zu diesem besteht dann ein Gravitationsfeld. Dieses verschwindet, sobald man zum ursprünglichen Bezugsysteme zurückkehrt. Das Zentrifugalfeld $k = \dfrac{4\pi^2 r}{T^2}$ ist von dieser Art. Die Frage, wann sich ein Gravitationsfeld durch Wahl des Bezugsystems in seiner ganzen Ausdehnung zum Verschwinden bringen läßt, kann natürlich erst von der fertigen Theorie beantwortet werden.

3. Das Versagen der euklidischen Geometrie.

Ehe wir aber fortschreiten, müssen wir eine Schwierigkeit überwinden, die beträchtliche Anstrengungen erfordert.

Wir sind gewohnt, Bewegungen in der Minkowskischen Welt als Weltlinien darzustellen. Das Gerüst dieser vierdimensionalen Geometrie wurde durch die Weltlinien der Lichtstrahlen und die Bahnen der kräftefrei bewegten, trägen Massen geliefert; diese Weltlinien sind in der alten Theorie relativ zu den Intertialsystemen gerade. Läßt man aber die allgemeine Relativität gelten, so sind beschleunigte Bezugsysteme gleichberechtigt, in diesen sind die vorher geraden Weltlinien krumm (III, 1, S. 44, Abb. 32). Dafür werden wieder andere Weltlinien gerade. Das gilt übrigens auch für die räumlichen Bahnen. Die Begriffe gerade und krumm werden relativiert, sofern man sie auf die Bahnen der Lichtstrahlen und frei beweglichen Körper bezieht.

Damit kommt das ganze Gebäude der euklidischen Geometrie des Weltenraumes ins Wanken. Denn diese beruht (vgl. III, 1, S. 43) wesentlich auf dem klassischen Trägheitsgesetze, das die geraden Linien festlegt.

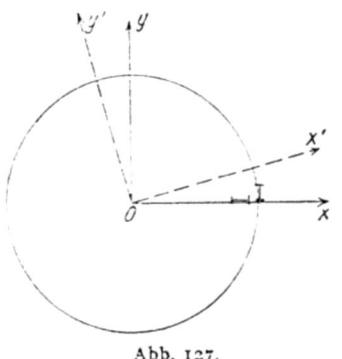

Abb. 127.

Man könnte nun denken, daß sich diese Schwierigkeit überwinden ließe, indem man zur Definition der geometrischen Elemente wie Gerade, Ebene usw. nur starre Maßstäbe gebraucht. Aber auch das ist nicht möglich, wie Einstein folgendermaßen zeigt.

Wir gehen von einem räumlichen Gebiete aus, in dem während einer gewissen Zeit relativ zu einem geeignet gewählten Bezugsystem S kein Gravitationsfeld existiert.

Sodann betrachten wir einen Körper, der in diesem Gebiete mit konstanter Winkelgeschwindigkeit rotiert, etwa in Gestalt einer ebenen, auf der Rotationsachse senkrechten Kreisscheibe (Abb. 127); wir führen ein mit dieser Scheibe fest verbundenes Bezugsystem S' ein. In S' herrscht dann ein nach außen gerichtetes Gravitationsfeld, gegeben durch

die Zentrifugalbeschleunigung $k = \dfrac{4\pi^2 r}{T^2}$.

Nun will ein auf S' befindlicher Beobachter die Kreisscheibe ausmessen. Dazu benutzt er einen Stab von bestimmter Länge als Einheit,

Das Versagen der euklidischen Geometrie.

der dabei relativ zu S' ruhen muß. Ein Beobachter in dem Bezugsysteme S benutzt genau denselben Stab als Längeneinheit, wobei dieser natürlich relativ zu S ruhen muß.

Wir werden nun annehmen müssen, daß die Ergebnisse des speziellen Relativitätsprinzips richtig bleiben, sofern wir uns auf Raumteile und Zeitabschnitte beschränken, in denen die Bewegung als gleichförmig angesehen werden kann. Damit das möglich ist, nehmen wir an, daß der Einheitsstab klein gegen den Scheibenradius ist.

Legt nun der Beobachter in S' den Stab in der Richtung des Scheibenradius an, so wird der Beobachter in S feststellen, daß die Länge des bewegten Stabes relativ zu S unverändert gleich 1 ist; denn die Bewegung des Stabes ist senkrecht auf seiner Längsrichtung. Legt der Beobachter in S' den Stab aber an die Periphcrie der Kreisscheibe an, so wird er dem Beobachter in S nach der speziellen Relativitätstheorie verkürzt erscheinen. Angenommen nun, man müßte 100 Stäbchen aneinanderlegen, um von einem Ende des Durchmessers der Scheibe zum andern zu kommen; dann würde der Beobachter in S $\pi = 3,14\ldots$ mal 100, d. h. etwa 314 seiner Stäbchen, die relativ in S ruhen, gebrauchen, um die Peripherie auszumessen, aber der Beobachter in S' könnte mit dieser Stäbchenzahl nicht auskommen. Denn die in S' ruhenden Stäbchen erscheinen von S aus verkürzt, die Anzahl von 314 genügt also nicht, um lückenlos die Peripherie zu umfassen.

Demnach würde der Beobachter in S behaupten, daß das Verhältnis des Kreisumfangs zum Durchmesser nicht $\pi = 3,14\ldots$, sondern größer sei. Das ist aber ein Widerspruch gegen die euklidische Geometrie.

Ganz Entsprechendes gilt auch für die Messung der Zeiten. Bringt man von zwei gleich gebauten Uhren die eine in den Mittelpunkt, die andere an den Rand der Scheibe in relativer Ruhe zu dieser, so geht die letztere, vom System S beurteilt, langsamer, weil sie relativ zu S bewegt ist.

Ein in der Mitte der Scheibe befindlicher Beobachter müßte offenbar dasselbe konstatieren. Es ist also unmöglich, zu einer vernünftigen Definition der Zeit mit Hilfe von relativ zum Bezugsysteme ruhenden Uhren zu kommen, wenn dieses Bezugsystem rotiert, beschleunigt ist, oder, was nach dem Äquivalenzprinzip dasselbe bedeutet, wenn in ihm ein Gravitationsfeld existiert.

Im Gravitationsfeld ist ein Stab länger oder kürzer, geht eine Uhr schneller oder langsamer je nach der Stelle, wo das Meßgerät sich befindet.

Damit fällt aber die Grundlage der raumzeitlichen Welt, auf der bisher alle unsere Überlegungen ruhten, in sich zusammen. Wir werden wieder zu einer Verallgemeinerung der Begriffe Raum und Zeit gedrängt, diesmal aber zu einer radikalen, die alle früheren an Gründlichkeit weit hinter sich läßt.

Es ist offenbar sinnlos, in der gewöhnlichen Weise Koordinaten und Zeit x, y, z, t zu definieren; denn dabei werden die geometrischen Grundbegriffe Gerade, Ebene, Kreis usw. als schlechthin gegeben angesehen, die Gültigkeit der euklidischen Geometrie im Raume bzw. der Minkowskischen Verallgemeinerung auf die raumzeitliche Welt wird vorausgesetzt.

Daher entsteht die Aufgabe, die vierdimensionale Welt und ihre Gesetze darzustellen, ohne eine bestimmte Geometrie a priori zugrunde zu legen.

Es scheint, als wenn jetzt der sichere Boden unter den Füßen verschwindet; alles schwankt, gerade ist krumm, krumm ist gerade. Aber die Schwierigkeit des Unternehmens hat Einstein nicht davon abgeschreckt. Wichtige Vorarbeiten hatte die Mathematik schon geleistet; Gauß (1827) hatte die Theorie der krummen Flächen in der Form einer allgemeinen zweidimensionalen Geometrie entworfen und Riemann (1854) hatte die Raumlehre von kontinuierlichen Mannigfaltigkeiten beliebig vieler Dimensionen begründet. Wir können hier diese mathematischen Hilfsmittel nicht benützen; ohne sie ist aber ein tieferes Verständnis der allgemeinen Relativitätstheorie nicht möglich. Der Leser darf darum von den folgenden Ausführungen keine vollständige Aufklärung über Einsteins Lehren erwarten; er wird Bilder und Analogien finden, die immer ein schlechter Ersatz für exakte Begriffe sind. Aber wenn ihn diese Andeutungen zu tieferen Studien anregen, so ist ihr Zweck erfüllt.

4. Die Geometrie auf krummen Flächen.

Die Aufgabe, eine Geometrie ohne das a priori gegebene Gerüst der geraden Linien und ihrer euklidischen Verknüpfungsgesetze zu entwerfen, ist keineswegs so ungewöhnlich, wie es zuerst scheinen mag. Wir denken uns, daß ein Feldmesser die Aufgabe hat, ein . hügeliges, ganz mit dichtem Walde bedecktes Terrain auszumessen und eine Karte davon zu entwerfen. Er kann von jeder Stelle aus nur eine ganz beschränkte Umgebung übersehen; Visierinstrumente (Theodolithen) sind ihm nichts nütze, er ist im wesentlichen auf die Meßkette angewiesen. Mit dieser kann er kleine Dreiecke oder Vierecke ausmessen, deren Ecken durch Meßlatten fixiert sind, und durch Aneinanderfügen solcher direkt meßbaren Figuren kann er allmählich zu entfernteren Teilen des Geländes vordringen, die unmittelbar nicht sichtbar sind.

Abstrakt ausgedrückt: der Feldmesser kann die Methoden der gewöhnlichen euklidischen Geometrie auf kleine Gebiete anwenden. Das ganze Gelände ist aber diesen nicht zugänglich, sondern kann nur schrittweise, von Stelle zu Stelle fortschreitend, geometrisch erforscht werden. Ja, noch mehr: die euklidische Geometrie ist im hügeligen Gelände gar nicht streng gültig, es *gibt* darin überhaupt keine geraden Linien. Kurze

Linienstücke von der Länge der Meßkette können als gerade angesehen werden; aber von Tal zu Tal, von Berg zu Berg führt keine gerade Verbindung auf dem Erdboden. Die euklidische Geometrie gilt also gewissermaßen nur im Kleinen, in infinitesimalen Bereichen; im Großen aber gilt eine allgemeinere Raum- oder besser Flächenlehre.

Will der Feldmesser systematisch vorgehen, so wird er zunächst den Waldboden mit einem Netz von Linien bedecken, die durch Meßlatten oder markierte Bäume gekennzeichnet sind; er braucht zwei Scharen von Linien, die sich kreuzen (Abb. 128).

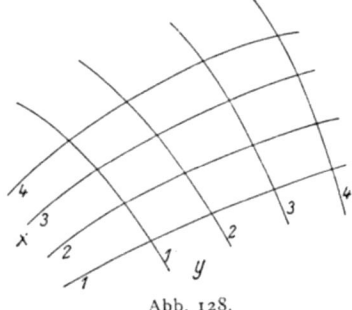

Abb. 128.

Die Linien werden möglichst glatt, stetig gekrümmt gewählt und in jeder Schar durchlaufend numeriert; als Zeichen für irgendeine Nummer der einen Schar wird der Buchstabe x genommen, ebenso für die andere Schar y.

Jeder Schnittpunkt hat dann zwei Nummern x, y, etwa $x = 3$, $y = 5$. Zwischenliegende Punkte lassen sich durch gebrochene Werte von x und y kennzeichnen.

Dieses Verfahren, die Punkte einer krummen Fläche festzulegen, hat Gauß zuerst angewendet; man nennt x, y daher *Gaußsche Koordinaten*.

Das wesentliche dabei ist, daß die Zahlen x und y nicht Längen, Winkel oder andere geometrische, meßbare Größen bedeuten, sondern nichts als *Nummern*; geradeso, wie das System der amerikanischen Straßen- und Hausnummern.

Das Maß in diese Bezifferung der Geländepunkte hineinzutragen, ist erst Sache des Feldmessers. Seine Meßkette umfaßt etwa den Bereich einer Masche des Netzes der Gaußschen Koordinaten.

Der Feldmesser wird nun daran gehen, Masche für Masche auszumessen; jede dieser kann als kleines Parallelogramm angesehen werden und ist durch Angabe zweier Seitenlängen und eines Winkels bestimmt. Diese muß der Feldmesser ausmessen und in die Karte für jede Masche eintragen. Ist das durchweg geschehen, so beherrscht er offenbar die Geometrie des Geländes vollständig mit Hilfe seiner Karte.

An Stelle der 3 Daten pro Masche (2 Seiten und ein Winkel) pflegt man eine andere Methode der Maßbestimmung anzuwenden, die den Vorzug größerer Symmetrie hat.

Wir betrachten eine Netzmasche, ein Parallelogramm, dessen Seiten zwei aufeinanderfolgenden ganzen Nummern (etwa $x = 3$, $x = 4$ und $y = 7$, $y = 8$) entsprechen (Abb. 129). Irgendein Punkt im Innern sei P; sein Abstand von dem Eckpunkte O mit den kleineren Nummern sei s. Dieser wird mit der Meßkette ausgemessen. Durch P ziehen wir die Parallelen zu den Netzlinien, die diese in A und B treffen; ferner sei C der Fußpunkt der von P auf die x-Koordinatenlinie gefällten Senkrechten.

Die Punkte A und B haben dann auch Nummern oder Gaußsche Koordinaten im Netze; man bestimmt A etwa dadurch, daß man die Parallelogrammseite, auf der A liegt, und die Strecke AO ausmißt, und das Verhältnis beider Längen als Zuwachs der x-Koordinate von A gegen O nimmt. Wir wollen diesen Zuwachs selbst mit x bezeichnen, indem wir O als Nullpunkt der Gaußschen Koordinaten wählen. Ebenso bestimmen wir die Gaußsche Koordinate y von B als das Verhältnis, in dem B die entsprechende Parallelogrammseite teilt. x, y sind dann offenbar die Gaußschen Koordinaten von P.

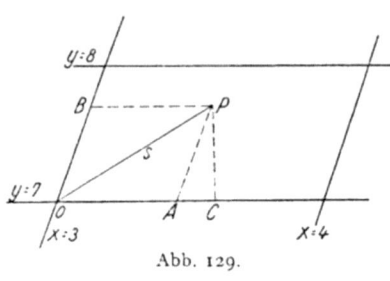

Abb. 129.

Die wahre Länge von OA aber ist natürlich nicht x, sondern etwa $a \cdot x$, wo a eine bestimmte, durch die Messung zu ermittelnde Zahl ist; ebenso ist die wahre Länge von OB nicht y, sondern by. Wenn man den Punkt P herumbewegt, so ändern sich seine Gaußschen Koordinaten, aber die Zahlen a, b, welche das Verhältnis der Gaußschen Koordinaten zu den wahren Längen angeben, bleiben ungeändert.

Wir drücken jetzt die Entfernung $OP = s$ mit Hilfe des rechtwinkligen Dreiecks OPC nach dem Pythagoräischen Lehrsatze aus; es ist

$$s^2 = OP^2 = OC^2 + CP^2.$$

Nun ist $OC = OA + AC$, also

$$s^2 = OA^2 + 2\,OA \cdot AC + AC^2 + CP^2.$$

Andererseits ist in dem rechtwinkligen Dreiecke APC:

$$AC^2 + CP^2 = AP^2;$$

daher wird

$$s^2 = OA^2 + 2\,OA \cdot AC + AP^2.$$

Hier ist $OA = ax$, $AP = OB = by$; ferner ist AC die Projektion von $AP = by$, steht also in festem Verhältnisse dazu, etwa $AC = cy$. Daher erhalten wir:

$$s^2 = a^2 x^2 + 2\,acxy + b^2 y^2.$$

Hier sind a, b, c feste Verhältniszahlen; man pflegt die 3 Faktoren dieser Gleichung anders zu bezeichnen, nämlich zu setzen

(97) $$s^2 = g_{11} x^2 + 2 g_{12} xy + g_{22} y^2.$$

Diese Gleichung kann man den *verallgemeinerten Pythagoräischen Lehrsatz* für Gaußsche Koordinaten nennen.

Die 3 Größen g_{11}, g_{12}, g_{22} können genau so, wie die Seiten und Winkel, zur Bestimmung der tatsächlichen Größenverhältnisse des Parallelogramms dienen. Man nennt sie daher die *Faktoren der Maßbestimmung*. Von Masche zu Masche haben sie andere Werte, die auf der Karte eingetragen oder mit den Hilfsmitteln der analytischen Mathematik als »Funktionen« angegeben werden müssen. Sind sie aber für jede Masche bekannt, so ist damit durch die Formel (97) der wahre Abstand eines beliebigen Punktes P innerhalb einer beliebigen Masche vom Nullpunkte der Masche berechenbar, wenn die Nummern oder Gaußschen Koordinaten x, y von P gegeben sind.

Die Faktoren der Maßbestimmung repräsentieren also die gesamte Geometrie auf der Fläche.

Man wird gegen diese Behauptung einwenden, daß das doch nicht stimmen kann; denn das Netz der Gaußschen Koordinaten war ganz willkürlich gewählt, diese Willkür geht also in die g_{11}, g_{12}, g_{22} ein. Das ist allerdings richtig; man könnte ein anderes Netz wählen und würde dann für den Abstand derselben Punkte OP einen ebenso gebauten Ausdruck (97), aber mit anderen Faktoren $g'_{11}, g'_{12}, g'_{22}$ erhalten. Doch gibt es natürlich Regeln, um diese aus den g_{11}, g_{12}, g_{22} zu berechnen, Transformationsformeln von ähnlicher Art, wie wir sie früher kennen gelernt haben.

Jede wirkliche geometrische Tatsache auf der Fläche muß nun offenbar durch solche Formeln ausgedrückt werden können, die bei einem Wechsel der Gaußschen Koordinaten unverändert bleiben, invariant sind. Die Flächengeometrie wird damit eine Invariantentheorie sehr allgemeiner Art; denn die Linien des Koordinatennetzes sind völlig willkürlich, nur müssen sie so gewählt sein, daß sie stetig gekrümmt sind und die Fläche einfach und lückenlos überdecken.

Welches sind nun die geometrischen Aufgaben, die der Feldmesser zu lösen haben wird, sobald er sich die Maßbestimmung verschafft hat?

Auf der krummen Fläche gibt es keine geraden Linien, wohl aber *geradeste Linien*; das sind zugleich diejenigen, die die kürzeste Verbindung zwischen zwei Punkten bilden. Ihr wissenschaftlicher Name ist »*geodätische Linien*«. Mathematisch sind sie dadurch charakterisiert: man teile eine beliebige Linie auf der Fläche in kleine, meßbare Abschnitte von der Länge $s_1, s_2, s_3, \ldots$; dann ist die Summe

$$s_1 + s_2 + s_3 + \ldots$$

Abb. 130.

für die geodätische Linie zwischen zwei Punkten P_1, P_2 kleiner als für irgendeine andere Linie zwischen ihnen (Abb. 130). Die $s_1, s_2, \ldots$ lassen sich dabei rein rechnerisch aus dem verallgemeinerten Pythagoräischen Lehrsatze (97) bestimmen, wenn die g_{11}, g_{12}, g_{22} bekannt sind.

Auf einer Kugelfläche sind bekanntlich die »größten Kugelkreise« die kürzesten Linien; sie werden durch die Ebenen ausgeschnitten, die durch den Mittelpunkt gehen. Auf andern Flächen sind es oft recht komplizierte Kurven; und doch sind es die einfachsten Kurven, die das Gerüst der Geometrie auf der Fläche bilden, geradeso, wie die geraden Linien das Gerüst der euklidischen Geometrie der Ebene.

Die geodätischen Linien werden natürlich durch invariante Formeln dargestellt; sie sind wirkliche geometrische Eigenschaften der Fläche. Aus diesen Invarianten lassen sich alle höheren ableiten; doch können wir darauf nicht eingehen.

Eine andere fundamentale Eigenschaft der Fläche ist ihre *Krümmung*. Gewöhnlich definiert man diese mit Hilfe der dritten Raumdimension; die Krümmung einer Kugel mißt man z. B. mit Hilfe des Kugelradius, d. h. einer außerhalb der Kugelfläche liegenden Strecke. Unser Feldmesser im Waldgebirge wird dieses Mittel nicht anwenden können; er kann nicht aus seiner Fläche heraus und muß versuchen, die Krümmungsverhältnisse nur mit seiner Meßkette zu ergründen. Daß das wirklich möglich ist, hat Gauß systematisch bewiesen. Wir können es uns durch folgende einfache Überlegung klar machen:

Der Feldmesser mißt mit der Meßkette 12 gleichlange Seile ab und formt aus ihnen die nebenstehend abgebildete Sechseckfigur (Abb. 131).

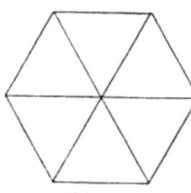

Abb. 131.

Nach einem bekannten Satze der gewöhnlichen Geometrie der Ebene ist es tatsächlich möglich, die 12 Seile in dieser Anordnung gleichzeitig in der Ebene gespannt zu halten; das ist eigentlich höchst wunderbar, denn wenn etwa 5 der 6 gleichseitigen Dreiecke fertig gespannt sind, so muß das letzte Seil von selbst in die Lücke passen. Man lernt in der Schule, daß das geht, und was man in der Schule lernt, darüber pflegt man nachher nicht viel nachzudenken. Und doch ist es höchst erstaunlich, daß die Lücke gerade durch ein Seil von gleicher Länge wie die andern Seiten ausgefüllt wird.

Das geht auch tatsächlich nur in der Ebene; versucht man dasselbe auf einer krummen Fläche, derart, daß der Mittelpunkt und die 6 Eckpunkte auf dieser liegen, so schließt sich das Sechseck nicht; auf Bergkuppen und in Talkesseln ist das letzte Seil zu lang, auf Pässen (sattelförmig gekrümmten Flächenteilen) ist es zu kurz.

Wir raten den Leser, das selbst einmal mit 12 Stücken Bindfaden auf einem Sophakissen zu probieren!

Damit ist aber ein Kriterium gewonnen, wie man, ohne aus der Fläche herauszutreten, die Krümmung der Flächen finden kann. Geht die Sechseckfigur auf, so ist die Fläche eben; geht sie nicht auf, so ist die Fläche gekrümmt. Das Maß der Krümmung wollen wir nicht ableiten; diese Andeutung genügt wohl, um plausibel zu machen, daß sich ein solches streng definieren läßt. Offenbar hängt es damit zusammen, wie sich die Faktoren der Maßbestimmung von Stelle zu Stelle ändern; das *Krümmungsmaß* läßt sich, wie Gauß bewiesen hat, durch die g_{11}, g_{12}, g_{22} ausdrücken und ist eine Invariante der Fläche.

Die Gaußsche Flächentheorie ist eine Art, Geometrie zu treiben, die man mit einer der Physik entlehnten Ausdrucksweise als Nahwirkungstheorie bezeichnen kann. Nicht die Gesetze der Fläche im Großen werden primär gegeben, sondern ihre differentiellen Eigenschaften, die Koeffizienten der Maßbestimmung und die daraus gebildeten Invarianten, vor allem das Krümmungsmaß; die Gestalt der Fläche und ihre geometrischen Eigenschaften im Ganzen können dann nachträglich ermittelt werden, durch rechnerische Prozesse, die der Lösung der Differentialgleichungen der Physik sehr ähnlich sind. Die Geometrie Euklids ist im Gegensatz dazu eine typische Fernwirkungstheorie. Daran liegt es, daß die neuere Physik, die ganz auf den Begriffen der Nahwirkung, des Feldes, aufgebaut ist, mit dem euklidischen Schema nicht auskommt, sondern nach dem Vorbilde von Gauß neue Wege gehen muß.

5. Das zweidimensionale Kontinuum.

Stellen wir uns vor, daß unser Feldmesser mit dem Seil-Sechseck hantiert, um die Krümmung des Geländes festzustellen; dabei achtet er nicht darauf, daß in der Mitte des Sechsecks eine Lichtung im Walde ist, durch die die Sonne die dort zusammenstoßenden Enden der Seile bestrahlt. Diese werden sich durch die Erwärmung etwas ausdehnen. Daher werden die 6 radialen Seile länger sein, als die 6 äußeren, und diese werden sich nicht schließen. Der Feldmesser wird daher, wenn das Gelände in Wirklichkeit eben ist, glauben, daß er auf einer flachen Bergkuppe (oder in einem Talkessel) sei. Ist er gewissenhaft, so wird er die Messung mit Seilen aus anderem Material wiederholen; diese werden sich in der Sonnenwärme mehr oder weniger ausdehnen als die zuvor gebrauchten, dadurch wird er auf den Fehler aufmerksam werden und ihn richtigstellen.

Nun nehmen wir aber einmal an, daß die durch Erwärmung hervorgerufene Längenänderung für alle verfügbaren Materialien, aus denen man Seile machen kann, gleich sei. Dann wird der Fehler niemals herauskommen. Ebenen werden für Berge, Berge für Ebenen gehalten werden. Oder stellen wir uns vor, daß irgendwelche, uns noch unbekannte Naturkräfte auf die Längen von Stäben und Seilen Einfluß haben, aber auf alle in gleicher Weise. Dann würde die Geometrie, die der Feldmesser mit Meßkette und Seilpolygonen feststellt, ganz anders ausfallen, als die wirkliche Geometrie der Fläche; solange er aber immer nur in dieser hantiert und keine Möglichkeit hat, einen höheren Standpunkt einzunehmen, die dritte Dimension zu benutzen, so wird er fest überzeugt sein, daß er die richtige Geometrie der Fläche ergründet hat.

Diese Überlegungen zeigen uns, daß der Begriff der Geometrie in einer Fläche oder, wie Gauß sagt, der »geometria intrinsica«, nichts zu tun hat mit der Gestalt der Fläche, wie sie einem Betrachter erscheint, der die dritte Raumdimension zur Verfügung hat. Ist einmal die Längeneinheit durch eine Meßkette oder einen Maßstab gegeben, so ist die Geometrie in der Fläche *relativ* zu dieser Maßbestimmung völlig festgelegt, mag auch der Maßstab in Wirklichkeit während des Messens alle möglichen Veränderungen erfahren. Für ein Wesen, das an die Fläche gebannt ist, sind diese Veränderungen nicht da, sobald sie alle Substanzen in gleicher Weise betreffen. Daher wird dieses Wesen Krümmungen konstatieren, wo in Wirklichkeit keine sind, und umgekehrt. Dieses »in Wirklichkeit« wird aber sinnlos, wenn es sich um Flächenwesen handelt, die überhaupt keine Vorstellung von einer dritten Dimension haben; so, wie wir Menschen keine Vorstellung von einer vierten Raumdimension haben. Es ist dann für diese Wesen auch sinnlos, ihre Welt als »Fläche« zu bezeichnen, die in einem dreidimensionalen Raume eingebettet ist; vielmehr ist sie ein »zweidimensionales Kontinuum«. Dieses hat eine bestimmte Geometrie, bestimmte kürzeste oder geodätische Linien, auch ein bestimmtes »Krümmungsmaß« an jeder Stelle; aber die Flächenwesen werden keineswegs mit diesem Worte dieselbe Vorstellung verbinden, wie wir mit dem anschaulichen Begriffe der Krümmung einer Fläche, sondern sie werden damit nur die Tatsache meinen, daß das Seil-Sechseck sich mehr oder weniger schließt — nichts weiter.

Gelingt es dem Leser, die Empfindungen dieses Flächenwesens nachzuspüren und die Welt, wie sie ihm erscheint, sich vorzustellen, so ist er reif zu dem nächsten Schritte der Abstraktion.

Es könnte doch uns Menschen in unserer dreidimensionalen Welt genau so gehen. Vielleicht ist diese in einen vierdimensionalen Raum gerade so eingebettet, wie eine Fläche in unseren dreidimensionalen Raum; und durch uns unbekannte Kräfte werden in gewissen Raumteilen alle Längen verändert, ohne daß wir das direkt jemals merken können. Dann würde es aber möglich sein, daß in diesen Raumteilen ein nach Art der Sechseckfigur konstruiertes räumliches Polyeder sich nicht schließt, welches nach der gewöhnlichen Geometrie sich schließen müßte.

Haben wir jemals etwas dergleichen beobachtet? Seit dem Altertum hat man immer die euklidische Geometrie für exakt richtig gehalten; ihre Sätze sind sogar von der kritischen Philosophie Kants (1781) als a priori richtig erklärt und gewissermaßen heilig gesprochen worden. Die großen Mathematiker und Physiker, vor allem Gauß, Riemann und Helmholtz, haben aber niemals diesen allgemeinen Glauben geteilt. Gauß selbst hat sogar einmal eine großartig angelegte Messung vorgenommen, um einen Satz der euklidischen Geometrie zu prüfen, nämlich den Satz, daß die

Winkelsumme im Dreieck zwei Rechte (180°) beträgt. Er hat das Dreieck zwischen den drei Bergen Brocken, Hoher Hagen, Inselberg ausgemessen; das Ergebnis war, daß die Winkelsumme innerhalb der Fehlergrenze den richtigen Betrag hat.

Gauß ist wegen dieses Unternehmens von philosophischer Seite viel angefeindet worden; man sagte vor allem, selbst wenn er Abweichungen gefunden hätte, so wäre dadurch höchstens bewiesen, daß die Lichtstrahlen zwischen den Fernrohren durch irgendwelche, vielleicht unbekannte, physikalische Ursachen abgelenkt seien, aber nichts über die Gültigkeit oder Ungültigkeit der euklidischen Geometrie.

Einstein behauptet nun, wie wir schon oben (S. 230) gesagt haben, daß die Geometrie der wirklichen Welt tatsächlich nicht euklidisch ist und belegt diese Behauptung durch sehr konkrete Beispiele. Wir müssen nun, um das Verhältnis seiner Lehre zu den früheren Diskussionen über die Grundlagen der Geometrie zu verstehen, einige prinzipielle Überlegungen einschieben, die hart an das Philosophische streifen.

6. Mathematik und Wirklichkeit.

Es handelt sich um die Frage nach dem Gegenstande der geometrischen Begriffe überhaupt. Der Ursprung der Geometrie ist sicherlich die praktische Kunst des Feldmessers, also eine rein empirische Lehre. Die Antike entdeckte, daß die geometrischen Sätze sich deduktiv beweisen lassen, d. h. daß man nur eine kleine Anzahl von Grundsätzen oder Axiomen anzunehmen braucht, um daraus rein logisch das ganze System der übrigen Sätze ableiten zu können. Diese Entdeckung hat eine gewaltige Wirkung gehabt; denn die Geometrie wurde das Vorbild jeder deduktiven Wissenschaft, und etwas »more geometrico« zu demonstrieren, galt als Ziel des strengen Denkers. Was sind nun die Gegenstände, mit denen sich die wissenschaftliche Geometrie beschäftigt? Die Philosophen und Mathematiker haben diese Frage nach allen Richtungen diskutiert und eine große Zahl von Antworten gegeben. Allgemein zugestanden wurde die Sicherheit und unumstößliche Richtigkeit der geometrischen Sätze; das Problem war nur, wie man zu solchen absolut sicheren Sätzen kommt und auf was für Dinge sie sich beziehen.

Zweifellos ist das: Wenn jemand die geometrischen Axiome als richtig zugibt, so ist er gezwungen, auch alle übrigen Sätze der Geometrie anzuerkennen. Denn die Kette der Beweise ist für jeden zwingend, der überhaupt logisch denken kann. Damit ist die Frage auf die nach dem Ursprung der Axiome reduziert. In diesen hat man eine kleine Anzahl von Sätzen über Punkte, Gerade, Ebenen und ähnliche Begriffe vor sich, die ganz exakt gelten sollen. Daher können sie nicht, wie die meisten Aussagen der Wissenschaft und des täglichen Lebens, aus der Erfahrung stammen; diese liefert immer nur ungefähr richtige, mehr oder minder wahrscheinliche Sätze. Man muß daher nach anderen Erkenntnisquellen suchen, die eine absolute Sicherheit der Sätze verbürgen. Nach Kant (1781) sind Raum und Zeit Formen der Anschauung, die a priori sind, vor jeder Erfahrung vorhergehen und diese überhaupt erst möglich machen. Die Gegenstände der Geometrie müßten danach vorgebildete Formen der *reinen* Anschauung sein, die den Urteilen zugrunde liegen, welche wir in der *empirischen* Anschauung über wirkliche Gegenstände fällen. Danach käme etwa das Urteil: »diese Kante des Lineals ist gerade« dadurch zustande, daß die empirisch angeschaute Kante mit der reinen Anschauung einer Geraden verglichen wird, natürlich ohne daß dieser Prozeß zum Bewußtsein kommt. Der Gegenstand der geometrischen Wissenschaft wäre dann die in der reinen Anschauung gegebene Gerade; also weder ein logischer Begriff, noch ein physisches Ding, sondern ein drittes, dessen Wesen nur durch Hinweis auf das mit der Anschauung »gerade« verbundene Erlebnis vermittelt werden kann.

Wir wollen uns nicht anmaßen, über diese Lehre oder über ähnliche philosophische Theorien ein Urteil zu fällen. Sie betreffen vor allem das Raumerlebnis, und dieses liegt außerhalb des Gegenstandes unseres Buches. Hier handelt es sich um Raum und Zeit der Physik, also einer Wissenschaft, die sich bewußt und immer deutlicher von der Anschauung als Erkenntnisquelle abwendet und schärfere Kriterien verlangt.

Da müssen wir nun feststellen, daß ein Physiker das Urteil »diese Kante des Lineals ist gerade« niemals auf die unmittelbare Anschauung des Geradeseins stützen wird. Es ist ihm ganz gleichgültig, ob es so etwas wie eine reine Form der Anschauung des Geraden gibt oder nicht gibt, mit dem die Linealkante verglichen werden kann. Er wird vielmehr bestimmte *Versuche* machen, um die Geradlinigkeit zu prüfen, geradeso wie er jede andere Behauptung über Gegenstände durch Versuche prüft. Er wird z. B. an der Linealkante entlang visieren, d. h. feststellen, ob ein Lichtstrahl, der Anfangs- und Endpunkt der Kante berührt, auch an allen übrigen Punkten der Kante gerade berührend entlang streicht (Abb. 132). Oder er wird das Lineal um die Endpunkte der Kante drehen und einen Stift mit einem beliebigen Zwischenpunkte der Kante in Berührung bringen; wenn bei der Drehung diese Berührung erhalten bleibt, ist die Kante gerade (Abb. 133).

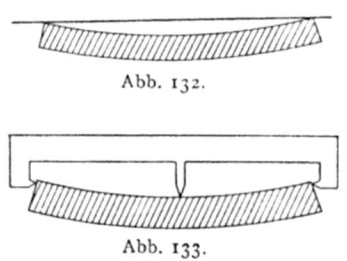

Abb. 132.

Abb. 133.

Unterwerfen wir nun diese Verfahren, die jedenfalls der Anschauung weit überlegen sind, der Kritik, so sehen wir, daß sie über die absolute Geradlinigkeit eigentlich auch nichts ausmachen. Bei der ersten Methode ist offenbar schon vorausgesetzt, daß der Lichtstrahl geradlinig sei; wie beweist man, daß er das ist? Bei der zweiten Methode ist vorausgesetzt, daß die Drehpunkte des Lineals und die Spitze in starrer Verbindung stehen und daß das Lineal selbst starr ist; angenommen, man wolle die Geradlinigkeit eines Stabes mit kreisförmigem Querschnitte prüfen, der horizontal gelagert ist und sich durch die eigene Schwere ein wenig durchbiegt, so wird diese Durchbiegung bei der Drehung unverändert bleiben, die Tastmethode wird also Geradlinigkeit erkennen, wo in Wirklichkeit Krümmung vorliegt. Man werfe nicht ein, daß das Fehlerquellen sind, die bei jeder physikalischen Messung vorkommen und vom geschickten Experimentator vermieden werden. Worauf es uns ankommt, ist zu zeigen, daß absolute Geradlinigkeit oder sonst eine andere geometrische Eigenschaft empirisch nicht direkt geprüft werden kann, sondern nur relativ zu bestimmten geometrischen Eigenschaften der bei der Messung verwendeten Hilfsmittel (Geradlinigkeit des Lichtstrahls, Starrheit der Apparatteile). Entkleidet man die wirklich ausgeführten Operationen aller Zutaten des Denkens, Erinnerns, Wissens, so bleibt nur übrig die Feststellung: Fallen 2 Punkte der Linealkante auf einen Lichtstrahl, so tut es auch dieser oder jener andere; fallen 2 Punkte des Lineals mit zwei Punkten eines Körpers zusammen, so gilt dasselbe auch für diesen oder jenen dritten Punkt. Wirklich festgestellt werden also räumliche oder besser *raum-zeitliche Koinzidenzen*, d. h. das Zusammentreffen zweier materieller, erkennbarer Punkte zur selben Zeit am selben Orte. Alles übrige ist Spekulation, selbst eine so einfache Behauptung, daß durch solche Koinzidenzversuche am Lineal dessen Geradlinigkeit festgestellt werden kann.

Eine kritische Musterung der exakten Wissenschaften lehrt, daß alle Feststellungen überhaupt auf solche Koinzidenzen herauslaufen. Jede Messung ist am Ende die Konstatierung, daß ein Zeiger oder eine Marke mit dem und dem Teilstrich einer Skala zu der und der Zeit zusammentrifft. Ob die Messung Längen, Zeiten, Kräfte, Massen, elektrische Ströme, chemische Affinitäten oder was auch immer betrifft, alles tatsächlich Feststellbare sind raum-zeitliche Koinzidenzen. Das sind in der Sprache Minkowskis Weltpunkte, die durch Begegnung materieller Weltlinien in der Raum-Zeit-Mannigfaltigkeit markiert sind. Physik ist Lehre von den Beziehungen solcher markierter Weltpunkte.

Die logische Verarbeitung dieser Beziehungen ist die mathematische Theorie; mag sie noch so verwickelt sein, ihr letzter Zweck ist immer, die tatsächlich beobachteten Koinzidenzen als denknotwendige Folgen einiger Grundbegriffe und Grundsätze darzustellen. Manche Aussagen über Koinzidenzen treten in der Form geometrischer Sätze auf; die Geometrie als eine auf die wirkliche Welt anwendbare Lehre hat dabei keine Sonderstellung vor andern Zweigen der physikalischen Wissenschaften. Ihre Begriffsbildungen sind in derselben Weise durch das tatsächliche Verhalten der natürlichen Gegenstände bedingt, wie die Begriffe anderer physikalischer Gebiete. Irgendeine Vorzugsstellung können wir der Geometrie nicht zuerkennen.

Daß die euklidische Geometrie bislang unumschränkt galt, beruht auf dem empirischen Faktum, daß es Lichtstrahlen gibt, die mit großer Genauigkeit sich so verhalten, wie die Geraden des Begriffsschemas der euklidischen Geometrie, und daß es nahezu starre Körper gibt, die den euklidischen Axiomen der Kongruenz genügen. Der Behauptung von der absolut exakten Gültigkeit der Geometrie können wir vom physikalischen Standpunkte aus keinen faßbaren Sinn unterlegen.

Die Gegenstände der tatsächlich auf die Welt der Dinge angewandten Geometrie sind also diese Dinge selbst, von einem bestimmten Gesichtspunkte aus betrachtet. Die gerade Linie ist durch Definition der Lichtstrahl, oder die Trägheitsbahn, oder die Gesamtheit der Punkte eines als starr betrachteten Körpers, die bei einer Drehung um zwei feste Punkte sich nicht bewegen, oder sonst ein physisches Etwas. Ob die so definierte Gerade diejenigen Eigenschaften hat, die die Geometrie Euklids behauptet, ist dann nur auf Grund der Erfahrung feststellbar. Eine solche Eigenschaft der euklidischen Geometrie ist der Satz von der Winkelsumme im Dreieck, den Gauß empirisch geprüft hat; wir müssen die Berechtigung solcher Versuche durchaus anerkennen. Eine andere charakteristische Eigenschaft der zweidimensionalen Geometrie war durch das Sichschließen des Seil-Sechsecks (S. 236) gegeben. Nur die Erfahrung kann lehren, ob eine bestimmte Art der Realisierung der Geraden, der Längeneinheit usw. durch bestimmte physische Dinge diese Eigenschaft hat oder nicht. Im ersteren Falle ist die euklidische Geometrie relativ zu diesen Definitionen anwendbar, im letzteren nicht.

Einstein behauptet nun: alle bisher üblichen Definitionen der Grundbegriffe des raum-zeitlichen Kontinuums durch starre Maßstäbe, Uhren, Lichtstrahlen, Trägheitsbahnen genügen wohl in begrenzten, kleinen Gebieten den Gesetzen der euklidischen Geometrie bzw. der Minkowskischen Welt, im Großen aber nicht. Nur die Geringfügigkeit der Abweichungen ist daran schuld, daß man sie bisher nicht entdeckt hat. Man könnte nun zwei Wege zur Abhilfe einschlagen: Entweder man gibt es auf, die Gerade durch den Lichtstrahl, die Länge durch den starren Körper usw. zu definieren, und sucht andere Realisationen der euklidischen Grundbegriffe, um an dem euklidischen System ihrer logischen Zusammenhänge festhalten zu können; oder man gibt die euklidische Geometrie selbst auf und sucht eine allgemeinere Raumlehre aufzustellen.

Daß der erste Weg ernstlich nicht in Betracht kommt, leuchtet jedem ein, der nicht ganz fremd ist im Gebäude der Wissenschaft. Aber man kann auch nicht beweisen, daß er unmöglich ist. Hier entscheidet nicht die Logik, sondern der wissenschaftliche Takt. Es gibt keinen logischen Weg von den Tatsachen zur Theorie; der Einfall, die Intuition, die Phantasie sind hier, wie überall, die Quellen schöpferischer Leistung, und das Kriterium der Richtigkeit ist die prophetische Voraussage noch unerforschter oder zukünftiger Vorgänge. Der Leser mache einmal die Annahme: Der Lichtstrahl im leeren Weltenraume sei nicht das »geradeste«, was es gibt, und denke ihre Konsequenzen durch. Dann wird er verstehen, daß Einstein einen andern Weg einschlug.

Er hätte, da die euklidische Geometrie versagte, eine bestimmte andere nichteuklidische wählen können. Es gibt solche ausgebaute Begriffssysteme, von Lobatschewski (1829), Bolyai (1832), Riemann (1854), Helmholtz (1866) und anderen, die hauptsächlich ersonnen wurden, um zu prüfen, ob bestimmte Axiome Euklids denknotwendige Folgen der übrigen sind; wären sie das, so müßte man zu logischen Widersprüchen kommen, wenn man sie durch andere Axiome ersetzt. Wollte man eine solche spezielle nichteuklidische Geometrie zur Darstellung der physikalischen Welt wählen, so hieße das den Teufel durch Beelzebub austreiben. Einstein ging auf das physikalische Urphänomen, die raumzeitliche Koinzidenz, das Ereignis, den Weltpunkt, zurück.

7. Die Maßbestimmung des raumzeitlichen Kontinuums.

Die Gesamtheit der markierten Weltpunkte ist das tatsächlich Feststellbare. Das vierdimensionale raumzeitliche Kontinuum ist an und für sich strukturlos; erst die tatsächlichen Beziehungen der Weltpunkte in ihm, die das Experiment aufdeckt, drücken ihm eine Maßbestimmung und Geometrie auf. Wir haben also in der wirklichen Welt dieselben Umstände vor uns, die wir eben bei der Betrachtung der Flächengeometrie kennen gelernt haben. Die Methode der mathematischen Behandlung wird daher auch dieselbe sein.

Zunächst wird man Gaußsche Koordinaten in der vierdimensionalen Welt einführen. Wie konstruieren ein Netzwerk markierter Weltpunkte; das bedeutet, wir denken uns den Raum erfüllt durch beliebig bewegte Materie, die sich drehen und deformieren mag, aber ihren stetigen Zusammenhang immer wahren soll, eine Art »Molluske«, wie Einstein sich ausdrückt; darin ziehen wir 3 Scharen von sich durchkreuzenden Linien, die wir numerieren und durch die Buchstaben x, y, z unterscheiden. In den Ecken des entstehenden Maschennetzes denken wir uns Uhren angebracht, von ganz beliebigem Gange, nur so, daß der Unterschied der Angaben t örtlich benachbarter Uhren klein ist. Das Ganze ist also ein unstarres Bezugsystem, eine »Bezugsmolluske«. In der vierdimensionalen Welt entspricht ihr ein System Gaußscher Koordinaten, bestehend aus einem Netz von 4 numerierten Flächenscharen x, y, z, t.

Alle bewegten, starren Bezugsysteme sind natürlich spezielle Arten dieser sich deformierenden Bezugsysteme. Es ist aber von unserm allgemeinen Standpunkte aus sinnlos, die Starrheit als etwas a priori Gegebenes einzuführen. Auch die Trennung von Raum und Zeit ist gänzlich willkürlich; denn da der Gang der Uhren völlig willkürlich, nur stetig veränderlich, angenommen werden kann, so ist der Raum als Gesamtheit aller »gleichzeitigen« Weltpunkte keine physikalische Realität. Bei anderer Wahl der Gaußschen Koordinaten werden andere Weltpunkte gleichzeitig.

Was sich aber nicht ändert beim Übergang von einem System Gaußscher Koordinaten zu einem andern, das sind die Schnittpunkte von reellen Weltlinien, die markierten Weltpunkte, raumzeitliche Koinzidenzen. Alle wirklich feststellbaren Tatsachen der Physik sind qualitative Lagenbeziehungen dieser Weltpunkte, bleiben also bei einem Wechsel der Gaußschen Koordinaten unberührt.

Eine solche Transformation der Gaußschen Koordinaten des raumzeitlichen Kontinuums bedeutet den Übergang von einem Bezugsystem zu einem beliebig deformierten und bewegten. Die Forderung, nur wirklich Feststellbares in die Gesetze der Natur aufzunehmen, führt also dazu, daß diese gegen *beliebige Transformationen der Gaußschen Koordinaten* x, y, z, t in andere x', y', z', t' *invariant* sein sollen. Dieses Postulat enthält offenbar das allgemeine Relativitätsprinzip in sich, denn unter allen Transformationen von x, y, z, t sind auch die, welche den Übergang von einem dreidimensionalen Bezugsysteme zu einem beliebig bewegten darstellen; aber es geht formal noch darüber hinaus, indem es beliebige Deformationen des Raumes und der Zeit einschließt.

Damit haben wir die Grundlage der allgemeinen Raumlehre gefunden, auf der allein die Durchführung der vollständigen Relativität möglich ist. Es wird sich jetzt darum handeln, diese mathematische Methode mit den physikalischen Überlegungen zu verknüpfen, die wir früher angestellt haben und die in der Aufstellung des Äquivalenzprinzipes gipfelten.

Wir sind jetzt bezüglich der vierdimensionalen Welt in derselben Lage wie der Feldmesser im Waldgebirge, nachdem er sein Koordinatennetz abgesteckt, aber noch nicht begonnen hat, es mit der Meßkette auszumessen. Wir müssen uns nach einer vierdimensionalen Meßkette umsehen.

Dafür ist nun das Äquivalenzprinzip gut. Wir wissen: Durch geeignete Wahl des Bezugsystems kann man immer erreichen, daß in einem hinreichend kleinen Weltgebiete kein Gravitationsfeld herrscht. Es gibt unendlich viele solche Bezugsysteme, die sich geradlinig und gleichförmig relativ zueinander bewegen und für die die Gesetze der speziellen Relativitätstheorie gelten. Maßstäbe und Uhren verhalten sich so, wie die Lorentz-Transformationen ausdrücken; Lichtstrahlen und Trägheitsbewegungen (s. S. 228) sind gerade Weltlinien. Innerhalb dieses kleinen Weltgebietes ist also die Größe

$$G = s^2 = x^2 + y^2 + z^2 - c^2 t^2$$

eine Invariante von unmittelbarer physikalischer Bedeutung. Ist nämlich die Verbindung des Nullpunkts O (der im Innern des kleinen Gebietes angenommen ist) mit dem Weltpunkte $P(xyzt)$ eine raumartige Weltlinie, so ist s die Entfernung OP in demjenigen Bezugsystem, in dem die beiden Punkte gleichzeitig sind; ist aber die Weltlinie OP zeitartig, so ist $s = ict$, wo t die Zeitdifferenz der Ereignisse O und P in dem Koordinatensystem ist, in dem beide am selben Ort stattfinden. Wir haben s früher (VI, 10, S. 221) die vierdimensionale Entfernung genannt; sie ist direkt mit Maßstäben und Uhren meßbar, sodann hat sie bei Einführung der imaginären Koordinate $u = ict$ formal den Charakter einer euklidischen Entfernung im vierdimensionalen Raume:

$$s = \sqrt{G} = \sqrt{x^2 + y^2 + z^2 + u^2}.$$

Die Tatsache der Gültigkeit der speziellen Relativitätstheorie im Kleinen entspricht genau der Anwendbarkeit der euklidischen Geometrie auf hinreichend kleine Stücke einer krummen Fläche. Genau wie dort braucht aber im Großen die euklidische Geometrie bzw. die spezielle Relativitätstheorie *nicht* zu gelten; es braucht überhaupt keine geraden Weltlinien zu geben, nur geradeste oder geodätische Linien.

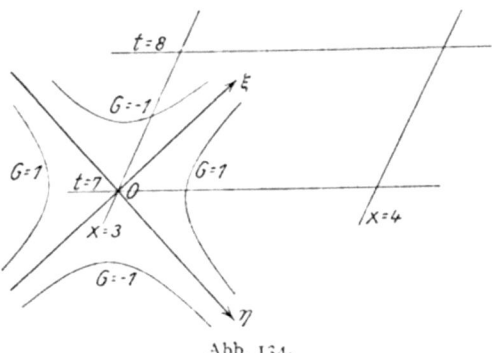

Abb. 134.

Die weitere Behandlung der vierdimensionalen Welt geht der Flächentheorie parallel. Zunächst muß man die Maschen eines beliebigen Netzes Gaußscher Koordinaten mit Hilfe der vierdimensionalen Entfernung s ausmessen. Wir deuten das Verfahren in einer zweidimensionalen xt-Ebene an (Abb. 134). Eine Masche des Koordinatennetzes werde durch die Linien $x = 3$, $x = 4$ und $t = 7$, $t = 8$ begrenzt (vgl. Abb. 129 auf S. 234). Die von dem Eckpunkte $x = 3$, $t = 7$ ausgehenden Lichtstrahlen entsprechen zwei sich kreuzenden Weltlinien, die wir innerhalb eines kleinen Gebietes als Gerade zeichnen können, die sich unter 90° schneiden. Zwischen diesen Lichtlinien verlaufen die hyperbolischen Eichkurven $G = \pm 1$; sie entsprechen dem Kreise, welcher in der gewöhnlichen Geometrie die Punkte gleicher Entfernung 1 enthält.

Dann ergibt die Übertragung der Formel (97) aus der Flächentheorie für die Invariante s den Ausdruck:

$$s^2 = g_{11} x^2 + 2 g_{12} xu + g_{22} u^2,$$

wo x und $u = ict$ die Gaußschen Koordinaten irgendeines Punktes P der betrachteten Masche sind.

Setzt man nun $u = ict$ ein, so wird

$$s^2 = g_{11} x^2 + 2 ic g_{12} xt - c^2 g_{22} t^2$$

oder mit anderer Bezeichnung der Faktoren:

$$s^2 = g_{11} x^2 + 2 g_{12} xt + g_{22} t^2.$$

g_{11}, g_{12}, g_{22} heißen *Faktoren der Maßbestimmung* und lassen sich direkt physikalisch interpretieren. So ist z. B. für $t = 0$ $s = \sqrt{g_{11}}\, x$, d. h. $\sqrt{g_{11}}$ bedeutetet die wahre Länge der räumlichen Maschenseite in dem Bezugsystem, in welchem sie ruht.

In der vierdimensionalen Welt wird die invariante Entfernung s zweier Punkte, deren relative Gaußsche Koordinaten x, y, z, t sind, durch einen Ausdruck der Form

(98) $$\begin{aligned}s^2 = {}& g_{11} x^2 + g_{22} y^2 + g_{33} z^2 + g_{44} t^2 \\ & + 2 g_{12} xy + 2 g_{13} xz + 2 g_{14} xt \\ & + 2 g_{23} yz + 2 g_{24} yt + 2 g_{34} zt\end{aligned}$$

dargestellt werden; man kann diese Formel den *verallgemeinerten Pythagoräischen Lehrsatz für die vierdimensionale Welt* nennen.

Die Größen $g_{11}, \ldots g_{34}$ sind die *Faktoren der Maßbestimmung*; sie werden im allgemeinen von Masche zu Masche des Koordinatennetzes verschiedene Werte haben. Auch werden sie für eine andere Wahl der Gaußschen Koordinaten andere Werte haben, die durch bestimmte Transformationsformeln mit den ursprünglichen verbunden sind.

8. Die Grundgesetze der neuen Mechanik.

Nach dem allgemeinen Relativitätsprinzipe werden die Naturgesetze durch Invarianten bei beliebiger Transformation der Gaußschen Koordinaten dargestellt, genau so, wie die geometrischen Eigenschaften einer Fläche bei beliebigen Transformationen der krummlinigen Koordinaten invariant sind. Das Gerüst der Flächentheorie waren die geodätischen Linien. Ganz ebenso werden wir in der vierdimensionalen Welt geodätische Linien konstruieren, d. h. solche Weltlinien, die die kürzeste Verbindung zwischen zwei Weltpunkten bilden; dabei ist die Entfernung zweier benachbarter Punkte durch die Invariante s zu messen.

Was bedeuten nun die geodätischen Linien? Offenbar sind sie in solchen Gebieten, die bei geeigneter Wahl des Bezugsystems frei von Gravitation sind, bezüglich dieses Systems gerade Linien; die geraden

Weltlinien sind aber entweder raumartig $(s^2 > 0)$ oder zeitartig $(s^2 < 0)$ oder Lichtlinien $(s = 0)$. Führt man ein anderes System Gaußscher Koordinaten ein, so werden dieselben Weltlinien jetzt krumm, bleiben aber natürlich geodätische Linien.

Daraus geht hervor, daß die geodätischen Linien gerade diejenigen physikalischen Vorgänge darstellen müssen, die in der gewöhnlichen Geometrie und Mechanik durch gerade Linien dargestellt werden: die Lichtstrahlen und Trägheitsbewegungen. Damit haben wir die gesuchte Formulierung für *das verallgemeinerte Trägheitsgesetz* gefunden, das die Erscheinungen der Trägheit und Gravitation in einem Ausdrucke zusammenfaßt.

Sind die Faktoren der Maßbestimmung $g_{11}, \ldots g_{34}$ relativ zu einem beliebigen Gaußschen Koordinatensystem für jede Stelle des Netzes bekannt, so lassen sich die geodätischen Linien rein rechnerisch finden. Wenn in einem Bereiche relativ zu dem betrachteten Koordinatensystem kein Gravitationsfeld vorhanden ist, so sind

(99) $$g_{11} = g_{22} = g_{33} = 1, \; g_{44} = -c^2,$$
$$g_{12} = g_{13} = g_{14} = g_{23} = g_{24} = g_{34} = 0;$$

denn dann reduziert sich der allgemeine Ausdruck der Entfernung (98) auf $s^2 = x^2 + y^2 + z^2 - c^2 t^2$. Abweichungen der g von diesen Werten bedeuten also jenen Zustand, den man in der gewöhnlichen Mechanik als Gravitationsfeld bezeichnet; die Trägheitsbewegungen sind dann ungleichförmig und gekrümmt, wofür die gewöhnliche Mechanik die Newtonsche Anziehungskraft als Ursache angibt. Die 10 Größen g haben also eine doppelte Funktion: 1. Sie definieren die Maßbestimmung, die Einheiten der Längen und Zeiten; 2. sie vertreten das Gravitationsfeld der gewöhnlichen Mechanik. Man sagt: die g bestimmen das *metrische Feld oder Gravitationsfeld*.

Die Einsteinsche Theorie ist also eine höchst wunderbare Verschmelzung von Geometrie und Physik, eine Synthese der Gesetze des Pythagoras und des Newton. Sie erreicht das durch eine gründliche Reinigung der Begriffe Raum und Zeit von allen Zutaten der subjektiven Anschauung, durch die vollständigste Objektivierung und Relativierung, die denkbar ist. Darin beruht die Bedeutung der neuen Lehre für die geistige Entwicklung der Menschheit.

Die neue Formulierung des Trägheitsgesetzes ist aber nur der erste Schritt der Theorie. Wir haben die g begrifflich eingeführt und in ihnen das Mittel kennen gelernt, den geometrisch-mechanischen Zustand der Welt relativ zu einem beliebigen Gaußschen Koordinatensystem mathematisch zu beschreiben. Jetzt kommt das eigentliche Problem der Theorie zum Vorschein:

Es sollen die Gesetze gefunden werden, nach denen das metrische Feld (die g) für jede Stelle des raumzeitlichen Kontinuums relativ zu irgendeinem Gaußschen Koordinatensystem bestimmt werden kann.

Über die Gesetze wissen wir vorläufig folgendes:
1. Sie müssen invariant sein gegenüber beliebigem Wechsel der Gaußschen Koordinaten;
2. sie müssen durch die Verteilung der materiellen Körper vollständig bestimmt sein.

Hierzu kommt noch eine formale Bedingung, die Einstein aus der gewöhnlichen Newtonschen Gravitationstheorie übernommen hat; stellt man nämlich diese als Pseudo-Nahwirkungstheorie durch Differentialgleichungen dar, so sind diese, wie alle Feldgesetze der Physik, von der zweiten Ordnung, und man wird verlangen, daß die neuen Gravitationsgesetze, welche Differentialgleichungen für die g sind, ebenfalls höchstens von zweiter Ordnung sein sollen.

Es ist Einstein gelungen, die Gleichungen des metrischen Feldes oder Gravitationsfeldes aus diesen Forderungen abzuleiten. Hilbert, Klein, Weyl und andere Mathematiker haben dabei mitgewirkt und die formale Struktur der Einsteinschen Formeln tief durchforscht und aufgehellt. Wir müssen darauf verzichten, diese Gesetze und ihre Begründung mitzuteilen, weil das ohne Anwendung höherer Mathematik nicht möglich ist. Einige Andeutungen müssen hier genügen.

Wir wissen aus der Flächentheorie, daß die Krümmung eine Invariante gegenüber beliebigem Wechsel der Gaußschen Koordinaten ist, die sich durch Messungen in der Fläche selbst bestimmen läßt; der Leser erinnere sich an das Seil-Sechseck.

In ganz analoger Weise lassen sich für die vierdimensionale Welt Invarianten finden, die direkte Verallgemeinerungen der Krümmungsinvariante der Flächentheorie sind. Man denke sie sich etwa so entstanden: Von einem Punkte P der vierdimensionalen Welt lasse man alle geodätischen Weltlinien ausgehen, die eine durch den Punkt P gehende zweidimensionale Fläche berühren; diese geodätischen Linien erfüllen selbst wieder eine Fläche, die man geodätische Fläche nennen könnte. Wenn man nun in diese ein Sechseck hineinlegt, dessen Seiten und Radien die gleiche vierdimensionale Länge haben, so wird sich dieses Sechseck im allgemeinen nicht schließen; die geodätische Fläche ist also gekrümmt. Wenn man die geodätische Fläche durch den Punkt P anders im vierdimensionalen Raume orientiert, ändert sich die Krümmung. Die Gesamtheit der Krümmungen aller geodätischen Flächen durch einen Punkt liefert eine Anzahl unabhängiger Invarianten. Wenn diese Null sind, so sind die geodätischen Flächen eben, der vierdimensionale Raum ist euklidisch. Die Abweichungen der Invarianten von Null bestimmen also die Gravitationsfelder und müssen von der Verteilung der materiellen Körper abhängen. Die Masse eines Körpers aber ist nach der speziellen Relativitätstheorie [VI. 8, Formel (94), S. 209] gleich der Energie, dividiert durch das Quadrat der Lichtgeschwindigkeit; die Verteilung der Materie wird daher von gewissen Energie-Impuls-Invarianten bestimmt. Diese sind es, denen die

Krümmungsinvarianten proportional gesetzt werden. Der Proportionalitätsfaktor entspricht der Gravitationskonstante (III, 3, S. 50) der Newtonschen Theorie. Die so gewonnenen Formeln sind die Gleichungen des metrischen Feldes. Ist die raumzeitliche Verteilung der Energie und des Impulses gegeben, so lassen sich daraus die g berechnen, und diese bestimmen wiederum die Bewegung der materiellen Körper und die Verteilung ihrer Energie. Das Ganze ist ein höchst verwickeltes System von Differentialgleichungen; aber diese mathematische Komplikation wird aufgewogen durch den ungeheuren, begrifflichen Fortschritt, der in ihrer allgemeinen Invarianz besteht. Denn diese ist der Ausdruck der vollständigen Relativität aller Vorgänge; der absolute Raum ist endgültig aus den Gesetzen der Physik verschwunden.

Wir müssen hier noch einer Bezeichnungsweise Erwähnung tun, die bei Nichtmathematikern gewöhnlich Anstoß erregt. Man pflegt die zur Flächenkrümmung analogen Invarianten des dreidimensionalen Raumes oder der vierdimensionalen Welt selbst als *Krümmungsmaß* zu bezeichnen; man sagt von raumzeitlichen Gebieten, wo dieses von Null verschieden ist, sie seien »gekrümmt«. Hiergegen empört sich gewöhnlich das Gemüt des Ungelehrten: »daß etwas *im* Raume gekrümmt sei, kann ich mir vorstellen, aber daß *der* Raum gekrümmt sein soll, das ist doch barer Unsinn!« Nun, es verlangt auch niemand, daß man sich das vorstellen soll; kann man sich unsichtbares Licht vorstellen, oder unhörbare Töne? Wenn man zugibt, daß hier die Sinne versagen und die Methoden der Physik weiter reichen, so muß man sich entschließen, für die Lehre vom Raume und von der Zeit dasselbe zuzugestehen. Denn die Anschauung erblickt nur das, was durch das Zusammenwirken von physikalischen, physiologischen und psychischen Vorgängen als geistiger Prozeß zustande kommt und dadurch tatsächlich gegeben ist; die Physik leugnet nicht, daß dieses tatsächlich Gegebene gewiß mit größter Schärfe nach den klassischen Gesetzen Euklids interpretiert werden kann. Die Abweichungen, die die Einsteinsche Theorie vorhersagt, sind so winzig, daß nur die außerordentliche Meßgenauigkeit der heutigen Physik und Astronomie sie offenbaren kann. Darum sind sie aber doch da, und wenn die Summe der Erfahrungen zu dem Resultat führt, daß das raumzeitliche Kontinuum nichteuklidisch oder »gekrümmt« ist, so muß die Anschauung dem Urteile der Erkenntnis weichen.

9. Mechanische Folgerungen und Bestätigungen.

Die erste Aufgabe der neuen Physik ist zu zeigen, daß die klassische Mechanik und Physik mit großer Annäherung richtig ist; denn sonst wäre nicht zu verstehen, daß zwei Jahrhunderte unermüdlicher und sorgfältiger Forschung sich mit ihr begnügen konnten. Das nächste Problem ist dann, Abweichungen ausfindig zu machen, die für die neue Theorie charakteristisch sind und zu ihrer Prüfung an der Erfahrung dienen können.

Warum reicht die klassische Mechanik zur Darstellung aller irdischen und fast aller kosmischen Bewegungsvorgänge aus? Was tritt an die Stelle der Begriffe vom absoluten Raume und von der absoluten Zeit, ohne die nach den Newtonschen Prinzipien schon die einfachsten Tatsachen, wie das Verhalten des Foucaultschen Pendels, die Trägheits- und Fliehkräfte u. dgl. nicht erklärt werden können?

Wir haben diese Fragen im Grunde schon zu Beginn der Erörterungen über das allgemeine Relativitätsprinzip beantwortet; wir haben dort (VII, 1, S. 225) als das Fundament der relativistischen Dynamik den Satz aufgestellt daß an die Stelle des absoluten Raumes als fiktiver Ursache von physikalischen Vorgängen jetzt ferne Massen als wirkliche Ursachen zu treten haben. Der Kosmos als ganzer, das Heer der Gestirne, erzeugt an jeder Stelle und zu jeder Zeit ein bestimmtes metrisches Feld oder Gravitationsfeld; wie dieses im Großen beschaffen ist, kann nur eine Spekulation kosmologischer Art lehren, wie wir sie nachher kennen lernen werden (VII, 11, S. 260). Im Kleinen aber muß bei geeigneter Wahl des Bezugsystems das metrische Feld »euklidisch« sein, d. h. die Trägheitsbahnen und Lichtstrahlen gerade Weltlinien. Gegenüber dem Kosmos sind nun selbst die Dimensionen unseres Planetensystems klein, und darum gelten darin, bezogen auf ein geeignetes Koordinatensystem, die Newtonschen Gesetze, soweit nicht die Sonne oder die planetarischen Massen lokale Störungen hervorrufen, die den Anziehungen der Newtonschen Theorie entsprechen. Die Astronomie lehrt, daß ein solches Bezugsystem, in dem die Wirkung der Fixsternmassen innerhalb des Bereiches unseres Planetensystems zur euklidischen Maßbestimmung führt, gerade in relativer Ruhe (oder in gleichförmiger und geradliniger Bewegung) zu der Gesamtheit der kosmischen Massen ist, daß also die Fixsterne gegen dieses System nur relativ kleine, im Mittel sich aufhebende Bewegungen machen; eine *Erklärung* dieser astronomischen Tatsache läßt sich nur durch eine Anwendung der neuen dynamischen Prinzipien auf den ganzen Kosmos geben, die uns im Schlußabschnitt beschäftigen wird. Hier haben wir es zunächst mit der Mechanik und Physik innerhalb des Planetensystems zu tun. Dann bleiben alle Lehren der Newtonschen Mechanik fast unverändert bestehen; nur muß man immer daran denken, daß die Schwingungsebene des Foucaultschen Pendels nicht gegen den absoluten Raum, sondern gegen das System der fernen Massen feststeht, daß die Fliehkräfte nicht bei absoluten Rotationen, sondern bei Rotationen gegen die fernen Massen auftreten. Ferner ist es durchaus unbenommen, die Gesetze der Physik nicht auf das gewohnte Koordinatensystem zu beziehen, in dem das metrische Feld euklidisch ist und ein Gravitationsfeld im gewöhnlichen Sinne (bis auf die lokalen Felder der planetaren Massen) nicht existiert, sondern auf ein irgendwie bewegtes (oder sogar ein sich deformierendes) System; nur treten in diesem Falle sogleich Gravitationsfelder auf und die Geometrie verliert ihren euklidischen Charakter. Die allgemeine Form aller Naturgesetze bleibt immer dieselbe; nur sind die Werte der Größen $g_{11}, g_{12}, \ldots g_{34}$, die das metrische Feld oder Gravitationsfeld bestimmen, in jedem Bezugsystem andere. In dieser Invarianz der Gesetze allein liegt der Unterschied gegen die alte Dynamik; dort konnte man natürlich auch zu beliebig bewegten (oder deformierten) Bezugsystemen übergehen, aber die Naturgesetze behielten dabei nicht ihre Gestalt, es gab »einfachste« Formen der Naturgesetze, die in bestimmten, im absoluten Raume ruhenden Koordinatensystemen angenommen wurden. In der allgemeinen Relativitätstheorie gibt es keine solchen einfachsten, ausgezeichneten Formen der Gesetze; höchstens können die Zahlenwerte der in allen Naturgesetzen vorkommenden Größen $g_{11}, \ldots g_{34}$ innerhalb begrenzter Räume besonders einfach sein oder sich von solchen einfachen Werten nur wenig entfernen. So bezieht die Astronomie ihre Formeln auf ein Bezugsystem, das innerhalb des kleinen Raumes des Planetensystems, wenn es keine Sonne und keine Planeten gäbe, euklidisch wäre, wo also die $g_{11}, \ldots g_{34}$ die einfachen Werte (99), S. 247, hätten; in Wahrheit haben die $g_{11}, \ldots g_{34}$ aber gar nicht diese Werte, sondern weichen in der Nähe der planetaren Massen davon ab, wie wir nachher näher erläutern werden. Irgendein anderes (etwa rotierendes) Bezugsystem, in dem die $g_{11}, \ldots g_{34}$ auch ohne planetare Massen nicht die einfachen Werte (99) haben, ist daher prinzipiell mit dem ersten völlig gleichberechtigt. Damit ist die Rückkehr zu des Ptolemäus Standpunkt der »ruhenden Erde« ins Belieben gestellt; es würde das die Benutzung eines mit der Erde fest verbundenen Bezugsystems bedeuten, wobei die $g_{11}, \ldots g_{34}$ solche Werte bekommen, die dem Zentrifugalfeld der Rotation gegen die fernen Massen entsprechen. Von Einsteins hoher Warte gesehen haben Ptolemäus und Kopernikus *gleiches* Recht: beide Standpunkte liefern *dieselben* Naturgesetze, nur mit verschiedenen Zahlenwerten der $g_{11}, \ldots g_{34}$. Welchen Standpunkt man wählt, ist nicht aus Prinzipien entscheidbar, sondern Sache der Bequemlichkeit. Für die Mechanik des Planetensystems ist allerdings die Auffassung des Kopernikus die bequemere. Aber es ist sinnlos, die bei anderer Wahl des Bezugsystems auftretenden Gravitationsfelder als »fiktiv« in Gegensatz zu den »wirklichen«, von den nahen Massen erzeugten, zu bezeichnen; genau so sinnlos, wie in der speziellen Relativitätstheorie die Frage nach der »wirklichen« Länge eines Stabes (VI, 5, S. 192). Ein Gravitationsfeld ist an sich weder »real« noch »fiktiv«; es hat überhaupt keine von der Koordinatenwahl unabhängige Bedeutung, genau wie die Länge eines Stabes. Auch unterscheiden sich die Felder keineswegs dadurch, daß die einen von Massen erzeugt werden, die andern nicht; nur sind es in einem Falle hauptsächlich die nahen Massen, im andern allein die fernen Massen des Kosmos.

Gegen diese Lehre hat man Argumente des »gesunden Menschenverstandes« vorgebracht, unter andern folgendes. Wenn ein Eisenbahnzug auf ein Hindernis stößt und dadurch im Zuge alles in Trümmer geht, so kann man den Vorgang auf zwei Weisen beschreiben: Einmal kann man die Erde (die hier als relativ zu den kosmischen Massen ruhend betrachtet wird) als Bezugsystem wählen und die (negative) Beschleunigung des Zuges für die Zerstörung verantwortlich machen; man kann aber auch ein mit dem Zuge fest verbundenes Koordinatensystem wählen, dann macht im Augenblick des Zusammenstoßes relativ zu diesem System die ganze Welt einen Ruck und es tritt überall ein parallel der ursprünglichen Bewegung gerichtetes, sehr starkes Gravitationsfeld. auf, welches die Zerstörungen im Zuge verursacht. Warum fällt dann der Kirchturm im benachbarten Dorfe nicht ebenfalls um? Warum machen sich die Folgen des Rucks und des damit verbundenen Gravitationsfeldes einseitig nur im Zuge bemerkbar, während doch die beiden Sätze gleichberechtigt sein sollen: Die Welt ruht und der Zug wird gebremst — der Zug ruht und die Welt wird gebremst? Die Antwort hierauf ist folgende: Der Kirchturm fällt nicht um, weil beim Bremsen seine relative Lage gegen die fernen, kosmischen Massen gar nicht geändert wird; der Ruck, den vom Zuge aus gesehen die ganze Welt erfährt, betrifft alle Körper bis zu den fernsten Gestirnen, einschließlich des Kirchturms, gleichmäßig, alle diese Körper fallen frei in dem während der Bremsung auftretenden Gravitationsfelde ausgenommen der Zug, der durch die bremsenden Kräfte am freien Fallen gehindert wird. Frei fallende Körper verhalten sich aber bezüglich *innerer* Vorgänge (wie es das Gleichgewicht des Kirchturms auf der Erde ist) genau so wie frei schwebende, allen Einflüssen entzogene Körper; es treten also keinerlei Gleichgewichtsstörungen auf, der Kirchturm fällt nicht um. Der Zug dagegen wird am freien Fallen gehindert; dadurch entstehen Kräfte und Spannungen, die zu den zerstörenden Folgen führen.

Die Berufung auf den »gesunden Menschenverstand« in diesen schwierigen Fragen ist überhaupt mißlich. Es gibt Anhänger der Theorie vom substantiellen Äther, die sich gegen die Relativitätstheorie wehren, weil sie ihnen nicht anschaulich, bildmäßig genug ist. Manche von diesen haben schließlich das spezielle Relativitätsprinzip anerkannt, nachdem die Experimente eindeutig dafür entschieden haben; aber sie sträuben sich noch gegen das Prinzip von der allgemeinen Relativität, weil dieses ihrem gesunden Verstande zuwider sei. Diesen hat Einstein folgende Lehre erteilt: Nach der speziellen Relativitätstheorie ist jedenfalls der gleichförmig fahrende Zug ein mit der Erde gleichberechtigtes Bezugsystem. Wird das der gesunde Verstand des Lokomotivführers zugeben? Er wird einwenden, daß er doch nicht die »Gegend« unausgesetzt heizen und schmieren müsse, sondern die Lokomotive, und daß es entsprechend die letztere sein müsse, in deren Bewegung sich die Wirkung seiner Arbeit zeige. Eine solche Anwendung des gesunden Menschenverstandes führt schließlich zur Negation aller wissenschaftlichen Betrachtung; denn wozu dient, so fragt der gesunde Verstand des Alltagsmenschen, die Beschäftigung mit Relativität oder Kathodenstrahlen, da diese Tätigkeit offenbar wenig geeignet ist, Geld damit zu erwerben?

Wir fahren jetzt in der Betrachtung der Himmelsmechanik vom Einsteinschen Standpunkte fort und wenden uns zu den lokalen Gravitationsfeldern, die sich infolge der Existenz der planetaren Massen über das kosmische Feld überlagern.

Wir können über diese Untersuchungen Einsteins nur kurz referieren, da es sich dabei hauptsächlich um mathematische Folgerungen aus den Feldgleichungen handelt.

Das einfachste Problem ist die Bestimmung der Bewegung eines Planeten um die Sonne. Dabei geht man am bequemsten von dem schon erwähnten Gaußschen Koordinatensysteme aus, in dem in der Gegend des Sonnensystems bei Abwesenheit der Sonne und des Planeten das metrische Feld euklidisch und kein Gravitationsfeld im gewöhnlichen Sinne vorhanden wäre; es ist dadurch charakterisiert, daß ohne Berücksichtigung der Sonnenwirkung die $g_{11}, \ldots g_{34}$ die Werte (99), S. 247, hätten. Es kommt nun darauf an, die durch die Sonnenmasse bewirkten Abweichungen von diesen Werten zu bestimmen; dazu dienen die Einsteinschen Feldgleichungen, und es zeigt sich, daß diese unter der Annahme einer kugelsymmetrischen Ausbreitung der Sonnenmasse und damit auch des Feldes ganz bestimmte, relativ einfache Ausdrücke für die $g_{11}, \ldots g_{34}$ liefern. Sodann kann man die Planetenbahnen als geodätische Linie dieser Maßbestimmung berechnen. Ihre Krümmung, die in der Newtonschen Theorie als Wirkung der Anziehungskraft betrachtet wird, erscheint in der Einsteinschen Theorie als Folge der Krümmung der raumzeitlichen Welt, deren geradeste Linien sie sind.

Die Durchrechnung ergibt nun, daß die so bestimmten Planetenbahnen mit großer Annäherung dieselben sind wie die der Newtonschen Theorie. Dieses Ergebnis ist wunderbar, wenn man sich den ganz verschiedenen Standpunkt beider Lehren vor Augen hält: Bei Newton der erkenntnistheoretisch unbefriedigende absolute Raum und eine ad hoc erfundene ablenkende Kraft mit der merkwürdigen Eigenschaft, daß sie der trägen Masse proportional ist — bei Einstein ein allgemeines, den Ansprüchen der Erkenntniskritik genügendes Prinzip ohne jede spezielle Hypothese. Wenn die Einsteinsche Theorie nichts weiter leisten würde, als die Newtonsche Mechanik dem allgemeinen Relativitätsprinzip zu unterwerfen, so würde sie doch jeder vorziehen, der in den Gesetzen der Natur die Harmonie der höchsten Einfachheit sucht.

Aber die Einsteinsche Theorie leistet mehr. Sie enthält, wie schon gesagt, die Newtonschen Gesetze der Planetenbahnen nur näherungsweise; die exakten Gesetze sind ein wenig anders, und zwar wird der Unterschied um so größer, je näher der Planet der Sonne ist. Nun haben wir schon bei der Besprechung der Newtonschen Himmelsmechanik (III, 4, S. 51), gesehen, daß diese gerade beim sonnennächsten Planeten, Merkur, versagt; es bleibt eine unerklärte *Perihelbewegung des Merkur* von 43 Bogensekunden pro Jahrhundert. Genau diesen Betrag aber fordert die Einsteinsche Theorie; sie ist daher durch Leverriers Rechnungen bereits im voraus bestätigt. Dieses Resultat ist von außerordentlichem Gewichte; denn in die Einsteinsche Formel gehen keine neuen, willkürlichen Konstanten ein, die »Anomalie« des Merkur ist eine ebenso notwendige Folgerung aus der Theorie wie die Gültigkeit der Keplerschen Gesetze für die sonnenfernen Planeten.

10. Optische Folgerungen und Bestätigungen.

Außer diesen astronomischen Folgerungen hat man bisher nur einige optische Erscheinungen gefunden, die sich nicht wegen ihrer Kleinheit den Beobachtungen entziehen.

Die eine ist *die Rotverschiebung der Spektrallinien* des Lichtes, das von Gestirnen mit großer Masse kommt. Auf deren Oberfläche herrscht ein sehr starkes Gravitationsfeld; dieses verändert die Maßbestimmung und bewirkt, daß eine bestimmte Uhr dort langsamer geht als auf der Erde, wo das Gravitationsfeld kleiner ist. Solche Uhren hat man aber in den Atomen und Molekeln leuchtender Gase vor sich; der Schwingungsmechanismus in diesen ist sicherlich derselbe, wo auch die Molekel sich befinde, die Schwingungsdauer ist also in solchen Bezugsystemen gleich, in denen dasselbe Gravitationsfeld, etwa das Feld Null, herrscht.

Sei die Schwingungsdauer im feldfreien Raumgebiete T, so ist $s = icT$ die zugehörige invariante Entfernung der Weltpunkte, die zwei aufeinanderfolgenden Umkehrpunkten der Schwingung entsprechen, relativ zu dem Bezugsystem, in dem das Atom ruht. In einem relativ beschleunigten Bezugsystem, in dem ein Gravitationsfeld herrscht, wird dasselbe $s = icT$ durch die Formel (98) gegeben, wo x, y, z die Lage des Atoms charakterisieren und t die in diesem System gemessene Schwingungszeit ist. Wir können $x = y = z = 0$ setzen, indem wir den Nullpunkt der räumlichen Koordinaten in das Atom legen; dann wird

$$s^2 = -c^2 T^2 = g_{44} t^2,$$

also

$$t = T \frac{c}{\sqrt{-g_{44}}}.$$

Nun ist nur im feldfreien Raume $g_{44} = -c^2$ [s. Formel (99), S. 247), also $t = T$. Im Gravitationsfelde aber ist g_{44} von $-c^2$ verschieden, etwa $g_{44} = -c^2(1-\gamma)$; also ist die Schwingungsdauer verändert, nämlich gleich

$$t = T \frac{1}{\sqrt{1-\gamma}}$$

oder, wenn die Abweichung γ klein ist, angenähert (s. die Anmerkung auf S. 164)

(100)
$$t = T\left(1 + \frac{\gamma}{2}\right).$$

Das ist der Unterschied im Gange zweier Uhren, welche sich an zwei verschiedenen Orten befinden, für die der Unterschied des durch g_{44} gemessenen Gravitationsfeldes den relativen Betrag γ hat.

Ob γ positiv oder negativ ist, kann man durch Betrachtung eines einfachen Falles erkennen, wo die Frage direkt mit Hilfe des Äquivalenzprinzips beantwortet werden kann. Das gelingt für ein konstantes Gravitationsfeld, wie es unmittelbar an der Oberfläche eines Himmelskörpers herrscht. Die Wirkung eines solchen Feldes g kann ersetzt werden durch eine der Anziehung entgegen gerichtete Beschleunigung des Beobachters von derselben Größe g. Ist l der Abstand des Beobachters von der Oberfläche des Gestirns, so wird eine von dieser ausgehende Lichtwelle die Zeit $t = \dfrac{l}{c}$ bis zu ihm gebrauchen und er wird die Welle so wahrnehmen, als hätte er während dieser Zeit eine beschleunigte Bewegung nach außen mit der Beschleunigung g vollführt. Dann käme ihm beim Eintreffen der Lichtwelle die Geschwindigkeit $v = gt = \dfrac{gl}{c}$ in der Richtung der Lichtbewegung zu, daher beobachtet er nach dem Dopplerschen Prinzipe [Formel (40), S. 97] die verkleinerte Schwingungszahl

$$\nu' = \nu\left(1 - \frac{v}{c}\right) = \nu\left(1 - \frac{gl}{c^2}\right);$$

also hängt die im Gravitationsfelde beobachtete Schwingungsdauer $t = \dfrac{1}{\nu'}$ mit der im feldfreien Raume bestimmten $T = \dfrac{1}{\nu}$ so zusammen:

$$t = T\frac{1}{1 - \dfrac{gl}{c^2}}$$

oder angenähert

(101)
$$t = T\left(1 + \frac{gl}{c^2}\right).$$

Diese Formel gibt allgemein den Gangunterschied zweier Uhren an, die sich in einem konstanten Gravitationsfelde g im Abstande l befinden.

Im konstanten Gravitationsfelde ist demnach die in (100) auftretende Größe $\gamma = \dfrac{2gl}{c^2}$, also positiv. Die Schwingungsdauer, somit auch die Wellenlänge, wird für eine gegen die Anziehung des Gravitationsfeldes anlaufende Lichtwelle durch das Feld vergrößert. Dieses Resultat kann man auf das von den Gestirnen kommende Licht übertragen; die Größe γ wird positiv sein. Daher erscheinen alle Spektrallinien der Gestirne ein wenig nach Rot verschoben. Obwohl dieser Effekt sehr klein ist, ist seine Existenz heute sowohl auf der Sonne als auch auf Fixsternen recht wahrscheinlich gemacht worden.

Wir können an dieser Stelle eine Lücke ausfüllen, die wir früher (VI, 5, S. 193) gelassen haben, nämlich die vollständige Aufklärung des sogenannten »Uhrenparadoxons«. Wir hatten dort zwei Beobachter A und B angenommen, von denen der eine A in einem Inertialsystem (der speziellen Relativitätstheorie) ruht, während der andere B eine Reise macht. Bei der Rückkehr von B geht dann nach (76), S. 194, die Uhr von A gegen die von B vor um den Betrag $\frac{\beta^2}{2} t_0$, wo t_0 die gesamte Reisezeit, gemessen im System A ist; diese Formel gilt allerdings nur näherungsweise, doch genügt sie für unsere Zwecke, wenn wir auch alle andern Rechnungen mit entsprechender Annäherung durchführen.

Nun kann man auch B als ruhend ansehen; dann macht A eine Reise in der umgekehrten Richtung. Aber man darf natürlich nicht einfach schließen, daß nun die Uhr von B gegen die von A um denselben Betrag vorgehen muß, denn B ruht nicht in einem Inertialsystem, sondern erfährt Beschleunigungen.

Vom Standpunkte der allgemeinen Relativitätstheorie muß man vielmehr darauf achten, daß bei dem Wechsel des Bezugsystems bestimmte Gravitationsfelder während der Beschleunigungszeiten eingeführt werden müssen.

Bei der ersten Betrachtungsweise ruht A in einem Raumgebiete, wo euklidische Maßbestimmung herrscht und Gravitationsfelder fehlen; bei der zweiten Betrachtungsweise ruht B in einem Bezugsystem, in dem bei der Abreise, der Umkehr und der Rückkunft von A kurz dauernde Gravitationsfelder auftreten, in denen A frei fällt, während B durch äußere Kräfte festgehalten wird. Von diesen drei Gravitationsfeldern haben das erste und das letzte keinen Einfluß auf den relativen Gang der Uhren von A und B, da diese sich im Augenblicke der Abreise und der Rückkunft am selben Orte befinden und ein Gangunterschied im Gravitationsfeld nach (101) nur bei einem Ortsunterschiede l der Uhren auftritt. Wohl aber entsteht bei der Umkehr von A ein Gangunterschied. Ist τ die Zeitdauer der Umkehr, während der, wenn B als ruhend gilt, ein Gravitationsfeld besteht, so geht die im Abstande l und im Felde g befindliche Uhr A gegen die Uhr von B vor, und zwar mit genügender Annäherung nach (101), S. 255, um $\frac{gl}{c^2}\tau$. Aber in den Zeiten der gleichförmigen Bewegung von A, auf die man das spezielle Relativitätsprinzip anwenden muß, geht umgekehrt die Uhr von A gegen die von B nach um $\frac{\beta^2}{2} t_0$. Also hat im ganzen bei der Rückkehr die Uhr von A gegen die von B einen Vorsprung von

$$\frac{gl}{c^2}\tau - \frac{\beta^2}{2} t_0.$$

Wir behaupten nun, daß dieser Wert genau mit dem Resultat der ersten Betrachtungsweise, wo A als ruhend angesehen wurde, übereinstimmt, nämlich gleich $\frac{\beta^2}{2} t_0$ ist.

Denn da der bewegte Beobachter bei der Umkehr von der Geschwindigkeit v zur Geschwindigkeit $-v$ übergeht, so ist seine Geschwindigkeitsänderung im ganzen $2v$; seine Beschleunigung erhält man daraus durch Division mit der gebrauchten Zeit τ, sie beträgt also $g = \frac{2v}{\tau}$. Andrerseits ist im Augenblick der Umkehr die halbe Reisedauer t_0 verflossen; der Abstand der beiden Beobachter ist also dann $l = v \frac{t_0}{2}$.

Daraus folgt $gl = v^2 \frac{t_0}{\tau}$ und

$$\frac{gl}{c^2}\tau - \frac{\beta^2}{2} t_0 = \frac{v^2}{c^2} t_0 - \frac{\beta^2}{2} t_0 = \frac{\beta^2}{2} t_0,$$

womit der Beweis erbracht ist.

Das Uhrenparadoxon beruht also auf einer falschen Anwendung der speziellen Relativitätstheorie, wo in Wahrheit die allgemeine angewandt werden muß.

Ein ganz ähnlicher Fehler liegt folgendem Einwande zugrunde, der immer wieder vorgebracht wird, so trivial auch die Aufklärung ist.

Nach der allgemeinen Relativitätstheorie soll ein gegen die Fixsterne rotierendes, also etwa ein mit der Erde fest verbundenes Koordinatensystem mit dem gegen die Fixsterne ruhenden System völlig gleichberechtigt sein. In einem solchen System aber werden die Fixsterne selbst ungeheure Geschwindigkeiten bekommen; ist r die Entfernung eines Sterns, so wird seine Geschwindigkeit $v = \frac{2\pi r}{T}$, wo T die Dauer eines Tages bedeutet. Diese wird gleich der Lichtgeschwindigkeit c, wenn $r = \frac{cT}{2\pi}$ ist; mißt man r in der astronomischen Längeneinheit Lichtjahr[1]), so muß man dies durch $c \cdot 365$ dividieren, wenn $T = 1$ Tag gesetzt wird. Sobald also die Entfernung $\frac{1}{2\pi \cdot 365}$ Lichtjahre übersteigt, wird

---

[1]) Ein Lichtjahr ist die Entfernung, die das Licht mit der Geschwindigkeit von 300000 km pro sec in einem Jahre (365 Tagen) zurücklegt.

die Geschwindigkeit größer als c. Aber schon die nächsten Fixsterne sind mehrere Lichtjahre von der Sonne entfernt. Andrerseits behauptet die Relativitätstheorie (VI, 6, S. 199), daß die Geschwindigkeit materieller Körper immer kleiner sein muß als die des Lichtes. Hier scheint ein Widerspruch zu klaffen.

Dieser entsteht aber nur dadurch, daß der Satz $v < c$ ganz und gar auf die spezielle Relativitätstheorie beschränkt ist. In der allgemeinen nimmt er folgende enge Fassung an: Man kann bekanntlich immer ein solches Bezugsystem wählen, daß in der unmittelbaren Umgebung eines beliebigen Weltpunkts Minkowskis Weltgeometrie herrscht, also die Geometrie euklidisch ist, kein Gravitationsfeld besteht, die $g_{11}, \ldots g_{34}$ die Werte (99), S. 247, haben; in Bezug auf dieses System und in diesem engen Raume ist die Lichtgeschwindigkeit $c = 3 \cdot 10^{10}$ cm/sec die obere Schranke für alle Geschwindigkeiten.

Sobald aber diese Bedingungen nicht erfüllt sind, also sobald Gravitationsfelder herrschen, kann natürlich jede Geschwindigkeit, sowohl die materieller Körper als auch die des Lichts, jeden numerischen Wert annehmen. Denn die Lichtlinien in der Welt sind bestimmt durch $G = s^2 = 0$, also bei Beschränkung auf die xt-Ebene durch

$$s^2 = g_{11} x^2 + 2 g_{14} x t + g_{44} t^2 = 0;$$

aus dieser quadratischen Gleichung läßt sich $\frac{x}{t}$ berechnen, und das ist die Lichtgeschwindigkeit. Ist z. B. $g_{14} = 0$, so erhält man aus $g_{11} x^2 + g_{44} t^2 = 0$ den Wert $\frac{x}{t} = \sqrt{-\frac{g_{44}}{g_{11}}}$ als Lichtgeschwindigkeit, der ganz davon abhängt, wie groß g_{11} und g_{44} gerade sind.

Nimmt man die Erde als Bezugsystem, so existiert das Zentrifugalfeld (III, 9, S. 64) $\frac{4 \pi^2 r}{T^2}$, das in großen Entfernungen ganz ungeheure Werte annimmt; die g haben daher auch Werte, die von den euklidischen (99) sehr stark abweichen. Daher ist die Lichtgeschwindigkeit für manche Richtungen des Lichtstrahls viel größer als ihr gewöhnlicher Wert c, und andere Körper können ebenfalls viel größere Geschwindigkeiten erreichen.

In einem beliebigen Gaußschen Koordinatensystem wird nicht nur die Lichtgeschwindigkeit anders, sondern auch die Lichtstrahlen bleiben nicht gerade. Auf dieser *Krümmung der Lichtstrahlen* beruht eine zweite optische Prüfung des allgemeinen Relativitätsprinzips. Die Weltlinien des Lichts sind ja geodätische Linien, genau so wie die Trägheitsbahnen materieller Körper, und werden daher in Gravitationsfeldern genau wie diese gekrümmt; nur ist die Lichtablenkung viel geringer wegen der ungeheuren Geschwindigkeit des Lichts. Man sieht diese Ablenkung ohne alle Theorie aus dem Äquivalenzprinzip ein; denn in einem beschleunigten Bezugsystem erscheint jede geradlinige und gleichförmige Bewegung

Optische Folgerungen und Bestätigungen.

gekrümmt und ungleichförmig, also muß dasselbe für ein beliebiges Gravitationsfeld gelten.

Ein Lichtstrahl, der, von einem Fixstern kommend, an der Sonne vorbeistreicht, wird daher von dieser angezogen und beschreibt eine nach der Sonne etwas konkave Bahn (Abb. 135); der Beobachter auf der Erde verlegt den Sternort in die Verlängerung des ihn treffenden Strahls, daher erscheint ihm der Stern nach außen abgelenkt. Man könnte diese Ablenkung auch nach der Newtonschen Attraktionstheorie berechnen, in dem man den Lichtstrahl etwa wie einen mit Lichtgeschwindigkeit heranschießenden Kometen behandelt, und es ist historisch interessant, daß diese Überlegung schon im Jahre 1801 von dem deutschen Mathematiker und Geodäten Soldner angestellt worden ist. Man erhält dann eine ähnliche Formel wie die Einsteinsche, sie liefert aber nur die Hälfte des Betrages der Ablenkung. Das liegt an der von der Einsteinschen Theorie geforderten Verstärkung des Gravitationsfeldes in der Nähe der Sonne. Gerade dieser geringfügig erscheinende Unterschied, der übrigens Einstein selbst bei seiner ersten, vorläufigen Publikation entgangen war, bildet also ein besonders scharfes Kriterium für die Richtigkeit der allgemeinen Relativitätstheorie.

Die Ablenkung der scheinbaren Stellungen der Fixsterne in der Nähe der Sonne ist nur während der kurzen Dauer einer totalen Sonnenfinsternis zu beobachten, da sonst die Strahlung der Sonne die in ihrer Nähe stehenden Fixsterne unsichtbar macht.

Die letzte Sonnenfinsternis fand am 29. Mai 1919 statt; zu dieser haben die Engländer zwei Expeditionen ausgerüstet, die keine andere Aufgabe hatten, als festzustellen, ob der »Einsteineffekt« wirklich vorhanden sei oder nicht. Die eine ging nach der Westküste von Afrika, die andere nach Nordbrasilien, und sie brachten eine Reihe von photographischen Aufnahmen der die Sonne umgebenden Fixsterne mit. Das Resultat der Ausmessung der Platten konnte am 6. November 1919 verkündet werden und bedeutete den Triumph der Einsteinschen Theorie: die von Einstein vorhergesagte Verschiebung, die am Sonnenrande 1,7 Bogensekunden betragen soll, ist in vollem Betrage da.

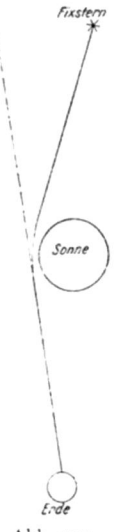

Abb. 135

Seit dieser größten Leistung moderner Prophetie kann die Einsteinsche Lehre als gesicherter Besitz der Wissenschaft gelten.

Die Frage, ob es möglich sein wird, noch andere beobachtbare Erscheinungen zu finden, durch die die Theorie geprüft werden kann, läßt sich mit Sicherheit nicht beantworten; aber da wahrscheinlich die Beobachtungskunst späterer Jahrzehnte oder Jahrhunderte die unsere um ebensoviel übertreffen wird, wie diese die Leistungen der Newtonschen Zeit,

17*

so darf man erwarten, daß die neue Theorie immer engeren Anschluß an die Erfahrung finden wird.

11. Makrokosmos und Mikrokosmos.

Wir haben oben gesehen, daß die konsequente Auffassung der Trägheitskräfte als Wechselwirkungen notwendig dazu führt, die Theorie auf den ganzen Kosmos anzuwenden. Es handelt sich darum zu verstehen, warum dasjenige Bezugsystem, für das in der Gegend des Sonnensystems die euklidische Metrik gilt, gerade in relativer Ruhe (oder in Translationsbewegung) zu der Gesamtheit der kosmischen Massen ist. Weiter aber lehrt die Beobachtung ferner Sternsysteme, Doppelsterne, das dort genau das gleiche gilt. Es scheint danach so zu sein, als wenn das durch die Gesamtheit aller Massen bestimmte metrische Feld überall den gleichen Charakter hat, es sei denn, daß dieser durch nahe Massen lokal gestört wird.

Spekulationen über das Universum sind seit jeher ein Lieblingsthema phantasievoller Köpfe; aber auch die wissenschaftliche Astronomie hat sich mit solchen Problemen befaßt. Vor allem ist die Frage untersucht worden, ob es endlich viele oder unendlich viele Himmelskörper gibt, und man hat sich für das erstere entscheiden müssen; wir können die Begründung hier nur andeuten. Sind die Gestirne ziemlich gleichförmig im Raume verteilt und wäre ihre Anzahl unendlich groß, so müßte der ganze Himmel in hellem Lichte erstrahlen, weil dann schließlich in jeder Richtung irgendwo einmal ein Stern zu treffen wäre; es sei denn, daß das Licht auf seinem Wege vom Sterne zu uns geschwächt, verschluckt würde. Aber man kann mit guten Gründen belegen, daß es keine Absorption des Lichtes im Weltenraume gibt. Daher muß man sich die Gesamtheit aller Sterne als eine riesige Anhäufung denken, die entweder plötzlich nach außen aufhört oder sich wenigstens allmählich nach außen verdünnt.

Aber diese Vorstellung führt zu einer großen Schwierigkeit, wenn man von der Newtonschen Mechanik ausgeht. Warum bleiben die Sterne beisammen? Warum verlieren sie sich nicht im Nichts? Man weiß, daß alle Sterne beträchtliche Geschwindigkeiten haben, aber diese sind unregelmäßig nach allen Richtungen verteilt, man bemerkt keine Andeutung, daß das Ganze nach außen auseinanderstrebt.

Man wird darauf antworten: Nun, die gegenseitige Gravitation hält die Sterne zusammen.

Aber diese Antwort ist falsch. Man kennt seit langem die Methoden, um solche Probleme zu untersuchen. Es sind die Methoden der *kinetischen Gastheorie*; ein Gas besteht aus unzähligen Molekeln, die wirr durcheinander fliegen, und man kennt die Gesetze dieser Bewegungen. Nun ist doch klar, daß ein Gas, das nicht in feste Wände eingeschlossen ist, sofort auseinanderfliegt; Erfahrung und Theorie lehren übereinstimmend, daß ein System von Körpern nicht dauernd beisammen bleibt, auch wenn die Körper sich mit Kräften anziehen, die nach dem Newtonschen Gesetze umgekehrt proportional dem Quadrate der Entfernung wirken.

Das System aller Gestirne müßte sich genau so, wie ein Gas verhalten, und es ist also nicht zu verstehen, warum es keinerlei Tendenz zeigt, sich im unendlichen Weltenraume zu verlieren.

Einstein hat hierauf eine sehr merkwürdige Antwort: »weil die Welt gar nicht unendlich ist«. Ja, wo sollten aber ihre Grenzen sein? Ist es nicht absurd anzunehmen, die Welt sei irgendwo »mit Brettern vernagelt«?

Nun, begrenzt und endlich ist keineswegs dasselbe. Man denke an die Oberfläche einer Kugel; diese ist zweifellos endlich und doch ohne Grenzen. Einstein behauptet nun, daß der dreidimensionale Raum sich genau so verhalte; er darf dies, da ja die allgemeine Relativitätstheorie eine Krümmung des Raumes zuläßt. So kommt er zu folgender Theorie vom Universum: Sieht man von der ungleichförmigen Verteilung der Gestirne ab und ersetzt diese durch eine überall gleichförmige Massenverteilung, so kann man fragen, wann eine solche nach den Feldgleichungen der Gravitation dauernd in Ruhe verharren kann. Die Antwort lautet: das Krümmungsmaß des dreidimensionalen Raumes muß überall einen konstanten, positiven Wert haben, genau so wie das einer zweidimensionalen Kugelfläche. Es ist evident, daß auf einer Kugelfläche eine endliche Zahl von Massenpunkten, die durch ihre Geschwindigkeit auseinanderstreben, sich gleichförmig ausbreiten und eine Art dynamisches Gleichgewicht bilden. Genau das entsprechende soll also für die dreidimensionale Verteilung der Gestirne gelten. Einstein schätzt sogar die Größe der »Weltkrümmung« mit Hilfe einer plausiblen Annahme über die gesamte Masse aller Gestirne ab; leider ergibt sie sich so gering[1]), daß vorläufig keine Hoffnung besteht, diese kühnen Gedanken empirisch zu prüfen.

Daraus, daß die Weltkrümmung überall denselben Wert hat, folgt sodann, daß das metrische Feld überall in der Welt denselben Charakter hat und daß es euklidisch ist gerade in demjenigen Bezugsystem, das zur Gesamtheit aller Massen ruht (oder sich geradlinig gleichförmig dagegen bewegt). Dieser Satz enthält den Kern der Tatsachen, die Newton durch seine Lehre vom absoluten Raume darstellen wollte.

Jeder Versuch, sich eine solche endliche, aber unbegrenzte »sphärische« Welt *vorzustellen*, ist natürlich hoffnungslos, geradeso unmöglich, wie der, eine Anschauung von den lokalen Weltkrümmungen in der Nähe gravitierender Massen zu gewinnen. Und doch hat diese Theorie sehr konkrete Folgen. Man denke sich ein Fernrohr in der Babelsberger Stern-

---

[1]) Nach einer Schätzung von de Sitter ist der »Umfang der Welt«, d. h. die Länge einer in sich zurücklaufenden geodätischen Weltlinie, etwa 100 Millionen Lichtjahre.

warte nach einem bestimmten Fixstern gerichtet; zu gleicher Zeit soll bei den Antipoden, also etwa in Sidney in Australien, ein Fernrohr auf genau die gegenüberliegende Stelle des Himmels gerichtet sein. Dann ist es nach der Einsteinschen Kosmologie denkbar, daß die Beobachter an beiden Fernrohren *ein und denselben* Stern sehen, der etwa durch ein charakteristisches Spektrum kenntlich ist! In der Tat, genau wie jemand eine Reise um die Erde sowohl nach Osten als nach Westen antreten und auf demselben größten Kreise in beiden Richtungen herumfahren kann, so wird ein Lichtstrahl in der sphärischen Welt Einsteins auf einer geodätischen Linie nach beiden Richtungen vom Gestirn ausgehen und die Erde in entgegengesetzten Richtungen treffen können.

Heute mag man solche Betrachtungen noch Ausgeburten einer wilden Phantasie nennen; wer weiß, ob sie nicht in wenigen Jahrhunderten durch die verfeinerte Beobachtungskunst empirische Tatsachen werden? Es wäre vermessen, diese Möglichkeit zu leugnen. Schon heute gibt es ernsthafte Astronomen, die bei ihren exakten Untersuchungen über die Gesetze der Verteilung der Fixsterne *Einsteins Lehre vom Makrokosmos* zugrunde legen.

Aber auch in den *Mikrokosmos, die Welt der Atome*, greifen Einsteins Gedanken ein. Wir haben schon früher (V, 15, S. 169) die Frage nach den merkwürdigen Kräften gestreift, die verhindern, daß ein Elektron oder ein Atom auseinanderfliegt. Nun sind diese Gebilde ungeheure Anhäufungen von Energie auf kleinsten Räumen; daher werden sie gewaltige Raumkrümmungen oder, mit andern Worten, Gravitationsfelder in sich bergen. Der Gedanke liegt nahe, daß diese es sind, die die auseinanderstrebenden elektrischen Ladungen zusammenhalten.

Aber diese Theorie ist erst in den Anfängen und es ist durchaus ungewiß, ob ihr ein Erfolg beschieden sein wird. Wissen wir doch aus zahlreichen Erfahrungen, daß in der atomistischen Welt neue, fremdartige Gesetze herrschen, in denen eine uns noch unvollkommen verständliche Harmonie ganzer Zahlen zum Ausdruck kommt: die sogenannte *Quantentheorie* von Planck (1900). Hier hat die zukünftige Forschung das Wort.

12. Schluß.

Wir kennen nun, wenn auch nur in rohen Zügen, die Einsteinschen Lehren von Raum und Zeit. Wir haben ihre Entstehung aus den physikalischen Theorien seiner Vorgänger verfolgt und dabei gesehen, wie ein deutlich erkennbarer Prozeß der Objektivierung und Relativierung durch die verschlungenen Wege der Forschung zu der Höhe der Abstraktion führt, die die Grundbegriffe der exakten Naturwissenschaften heute auszeichnet. Die Kraft der neuen Lehre beruht auf ihrer unmittelbaren Herkunft von der Erfahrung; sie ist eine Tochter des Experiments und hat selbst neue Experimente geboren, die von ihr Zeugnis ablegen. Aber das, was ihre Bedeutung über das enge Reich der Spezialforschung hinaus ausmacht, ist die Größe, Kühnheit und Geradheit der Gedanken. Einsteins Theorie repräsentiert eine Geistesrichtung, die das gesunde Gleichmaß zwischen frei schaffender Phantasie, kritischer Logik und geduldiger Anpassung an die Tatsachen zum Ideal hat. Sie ist keine Weltanschauung, wenn *Welt* mehr bedeutet als Minkowskis raumzeitliche Mannigfaltigkeit; aber sie führt den, der sich in ihre Gedanken liebevoll versenkt, *zu* einer Weltanschauung. Denn auch außerhalb der Wissenschaft ist die objektive und relative Betrachtung ein Gewinn, eine Erlösung von Vorurteilen, eine Befreiung des Lebens von Normen, deren Anspruch auf absolute Geltung vor dem kritischen Urteil des Relativisten dahinschmilzt.

Zeittafel.

Um 300 v. Chr. Euklid.
Um 150 Claudius Ptolemäus.
98—54 P. Lucretius Carus.
1473—1543 Nicolaus Copernikus.
1564—1642 Galileo Galilei.
1571—1630 Johann Kepler.
1596—1650 René Descartes.
1618—1663 Francesco Maria Grimaldi.
1625—1698 Erasmus Bartholinus.
1629—1695 Christian Huygens.
1635—1703 Robert Hooke.
1642—1727 Isaak Newton.
1644—1710 Olaf Römer.
1646—1716 Gottfried Wilhelm Leibniz.
1692—1762 James Bradley.
1698—1739 Charles François du Fay.
1706—1790 Benjamin Franklin.
1715—1787 William Watson.
1724—1804 Immanuel Kant.
1724—1802 Franz Ulrich Theodor Aepinus.
1731—1810 Hon. Henry Cavendish.
1733—1804 Joseph Priestley.
1736—1806 Charles Augustin Coulomb.
1736—1813 Joseph Louis Lagrange.
1737—1798 Luigi Galvani.
1745—1827 Alessandro Volta.
1749—1827 Pierre Simon Graf Laplace.
1753—1815 William Nicholson.
1768—1840 Anthony Carlisle.
1773—1829 Thomas Young.
1774—1862 Jean Baptiste Biot.
1775—1840 André Maria Ampère.
1775—1812 Etienne Louis Malus.
1777—1851 Hans Christian Oersted.
1777—1855 Karl Friedrich Gauß.
1781—1840 Siméon Denis Poisson.
1781—1868 David Brewster.
1785—1836 Claude Louis Marie Henri Navier.
1786—1853 François Arago.
1786—1850 William Prout.
1787—1854 Georg Simon Ohm.
1788—1827 Augustin Fresnel.
1789—1857 Augustin Louis Cauchy.
1791—1841 Baptiste Felix Savart.
1791—1867 Michael Faraday.
1791—1860 Christian Karl Josias Bunsen.
1791—1841 Felix Ampère.
1793—1841 George Green.
1793—1856 Nicolai Lobatschewski.
1798—1895 Franz Neumann.
1801—1892 Sir George Bidelt Airy.
1802—1860 Johann Bolyai.
1803—1853 Christian Doppler.
1804—1890 Wilhelm Weber.
1809—1847 James Mac Cullagh.
1809—1858 Rudolf Kohlrausch.
1811—1877 Urbain Jean Joseph Leverrier.
1814—1878 Robert Mayer.
1818—1889 James Prescott Joule.
1819—1903 George Gabriel Stokes.
1819—1868 Léon Foucault.
1819—1896 Armand Hippolyt Louis Fizeau.
1821—1894 Hermann von Helmholtz.
1822—1888 Rudolph Clausius.
1824—1908 William Thomson (Lord Kelvin).
1824—1887 Gustav Kirchhoff.
1824—1914 Johann Wilhelm Hittorf.
1826—1866 Bernhard Riemann.
1831—1879 James Clerk Maxwell.
1832—1919 Sir William Crookes.
1838—1916 Ernst Mach.
1844—1906 Ludwig Boltzmann.

Zeittafel.

1845	Wilhelm Conrad Röntgen.	1862	David Hilbert.
1848—1919	Roland Baron Eötvös.	1863	Alexander Eichenwald.
1848—1901	Henry A. Rowland.	1864—1909	Hermann Minkowski.
1849	Felix Klein.	1865	Friedrich Paschen.
1850	Eugen Goldstein.	1865	Heinrich Rubens.
1850—1919	Woldemar Voigt	1866—1912	P. N. Lebedew.
1851	Sir Oliver Lodge.	1868	Arnold Sommerfeld.
1852—1914	John Henry Poynting.	1868	Gustav Mie.
1852	Albert Abraham Michelson.	1870	Gordon Ferrie Hull.
1853	Hendrik Antoon Lorentz.	1871	Ernest Rutherford.
1854—1912	Henry Poincaré.	1871	Walter Kaufmann.
1857	Joseph John Thomson.	1875	Max Abraham.
1858	Max Planck.	1879	Albert Einstein.
1862	Philip Lenard.		

Namensverzeichnis.

Abraham 161. 162. 169. 207.
Aepinus 116.
Airy 110.
Ampère 132. 136.
Arago 79. 83. 103. 104. 167.
Aston 213.

Bartholinus 71.
Belopolski 99.
Bjerknes 145.
Biot 125. 132.—134. 136. 138. 147. 149. 155. 159.
Bohr 207.
Boltzmann 142.
Bolyai 243.
Brewster 79.
Bradley 73.
Bunsen 95.

Carlisle 122.
Cauchy 79. 84. 90.
Cavendish 117.
Clausius 90. 127. 139.
Coulomb 117. 118. 120. 126. 129. 134. 135. 155.
Crookes 152, 1.
Mc Cullagh 91. 143. 144.

Descartes 69.
Doppler 94. 95. 98. 99. 146. 167. 216. 218. 255.

Ehrenhaft 154.
Eichenwald 150. 213.
Einstein 1. 2. 4. 5. 12. 23. 35. 53. 56. 61. 62. 67. 79. 111. 112. 145. 163. 170—257.
Eötvös 34. 226.
Euler 75.
Euklid 8. 43. 219. 220. 230—232. 237—249.

Faraday 116. 122—124. 127—134. 140. 148. 151. 152.
du Fay 113.

Fitz-Gerald 167. 187. 188.
Fizeau 74. 104. 108.
Foucoult 65. 74. 75. 250.
Franklin 115.
Fresnel 79. 81. 83. 90. 103—112. 146. 147. 155—157. 215. 216. 218.

Galilei 11. 12. 24. 43. 44. 46. 53. 59. 72. 94. 96. 109. 113. 180. 181. 199. 214. 218.
Galizin 99.
Galvani 121.
Gauß 119. 127. 219. 232—248.
Glitscher 207.
Goethe 1. 3.
Goldstein 99.
Gray 113.
Green 79. 90. 119.
Grimaldi 70.

Helmholtz 40. 90. 139. 151. 243.
Hertz 139. 143. 145—153. 156. 166.
Hilbert 211. 248.
Hittorf 152.
Hoek 104. 107. 108. 167.
Hooke 69.
Hull 209.
Huygens 69—71.

Joule 40. 125.

Kant 238. 240.
Kaufmann 161.
Lord Kelvin (W. Thomson) 144.
Kepler 11. 12. 42—45. 49. 50. 254.
Kirchhoff 81. 90. 95. 127.
Klein 248.
Kohlrausch 127. 134. 139. 142.
Kopernikus 9. 10. 11. 45. 251.

Lagrange 79.
Laplace 79. 119. 125.
Larmor 170.
Lebedew 209.
Leibniz 46.

Lenard 152.
Leverrier 52. 254.
Lobatschewski 243.
Lodge 166.
Lorentz 151—157. 162. 167—173. 178.
180. 189. 199. 206. 213—214. 217.
218. 221. 244.
Lucretius 69.

Mach 66.
Malus 79. 82.
Maxwell 91. 100. 116. 127. 131—147. 149.
153—157. 180. 206. 213.
Mayer 40.
Michelson 80. 112. 162—168. 172. 187.
214.
Mie 211.
Millikan 154. 160.
Minkowski 23. 57. 177. 181. 213. 218—
222. 230. 232. 242. 258.
Morley 165.

Navier 79. 84.
Neumann 90. 127. 139.
Newton 3. 5. 12. 19. 22. 34. 41—65. 69.
71. 75. 79. 86. 92. 112. 113. 116. 158.
162. 170. 174. 221—223. 247—262.
Nichols 209.
Nicholson 122.
Noble 168.

Oersted 125. 132. 133.
Ohm 124. 125. 138.

Paschen 207.
Planck 79. 207. 262.
Plücker 152.
Poincaré 170.

Poisson 79. 84. 90. 119.
Poynting 209.
Priestley 117.
Prout 212.
Ptolemäus 9. 251.
Pythagoras 163. 219. 234—236. 246.

Riemann 127. 139. 232. 243.
Ritz 166. 171.
Römer 73. 111. 157. 191.
Röntgen 149. 150. 156. 206. 207. 212. 213.
Rowland 147.
Rubens 143.
Rutherford 212. 213.

Savart 125. 132. 133. 134. 136. 138. 147.
149. 155. 159.
de Sitter 167. 261.
Soldner 259.
Sommerfeld 81. 207.
Snellius 69.
Stark 98.
Stokes 91. 104. 110. 146. 166.

Thomson, J. J. 152. 153. 159.
Thomson, W. (Lord Kelvin) 144.
Trouton 168.

Voigt 170.
Volta 121.

Watson 115.
Weber 127. 134. 139. 142.
Weyl 248.
Wilson 150. 156. 213.

Young 75. 79. 83.